Crues et étiages en France au XXe siècle

Alain GIRET

Crues et étiages en France au XXe siècle

Entre nature et aménagements

L'Harmattan

5-7, rue de l'Ecole-Polytechnique, 75005 Paris

http://www.librairieharmattan.com
diffusion.harmattan@wanadoo.fr
harmattan1@wanadoo.fr

ISBN : 978-2-343-00153-1
EAN : 9782343001531

Introduction

Depuis la fin du XIXe siècle, beaucoup de monographies ont concerné la potamologie régionale de la France. En schématisant, il existe deux écoles : celle des géographes hydrologues et celle des ingénieurs hydrauliciens.

Les premiers ont pris le parti d'analyser statistiquement et de représenter graphiquement les variations des écoulements moyens : débits annuels moyens et débits mensuels ou saisonniers moyens. Pour ce qui concerne les définitions de base : comment mesurer et exprimer l'écoulement ? nous renvoyons aux ouvrages spécialisés. Nous rappellerons seulement qu'il existe trois formes d'expression : le débit brut est exprimé en m^3/s en un point donné du cours d'eau, il est d'autant plus élevé que le bassin hydrographique est vaste, le module spécifique rapporte cette valeur à un bassin théorique d'1 km^2, aussi s'exprime-t-il en $l/s/km^2$. Le module spécifique est un nombre adimensionnel, indépendant de l'aire du bassin versant, il permet donc de comparer les écoulements de cours d'eau aux dimensions différentes. Il arrive alors qu'on utilise aussi la lame d'eau écoulée, ou épaisseur de la lame d'eau théorique écoulée par 1 km^2 de bassin, et de le comparer avec l'apport pluviométrique.

La procédure des géographes hydrologues fut et reste la comparaison des écoulements moyens des cours d'eau de toute une région afin de déterminer où se situent les principales ressources potamologiques. C'est une démarche vitale en matière d'aménagement hydroélectrique, ou de transports fluviaux. La même démarche concerne les moyennes saisonnières, ou plus souvent la répartition saisonnière de débits ou modules mensuels. Dans les ouvrages généraux cités en bibliographie, on trouvera des analyses régionales concernant les relations entre la répartition saisonnière de l'écoulement comparée aux températures et aux apports pluviométriques. On a ainsi démontré le rôle saisonnier du gel, qui stocke une partie des précipitations sous forme de neige ou de glace, dont la fonte alimente les cours d'eau en été (régimes glaciaires) et au printemps (régimes nivaux). Le rôle des saisons sèches et humides est fondamental entre les tropiques avec les hautes eaux aux solstices et des basses eaux aux équinoxes (régime pluvio-équatorial), ou des hautes eaux associées à l'occurrence des pluies de Mousson (régime pluvial tropical). Enfin, pluies et températures peuvent se contrarier. Sous les moyennes latitudes littorales, on oppose les hautes eaux hivernales d'origine pluviale et les basses eaux estivales, fruits de l'évaporation (régime pluvio-évaporal). Enfin, les géographes se sont aussi penchés sur les variations interannuelles des mêmes moyennes. Les régimes, par exemple, ne se reproduisent pas exactement chaque année ; le régime n'est qu'une moyenne des situations individuelles variables dans le temps. Ainsi, pour ce qui concerne la France et globalement l'ensemble de l'Europe occidentale, les moyennes annuelles, estivales et hivernales, montrent que les écoulements font l'objet de variations cycliques. Un fleuve réagit à son environnement : variations des pluies et des températures, modification des paysages (mise en culture, reboisement ou déboisement) ; aussi présente-t-il des humeurs au cours de son existence, car il réagit aux fluctuations climatiques à court et moyen terme. Celles-ci sont apparemment cycliques : sécheresses récurrentes du Sahel, séries d'années sèches ou pluvieuses. Nous verrons ci-dessous qu'il existe en fait des pseudo-cycles courts d'une période moyenne de 10 années et des pseudo-cycles plus longs d'une périodicité cinquantenale marqués, en France, par les maxima de 1929 et 1980, et les minima de 1947 et 2005. Cette approche a permis de cartographier la répartition de l'abondance moyenne des cours d'eau, et de leur régime, elle a permis aussi de comprendre les aléas plus ou moins cycliques et de les prévenir.

C'est dans ce domaine qu'ont excellé les ingénieurs hydrauliciens. On leur demandait d'analyser le risque (le plus souvent d'inondation) encouru par les riverains des cours d'eau et leurs établissements. On fit appel aux mathématiques de l'évènement. À partir de la courbe monotone de longues séries de débits journaliers classés, moyens ou maxima, on isole des seuils au risque d'inondations plus ou moins récurrentes. Le plus souvent utilisée, la Loi de Gumbel a permis de calculer des débits, ou le plus fréquemment, de hauteurs d'eaux, atteintes et dépassées, de façon à définir des seuils de risque de nuisance. La crue décennale, celle qu'on a une chance sur dix de rencontrer chaque année, est une crue fréquente, mais modérée, dont il est facile de se protéger. Il n'en est pas de même de la crue cinquantenale (1 chance sur 50), centennale (1 chance sur 100) ou de la crue millennale (1 chance sur 1 000). La crue qui ravagea Paris en 1910 était une crue centennale, celle qui ravagea Vaison-la-Romaine, était une crue tricentennale (1 chance sur 300).

Dans cet ouvrage, nous allons aussi nous attacher aux *« extrêmes hydrologiques »*. Mais qu'entend-t-on par là ? C'est avant tout un problème de définition. Les crues sont des hautes eaux anormales à la fois pour l'observateur, l'hydrologue et le statisticien. Mais ce ne sont pas forcément des inondations au sens strict, terme qui illustre le moment où l'eau sort de son lit, et envahit sa plaine alluviale, avec toutes les nuisances que cela implique. Toutefois, le degré de rareté de ces eaux anormalement hautes est en fait un événement statistiquement remarquable. Il en est de même des étiages qui commencent par des « eaux anormalement basses », avant de déboucher sur la pénurie. Sans renier la méthode des hydrauliciens, notre objectif n'est pas de calculer la fréquence théorique des hautes et basses eaux des cours d'eau métropolitains, mais d'effectuer une approche historique des hautes et basses eaux, des inondations et des étiages. Mais, il ne s'agit pas d'un livre d'Histoire des extrêmes hydrologiques, réalisé à partir des anciennes chroniques, des récits littéraires, des rapports des ingénieurs des Ponts et Chaussées ; nous conseillons la lecture de l'ouvrage exhaustif de Maurice Champion : « Les inondations en France du VIe siècle au XIXe siècle », qui malheureusement s'arrête à 1864, mais qui a été réédité par la C.E.M.A.G.R.E.F. en 2002.

Les crues et les étiages seront donc définis comme des évènements statistiques qui sont, à notre point de vue, le seul moyen d'étudier ces extrêmes hydrologiques en toute objectivité. Dans mon cours de Master relatif au risque hydrologique, j'évoquais ceci : quand le Yukon connaît une crue cataclysmale et qu'il sort de son lit, cela ne gêne personne et ne fait pas la une des journaux, cela ne reste qu'une crue. À l'inverse, quand la Seine inonda Paris en 1910 et en 1955, quand la Loire ravagea son val entre Nevers et les Pont-de-Cé, trois fois de suite, en 1846, 1856 et 1866, c'est l'étape supérieure, celle de la très subjective inondation, qui est atteinte : un évènement qui modifie la vie des gens. Pourtant, le 23 janvier 1955, la Seine « n'écoulait » que 2 120 m^3/s ; c'était beaucoup moins d'eau qu'une crue du Yukon : 15 434 m^3/s le 12 juin 1965. Il fallait trouver une valeur adimensionnelle, indépendante de la taille du bassin versant considéré, c'est-à-dire de la longueur de son réseau et de la surface de son bassin hydrographique. Cette valeur, nous avons l'habitude de l'utiliser : c'est le module spécifique, obtenu par le quotient du débit, exprimé en m^3/s, par l'aire du bassin exprimée en km^2. Ce quotient peut être très faible, pour les écoulements les plus bas ; aussi on le multiplie par 1 000 pour l'exprimer en l/s/ km^2. Ainsi, à Paris, la Seine draine un bassin de 273 km^2 ; à Eagle, en Alaska, le Yukon draine un bassin de 294 000 km^2. En 1910, à Paris, le module spécifique de la Seine monta à 7 766 l/s/km^2, et celui du Yukon à Eagle était de 52 l/s/km^2, seulement. Ces valeurs se passent de commentaires, et bien souvent, ce sont les organismes fluviaux au drainage le plus faible qui ont les modules spécifiques les plus élevés. En France, le module spécifique moyen de la Rive, à Bourg d'Oisans, dont le drainage n'est que de 9 km^2, est de 328,4 l/s/km^2, moyenne calculée entre 1905 et 1990. La Banque Hydro a mis en ligne les données concernant 2 422 jaugeages, l'aire médiane de ces derniers est de 209 km^2, avec un module de 12,2 l/s/km^2, et 50 % d'entre eux ont une aire comprise entre 98 et 743 km^2 ; le module spécifique moyen y est compris entre 80,4 l/s/km^2 sur Le Saison à Licq-Atherey (196 km^2) dans les Pyrénées-Atlantiques, et 0,3 l/s/km^2 sur la Vallée de Bonce à Montboissier dans l'Eure (203 km^2). À l'évidence, une crue ou un étiage, sur ces deux cours d'eau ne donnera pas le même module, mais pourra prendre la même valeur en matière de risque.

Il fallait enfin utiliser une méthode homogène et applicable à tous les bassins versants. Nous avons retenu et appliqué une méthode statistique permettant de calculer des seuils séparant des classes de modules définissant chacun une situation de crue ou d'étiage. Elle sera expliquée dans le chapitre suivant, à partir d'un exemple concret, celui de la Charente à Cognac. Mais, en bref, à partir de l'analyse statistique des courbes monotones des débits journaliers connus sur la plus longue période possible et classés, il est possible de relever la présence d'ensembles de modules extrêmes correspondant à des niveaux de crues et d'étiages. Ensuite, pour chacune des années de la série de données, nous calculons la fréquence d'apparition de ces classes de modules. Il doit apparaître logique que nous allons y découvrir des années à crues et des années à étiages, et que ces années, à l'image des modules moyens, feront l'objet de pseudo-cycles. Mais le principal intérêt de la procédure est de dater et de quantifier d'éventuelles modifications au cours du XXe siècle. En effet, les cours d'eau n'ont pas eu à subir que les *« conséquences du dérèglement climatique global »*, leurs écoulements extrêmes sont aussi le reflet des aménagements humains. Certains avaient pour objectif de soutenir les étiages et/ou d'écrêter les hautes eaux. D'autres avaient des objectifs totalement différents, mais les conséquences hydrologiques ont parfois été inattendues.

C'est pourquoi nous nous attacherons surtout aux plus grands bassins hydrographiques français, et les cas de la Seine, de la Loire, de la Garonne, de la Dordogne, de l'Adour et du Rhône feront l'objet de véritables monographies.

Le réseau hydrographique métropolitain

Premier chapitre : Concept et méthodes d'analyses des extrêmes hydrologiques

Dans beaucoup de monographies concernant la potamologie régionale, les auteurs se limitent à l'analyse statistique des moyennes annuelles et saisonnières. La distribution chronologique de ces moyennes permet, toutefois, de révéler l'occurrence de variations interannuelles des débits et d'illustrer la récurrence de variations plus ou moins cycliques de l'écoulement. Elles permettent aussi de déterminer les disponibilités hydrologiques des différentes régions françaises, que ce soit dans le temps et dans l'espace.

Toutefois, un fleuve fonctionne comme un être vivant, il est approvisionné par de l'eau d'origine atmosphérique (pluie ou neige), mais il en consomme par infiltration et surtout par évapotranspiration. Il lui arrive aussi d'avoir des phases de paroxysme : autant par excès (les crues) que par défaut (les étiages). En réalité, il est le reflet de la réaction de sa « *structure hydrologique* », aux fluctuations climatiques à court et moyen terme, comme aux accidents météorologiques : averses brutales ou sécheresses prolongées. Rien qu'au travers des moyennes, on observerait des pseudo-cycles courts[1] d'une période moyenne de 10 années et des pseudo-cycles plus longs d'une périodicité cinquantenale marquée, pour le XXe siècle par les maxima de 1929 et 1980, et les minima de 1947 et 2005.

Comment analyser scientifiquement l'occurrence des hautes et des basses eaux ? Nous en avons évoqué le principe dans l'introduction, mais rappelons que Maurice Pardé et Gaston Réméniéras avaient, en leur temps, défini des « *débits caractéristiques* » à partir de quantiles relevés sur les courbes de modules classés. Pour une année donnée, les plus fortes crues dépasseraient le *débit caractéristique maximum* ou *D.C.10*, et elles n'apparaissent que 10 jours par an. Les crues moyennes sont définies par le *débit caractéristique de 30 jours* ou *D.C.30* ; plus fréquentes, elles apparaissent 30 jours dans l'année. Les étiages sont, quant à eux, définis selon le même processus. On distingue le *débit caractéristique de 9 mois* ou *D.C.270* : un débit dépassé 270 jours par an (ou non atteint pendant 95 jours). Ce débit annoncerait les basses eaux qui se trouveraient alors définies par le *débit caractéristique d'étiage*, ou *D.C.355*, un débit rare et faible, dépassé 355 jours par an (ou non atteint 5 jours seulement). Dans l'esprit de leurs initiateurs, ces seuils sont caractéristiques d'une année

---

1 Alain Giret - *Hydrologie fluviale* - Ellipses, Université, Géographie, 262 pages, Paris 2007.

donnée : élevé lors des années d'abondance, le DC.10 est plus faible au cours des pulsations sèches.

Mais on peut aussi appréhender ces seuils en matière de fréquences :

- Le DC.10, de fréquence = 0,027, désigne une occurrence de 2,7 chances sur 100.
- Le DC.30, de fréquence = 0,082, désigne une occurrence de 8 chances sur 100.
- Le D.C.270, de fréquence = 0,75, désigne une occurrence de 75 chances sur 100.
- Le D.C.355, de fréquence: 0,97, désigne une occurrence de 97 chances sur 100.

Les crues et les étiages seraient alors définis par leur fréquence pluriannuelle. Les crues rares concernent les 2,7 % des débits ou modules les plus élevés : le seuil inférieur prend alors le nom de DC.10. Les crues plus fréquentes concernent les 8 % des débits ou modules les plus élevés : le seuil inférieur porte le nom de DC.30. Les étiages les moins creusés ont été dépassés par 75 % des débits et concernent donc les 25 % inférieurs de la série : le seuil supérieur prend le nom de DC.270. Les étiages les plus creusés ont été dépassés par 97 % des débits, et ils concernent les 3 % inférieurs de la série : leur seuil supérieur porte le nom de DC.355.

Nous n'avons pas repris cette méthode, ou, plus exactement, nous l'avons affinée ; mais tout au cours de ce chapitre, les crues et les étiages seront définis comme des évènements statistiques, à notre point de vue, le seul moyen d'étudier les extrêmes en toute objectivité. À partir des définitions de Maurice Pardé et Gaston Réméniéras, crues et étiages apparaissent comme des évènements statistiques, dont on repère l'occurrence sur de longues séries de données classées. Toutefois, il existe un concept hydrologique de la crue comme de l'étiage : la première est une forme de dysréisme avec exaspération du ruissellement sur des sols saturés, la seconde est au contraire la conséquence d'une déficience pluviométrique de longue durée et un écoulement qui n'est plus assuré que par le tarissement des réserves.

I - Le mécanisme des extrêmes hydrologiques

Rappelons le mécanisme général de l'écoulement fluvial défini par l'égalité suivante …

Actif		Passif
P	=	**Etr + Qrc + Qst**

… où l'apport pluviométrique **P** constitue un actif qui va se répartir entre l'évapotranspiration réelle **Etr**, l'écoulement souterrain **Qst** issu des pluies infiltrées vers les nappes et assuré par les sources, et un écoulement rapide de crue **Qrc** fruit du ruissellement à la surface du sol.

Mais, dans une réalité à plus court terme, la relation est plus compliquée et dans le cadre le plus général, celui des cours d'eau de régime pluvio-évaporal, car, dans ce cadre, il faut prendre en compte des réserves **R**, formées par les nappes phréatiques, superficielles ou profondes dont le volume et le débit varient entre l'actif $\partial \mathbf{R}_1$ et le passif $\partial \mathbf{R}_2$ ...

$$\begin{array}{ccc} \text{Actif} & & \text{Passif} \\ \mathbf{P + (R + \partial R_1)} & = & \mathbf{Etr + Qrc + Qst + (R + \partial R_2)} \end{array}$$

A - Définition hydrologique de l'étiage

L'étiage correspond aux saisons où le cours d'eau connaît son écoulement le plus bas. C'est en général l'été en milieu tempéré, mais c'est l'hiver en milieu continental froid, et en montagne. On peut aussi souligner l'exemple de la sécheresse des étés méditerranéens et du gel de la haute montagne alpine qui interrompent l'alimentation de façon directe.

Ces basses eaux apparaissent donc à la suite d'une longue période sans alimentation pluviale, donc sans infiltration et sans ruissellement. À ce moment, la seule alimentation provient du seul tarissement des sources ou écoulement souterrain Qst. La relation se réduit à ...

$$\begin{array}{ccc} \text{Actif} & & \text{Passif} \\ \mathbf{R} & = & \mathbf{R + \partial\, R_2} \end{array}$$

... car les rares précipitations **P** sont annihilées par l'évapotranspiration **Etr**, tandis que l'écoulement souterrain **Qst** et l'écoulement rapide de crue **Qrc** n'existent plus. L'écoulement n'est plus soutenu que par la **vidange des réserves phréatiques** $\partial \mathbf{R}_2$**.**

- En régime méditerranéen et sur les oueds, les réserves se tarissent et l'écoulement aboutit alors à l'assec. Cette situation peut aussi se réaliser en été pour les cours d'eau de régime océanique.
- Pour les cours d'eau de régime nival et glaciaire, les basses eaux se réalisent en saison froide, quand les précipitations sont solides. L'écoulement est alors réduit à la vidange de réserves phréatiques, à la fonte des glaces sous leur poids, mais souvent on atteint l'assec. Cette situation se produit au cours de l'hiver.

Les vrais étiages sont ceux qui apparaissent accidentels et de longue durée comme ce fut le cas en 1975, 1976, 1989-1990-1991. Sur la Loire à Tours, le D.C.E. (moyenne cinquantenaire) fut atteint dès le mois de mai en 1990, 1991 et même 1992. Puis il est réapparu en avril 1997. On en connaît la cause : les pluies d'hiver n'ont pas eu lieu et les nappes souterraines ne se sont pas reconstituées.

Ces étiages correspondent à des fluctuations du front polaire mal connues et qui se répètent de façon intermittente. Par exemple en Europe occidentale, des suites d'hivers secs se sont produites de 1900 à 1909, de 1919 à 1925, de 1942 à 1949, de 1969 à 1976, de 1989 à 1993.

B - Définition hydrologique de la crue

La crue correspond aux saisons où le cours d'eau connaît son écoulement le plus élevé. Ces hautes eaux sont consécutives à un afflux pluviométrique qui accroît l'actif dans la relation …

Actif		Passif
$\mathbf{P + (R + \partial R_1)}$	=	$\mathbf{Etr + Qrc + Qst + (R + \partial R_2)}$

… elles provoquent un écoulement rapide de crue **Qrc** qui s'emballe et tourne au dysréisme.

➢ En domaine océanique, le processus est souvent associé à la réduction de l'évaporation, aussi est-il plus fréquent en hiver. Sans entrer dans le catastrophisme de l'explosion d'un barrage, les hautes eaux sont naturellement le fruit de la fonte rapide des neiges dans les régions de montagne.

➢ Enfin, on utilise le terme de crue, qui vient de *croître*, traduisant une augmentation *anormale* du débit. En matière d'hydrologie, la crue est un aléa réalisé quand le débit dépasse un *certain* seuil. Quand l'eau atteint des établissements humains, on parle d'inondation, qui est un terme d'assurances, d'aménagement, et qui fait appel à une autre notion : le risque …

➢ La crue peut avoir plusieurs origines. La débâcle nivale brutale dans les Alpes, le Massif Central et les Pyrénées, génère des crues de printemps. Il faut évoquer notamment des coups de *foehn* responsables de nombreuses crues catastrophiques. Les averses méditerranéennes d'automne sont connues pour leurs effets dévastateurs par ruissellement sur des pentes dépourvues de végétations protectrices : voir celles des Cévennes et du Roussillon sur la Têt en 1940, à Nîmes en 1988, sur l'Ouvèze en 1992, les Corbières en 1999. Ces « *averses cévenoles* » peuvent déverser 1 000 mm d'eau en moins de 24 heures.

➢ Mais, dans les milieux océanités de l'Ouest, les pluies de saisons froides sur les reliefs peuvent être importantes : le Limousin responsable des inondations de la Charente en 1982, 1995, 2000 ; les Ardennes et les Vosges, responsables des crues de la Moselle et de la Meuse, dont l'inondation de Charleville-Mézières en 1994. Enfin, il est des cas purement accidentels. Le 2 décembre 1959, le barrage du Mal passet, construit sur la rivière Reyrieux dans le département du Var, céda et déversa 50.10^6 de m^3 d'eau sur la ville de Fréjus.

On retiendra deux exemples. Le climat, la morphologie et l'hydrogéologie de la Seine sont homogènes. À l'inverse, les affluents Yonne, Petit et Grand Morin, Marne, Loing, ont des bassins de superficies différentes avec un réseau hydrographique également de longueurs diverses. Une seule averse généralisée sur le Bassin Parisien n'entraînera pas une seule onde de crue, mais une série d'intumescences sans gravité. Par contre, la répétition de très grosses averses peut saturer l'ensemble de la surface du bassin, l'eau ruisselle partout en même temps, les crues deviennent alors peu à peu coalescentes, le lit devient insuffisant à écouler cette eau, ce qui provoque des inondations graves, mais heureusement rares: 1910 et 1955 pour le XXe siècle.

La crue de la Loire en 1856 était du même type. Ici les affluents sont issus du Massif Central méditerranéen : Haute-Loire et Haut Allier, du Limousin océanique : Creuse, Vienne, Cher, et des collines du Perche : Mayenne et Sarthe. Il est très rare que les pluies s'y conjuguent, mais au printemps de 1856, le Massif Central connut des pluies océaniques et méditerranéennes violentes qui entraînèrent la fonte des neiges, alors que le Perche très arrosé voyait s'enfler la Sarthe et la Mayenne. Une onde de crue, 10 à 12 m au-dessus de l'étiage, déboucha du Massif Central, entretenue par la crue des affluents du Perche et du Limousin. Ces crues ligériennes seraient d'apparition assez récente et ne sont relatées qu'à partir du XIV-XVe siècle ; elles accentuèrent leur fréquence et leur amplitude au XVIe siècle. Les maxima furent enregistrés tous les 10-15 ans du milieu du XVIIe siècle à 1866, date de la dernière crue catastrophique. Le rôle anthropique est ici évident : le déboisement du Massif Central accentuait la rapidité de la concentration du ruissellement, et la volonté d'enserrer le fleuve entre des digues pour favoriser la navigation amplifiait la hauteur de l'onde de crue qui finissait toujours par rompre les digues.

Ces extrêmes ne sont donc pas imprévisibles et ils entrent dans une logique de fonctionnement et de réponses de la structure hydrologique des bassins versants à des sollicitations extérieures. Parmi elles, la météorologie prédomine, mais les aménagements humains en ont, peu à peu, modifié l'impact. Afin de le démontrer, il fallait mettre au point la méthode que nous allons expliquer maintenant.

II - Une autre méthode d'analyse statistique

Devant la relative hétérogénéité des fleuves français, il fallait mettre au point une procédure indépendante du milieu ; et la méthode statistique est apparue la meilleure.

Pour de nombreux fleuves, les séries statistiques sont très longues : par exemple, les débits journaliers de la Loire à Blois et à Montjean sont connus depuis 1863. La courbe monotone des débits classés de la totalité d'une série constitue un ensemble dont l'une des extrémités rassemble des débits de crues et l'autre les débits d'étiages. C'est assez proche de la méthode des débits caractéristiques. Quelles limites choisir ? nous avons retenu celles des quartiles (document 1.2), car il est à l'évidence que les 50 % de débits situés de part et d'autres de la médiane sont assez proches du module interannuel. À l'inverse, le 1er quartile (0 à 25 %) rassemble les débits de crue, alors que le dernier quartile regroupe les étiages (75 % à 100 %).

L'allure de la courbe des débits classés en échelle semi-logarithmique est « *parabolique concave* » pour les crues et « *parabolique convexe* » pour les étiages, ce qui traduit chaque fois une régression de type exponentiel. Chacun des deux quartiles sera discrétisé en quatre classes réparties selon une progression géométrique, entre le premier quartile (25 %) et le maximum « **M** » pour les crues, et le quatrième quartile (75 %) et le minimum « **m** » pour les étiages.

Il suffit de calculer la raison R de régression ; soit ...

- Crues : log.R = (log.Max - log.25%)/4
- Étiages : log R = (log.75% - log.min)/4

... Afin d'illustrer l'intérêt de la procédure, nous avons utilisé la Charente à Cognac, un cours d'eau fortement anthropisé, mais dont les débits sont connus depuis 1960.

A - Présentation de la Charente à Cognac

À l'aval d'un bassin versant de 4 630 km^2, deux paysages géologiques se partagent le bassin versant : le socle hercynien en Charente limousine (915 km^2) et la sédimentation mésozoïque en Angoumois (3 715 km^2). Mais l'ensemble du bassin reste soumis à l'influence du climat océanisé. Le régime de la Charente serait pluvio-évaporal océanique, avec des hautes eaux hivernales et des basses eaux en fin d'été. Mais la répartition chronologique des modules moyens annuels traduit simultanément l'influence de la nature et des hommes (document 1.1).

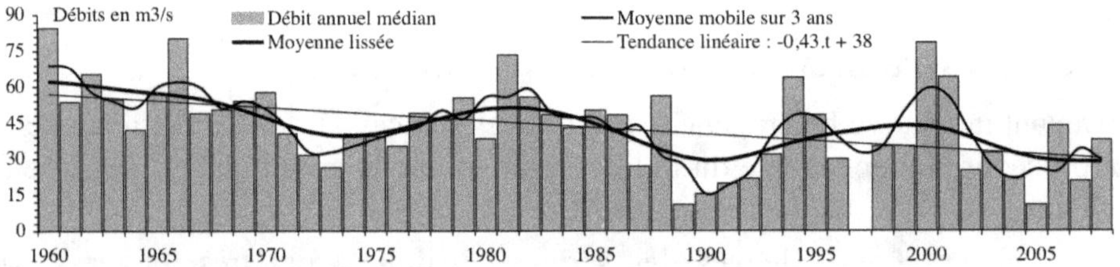

Document 1.1 - Hydrologie de la Charente entre 1960 et 2008

Nous retrouvons une répartition observée sur l'ensemble du territoire. L'écoulement a subi l'influence des pulsations pseudo-cycliques des précipitations, ce qui se traduit par des périodes de hautes eaux dans les années 1960, 1980 et 2000, elles-mêmes séparées par des basses eaux au milieu des années 1970, à la fin des années 1980 et au milieu de la première décennie des années 2000. Ceci n'aurait rien d'original si, globalement, les débits n'avaient connu une redoutable décroissance.

Sa cause est connue ; le développement exponentiel de la maïsiculture irriguée depuis 1970 en Poitou-Charentes a provoqué un pompage inopportun dans les nappes profondes du mésozoïque de l'Angoumois. Ces nappes profondes sont peu accessibles à l'écoulement en été, en temps normal. L'irrigation du maïs connaissant son optimum de juin à septembre, l'écoulement en a globalement souffert : apparition de l'assec, risque d'eutrophisation. Il a fallu construire des barrages de soutien en Charente limousine, à Lavaux (1989) et à Mas Chaban (1996), afin de retenir les eaux pluviales de saison froide. Il est vrai que, depuis 1996, le recul du module semble arrêté.

B - La pédagogie des extrêmes à Cognac :

Du fait de quelques lacunes dans les relevés quotidiens, ce sont 17 221 débits journaliers qui ont pu être classés entre le 1er janvier 1960 et le 31 décembre 2008. Le document 1.2 rend compte de l'allure de leur courbe monotone.

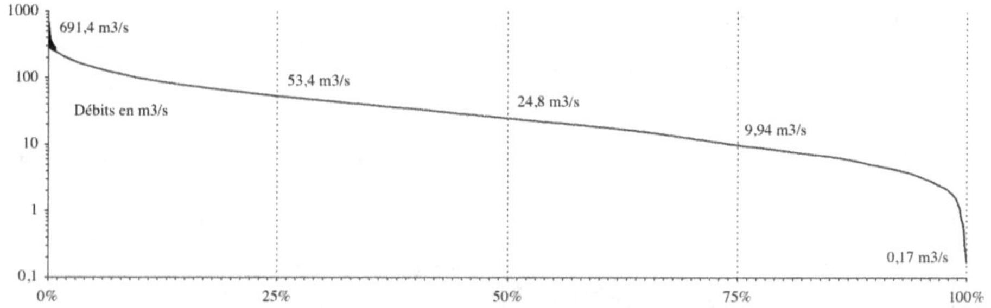

Document 1.2 - Courbe monotone des 17 221 débits journaliers classés de Charente à Cognac

1°) La méthode de calcul des classes d'extrêmes hydrologiques : la Charente a connu sa crue maximale le 22 décembre 1980 avec un débit de 691,4 m^3/s et son étiage le plus creux e 13 août 1990 avec seulement 0,17 m^3/s.

a) Les crues sont donc comprises entre le maximum 691,4 m^3/s et le premier quartile 53,4 m^3/s. **La raison** R **de la régression est :**

- (1) **log.R** = (log.Max - log.25%)/4 - (2,83974 - 1,72754)/4 = **0,27805**
- (2) **R = 1,89693**

Chaque seuil est obtenu par la formule Qe = Q.R ; les quatre classes sont :

Classe 1	**53,4 m^3/s**	**à**	**101,3**	**m^3/s**
Classe 2	**101,3 m^3/s**	**à**	**192,1**	**m^3/s**
Classe 3	**192,1 m^3/s**	**à**	**364,5**	**m^3/s**
Classe 4	**364,5 m^3/s**	**à**	**691,4**	**m^3/s**

b) Les étiages sont, eux, compris entre le troisième quartile 9,94 m^3/s et le minimum 0,17 m^3/s. La raison **R** de la régression est alors :

➢ (1) **log.R** = (log.75% - log.min)/4 (0,99735 + 0,77491)/4 = 0,44306

➢ (3) **R = 2,77373**

Soit les quatre classes suivantes :

Classe 1	**3,58 m³/s**	**à**	**9,94 m³/s**
Classe 2	**1,29 m³/s**	**à**	**3,58 m³/s**
Classe 3	**0,47 m³/s**	**à**	**1,29 m³/s**
Classe 4	**0,17 m³/s**	**à**	**0,47 m³/s**

2°) Les hautes et basses eaux se rapportent respectivement aux débits > 53,4 m³/s et < 3,58 m³/s. La fréquence, ou nombre de jours où le débit journalier dépassa 53,4 m³/s, concerne des jours de crues selon notre définition statistique. À l'inverse, le nombre de jours où les débits furent inférieurs à 3,58 m³/s se rapporte à des étiages. Le document 1.3 en donne la répartition interannuelle sur les 49 années connues.

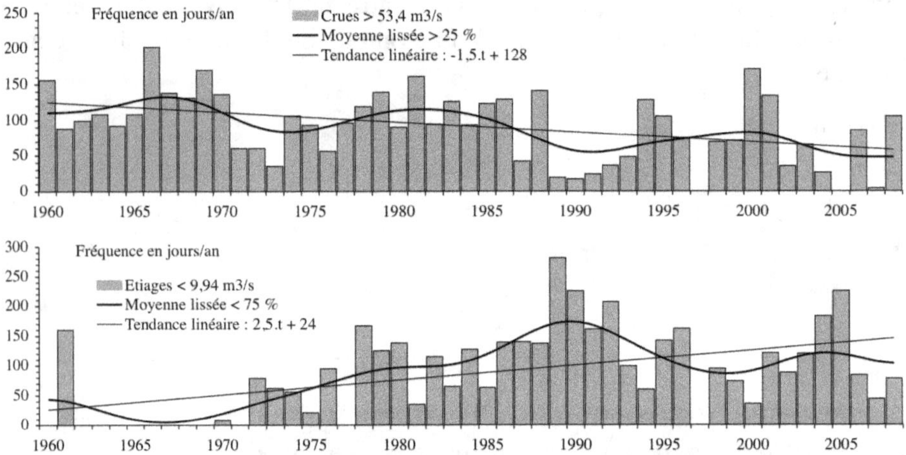

Document 1.3 - Fréquence interannuelle des crues et des étiages de la Charente à Cognac.

Les deux graphiques sont très logiquement en opposition de phase. La moyenne lissée permet de distinguer une suite de pseudo-cycles de hautes eaux : 1965-1970, 1977-1988, 1994-2001, séparés par une autre suite, celle des basses eaux : < 1965, 1971-1976, 1989-1993, > 2001. On peut détailler et chiffrer ces pulsations.

➢ Le nombre moyen annuel de hautes eaux est de 92, mais cette fréquence s'est élevée à 148 jours (1965-1970), 113 jours (1977-1988) et 107 jours (1994-2001). La fréquence des crues a connu un repli, et sa tendance linéaire se résume à un recul de 1,5 jours de crues chaque année.

➢ Le nombre moyen des jours de basses eaux fut de 86, et cette fréquence n'a cessé de croître jusqu'en 1993 : 27 jours > 1965, 52 jours (1971-1976), 195 jours (1989-1993) pour se stabiliser : 117 jours après 2002. Cette croissance fut globalement très élevée, plus que le recul du nombre annuel de crues, puisque la tendance linéaire donne 2,5 jours d'étiages supplémentaires chaque année.

Le recul de la fréquence annuelle des crues semble apparemment naturel bien avant l'ouverture des barrages de Lavaux en 1989 et de Mas Chaban en 1998. Mais il est plausible d'envisager un écrêtement artificiel au début du XXIe siècle. À l'inverse, la fréquence des basses eaux a connu un accroissement quasi exponentiel jusqu'en 1993, dans lequel on ne peut qu'évoquer l'amplification des prélèvements agricoles au début des années 1970.On sait que les années 1971-1976 et 1989-1993 ont connu des forts déficits pluviométriques en Poitou-Charentes. Mais ils n'expliquent pas tout, et ils ont justifié la construction des réservoirs destinés à soutenir les débits de l'été.

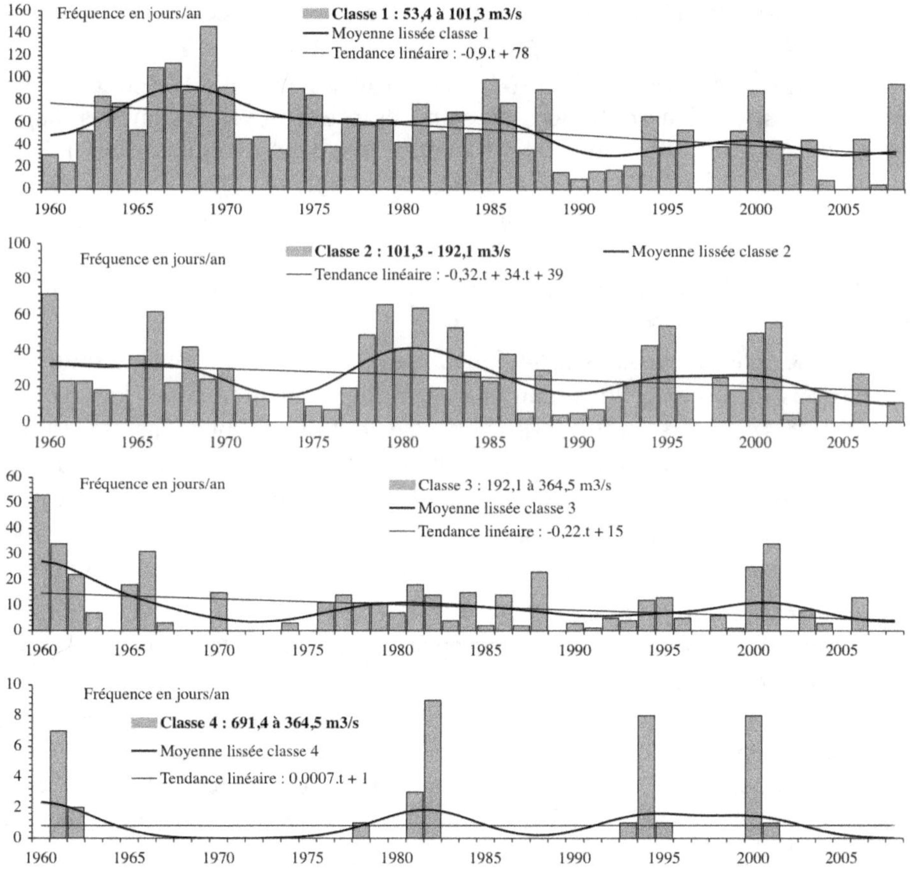

Document 1.4 - Discrétisation des crues de la Charente à Cognac

On notera que le seuil de 3,58 m^3/s est généralement dépassé avant 1971 ; les 166 jours d'étiages en 1961 sont exceptionnels. Après 1971, il n'y a que l'année 1977 où ce débit fut dépassé tous les jours (le vide de 1997 correspond à une lacune des jaugeages). Entre 1970 et 1989 (ouverture de Lavaud), le nombre de jours d'étiages s'accrut en moyenne de 8 jours chaque année. Par la suite, le soutien des deux retenues provoqua un repli de la durée des étiages de 5 jours annuels, montrant l'efficacité relative du procédé (les retenues sont confrontées à de graves problèmes d'eutrophisation).

*a) La discrétisation permet une meilleure approche des hautes eaux (*document 1.4). La suite de pseudo-cycles de hautes eaux : 1965-1970, 1977-1988, 1994-2001 reste indifférenciée malgré la discrétisation, ce qui est le garant d'une fluctuation naturelle. Mais cette discrétisation permet de distinguer les crues rares des crues fréquentes.

➢ *Les crues de classe 1 (53,4 $m^3/s > Q > 101,3$ m^3/s)* ne sont que de modestes hautes eaux dont la fréquence fut plus élevée dans les années 1960-1970 (100 jours/an) du fait d'hivers longs et pluvieux sur la région.

➢ *Les crues de classe 2 (101,3 $m^3/s > Q > 192,1$ m^3/s)* seraient plus représentatives, et bien soulignées au sein des pseudo-cycles, dont les années 1960 et les années 1980. Surtout, la fréquence moyenne évoque la stabilité : 36 jours/an de 1965 à 1970 et de 1977 à 1988, et 33 jours/an entre 1994 et 2001.

➢ *Les crues de classe 3 (192,1 $m^3/s > Q > 364,5$ m^3/s)* évoquent la même contrainte : 11 jours/an de 1965 à 1970 et de 1977 à 1988, et 12 jours/an entre 1994 et 2001. Mais ce ne sont pas des crues rares, puisqu'on en rencontra 36 années sur 49.

Enfin, les crues de classe 4 (364,5 $m^3/s > Q > 391,4$ m^3/s) se sont produites à peu près tous les 10 ans. Elles marquèrent principalement 1961 (7 jours), 1982 (9 jours), 1994 (8 jours) et 2000 (8 jours). Ce sont des évènements assez rares, mais qui se répètent avec une certaine régularité. De cette assez bonne régularité dans l'occurrence des hautes eaux, on conclura à une modeste influence des aménagements anthropiques, les hautes eaux restant tributaires d'un haut bassin versant limousin, aquiclude, soumis à la pseudo-cyclicité des précipitations.

b) Cette discrétisation souligne et précise l'occurrence des étiages (document 1.5). Certes, il faut reconnaître la présence des pseudo-cycles secs : < 1965, 1971-1976, 1989-1993, > 2001.

➢ *Les étiages de classe 1 (9,94 $m^3/s > Q > 3,58$ m^3/s)* ont fortement tendance à lisser cette répartition du fait de l'accroissement presque régulier de leur fréquence, lequel est de près de 2 jours/an. Si on repère des années de crise: 1961, 1978-79-80, 1988-89-90, 1992, 2004, elles sont noyées dans la progression.

➢ *Les étiages de classe 2 (3,58 $m^3/s > Q > 1,29$ m^3/s)* affinent la brutalité de l'accentuation de la durée des basses eaux au sein de pulsations naturelles négatives. Nous voyons bien les années des grands étiages (reconnus sur tous les cours d'eau régionaux) : 1961 (14 jours), 1976 (35 jours), 1989 (122 jours).

Mais la croissance de la durée annuelle est d'un jour tous les deux ans, avec une répartition bien ciblée : l'apparition de la maïsiculture et l'achèvement de Mas Chaban.

➢ *Les étiages de classe 3 (1,29 $m^3/s > Q > 0,47$ m^3/s)* n'ajoutent qu'une précision : des étiages maximaux lors de la conjonction d'années de sècheresses et de production massive de maïs et de protéagineux par irrigation estivale (1987 à 1995).

➢ *Les étiages de classe 4 (0,47 $m^3/s > Q > 0,17$ m^3/s)* sont d'une extrême rareté, mais centrés sur 1990 et 1991, au plus creux de la conjoncture précédente.

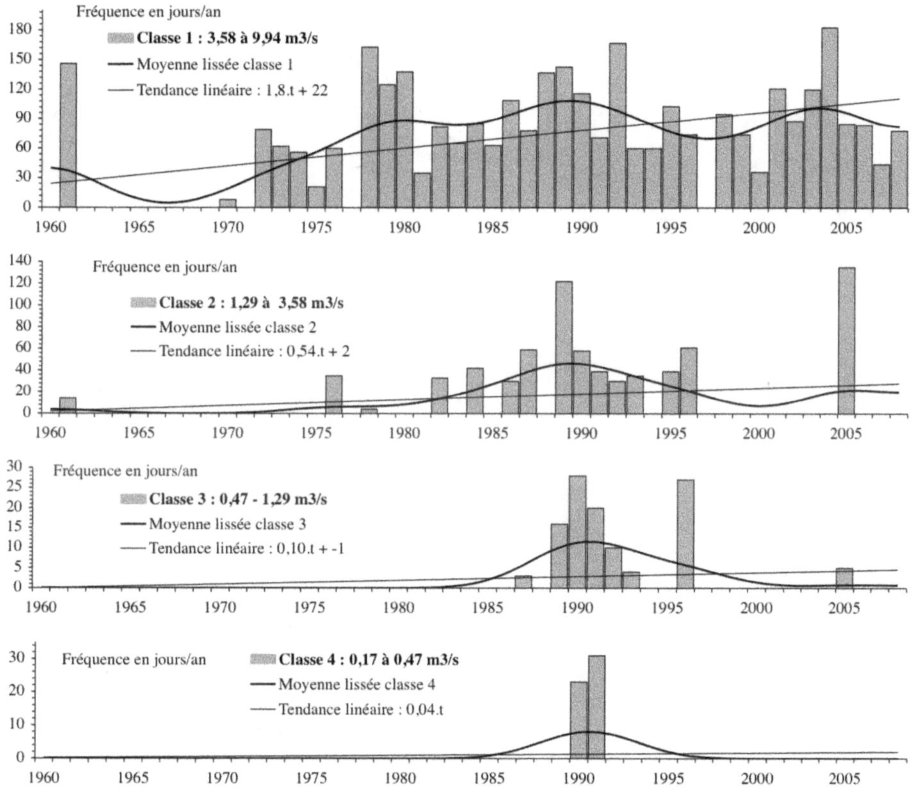

Document 1.5 - Discrétisation des étiages de la Charente à Cognac

Nous retrouverons des cas identiques à la Charente. Mais cet exemple nous a ici permis de préciser l'objectif de notre approche scientifique et d'en extraire le fond de la problématique. Cette définition purement artificielle et statistique des hautes et basses eaux ouvre deux voies.

Elle permet la recherche des fluctuations hydro-climatiques de l'écoulement en repérant les chronologies des évènements, et essayant de les rattacher à des évènements pluvieux parfaitement connus. Elle permet aussi d'appréhender le rôle de la structure hydrologique, notamment la réponse du bassin versant aux sollicitations climatiques.

Mais elle offre surtout la possibilité de découvrir et de démontrer, voire de chiffrer, les conséquences des aménagements humains sur les hydrosystèmes. Dans le cas de la Charente, il s'agit de l'irrigation ; ailleurs, nous évoquerons le rôle des aménagements hydro-électriques et des aménagements liés à la navigation.

Deuxième chapitre : Regard sur les extrêmes hydrologiques

Les rivières à régime pluvio-évaporal dominent, avec plus de 60 % des jaugeages. Dans ces cas de figures, l'origine des crues et des étiages relève principalement des variations pluviométriques et thermiques saisonnières et interannuelles. Toutefois, ce mode de régime saisonnier se décline en deux cas de figure : les cours d'eau de régime pluvio-évaporal océanique, généralement plus pondérés, et ceux de régime pluvio-évaporal méditerranéen, très immodérés, du fait de la sécheresse estivale et du risque d'occurrence d'averses orageuses de type cévenol.

Du fait de la position occidentale de la France, d'une façade maritime largement ouverte aux perturbations frontales, et de reliefs plutôt situés dans la partie orientale du pays, les régimes pluvio-océaniques et leurs dégradations pluvio-nivales et nivo-pluviales l'emportent largement de la frontière allemande à la frontière espagnole, avec près de 80 % des jaugeages. La forme méditerranéenne ne concerne que 12 % des jaugeages (surtout pluvio-nivaux), et le reste se partage entre les rétentions nivales et glaciaires et l'influence d'un sous-sol karstique. Le rôle de la neige y reste dominant.

Le mode d'écoulement pluvio-évaporal océanique concerne plus particulièrement les cours d'eau du Bassin de Paris, qui se dirigent vers la Seine, la Loire, l'Escaut ou la Somme.Il concerne aussi les cours d'eau aquitains, dont certains connaissent des nuances nivales, du fait de leur origine pyrénéenne.Cette influence de la neige est particulièrement importante le long de l'arc méditerranéen, où le régime purement pluvio-évaporal méditerranéen est somme toute assez limité, du fait de la présence de hautes montagnes : Pyrénées-Orientales, Cévennes et Alpes du Sud.

Mais ces cours d'eau ont, au cours des siècles, été le lieu d'aménagements importants. On les a canalisés pour la navigation, on les a parfois harnachés d'usines hydroélectriques de basse chute et au fil de l'eau. Depuis peu, on les a équipés de moyens de lutte contre leurs extrêmes hydrologiques. C'est ce que nous venons d'observer et d'analyser sur la Charente.

Cette anthropisation de l'écoulement est très particulière à la Seine, à la Loire, à la Dordogne et à la Garonne ; aussi ces fleuves feront-ils l'objet de monographies particulières, et ne seront pas traités dans ce chapitre.

I - Extrêmes des cours d'eau pluvio-évaporaux océaniques

La Charente en a représenté un exemple très pédagogique. Sur cet organisme fluvial, l'ampleur et la durée des crues hivernales et des étiages estivaux varient au gré des pulsations pluviométriques (qu'on appellera aussi pseudo-cycles pluviométriques du fait d'une fréquence irrégulièrement répartie dans le temps). Mais les aménagements agricoles ont ici accentué la durée des basses eaux, au point qu'il a fallu construire des réservoirs pour redistribuer en été l'eau retenue mise en réserve en hiver.

Comme la méthode que nous utilisons n'a de sens que si les débits sont relevés depuis au moins trois décennie (une « normale »), nous n'évoquerons que les exemples de la Vilaine, de la Somme, de la Meuse, de la Moselle, de l'Adour et du Gave de Pau, la Charente ayant déjà été traitée.

A - Les extrêmes hydrologiques de la Vilaine

À Rieux, dans le Morbihan, en aval de Redon, où on le jauge depuis 1970, ce « *fleuve côtier* » draine un bassin versant de 10 100 km^2. Dans les collines de Juvigné (département de la Mayenne), sa source n'est qu'à 153 m d'altitude, à plus de 200 km de l'Atlantique, ce qui en fait un exemple parfait de cours d'eau océanique de massif ancien (document 2.1.a).

1°) L'hydrologie générale de la Vilaine à Rieux : les hautes eaux connaissent un maximum de février et les basses eaux un minimum d'août. L'hydrologie se retrouve donc sous la contrainte des précipitations d'hiver et de la chaleur des étés. Toutefois, les fluctuations interannuelles des températures sont moins marquées que celles des pluies, les débits interannuels sont en réalité sous la domination des pluies d'hiver (document 2.1.b et c).

À cet effet, nous avons retenu la station la plus proche, celle de Rennes. Or, les précipitations y ont augmenté de 14,3 mm/an à Rennes, et l'on s'aperçoit que l'écoulement a lui-même connu une croissance linéaire de ses débits de 5,5 m^3/s tous les 10 ans, laquelle va dans le sens que nous avons indiqué. À l'évidence, les pulsations interannuelles de l'écoulement sont calquées sur celles des précipitations rennaises : 11 pulsations courtes d'une durée de 7 ans en moyenne, et 40 pulsations longues de 20 ans de longueur d'onde.

Ce sont des fréquences que nous retrouverons fréquemment, et qui correspondent à des pseudo-cycles pluviométriques dont les minima marquèrent fortement le XXe siècle par des sécheresses qui frappèrent les mémoires : 1921, 1949, 1964, 1976, 2003. À l'inverse, les maxima ont généré des crues importantes : 1910, 1940, 1955, 1982, 1999.

La Vilaine connut ainsi des hautes eaux en 1982, 1988, 1994-1995, 1999-2000.

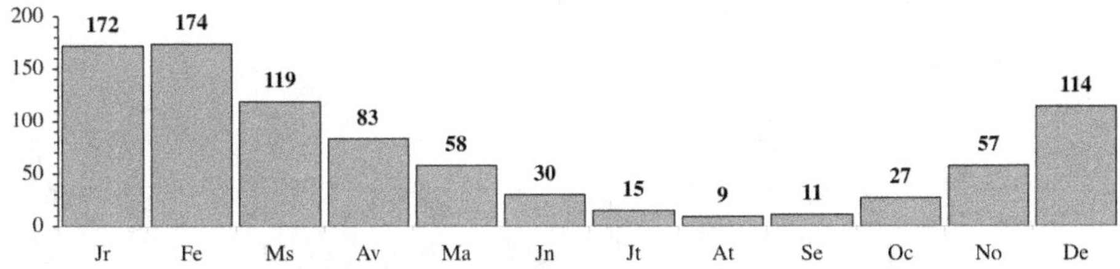

a) Le régime pluvio-évaporal océanique de la Vilaine

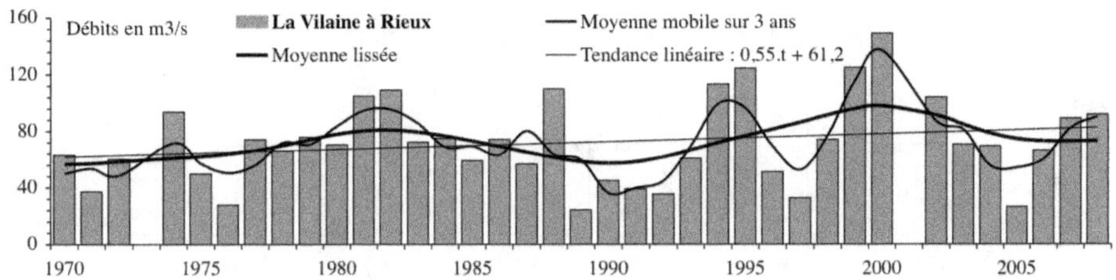

b) Variations interannuelles du débit de la Vilaine.

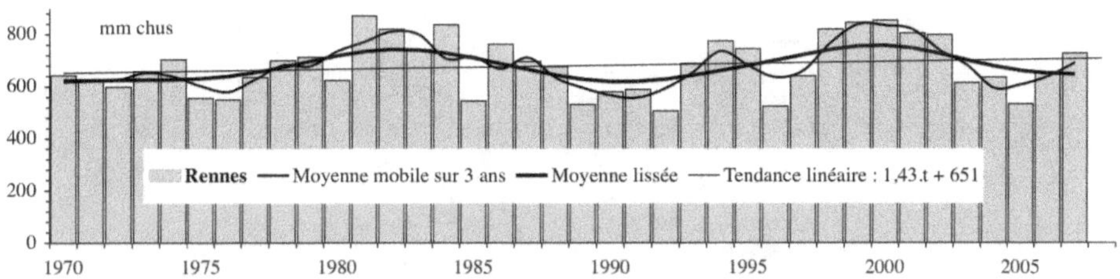

c) Pluviométrie interannuelle de la station de Rennes

Document 2.1 - Hydrologie de la Vilaine à Rieux

2°) Les crues de la Vilaine à Rieux : selon notre définition, le premier quartile des débits journaliers classés regroupe des crues dont les débits sont compris entre 89 et 1 430 m^3/s et dont la discrétisation se répartit selon quatre classes (document 2.2). La périodicité des crues, ou débits > 89 m^3/s, se calque sur celle des précipitations à Rennes, avec un allongement au début des années 1980, et des années 1990, et à la fin du XXe siècle. Les débits maximums ont eu lieu à la fin du mois de janvier 1995, en décembre 1999 et janvier 2000, et en février 1988. La discrétisation en précise les effets :

➢ Les *crues de classe 4* ont surtout intéressé la fin du XXe siècle, pour disparaître au cours du siècle suivant. Ce sont celles qui avaient inondé à plusieurs reprises la basse ville de Redon. Leur croissance linéaire de 3 jours par siècle n'a pas de sens.

➢ Les *crues de classe 3* ont inversement couvert l'ensemble de la période, avec une fréquence accrue à la fin du XXᵉ siècle. Ce sont des débits dont la tendance est à la croissance : 1,6 jours par décennie, sur près de 40 ans.

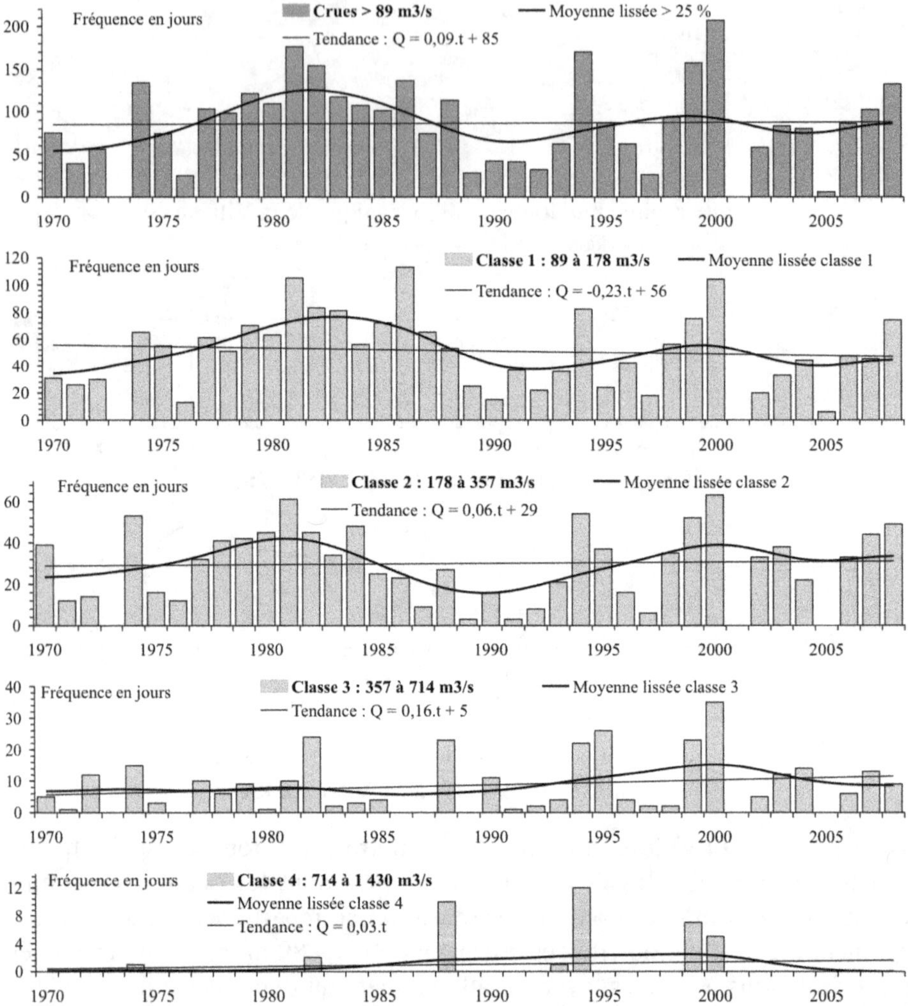

Classe 1	**89 m³/s**	**à**	**178 m³/s**
Classe 2	**178 m³/s**	**à**	**357 m³/s**
Classe 3	**367 m³/s**	**à**	**714 m³/s**
Classe 4	**714 m³/s**	**à**	**1 430 m³/s**

Document 2.2 - Discrétisation des crues de la Vilaine à Rieux

➢ Les *crues de classe 2* avaient surtout marqué les années 1970-1980, avec notamment les crues de 1982 (générales dans l'Ouest et observées sur la Charente). Elles marquent un palier : croissance négligeable de 6 jours par siècle ; et peut-être au profit des crues de classe 3.

➢ Enfin, les *crues de classe 1*, moins graves donc plus fréquentes, très marquées dans les années 1970-1980, ont vu leur durée légèrement reculer de 2,3 jours tous les 10 ans.

Nous observons un processus que nous retrouverons sur les affluents armoricains et vendéens de la Loire : une aggravation de la fréquence des crues les plus dangereuses, aux dépens des crues moyennes.

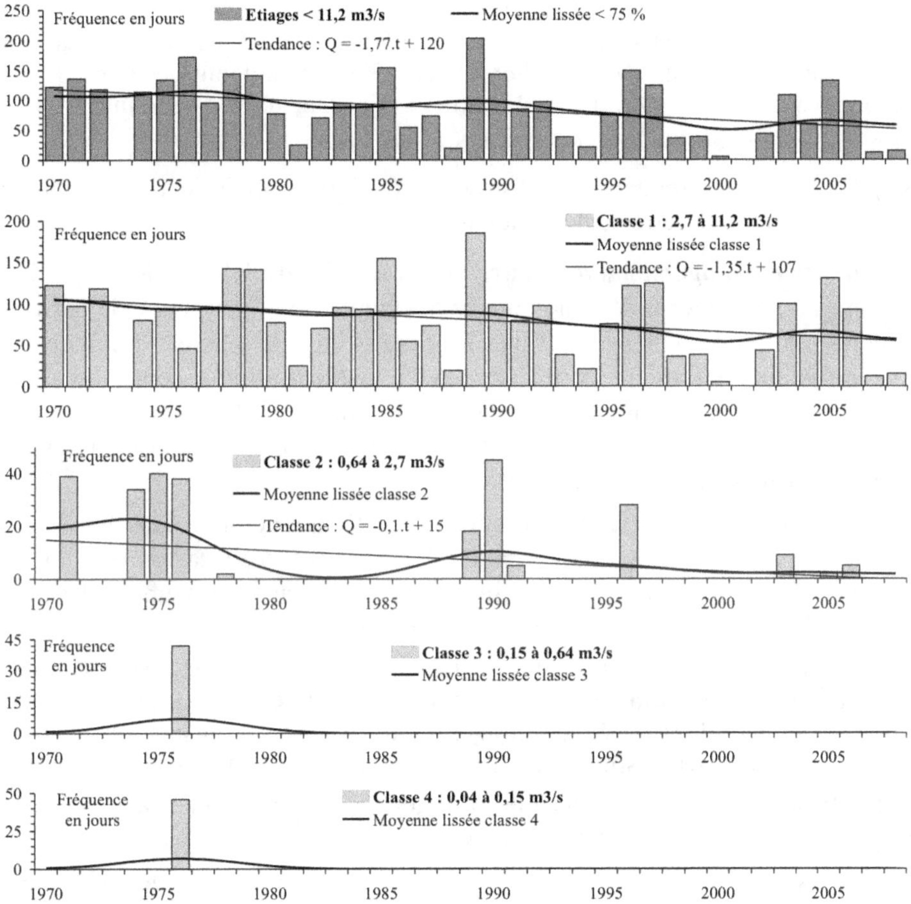

Classe 1	**2,7 m³/s**	**à**	**11,2 m³/s**
Classe 2	**0,64 m³/s**	**à**	**2,7 m³/s**
Classe 3	**0,15 m³/s**	**à**	**0,64 m³/s**
Classe 4	**0,04 m³/s**	**à**	**0,15 m³/s**

Document 2.3 - Discrétisation des étiages de la Vilaine à Rieux

3°) Les étiages de la Vilaine à Rieux **:** ce sont les débits du quatrième quartile des débits classés : compris entre 0,04 et 11,2 m³/s (document 2.3). La durée globale des étiages (Q < 11,2 m³/s) reflète les « vaches maigres » des pseudo-cycles pluviométriques : début des années 1970, milieu des années 1980, début des années 1990 et des années 2000. Mais la tendance linéaire révèle un assez fort recul : 1,8 jours par décennie.

➢ Les *étiages de classe 1* reflètent le même profil et la même tendance. Il y eut des étiages marqués dans les années 1970 et 1990, mais la tendance est assez clairement au recul des fréquences : -1,4 jrs/10 ans (la moyenne lissée tend à se confondre avec la tendance linéaire).

➢ Cette tendance s'accuse avec la *classe 2*. Ces faibles débits n'ont été atteints qu'au milieu des années 1970 (sécheresse de 1976) et au début des années 1990 (sécheresses de 1989-1990). Le repli est net : 1 journée tous les dix ans.

➢ Enfin, les étiages de *classes 3 et 4* n'ont concerné que 1976.

Certes, c'est une tendance conforme à l'évolution pluviométrique, mais le recul est trop net pour être seulement naturel.

4°) Rôle des aménagements du fleuve : c'est à la fin du XVIIIe siècle que l'on commença à aménager la Vilaine pour la navigation par un système de barrages et d'écluses à Redon et Vitré, puis par des canaux de jonction vers la Rance et la Mayenne. Mais les principaux aménagements visèrent à lutter contre les crues, dont la hauteur et la fréquence augmentaient du fait de la destruction du bocage et de l'accroissement du ruissellement sur les roches anciennes aquicludes (les schistes du Briovérien, notamment)

Un barrage fut donc élevé à Arzal près de l'embouchure, dans les années 1970. Il doit canaliser les crues régulières de la Vilaine occasionnées par les remontées des eaux de marées qui limitaient fortement l'écoulement des eaux fluviales. Ce barrage doit concilier deux objectifs :

➢ En période d'étiage estival, le plan d'eau situé en aval doit être suffisamment haut pour permettre l'alimentation des stations littorales en eau potable. Ainsi s'explique le recul de la durée des étiages, cette rétention se faisant vers l'amont par le biais des écluses destinées à la navigation (réduite à la plaisance).

➢ En période de crue hivernale, le barrage doit inversement évacuer le plus possible d'eau pluviale pendant la marée basse.

Très vite, ce barrage d'Arzal est apparu insuffisant. Il ne parvient pas à évacuer les eaux de ruissellement nées de l'ouverture du bocage et à éviter les inondations hivernales de la Basse-Vilaine (1982, 1988, 1994, 1999, 2000). Aussi, trois autres barrages ont été édifiés près de Vitré :

➢ Le barrage de la Valière, qui a été mis en eau en 1978, permet surtout de produire de l'eau potable.

➢ Le barrage de Haute-Vilaine, à la Chapelle-Erbrée, ouvert en 1982, protége Rennes contre les crues hivernales. Mais il assure aussi la production d'eau potable et constitue un espace ludique. Aussi reste-t-il en eau en été.

➢ Enfin, en 1995, fut aménagé le barrage de Villaumur afin de produire de l'eau potable, de protéger Redon et sa région contre les crues de ruissellement, et de soutenir les débits d'étiage.

Ces barrages, et surtout celui d'Arzal, ont eu un impact négatif sur les hydrosystèmes (pollution, eutrophisation, rupture des liens amont-aval, et surtout milieu marin et milieu fluvial). Mais, à l'évidence, les crues les plus graves, celles de la classe 4, ont été jugulées, au profit de la durée des crues de rang inférieur. De même, les plus forts étiages ont été éliminés.

En dehors des aspects écologiques, nous avons ici l'exemple d'un aménagement efficace du seul point de vue hydrologique.

B - Les extrêmes hydrologiques de la Somme

Cet autre fleuve côtier de régime pluvio-évaporal océanique possède une hydrologie pourtant très différente du précédent. Le coefficient de pondération de la Vilaine à Rieux est de 19,3 ; celui de la Somme à Abbeville n'est que de 1,6. La Vilaine est immodérée, la Somme est fortement pondérée. Il est vrai que le nom celte était *« Samara »*, de *« som »* = tranquille et de *« aar »* ou *« ar »* qui signifient rivière et vallée.

Cela s'explique par le contexte lithologique et topographique :

➢ En aval d'Amiens, le tracé de la vallée de la Somme s'inscrit dans un synclinal de direction sud-armoricaine entre les anticlinaux de l'Artois et du Boulonnais. Les falaises qui limitent la Picardie vers la Manche rendent compte de l'épaisseur et de la massivité de la craie. L'eau s'y infiltre au travers de la couverture de limons et constitue une nappe phréatique profonde (les puits des interfluves dépassent 50 m). Cette nappe affleure dans le lit mineur et assure la pérennité et la pondération de l'écoulement.

➢ Mais la Somme ne prend sa source qu'à 86 mètres d'altitude seulement, près de Fonsommes. Sur un peu plus de 200 km de cours, la dénivellation s'y abaisse de moins de 100 m. Aussi sa vallée forme-t-elle un ensemble complexe de chenaux, de marais, d'étangs, de tourbières et de canaux creusés par l'homme.

La Somme est donc un cours d'eau typique des pays de craie avec une pente très faible, des eaux lentes et un débit régulier, alimenté par la nappe de la craie. Mais, en 2001, la vallée de la Somme fut néanmoins touchée par une inondation d'ampleur exceptionnelle, due à la remontée de cette nappe phréatique, à la suite de précipitations elles-mêmes exceptionnelles.

1°) Présentation hydrologique de la Somme à Abbeville : si la Somme est pondérée saisonnièrement, elle n'en a pas pour autant aplani les fluctuations pluviométriques régionales. À cet effet, nous avons comparé les moyennes annuelles de l'écoulement à Abbeville, aux totaux pluviométriques de la station de Lille (document 2.4).

L'écoulement moyen a fait l'objet d'une croissance linéaire de 14 m³/s tous les 10 ans. Ce n'est pas un artéfact consécutif aux fortes crues du début du XXIe siècle ; cette croissance est parfaitement en relation avec les précipitations annuelles dont les totaux se sont accrus de près de 30 mm par décennie à Lille. Par ailleurs, les pulsations interannuelles des débits moyens sont en relation avec les pseudo-cycles pluviométriques : 13 pulsations courtes de 7 années de longueur d'onde, en moyenne, et 6 pulsations longues de 15 années de longueur d'onde, en moyenne.

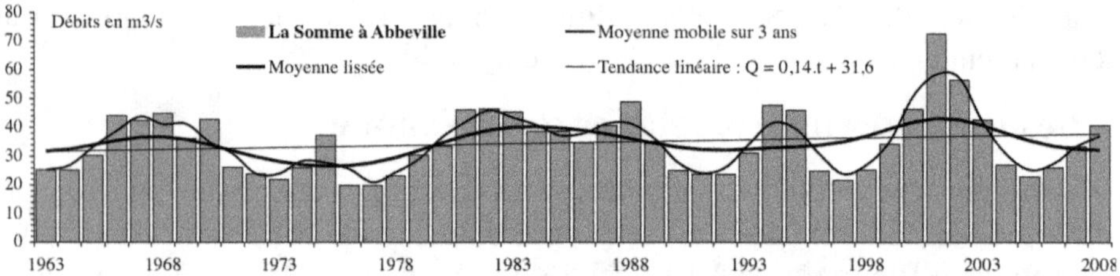

a) Variations interannuelles des débits de la Somme à Abbeville

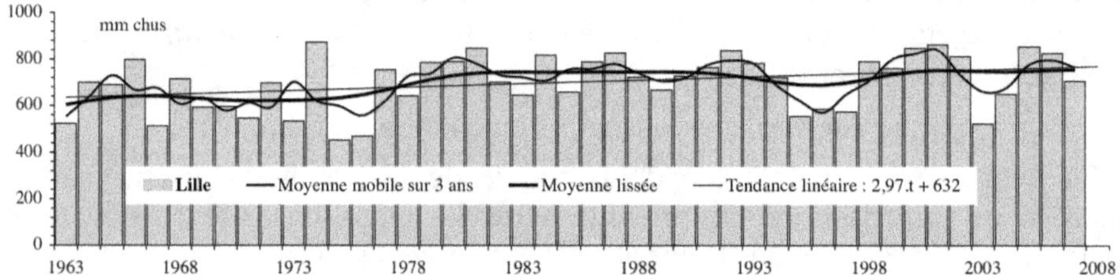

b) Variations interannuelles des précipitations annuelles à Lille.

Document 2.4 - Hydrologie et climat de la Somme à Abbeville

Toutefois, la comparaison des deux graphiques du document 2.4 révèle un décalage entre les extrêmes pluviaux et hydrologiques.

➢ Les pluies ont connu un premier maximum vers 1965-1966, la répercussion au niveau de l'écoulement a été retardée à 1967-1968. Puis le maximum pluvial de 1974 n'apparaît à l'écoulement qu'en 1975.

➢ Les précipitations furent élevées entre 1977 et 1994, avec des maxima secondaires en 1977,1981, 1984, 1987, 1992. Tous ont sensiblement marqué l'écoulement avec un an de retard en moyenne.

➢ Enfin, les grandes crues de 2001 n'ont été que la distribution des fortes pluies de 1998 à 2001. Les années pluvieuses de 2005-2006 n'ont provoqué une remontée des eaux qu'en 2008.

Alors que la Vilaine, au bassin versant aquiclude, répondait presque immédiatement aux sollicitions pluviales, sur la Somme, les pluies sont d'abord absorbées par la craie, puis infiltrées par la nappe phréatique, laquelle la redistribue plusieurs mois après. Enfin, c'est le mode de circulation souterrain normal.

2°) Crues et étiages de la Somme : la division en quartiles de la courbe monotone des débits journaliers classés donne les valeurs de 25,5 m^3/s comme seuil supérieur du débit d'étiage et 41,6 m^3/s comme seuil inférieur du débit de crue. Ces valeurs très proches l'une de l'autre sont le reflet de la pondération saisonnière du fleuve. Le document 2.5 illustre la répartition interannuelle de leurs fréquences annuelles. Les deux évènements sont en parfaite opposition de phases, avec des crues au milieu des années 1960, dans les années 1980 au début des années 1990 et la charnière des XXe et XXIe siècles, séparées par des étiages au début des années 1960, au début des années 1970, à la fin des années 1980 et 1990, et au milieu des années 2000. Mais la tendance générale est opposée : la durée des débits > 41,6 m^3/s a augmenté de près de 13 jours tous les 10 ans, mais celle des étiages < 25,5 m^3/s recula de 6 jours par décennie.

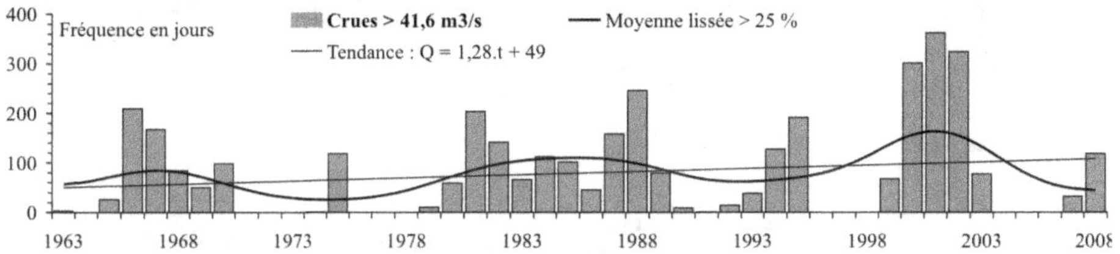

a) Variations interannuelles de la fréquence des débits de crue.

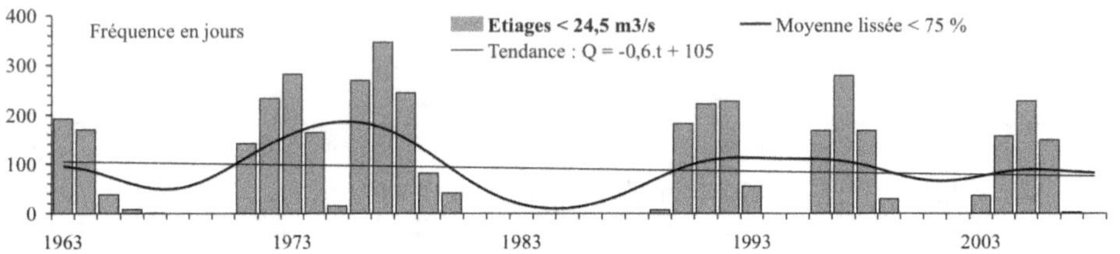

b) Variations interannuelles de la fréquence des débits d'étiage.

Document 2.5 - Variations interannuelles de la durée des extrêmes hydrologiques de la Somme

C'est certes conforme à la distribution des pluies à Lille. Celles-ci ont augmenté et il est logique qu'un écoulement soumis essentiellement à une redistribution par les sources ait connu une augmentation de la fréquence des hautes eaux et un recul de celle des basses eaux. Mais, originalité du régime du fleuve, le débit de 41,6 m^3/s ne fut pas atteint en 1964, de 1971 à 1973, de 1976 à 1978, de 1996 à 1998 et de 2004 à 2006. À l'inverse, le seuil de 25,5 m^3/s fut toujours dépassé de 1968 à 1970, de 1981 à 1988, en 1994 et 1995, de 2000 à 2002 et en 2008. Fruit de sa pondération, la Somme peut statistiquement connaître des suites d'années sans étiages et surtout sans crue, ce qui encouragea l'habitat dans la plaine alluviale.

a) Discrétisation des crues (document 2.6)

➢ Les crues de classe 4 n'ont concerné que l'année 2001, mais les débits dépassèrent 82,7 m^3/s pendant 147 jours, du 18 janvier au 16 juin. Ce ne sont que des débits de 2,4 à 3 fois le débit moyen de 34,8 m^3/s. Mais il ne s'agit pas du fruit d'un ruissellement mais d'une remontée de la nappe et dont le rabattement fut lent.

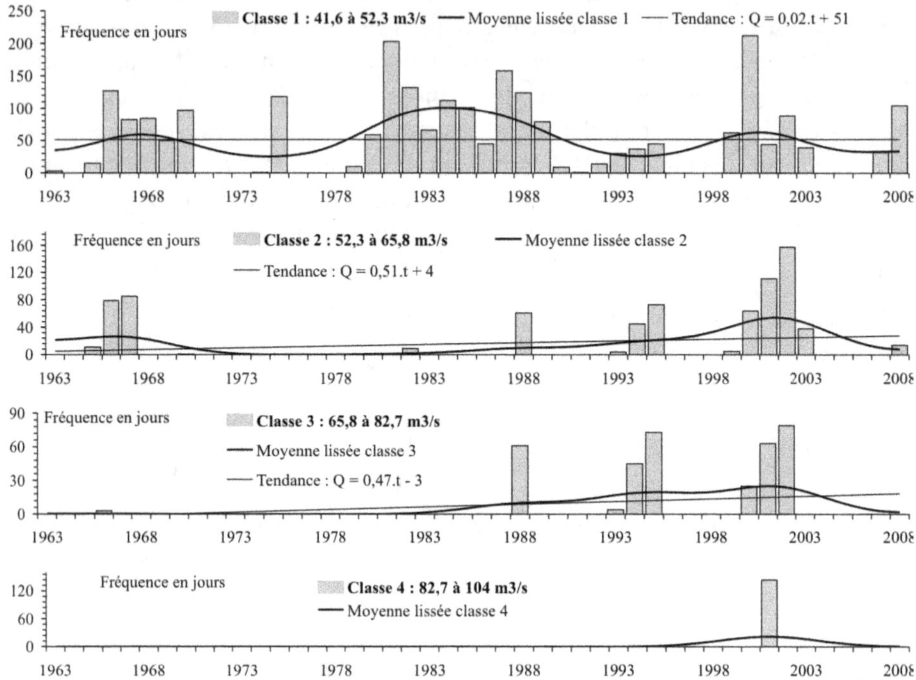

Classe 1	**82,7**	**m^3/s**	**à**	**104,0**	**m^3/s**
Classe 2	**65,8**	**m^3/s**	**à**	**82,7**	**m^3/s**
Classe 3	**52,3**	**m^3/s**	**à**	**65,8**	**m^3/s**
Classe 4	**41,6**	**m^3/s**	**à**	**52,3**	**m^3/s**

Document 2.6 - Discrétisation des crues de la Somme à Abbeville

➢ La répartition des crues de classe 3 est plus pédagogique ; elles ne sont apparues qu'en 1988 et ont duré jusqu'en 2002 avec une augmentation de près de 5 jours tous les dix ans.

➢ Les crues de classe 2, moins rares, existaient déjà au début des jaugeages, de 1965 à 1967. À l'exception de 9 jours de crues en 1983, elles ne sont vraiment réapparues qu'en 1988. De ce fait, elles connaissent une durée croissante de 5 jours tous les 10 ans.

➢ Enfin, les crues de classe 1 ont toujours existé, elles répercutent les pseudo-cycles pluviaux et ont accru leur fréquence entre 1980 et 1989. Mais, sur l'ensemble des jaugeages, leur durée est statistiquement stable avec une croissance linéaire négligeable de 2 jours par siècle.

Les crues de la Somme se sont amplifiées au moins depuis 1963. Mais cette croissance a surtout concerné les crues les plus rares, au moins > 52,3 m^3 (1,5 fois le module), ce qui aggrava l'impact matériel et moral des inondations de 2001.

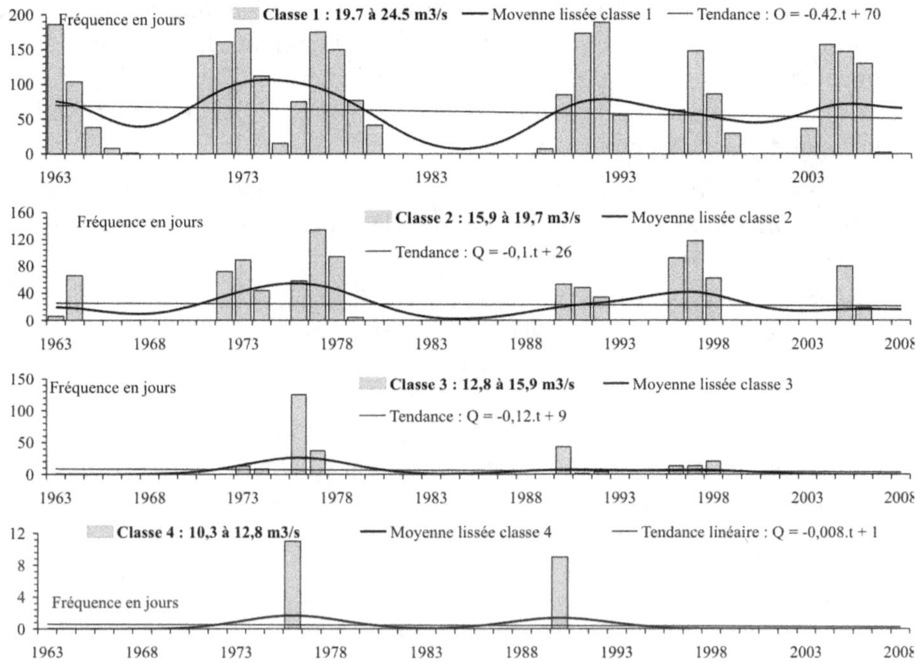

Classe 1	**19,7**	**m^3/s**	**à**	**24,5**	**m^3/s**
Classe 2	**15,9**	**m^3/s**	**à**	**19,7**	**m^3/s**
Classe 3	**12,8**	**m^3/s**	**à**	**15,9**	**m^3/s**
Classe 4	**10,3**	**m^3/s**	**à**	**12,8**	**m^3/s**

Document 2.7 - Discrétisation des étiages de la somme à Abbeville

b) La discrétisation des étiages (document 2.7) fournit des valeurs apparemment élevées :

➢ Les étiages de classe 4 ont été aussi rares que les crues du même ordre. Ils n'ont affecté que les années 1976 (11 jours) et 1990 (9 jours). On sait que les hivers précédents avaient été peu arrosés, alors que les étés furent longs et secs. La nappe fut fortement rabattue, mais ces épisodes marquèrent moins les esprits que la crue de 2001, du fait d'une implication humaine et sociale moins marquée et d'une durée plus brève.

➢ La répartition des étiages de classe 3 en diffère peu, mais ils durèrent plus longtemps. Ils ont fortement marqué le milieu des années 1970 et la fin des années 1990. Du fait d'une occurrence plus grande, la tendance linéaire, -1,2 jours par décennie, prend un sens.

➢ La réflexion est la même pour les étiages des classes 2 et 1, parfaitement en phases, et à la cyclicité inverse des crues du même rang. Dans les deux classes, la durée recula de 1 à 4 jours par décennie.

Crues et étiages ont évolué de façon opposée, en accord avec une progression de la pluviométrie locale. À l'inverse de la Charente, rien n'indique qu'il faille incriminer une intervention humaine. D'ailleurs la Somme est peu aménagée en dehors du canal de la Somme (édifié entre 1770 et 1843), et dont les 164 km permettaient la liaison de la baie, et surtout d'Abbeville et Amiens avec le canal de Saint-Quentin.

c) La crue de 2001 dura près de cinq mois et paralysa la vallée durant l'hiver et le printemps de cette année. On estime que la récurrence d'une crue comme celle de 2001 serait de 500 ans environ.

➢ Le Sénat demanda un rapport où l'on peut lire que « *La Somme n'est pas considérée comme un fleuve sujet à des crues catastrophiques. (...) . De nombreux débordements ont néanmoins été recensés qui, pour la plupart, ne semblent jamais avoir dépassé deux semaines* ».

➢ En effet, dans « *Les inondations en France du VIe siècle à nos jours* », Maurice Champion rappelait que des crues avaient souvent affecté la Somme au cours des mois de février 1615, 1635 et 1658, puis qu'Amiens et Abbeville avaient eu à souffrir d'inondations graves en 1716, 1718, 1784 et 1799.

➢ Le XIXe siècle connut lui aussi des crues en 1820, 1841 et 1850. Puis on relève une interruption jusqu'en 1987, et des inondations sont alors fréquentes en 1988, 1990, 1992, 1993, 1994, 1995 et 1999.

➢ Mais, tant dans l'ouvrage de Champion que dans les rapports de la D.D.E., il est parfois difficile de faire la part entre les crues brèves, de ruissellement, qui se réalisent dans les vallons secs des plateaux après un violent orage, et les crues par remontée de la nappe qui affectent plus précisément la vallée de la Somme.

La crue de 2001 resterait le fruit d'une convergence entre des pluies durables et intenses au cours des années 2000, et plus particulièrement avec un « été pourri ». Les sols et la craie des plateaux furent saturés, ce qui provoqua une remontée importante de la nappe phréatique au cours de l'automne. Or ce type d'inondation met ici du temps à se résorber : en effet, le rabattement de la nappe phréatique est lent, puisque la pente du cours d'eau est faible, le lit mineur étant lui-même marécageux. Cette lente remontée de la nappe quand l'hiver est pluvieux avait été décrite par A. Demangeon dès 1903, mais on l'avait apparemment oublié ; le problème n'est pas « physique », mais « humain » : on n'aurait jamais dû urbaniser le fond de la vallée.

C - Les extrêmes hydrologiques de la Meuse et de la Moselle

Ces deux affluents du Rhin, issus du Plateau Lorrain (la Meuse) et des Vosges (la Moselle), sont loin des côtes, et leurs ressources pluviales relèvent d'un climat océanisé dégradé ou avec une répartition des pluies plus équilibrée entre les saisons. À Nancy, par exemple, les 763 mm annuels sont distribués entre 385 mm en saison froide et 378 mm en saison chaude. Mais ces cours d'eau ont surtout été largement aménagés pour la navigation. En soi, de tels usages n'ont pas d'impact important si ce n'est que la navigation doit être possible toute l'année. Il est alors impératif de soutenir les étiages.

1°) Le système de navigation de l'est de la France : ni la Meuse ni la Moselle n'étaient convenablement et naturellement navigables, et il a fallu les aménager. Le choix a varié entre la canalisation (barrages mobiles et écluses) et la réalisation d'un canal latéral. Mais ces deux cours d'eau sont exogènes, et ils conduisent vers la Belgique et l'Allemagne, aussi a-t-il fallu les relier aux autres bassins versants : l'Aisne, la Marne, le Rhin français et la Saône.

➢ La Meuse a été canalisée au gabarit Freycinet entre Givet (à la frontière belge) et Saint-Mihiel (tête de navigation). La Moselle avait connu un aménagement du même ordre et la navigation se réalisait alternativement sur la rivière et sur un canal latéral. La nécessité du trafic de pondéreux a conduit vers une canalisation à grand gabarit (3 000 tonnes) en 1964 jusqu'à Neuves-Maisons dans la banlieue de Nancy.

➢ Dans le contexte d'une économie protectionniste, les deux fleuves avaient été reliés au Rhin et à la Seine par le Canal de la Marne au Rhin dès 1853. Ce contexte avait été aggravé par la défaite de 1870 et la perte de l'Alsace et de la Moselle. Le trafic fut en partie reporté sur la Meuse. Dés 1836, celle-ci avait été reliée à l'Aisne par le Canal des Ardennes. Mais de grands ouvrages furent conçus pour une liaison de la Lorraine française avec la Méditerranée.

➢ La principale liaison a été le canal de l'Est qui relie la Meuse et la Moselle à la Saône, et construit entre 1874 et 1887. Sa branche nord n'est que la Meuse canalisée, elle commence à Givet, devient autonome en amont de Saint-Mihiel, pour se confondre avec le canal de la Marne au Rhin entre Commercy et Toul. Sa branche sud commençait à Toul à l'origine, mais commence aujourd'hui à Neuves-Maisons. Elle se termine à Corre en Franche-Comté, sur la Saône. On évoqua une mise au grand gabarit de ce canal Freycinet de 394 km. Mais la « ruine des industries lorraines » semble y avoir mis un terme, et c'est dans un objectif de promotion touristique que branches nord et sud ont été rebaptisées respectivement « *Canal de la Meuse* » et « *Canal des Vosges* » en 2003.

Un tel ensemble, pour fonctionner raisonnablement, exige une relative maîtrise des débits, dont un contrôle sévère des étiages.

2°) Hydrologie de la Meuse et de la Moselle : la Moselle prend sa source dans les Vosges, à Bussang, à 610 m d'altitude, et la Meuse à Châtelet-sur-Meuse, à 400 m d'altitude, dans le Bassigny. Ce sont loin d'être des cours d'eau montagnards et la Meuse à Chooz, comme la Moselle à Toul présentent encore un régime pluvio-évaporal océanisé. À Chooz, la Meuse draine un bassin de 10 120 km², où on la jauge depuis 1953, et à Toul, où la Moselle est jaugée depuis 1960, le drainage est de 3 350 km². La station météorologique de Nancy nous est apparue la plus propice pour comparer alimentation pluviale et écoulement (document 2.8).

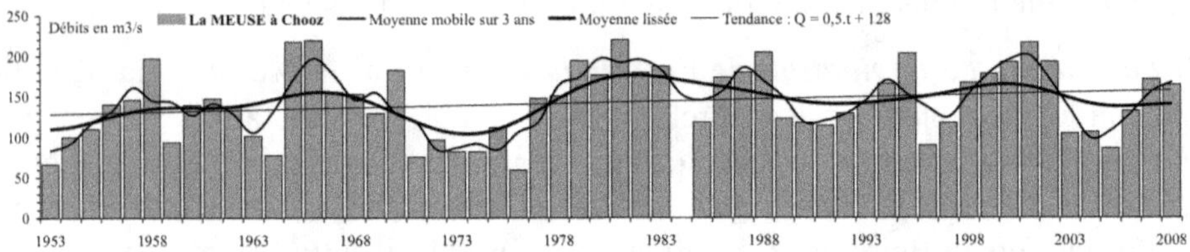

a) Variations interannuelles des débits de la Meuse à Chooz.

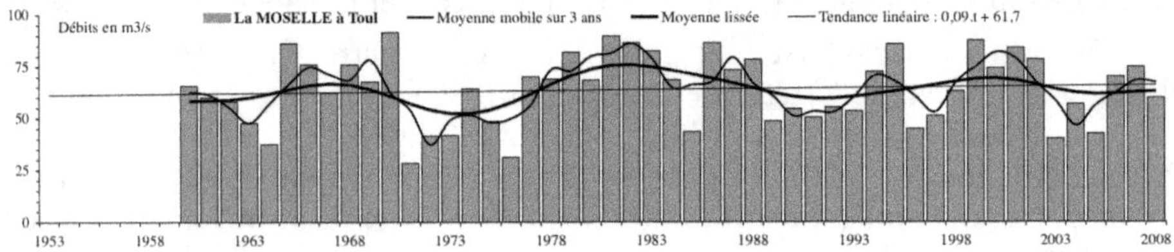

b) Variations interannuelles des débits de la Moselle à Toul.

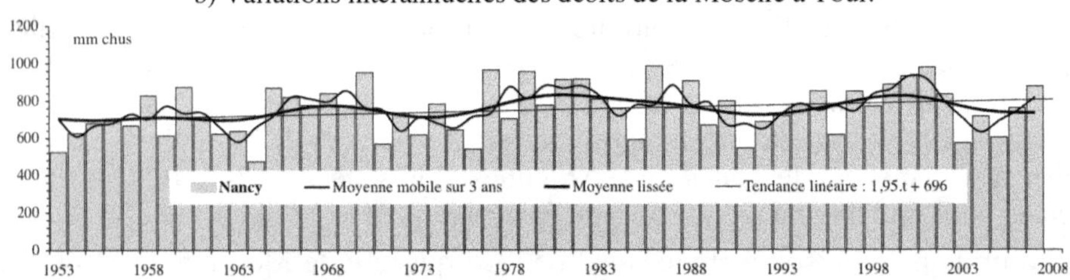

c) Variations interannuelles des précipitations à Nancy

Document 2.8 - Hydrologies comparées de la Meuse et de la Moselle

À l'évidence, les variations interannuelles des précipitations contribuent aux pulsations de l'écoulement. Les tendances linéaires montrent une croissance générale des abats pluviaux de près de 2 mm/an à Nancy, accompagnée par une augmentation négligeable des débits de la Moselle à Toul de moins d'1 m³/s par décennie, mais plus appréciable sur la Meuse à Chooz : 5 m³/s tous les dix ans. Surtout, les pseudo-cycles pluviométriques sont assez parfaitement répercutés sous forme de pulsations positives et négatives de l'écoulement. On relève une double cyclicité, à court et moyen terme.

La Meuse à Chooz a connu 18 pulsations courtes de 6 années de longueur d'onde moyenne et 8 pulsations longues de 14 années de longueur d'onde, en moyenne. L'écoulement de la Moselle à Toul présente une pseudo-cyclicité semblable :16 pulsations courtes de 6 années de longueur d'onde moyenne, et 6 pulsations longues de 15 années de longueur d'onde, en moyenne. Les écoulements sont parallèles et relèvent des mêmes fluctuations naturelles.

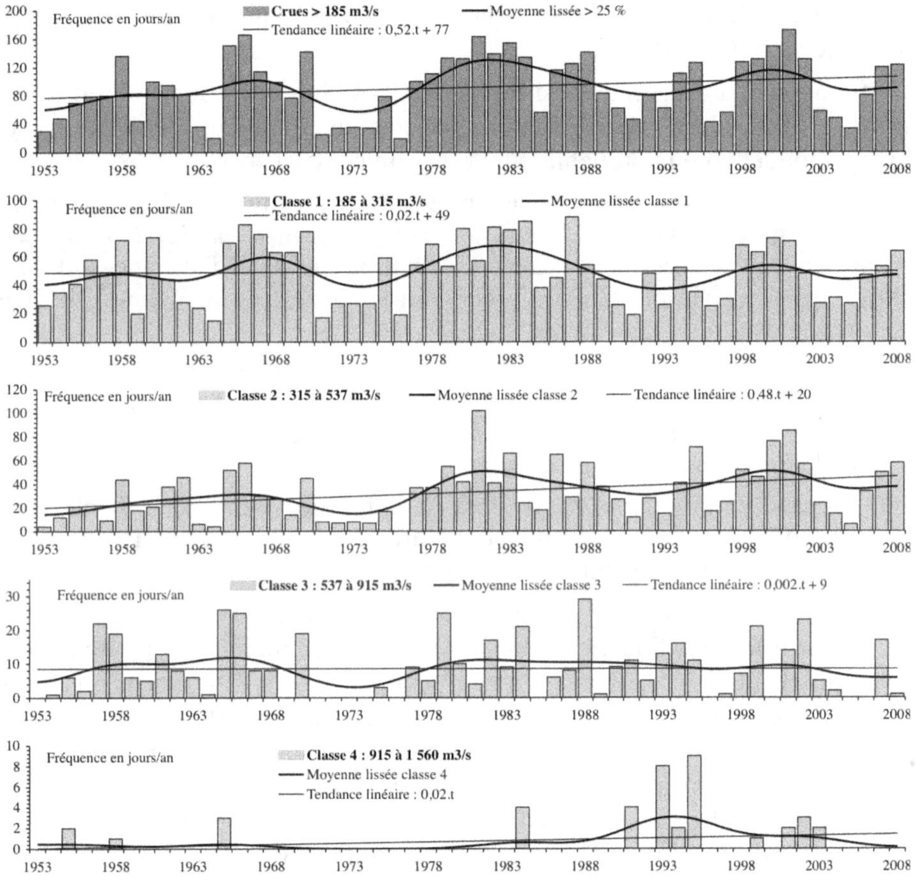

Classe 1	**185 m^3/s**	**à**	**315 m^3/s**
Classe 2	**315 m^3/s**	**à**	**537 m^3/s**
Classe 3	**537 m^3/s**	**à**	**915 m^3/s**
Classe 4	**915 m^3/s**	**à**	**1 560 m^3/s**

Document 2.9 - Discrétisation des crues de la Meuse à Chooz

3°) Les extrêmes hydrologiques de la Meuse à Chooz : les jaugeages n'ayant commencé qu'en 1953, les aménagements réalisés à la fin du XIXe siècle sont largement pris en compte. La division en quartiles de la courbe monotone des débits classés indique 185 m³/s comme seuil minimum des crues et 47,3 m³/s comme seuil maximum des étiages.

a) Discrétisation du premier quartile (document 2.9) : Maurice Champion rappelait que : « *en 1639, en moins de six heures, une effroyable inondation de la Meuse, à Verdun, emporta presque tous les ponts et une grande partie des maisons d'une rue proche de la rivière* ». Charleville-Mézières fut inondée en 1991 et 1995 (le 30 janvier 1995, à Chooz, on estime avoir eu affaire à une crue centennale : 1 560 m³/s).

La croissance de la fréquence des débits > 185 m³/s est nette : 5 jours par décennie. Mais c'est conforme au rôle des précipitations elles-mêmes en augmentation, et dont la probabilité du ruissellement est accrue.

➢ Les crues de classe 4 ne sont pas un évènement fortuit : elles existaient dès 1955, et n'ont disparu que pendant la « *sécheresse des années 1970* ». Leur réapparition en 1984 et surtout leur exaspération au début des années 1990 et 2000 s'expliquent surtout par des précipitations devenues abondantes, le seuil de saturation des sols ayant été dépassé.

➢ Les crues de classe 3 ne présentent aucune originalité, leur occurrence est régulière et leur cyclicité correspond à celle des précipitations à Nancy. Mais la corrélation a des limites : leur durée est assez stable, car une croissance linéaire de 2 jours par millénaire n'a aucun sens.

➢ On est alors surpris par la progression de la fréquence des crues de classe 2 : près de 5 jours par décennie, alors que la durée de crues de classe 1 conserve la même périodicité sans tendance à l'accroissement : 2 jours par siècle.

L'explication en est relativement simple. La navigation s'accommode mal des crues et il faut les limiter. Selon l'Établissement Public d'Aménagement de la Meuse et de ses Affluents, les crues de classe 4 proviennent de la convergence d'une crue de la Meuse elle-même et de ses affluents la Chiers et la Sémois, ce qui se produisit en 1995. On ne peut guère agir sur elles. À l'inverse il semblerait qu'on ait pu contenir les crues de classe 3 en agissant sur les barrages mobiles, afin d'écouler le surplus, cette opération se faisant au profit des crues de classe 3, probablement sans gravité. Quant aux crues de classe 1, elles sont apparemment maîtrisées.

b) Discrétisation des étiages de la Meuse (document 2.10) : la chronologie des débits < 47,2 m³/s est en opposition de phase avec celle des crues ; et l'on y retrouve les années de déficits pluviométriques : début des années 1950 et 1960, années 1970, années 1990 et début des années 2000. Du fait d'un accroissement des chutes d'eau, la fréquence tend linéairement à reculer de 4 jours par décennie. Mais la réalité est plus complexe :

➢ La représentation graphique des étiages de classe 1 est la réplique de celle de la durée des débits < 47,2 m³/s. Elle se replie de 4 jours tous les 10 ans. Sur les

5 044 débits qui furent < 47,2 m³/s, 4 955 (98 %) relèvent de la classe 1. Tous les autres apparaissent accidentels.

➢ Les étiages de classe 2 ne sont que des « accidents ». Ils ne duraient que quelques jours : 1959 (4 jrs), 1962 (1 jrs), 1964 (4 jrs), 1966 (1 jr), 1968 (1 jr), et 1991 (6 jrs). Toutefois, ils ont duré 63 jours quasiment consécutifs en 1976 : du 30 juillet au 29 septembre. Le printemps avait été sec : 32 mm en mai, 34 en juin, 64 en juillet, mais 4 mm de pluies en août. Les réserves furent épuisées et les basses eaux ont fortement handicapé la navigation.

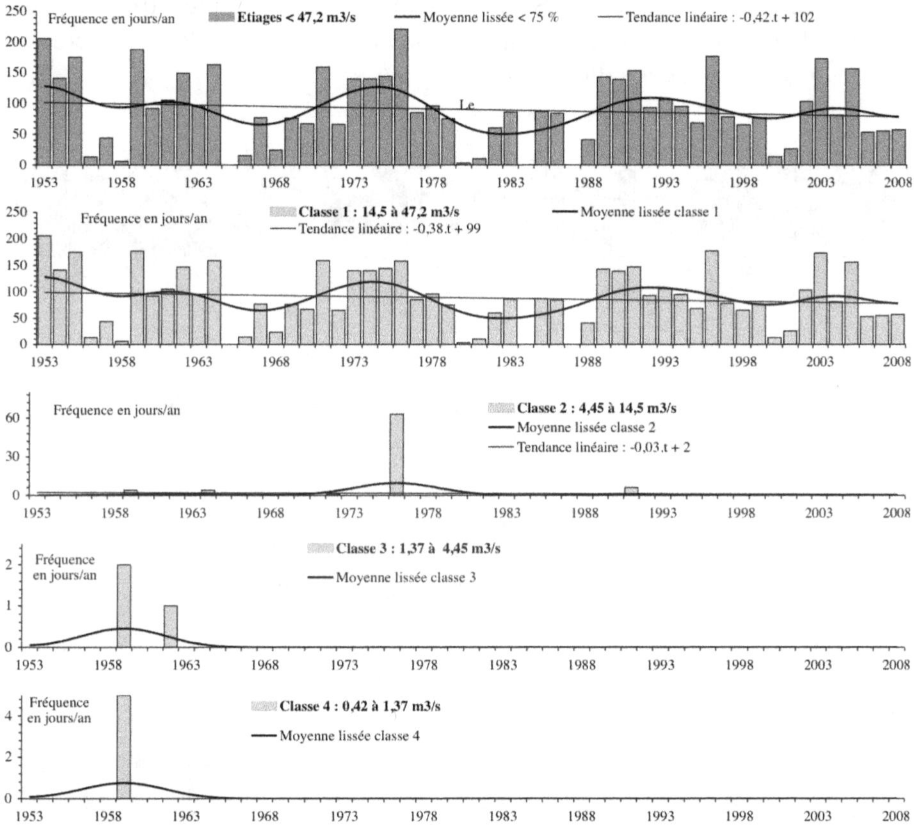

Classe 1	**14,5 m³/s**	**à**	**47,2 m³/s**
Classe 2	**4,45 m³/s**	**à**	**14,5 m³/s**
Classe 3	**1,37 m³/s**	**à**	**4,45 m³/s**
Classe 4	**1,47 m³/s**	**à**	**0,42 m³/s**

Document 2.10 - Discrétisation des étiages de la Meuse à Chooz

➢ Quant aux étiages des classes 3 et 4 qui ne concernent que des débits extrêmement faibles, on ne les a relevés qu'une année, en 1959. Ce fut bref, et très localisé dans le temps : 5 jours d'étiages de classe 4 et 2 jours de classe 3, tous consécutifs, du 30 septembre au 6 octobre 1959. Il n'avait chu que 18 mm d'eau en juillet, 52 mm en août, et 18 mm en septembre.

À l'évidence, les services de la navigation cherchent à éviter ces évènements par un soutien artificiel de l'écoulement, une économie des éclusées, de façon à réduire les basses eaux aux valeurs de la classe 1, ce qui apparemment ne constitue pas un obstacle.

4°) Les extrêmes hydrologiques de la Moselle à Toul : elle a été jaugée dès 1960, ce qui prend en compte les aménagements réalisés après 1964. À Toul, notre calcul statistique estime à 79 m^3/s le seuil inférieur des débits de crues, et à 19,5 m^3/s celui des débits d'étiages.

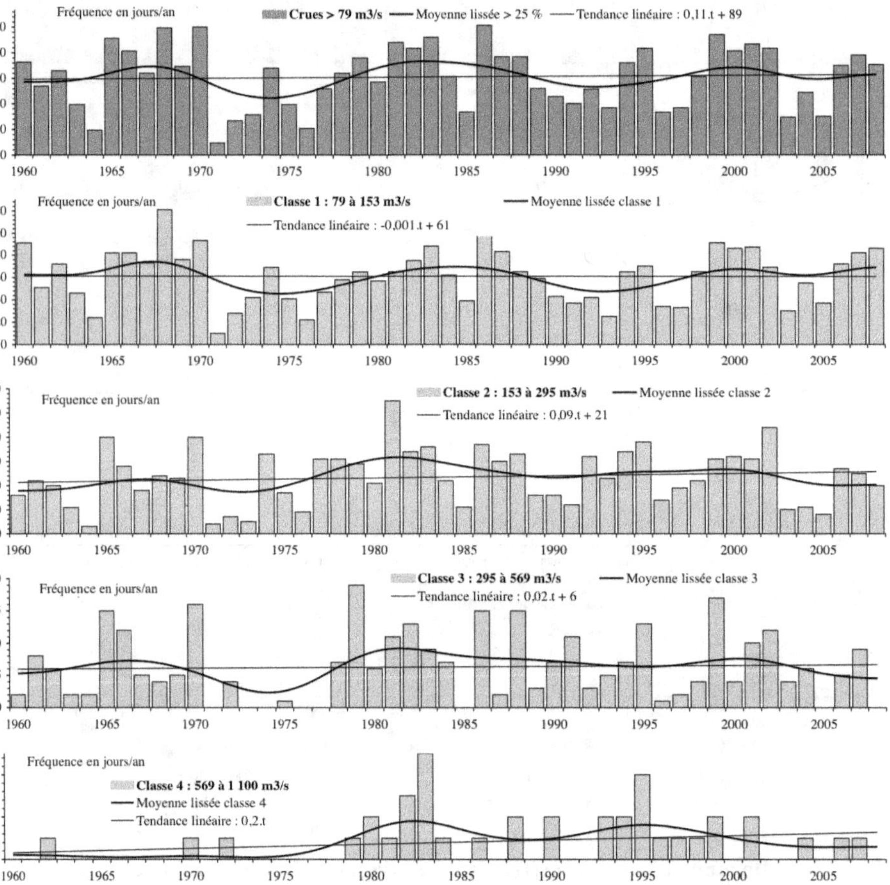

Classe 1	**79 m^3/s**	**à**	**153 m^3/s**
Classe 2	**153 m^3/s**	**à**	**295 m^3/s**
Classe 3	**295 m^3/s**	**à**	**569 m^3/s**
Classe 4	**569 m^3/s**	**à**	**1 100 m^3/s**

Document 2.11 - Discrétisation des crues de la Moselle à Toul

a) Discrétisation des crues en quatre classes (document 2.11) : la Moselle n'est pas un fleuve tranquille, elle inonda Épinal le 27 décembre 1947 (crue maximale du XXe siècle). On y enregistra des inondations en novembre 1972, avril 1983 et surtout février 1990. À Toul, la fréquence des débits > 79 m^3/s est le reflet des pseudo-cycles pluviaux nancéens, avec des crues plus durables dans les années 1960, 1970-1980 et au début des années 2000. Aussi, comme sur la Meuse, et conformément à la tendance climatique, leur durée a eu tendance à croître linéairement d'1 journée par décennie ; ce qui est assez modeste (5 jours sur la Meuse).

➢ En effet, les crues de classe 1 ont parfaitement reflété les pseudo-cycles pluviaux, mais sans en suivre la progression linéaire. Ce type de crues aurait reculé d'une journée tous les 1 000 ans, ce qui n'est qu'un artéfact mathématique. À l'évidence, on a cherché à réduire leur impact.

➢ Cette constatation reste vraie pour les crues de classe 2. Leur fréquence s'accrut au cours des années 1977-1988, très arrosées, mais sur les 48 années de jaugeages, leur fréquence resta linéairement stable : 9 jours par siècle.

➢ Or cette stabilité ne concerne plus les crues déjà plus rares de classe 3 (2 jrs/100 ans). Presque inconnues avant 1980, elles sont alors apparues dans ces années d'abondance pour perdurer par la suite (croissance linéaire de 2 jours/10 ans).

La crue est un ennemi de la batellerie, car les écluses sont plus difficiles d'accès et les appontements délicats dans les ports. Toutefois, les aménagements ont porté sur l'association de canaux latéraux et de secteur canalisés. Il est toujours possible d'évacuer les crues vers les secteurs inondables déjà marécageux et peu urbanisés du lit majeur. Quant à l'apparition des crues de classe 4, on peut l'attribuer à la pluviométrie : la saturation des sols survient pour des averses précises, de plus en plus fréquentes en cette fin pluvieuse du XXe siècle.

b) Discrétisation des étiages (document 2.12) : Plus que les crues, l'étiage est l'adversaire du batelier, car on éprouve des difficultés à maintenir les biefs en eau et surtout à assurer des éclusées convenables. La durée des débits < 19,5 m^3/s respecta les variations des apports atmosphériques, et leur fréquence recula linéairement d'une journée chaque décennie. Surtout, nous retrouvons l'impact d'une politique déjà observée sur la Meuse.

➢ La distribution interannuelle de la fréquence des étiages de la classe 1 semble décalquée sur celle des débits < 19,5 m^3/s. En effet, sur les 4 479 débits qui furent inférieurs à cette valeur, 3 070 appartiennent à la classe 1, soit 70 %. À l'évidence ce sont des débits qu'il faut soutenir pour satisfaire la navigation.

➢ On ne retrouve pas la concentration des étiages sur une seule classe, comme ce fut le cas de la Meuse. Les étiages de classe 2 restent fréquents au cours des pseudo-cycles pluviaux, même si leur durée fut réduite de 1,2 jours par décennie.

➢ En fait, il semblerait que ce soient les étiages de classe 3 qui constituent les minima à ne pas dépasser. Ils furent généralement réduits à quelques jours dans l'année, mais ils furent graves en 1976 (51 jours), en 1991 (23 jours) et encore en 2003 (40 jours).

➢ À l'inverse, les étiages de la classe 4 sont plus qu'exceptionnels car seulement survenus en 1991 : 13 jours presque consécutifs de la fin du mois d'août au début de septembre.

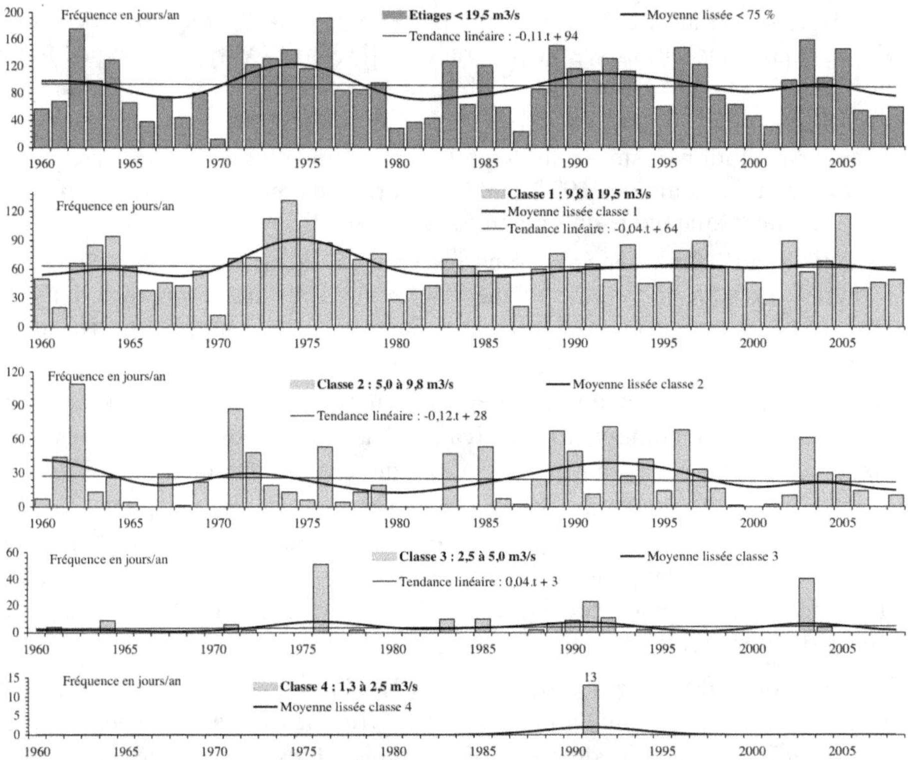

Classe 1	**9,8 m^3/s**	**à**	**19,5 m^3/s**
Classe 2	**5,0 m^3/s**	**à**	**9,8 m^3/s**
Classe 3	**2,5 m^3/s**	**à**	**5,0 m^3/s**
Classe 4	**1,3 m^3/s**	**à**	**2,5 m^3/s**

Document 2.12 - Discrétisation des étiages de la Moselle

La Meuse, comme la Moselle, restent des cours d'eau essentiellement pluvio-évaporaux océaniques, dont les crues et les étiages sont soumis à l'erratisme des précipitations.

D - Les extrêmes de l'Adour et du Gave de Pau

L'embouchure de l'Adour changea de position plusieurs fois au cours de son histoire. La transgression flandrienne envahit les vallées des cours d'eau aquitains : Gironde, Arcachon (La Leyre), Gouf de Capbreton (Adour). Mais courants et grandes houles favorisèrent la construction de cordons littoraux qui colmatèrent les baies : étangs d'Hourtin, de Lacanau, de Cazaux, de Biscarosse, de Soustons. Si la Leyre parvint à maintenir l'ouverture du Bassin d'Arcachon, l'Adour a erré au gré de l'ensablement de son embouchure.

Il s'écoulait encore à Capbreton au début de notre ère, mais en 910 une crue le dirigea vers le nord par Soustons et Vieux-Boucau. En 1164, il perça la dune face à Bayonne puis retourna à Capbreton, qu'il délaissa en 1390 pour Vieux-Boucau. En 1562, la ville de Bayonne, alors en déclin, obtint de Charles IX qu'on lui donnât un accès direct à l'océan. C'est Louis de Foix qui fit réaliser la trouée vers l'océan, achevée le 25 octobre 1578, et qui constitue depuis l'unique embouchure de l'Adour.

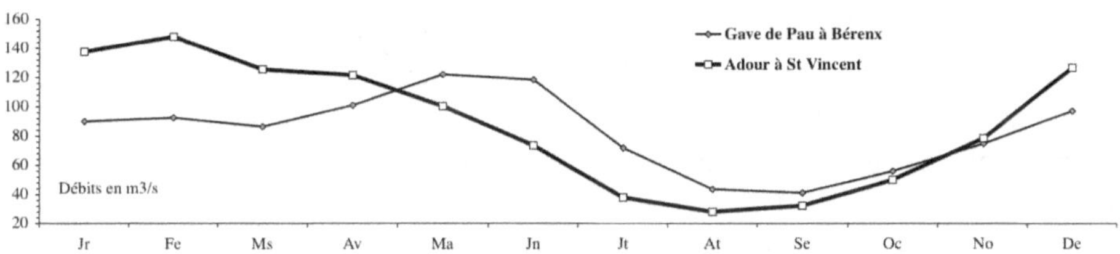

a) Régimes mensuels

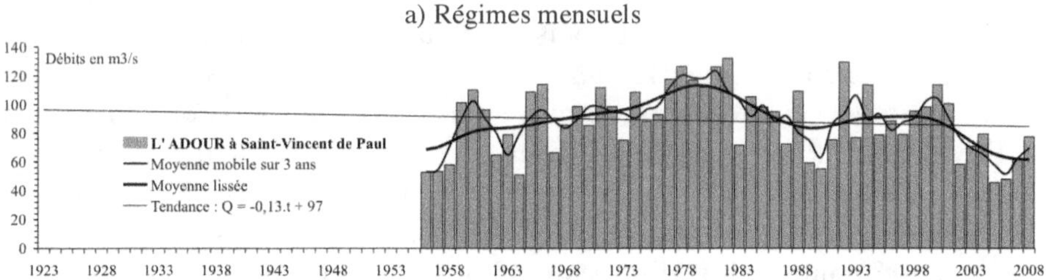

b) Variations interannuelles du débit de l'Adour à Saint-Vincent

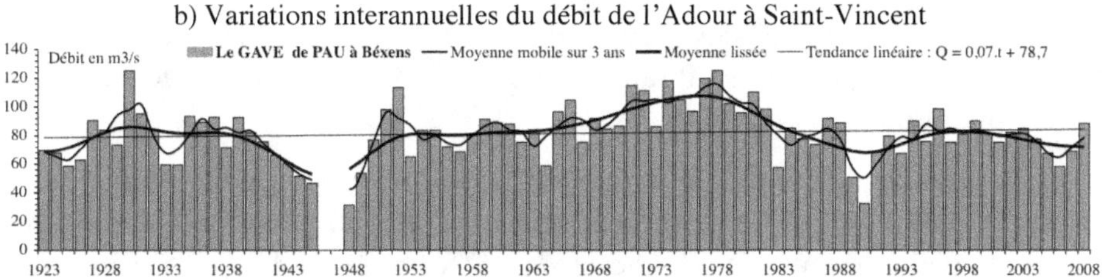

c) Variations interannuelles du débit du Gave de Pau à Bérenx

Document 2.13 - Hydrologie comparée de l'Adour et du Gave de Pau.

Enfin, le bassin de l'Adour, à l'image de celui de la Dordogne, se trouve être drainé par deux cours d'eau majeurs, l'Adour lui-même et son principal affluent, le Gave de Pau. Il en résulte un ensemble qui, hydrologiquement, reste influencé par les pluies de l'Atlantique (dans un des secteurs les plus arrosés de France : entre 1 200 et 2 000 mm d'eau annuellement), mais aussi par la montagne et la neige, car la quasi-totalité du bassin est issue des Pyrénées centrales et atlantiques. Effectivement, si le rôle de la neige est à peine perceptible sur l'Adour à Saint-Vincent sur Adour, elle est caractéristique du régime du Gave de Pau à Bérenx dont le régime est franchement nivo-pluvial (document 2.13.a).

1°) Hydrologie comparée de l'Adour et du Gave de Pau : Le jaugeage du Gave de Pau est effectué depuis 1923, aussi commencerons-nous par cet affluent (document 2.13.b). Les pulsations ne sont pas sans rappeler celles des autres fleuves côtiers du littoral atlantique : 25 pulsations courtes de 6 années en moyenne et 11 pulsations longues d'une quinzaine d'années. On y relève principalement une importante régression à la fin des années 1940 et au début des années 1990, alors que la « sécheresse » de 1976, commune à l'ouest européen, n'a visiblement pas affecté la haute montagne pyrénéenne. Enfin, la tendance linéaire dénoncerait une certaine stabilité : augmentation non significative de 7 m^3/s par siècle. L'examen attentif du graphique évoquerait une progression de 1923 à 1978, que nous avons calculée de 5 m^3/s par décennie, suivie d'un recul important à partir de cette date, de 7 m^3/s tous les 10 ans.

Les mêmes observations concernent l'écoulement de l'Adour, jaugé à Saint-Vincent sur Adour depuis 1956. Depuis cette date, les pulsations courtes (20 de 5 années) et longues (7 de 15 années) sont en phases avec les pulsations hydrologiques du Gave de Pau, ce qui, sans données à proximité, permet de faire l'hypothèse d'une réponse à des cycles pluviaux. Du fait d'un jaugeage plus bref, la tendance linéaire a été celle d'un recul d'1,5 m^3/s par décennie. Mais l'allure des histogrammes journaliers évoque une croissance avant 1978 (18 m^3/s par décennie) suivie d'un repli (15 m^3/s par décennie).

Un tel comportement des deux cours d'eau pourrait être une réaction naturelle au climat ; toutefois, il faut évoquer l'ampleur des aménagements dans la partie amont des bassins.

2°) L'hydroélectricité dans le bassin de l'Adour : la puissance installée y dépasse $1{,}2.10^6$ KW, et elle se répartit entre E.D.F. (36 usines d'une puissance installée de 673 000 kW), la *Société Hydro-Electrique du Midi* (15 usines d'un total de 235 000 kW) et 73 usines appartenant à autant de producteurs autonomes d'un total de 87 000 kW. Si les usines « *au fil de l'eau* » dépendent du débit naturel, les usines de « *moyenne chute* » en aval d'un barrage, fonctionnent par éclusées dont le turbinage présente un intérêt stratégique national et ne peut pas être touché par une limitation. Enfin, des Stations de Transfert d'Énergie par Pompage permettent de remonter l'eau en heures creuses pour la turbiner à nouveau en heures de forte demande.

Cette activité se concentre principalement sur les Gaves (Gave de Pau, Gave d'Oloron, d'Aspe et d'Ossau) qui regroupent 80 % des installations et 93 % de la puissance installée.

➢ À l'amont, les bassins montagnards sont aménagés de façon complexe pour optimiser la ressource d'énergie hydraulique : captage de sources et torrents, stockage en lacs et transfert par conduites forcées.

➢ La ressource collectée par le Gave de Pau dépasse les limites du bassin versant, car les eaux du lac de Cap-de-Long (70.10^6 m^3, 1957), d'Aumar et d'Aubert, issues du bassin des Nestes, y sont transférées. Les eaux du Gave lui-même sont stockées derrière les retenues de Migouélou (18.10^6 m^3, 1958), du Tech ($1,3.10^6$ m^3, 1951), des Gloriettes (3.10^6 m^3, 1952) et d'Escoubous (2.10^6 m^3, 1953)

➢ Le Gave d'Ossau use de la ressource des trois têtes de son bassin, et les stocke dans les lacs d'Artouste (24.10^6 m^3, 1929), de Fabrèges (7.10^6 m^3, 1947) et de Bious-Artigues (5.10^6 m^3, 1957). Les usines fonctionnent donc par éclusées.

➢ Le Gave d'Aspe ($0,12.10^6$ m^3, 1912) est équipé par EDF, avec 8 usines (90 000 kW installés).

Les impacts peuvent être importants (comme on le verra sur la Garonne) à partir de la fin des années 1950. Ainsi, on a modifié l'amplitude des fluctuations du débit et les fréquences (régime journalier, voire mensuel). Mais la principale nuisance concerne les débits estivaux.

➢ Dans la consommation nationale d'électricité, l'essentiel des besoins quotidiens est fourni par les centrales thermiques (nucléaires, gaz, fioul et charbon ensuite) et par les usines au fil de l'eau du Rhin et du Rhône.

➢ Mais les heures de pointes, notamment en hiver, sont assurées par les centrales de moyennes et hautes chutes, dont celles que nous venons de décrire. Il faut donc stocker le maximum d'eau derrière les barrages pour assurer la demande.

Les réserves sont donc assez fortement entamées à la fin de l'hiver et l'on compte sur la débâcle du printemps et les pluies de l'automne pour les remplir. Cette procédure conduit à une réduction drastique de l'écoulement en saison chaude. Pour préserver la faune et la flore aquatiques (les Gaves sont classés 1ère catégorie), le S.D.A.G.E. Adour-Garonne a dû imposer un débit réservé au cours des étés.

➢ Un « débit d'objectif d'étiage » (D.O.E.) a été défini, il est de 18 m^3/s sur l'Adour à Saint-Vincent, et de 20 m^3/s sur le Gave de Pau à Bérenx (S.D.A.G.E.

de 1996). On estime que le D.O.E. est respecté pour l'étiage d'une année si, pendant cet étiage, le plus faible débit moyen de 10 jours consécutifs (VCN10) n'a pas été inférieur à 80 % du DOE (VCN10 > 0,8, DOE = 14 m^3/s sur l'Adour et 16 m^3/s sur le Gave de Pau).

➢ On a aussi défini un « débit de crise » (DCR) qui correspond « *au niveau en deçà duquel la préservation des milieux aquatiques est mise en péril* » : soit 9 m^3/s sur l'Adour à Saint-Vincent, et 13 m^3/s sur le Gave de Pau à Bérenx (S.D.A.G.E. de 1996).

Ces décisions se retrouvent-elles dans la distribution des extrêmes hydrologiques mesurés ?

3°) Les crues sur l'Adour et le Gave de Pau : Pour une meilleure comparaison des histogrammes, le document 2.14 a été construit de telle manière que les données relatives au Gave de Pau (1923-2008) puissent être superposées à celle de l'Adour (1956-2008).

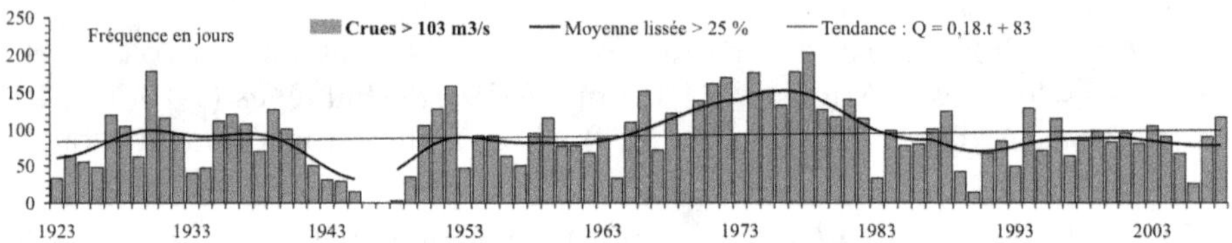

a) Le Gave de Pau à Bérenx

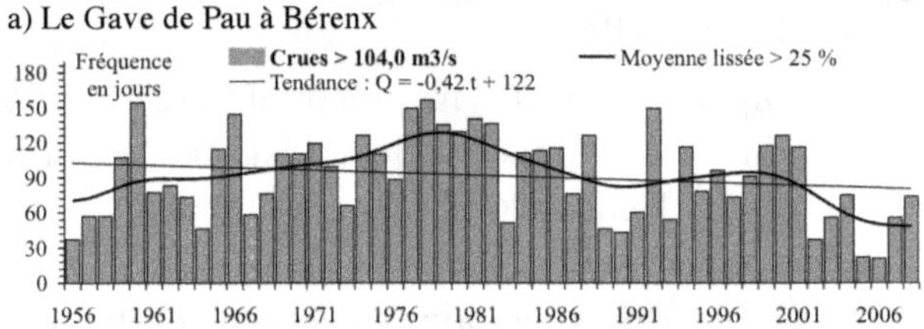

b) L'Adour à Saint-Vincent

Document 2.14 - Les crues du premier quartile de l'Adour et du Gave de Pau.

On sait qu'il s'agit, dans les deux cas, des débits appartenant au premier quartile des débits journaliers classés ; soit 103 m^3/s sur l'Adour à Saint-Vincent, et 104 m^3/s sur le Gave de Pau à Bérenx (on notera que ces deux valeurs sont assez voisines). On y reconnaît les mêmes pulsations, et notamment les séries d'années aux crues fréquentes : fin des années 1920 et des années 1930, années 1990, mais surtout les années de paroxysme : fin des années 1970 à la fin des années 1980. À partir de 1956, la fréquence des crues de l'Adour à Saint-Vincent est en phase avec celles qui sont mesurées sur le Gave de Pau à Bérenx.

Quant aux tendances linéaires, elles ne sont guère comparables : la fréquence des débits > 103 m^3/s sur le Gave de Pau a augmenté de plus de 4 jours par décennie, alors que sur l'Adour, la durée des débits >104 m^3/s recula de près de

2 jours tous les 10 ans. Ce n'est qu'un artéfact engendré par une durée différente des jaugeages, et les débits de crues du Gave ont également reculé de 4 jours tous les 10 ans depuis 1956.

Les bassins ont répondu aux mêmes sollicitations du milieu.

a) La fréquence interannuelle des crues du Gave de Pau est traduite par le document 2.15 :

➢ Les crues de classe 4 ont été exceptionnelles : 920 m^3/s le 13 mars 1930 (année de fortes crues dans le Sud-ouest), plus de 1 000 m^3/s trois jours consécutifs de 1952, 785 m^3/s le 20 février 1971 et 900 m^3/s le 28 novembre 1974. Les dates sont caractéristiques de crues pluviales au coeur de l'hiver. La tendance linéaire n'a pas de sens, on retiendra qu'elles ne sont plus réapparues par la suite.

➢ Les crues de classes 3 et 2 ne font que reproduire la périodicité des hautes eaux générales et des années pluvieuses. Mais elles présentent surtout l'originalité d'une tendance linéaire stable : un recul de 7 jours par millénaire de la durée des crues de classe 3 n'a pas plus de sens qu'une croissance de 2 jours par siècle des crues de classe 2.

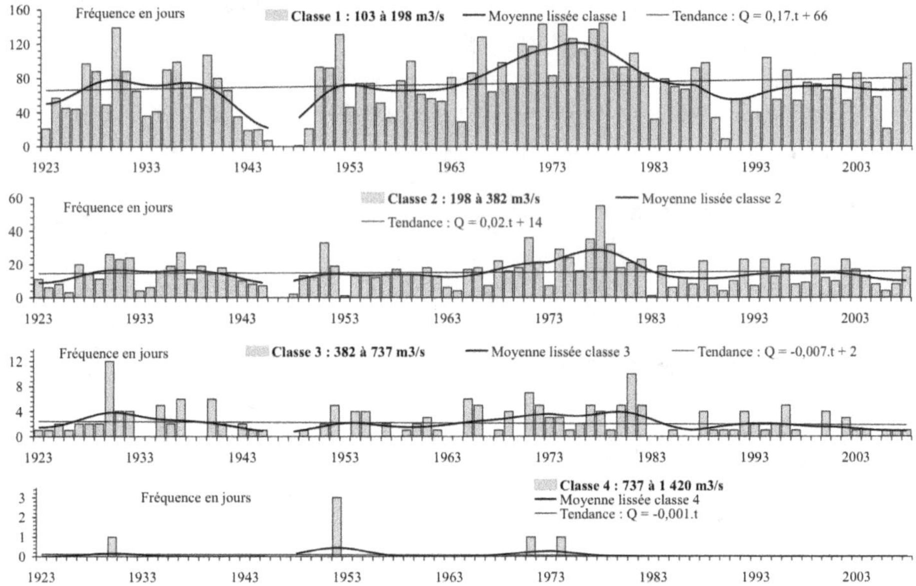

Classe 1	**103 m^3/s**	**à**	**198 m^3/s**
Classe 2	**198 m^3/s**	**à**	**382 m^3/s**
Classe 3	**382 m^3/s**	**à**	**737 m^3/s**
Classe 4	**737 m^3/s**	**à**	**1 420 m^3/s**

Document 2.15 - Discrétisation des crues du Gave de Pau à Bérenx

➢ Seules les crues de classe 1 connurent une durée relativement croissante de près de 2 jours par décennie.

Ce sont là des résultats assez logiques, la neige ne joue pas le premier rôle et les crues ne font que refléter les pseudo-cycles pluviaux. Quant à l'impact des aménagements hydroélectriques, peut-être pourrait-on lui attribuer la disparition des crues de classe 4.

b) La variabilité interannuelle de la durée des crues : l'Adour (document 2.16) confirme ces observations sur une période seulement plus courte.

➢ Toutefois, les crues de classe 4 y ont été plus fréquentes, et leur régression linéaire (2 jrs/100 ans) n'a pas de sens. Cependant, elles ont disparu après 1999.

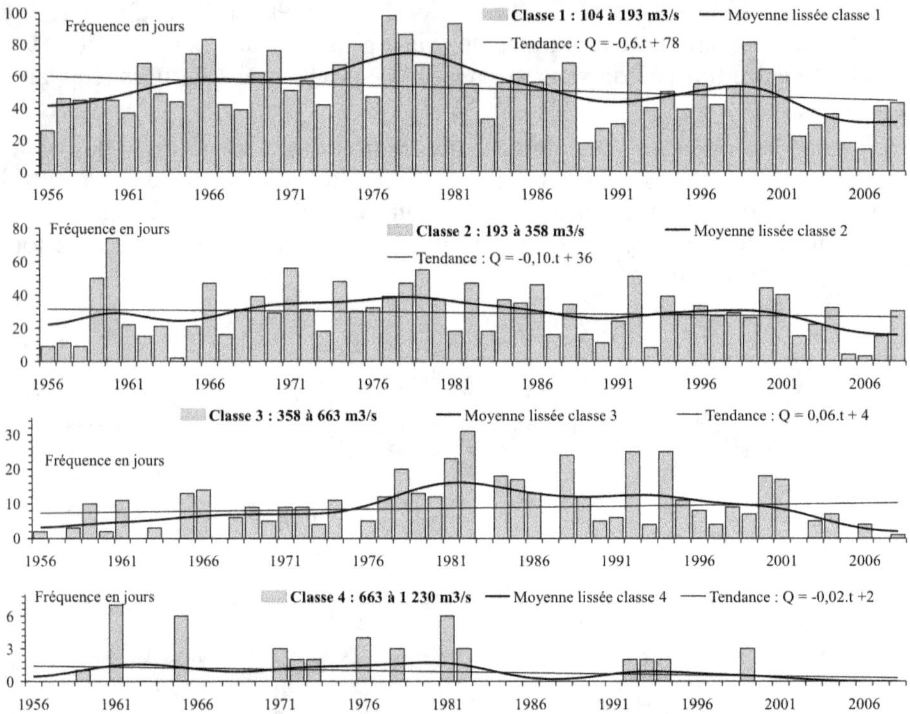

Classe 1	**104 m³/s**	**à**	**193 m³/s**
Classe 2	**193 m³/s**	**à**	**358 m³/s**
Classe 3	**358 m³/s**	**à**	**663 m³/s**
Classe 4	**663 m³/s**	**à**	**1 230 m³/s**

Document 2.16 - Discrétisation des crues de l'Adour à Saint-Vincent

➢ Les crues de classe 3 ne font que refléter les pseudo-cycles pluvieux des années 1980, la tendance linéaire (6 jrs/100 ans) n'est pas significative, mais leur repli est toutefois bien marqué vers la fin de la période.

➢ Les crues de classe 2 illustrent la même périodicité interannuelle, avec un recul plus significatif d'une journée par décennie.

➢ Enfin, pour une périodicité identique, les crues de classe 1 ont connu un assez net recul de 6 jours tous les 10 ans.

Selon l'Agence Adour-Garonne, les plus importantes crues de l'Adour furent celles d'avril 1770, de février 1852 et 1879 et celle de 1952. Des endiguements de plus en plus importants ont été élevés. L'Agence note, comme nous, qu'elles se raréfient, sans donner plus d'explications, pour un fleuve moins riche en aménagements pour la production hydro-électrique.

4°) Les étiages sur l'Adour et le Gave de Pau : la disposition des graphiques du document 2.17, reprend celle du document 2.14, afin d'en faciliter la lecture. Ce sont les débits du quatrième quartile de la courbe des débits classés, et leur allure est, bien entendu, en opposition de phases avec celle des crues.

Les étiages sont ainsi les débits inférieurs à 31,9 m^3/s sur l'Adour à Saint-Vincent, et 39,4 m^3/s sur le Gave de Pau à Bérenx. Les grandes sécheresses se trouvent ainsi soulignées : début des années 1920 et des années 1930, fin des années 1940, fin des années 1980 et début des années 1990, et, curieusement, début des années 2000. Dans l'étude des extrêmes de la Garonne, il apparaîtra que la « sécheresse des années 1976 » fut assez peu marquée dans le Sud-ouest (station de Toulouse), ce qui expliquerait l'absence de basses eaux sur le bassin de l'Adour ces années-là.

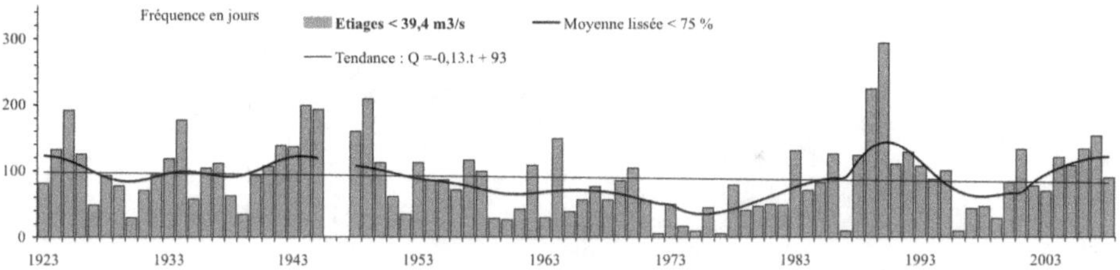

a) Le Gave de Pau à Bérenx

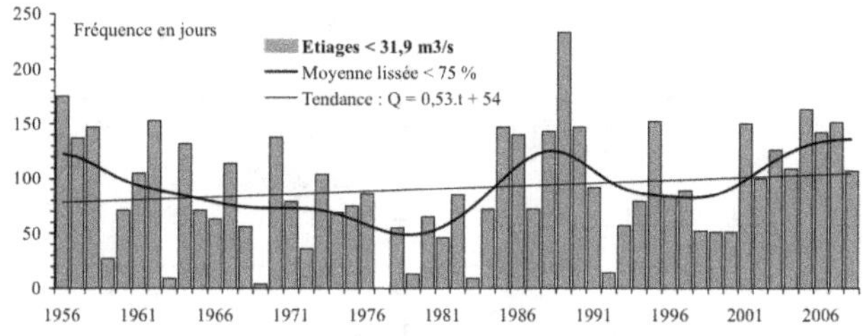

b) L'Adour à Saint-Vincent

Document 2.17 - Les étiages du dernier quartile de l'Adour et du Gave de Pau.

Mais il faut aussi tenir compte du rôle de la production électrique et des pompages agricoles, importants dans le Sud-ouest, et l'on noterait que sur la période 1956-2008, la durée de ces basses eaux s'est accrue de 5 jours tous les 10 ans sur l'Adour, et nous avons calculé que cette croissance serait de près de 10 jours tous les 10 ans.

a) Les variations de la fréquence des étiages du Gave de Pau sont illustrées par le document 2.18. Dès 1996, le SDAGE Adour-Garonne préconisait un Débit d'Objectif d'Étiage (D.O.E.) ne devant pas descendre en dessous de 20 m^3/s. Cette valeur inclut les débits des classes 4 et 3, et une partie de ceux de classe 2.

➢ Apparemment, les étiages de classe 4 furent accidentels : 31 jours en 1990 et 1 journée en 1991. Ils se sont néanmoins produits en 1990, année de déficit hydrologique chronique et généralisée.

➢ La même remarque concerne les étiages de classe 3 : 16 jours en 1985, 8 jours en 1989, 109 jours en 1990 et 9 jours en 1992.

Le cumul des deux classes indiquerait une durée anormale des basses eaux et un important recul du débit au début des années 1990, ce qui a conduit aux mesures drastiques prises par le SDAGE, en 1996.

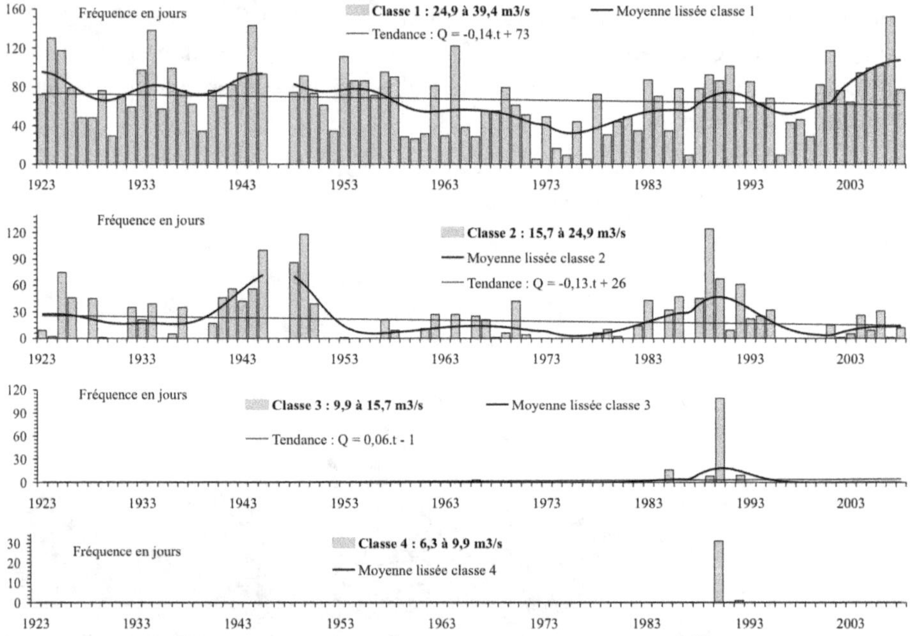

Classe 1	**24,9**	**m^3/s**	**à**	**39,4 m^3/s**
Classe 2	**15,7**	**m^3/s**	**à**	**24,9 m^3/s**
Classe 3	**9,9**	**m^3/s**	**à**	**15,7 m^3/s**
Classe 4	**6,3**	**m^3/s**	**à**	**9,9 m^3/s**

Document 2.18 - Discrétisation des étiages du Gave de Pau à Bérenx

➢ Les étiages de classe 2 ne sont que le reflet des « crises climatiques » : sécheresses hydrologiques des années 1940 et des années 1990. Conformément au soutien d'étiage exigé auprès des gestionnaires des barrages, leur durée recula d'1,3 jours par décennie, du fait de la suppression des débits < 20 m^3/s, inclus dans cette classe.

➢ À l'inverse, les étiages de classe 1 ont certes globalement connu une fréquence en recul d'1,4 jours tous les 10 ans, mais leur durée s'est accrue au début du XXIe siècle, ces débits n'étant pas inclus dans les exigences du SDAGE.

Le Gave de Pau apparaît finalement comme un exemple de gestion raisonnée des basses eaux estivales.

b) Les variations de la durée des étiages de l'Adour sont illustrées par le document 2.19. Comme sur le Gave de Pau, dés 1996, le SDAGE Adour-Garonne préconisa un Débit d'Objectif d'Étiage de 18 m^3/s, ce qui exclut les étiages des classes 3 et 4 et une partie de ceux de la classe 2. Or, comme sur le Gave, les étiages très creusés sont très rares sur l'Adour

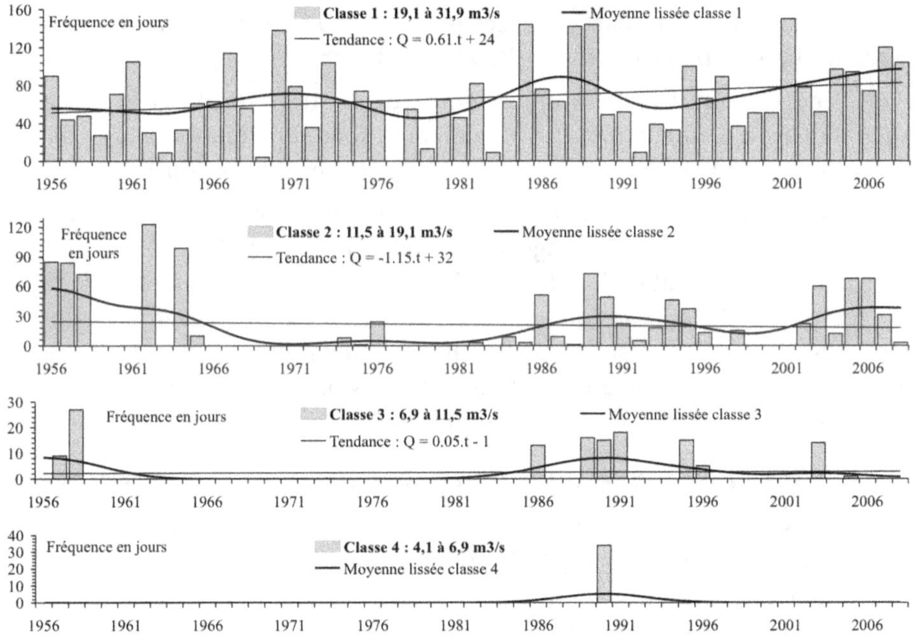

Classe 1	**19,1**	**m^3/s**	**à**	**31,9**	**m^3/s**
Classe 2	**11,5**	**m^3/s**	**à**	**19,9**	**m^3/s**
Classe 3	**6,9**	**m^3/s**	**à**	**11,5**	**m^3/s**
Classe 4	**4,1**	**m^3/s**	**à**	**6,9**	**m^3/s**

Document 2.19 - Discrétisation des étiages de l'Adour à Saint-Vincent

➢ Les étiages de classe 4, à l'image des gaves, ne se sont produits qu'au cours de l'année 1990, très déficitaire, avec 34 jours quasi consécutifs de juillet à septembre.

➢ Les étiages de classe 3 en diffèrent complètement. Ils se sont produits dans les années 1950 pour, il est vrai, disparaître jusqu'en 1986. Alors, épisodiquement, on les a connus jusqu'en 1996, et sans doute jusqu'à l'application des consignes du SDAGE. Toutefois, on ne put les éviter en 2003, et ils se produisirent 14 jours.

➢ Ce régime interannuel est aussi celui des étiages de classe 2. Fréquents dans les années 1950-1960, ils reculèrent (sauf en 1976) pour réapparaître épisodiquement dans les années 1980 à 2000. Toutefois, leur tendance est à un recul linéaire d'une journée par décennie.

➢ Cette constatation va à l'encontre de la distribution des étiages de classe 1, dont la durée croît de 6 jours tous les 10 ans.

Il semblerait que les étiages prolongés soient d'apparition assez récente, dans le dernier quart du XXe siècle. On connaît leur origine : les producteurs d'électricité, mais aussi d'eau agricole et urbaine, sont très sollicités. Les premiers retiennent l'eau dans des lacs, en vue de la consommation hivernale, les seconds la distribuent dans les villes et les champs.

On s'en est ému, d'où les limites imposées par le SDAGE, et la durée des étiages de classe 1 augmente, car les débits y sont supérieurs à ceux qui sont préconisés par le SDAGE. On a reporté les reculs d'une classe sur l'autre.

Toutefois, si l'on respecte notre méthode statistique, on constate que le Gave de Pau a connu 7 534 jours d'étiage, et l'Adour 4 847 jours. Or, les seuls étiages de classe 1 sont au nombre de 5 649 ou 75 % sur le Gave de Pau, et de 3 556 ou 73 %. Ces cours d'eau, à la fois montagnards et océaniques, sont normalement immodérés. Ces valeurs, sans traduire une pondération, indiquent un soutien volontaire des étiages et une élimination des plus basses eaux, en jouant sur les possibilités de soutien d'étiages à partir des retenues de l'amont.

II - Extrêmes des cours d'eau pluvio-évaporaux méditerranéens

Le régime pluvio-évaporal méditerranéen n'est qu'une exagération du régime pluvio-évaporal océanique. Dans les deux cas, l'écoulement est dominé par le volume des précipitations en hiver et par l'ampleur de l'évapotranspiration en été. La différence est donc purement climatique, les climats océanisé et méditerranéen connaissent leurs maxima pluviométriques en saison froide (généralement en automne), mais si l'évapotranspiration prédomine en été, dans le climat océanisé le rôle des pluies reste important ; à l'inverse, le climat méditerranéen devient « aride » en été (Pmm < 2.t°C pendant 2 à 3 mois) avec un recul, voire une disparition des précipitations.

Mais le véritable régime pluvio-évaporal méditerranéen est assez rare, car il est perturbé par d'autres paramètres. Il ne se réalise vraiment qu'en l'absence d'importantes réserves sur le bassin versant : Massifs des Maures et de l'Estérel,

Corse, Cévennes, Corbières. L'eau ruisselle aisément du fait des pentes et de la destruction des forêts primaires, et les réserves souterraines sont extrêmement ténues. Mais les massifs calcaires sont fréquents dans les Alpes provençales, les Costières du Gard, une partie des Corbières et des Pyrénées orientales. Malgré le relief, la circulation karstique y maintient des réserves utilisables en saison froide.

Enfin, l'environnement est fréquemment montagnard, aussi le rôle de la neige est-il fréquent. Un jaugeage sur trois seulement relève du régime pluvio-évaporal méditerranéen pur ; les deux autres sont influencés par la fonte des neiges.

A - La Canterrane à Terrats

Ce « *torrent méditerranéen* » descend des Aspres et ne draine qu'un bassin versant de 31 km^2 à Terrats (Pyrénées-Orientales). Mais son régime est très typiquement pluvio-évaporal méditerranéen, car, sur 13 315 jaugeages journaliers effectués entre 1973 et 2008, 2 944 correspondent à un « assec », c'est-à-dire à une « absence totale d'écoulement ». Ce sont 22 % des écoulements mesurés. La Canterrane nous est bien connue, nous allons chaque mois de juillet effectuer des travaux de recherches pour le compte de l'Institut de Paléontologie Humaine de Paris depuis 1978. *Personnellement, je n'y ai jamais observé d'écoulement* !

1°) Hydrologie de la Canterrane : le cours d'eau est jaugé au Moulin de la Canterrane à Terrats depuis 1973 dans le contexte d'un bassin versant particulièrement défavorable à l'écoulement estival. En amont, le Massif des Aspres est principalement schisteux et aquiclude. Vers l'aval de part et d'autre de Terrats, le sous-sol est constitué par le remplissage Pliocène de la plaine du Roussillon : une stratification de sables et de galets emballés dans une matrice argileuse, peu perméable.

Les ressources hydrogéologique y sont insignifiantes, et dès que le pouvoir évaporant de l'atmosphère l'emporte sur les précipitations, l'écoulement tend à disparaître. Seules les averses très brutales, de type cévenol, comme celles de 1995 ou de 2003, pour ne citer que les plus remarquables, ruissellent. L'écoulement permanent ne peut se réaliser qu'en hiver ; en saison chaude, la Canterrane devient un « oued » sans écoulement. Aussi, plus que l'abondance saisonnière, c'est la brutalité des averses qui importe et génère les débits maximaux : 43,3 m^3/s le 16 décembre 1995 : ce sont 1 400 l/s/km^2, ou encore 1 366.10^6 m^3 d'eau écoulés.

Le document 2.20 rend compte des variations interannuelles de l'écoulement moyen et le compare aux précipitations chues à Perpignan entre 1973 et 2008.

➢ Les précipitations sont marquées par une période « d'incertitude » où alternent pulsations sèches : 1973-1976, 1983-1985, 1988-1991, 1994-2001, 2007-2008 et humides : 1977-1982, 1986-1987, 1992-1993 et 2002-2006. Mais des années isolées émergent pour leur abondance : 1977, 1982, 1992, 1996, 1999 et surtout la série 2002-2006.

➢ L'écoulement de la Canterrane ne fait que répercuter cette répartition pluviale en en amplifiant les extrêmes, dont, plus particulièrement, les années à la pluviométrie médiocre : 1973-1976, 179-1981, 1983-1985, 1989-1990, 1994, 1998-2001, 2007-2008. En effet, les pluies efficaces se produisent au cours de la saison froide, mais l'automne est suivi d'un hiver peu pluvieux, ce qui réduit très fortement la moyenne annuelle.

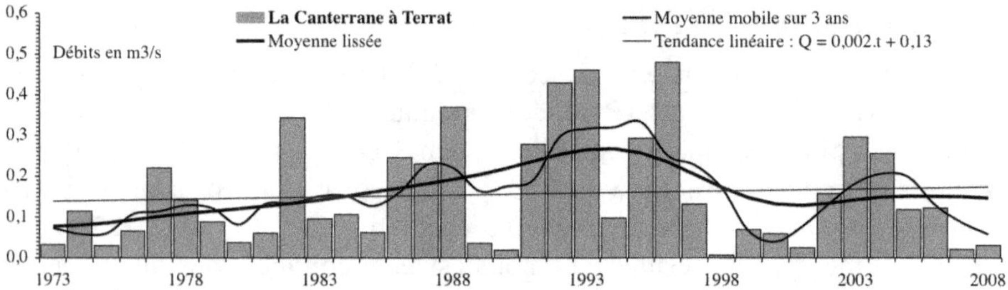

a) Variations interannuelles du débit de la Canterrane à Terrats.

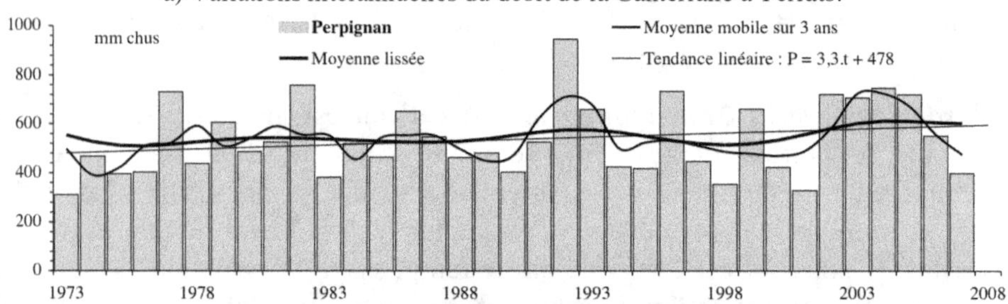

b) Variations interannuelles de la hauteur des précipitations à Perpignan

Document 2.20 - Précipitations et écoulement de la Canterrane entre 1973 et 2008

Si, globalement, l'écoulement a connu une progression linéaire de 0,02 m^3/s tous les 10 ans qui va dans le sens de celle des précipitations à Perpignan : 3,3 mm/an, la croissance des débits est relativement plus importante. En 35 ans, le débit moyen de 0,155 m^3/s s'est accru de 1,3 % chaque année ; à Perpignan, la moyenne annuelle est de 537 mm, elle n'aurait varié que de 0,6 %. L'écoulement accroît l'impact des pluies, mais on notera aussi que les années 1995 et 2003, qui ont connu de fortes crues régionales, ne correspondent pas à des années plus humides que les autres, mais, en fait, à des averses aussi brutale qu'abondantes et isolées dans le temps. L'écoulement pluvio-évaporal méditerranéen reste caractérisé par les aléas météorologiques.

2°) Crues et étiages à Terrats : les extrêmes hydrologiques sont compris entre 43,3 m^3/s et l'assec. Les quartiles extrêmes de la courbe monotone des débits classés sont très différents. Du fait d'une situation d'assec 1 jour sur 5, le débit moyen : 0,155 m^3/s, le débit médian : 0,015 m^3/s, est 10 fois moins élevé. Aussi, selon la définition par quartiles que nous avons utilisée, les crues concernent tous les débits > 0,063 m^3/s et les débits d'étiages relèvent de ceux dont l'écoulement est < 0,012 m^3/s (assecs compris). Ces valeurs confirment une immodération et une irrégularité chroniques de ces cours d'eau.

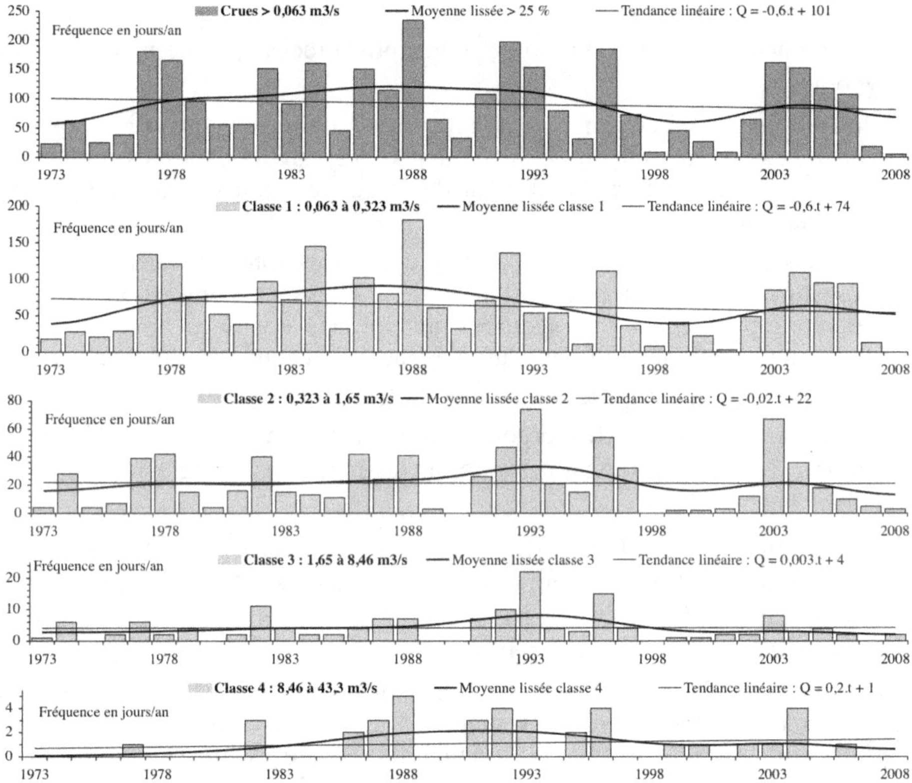

Classe 1	**0,063 m^3/s**	**à**	**0,323 m^3/s**
Classe 2	**0,323 m^3/s**	**à**	**1,65 m^3/s**
Classe 3	**1,65 m^3/s**	**à**	**8,46 m^3/s**
Classe 4	**8,46 m^3/s**	**à**	**43,3 m^3/s**

Document 2.21 - Discrétisation des crues de la Canterrane à Terrats.

a) La discrétisation des crues est illustrée par le document 2.21. Une anomalie saute aux yeux : la durée des crues > 0,063 m^3/s recula de 6 jours par décennie. C'est apparemment illogique ; toutefois :

➢ Les crues les plus rares de la classe 4 ont, inversement, subi une croissance rapide de leur fréquence, même si leur nombre a reculé au début du XXIe siècle. La tendance linéaire reste toutefois de 2 jours par décennie.

➢ Les crues de classe 3 ont toujours existé, avec une prédilection pour les années 1990. Toutefois, leur tendance est à la stabilité : 3 jours par millénaire.

➢ Cette remarque concerne les crues de classe 2, dont la croissance de 2 jours par siècle n'a pas de signification.

➢ À l'inverse, la durée des crues de classe 1 recula de façon significative : 6 jours tous les 10 ans.

En l'absence de données pluviométriques plus précises, on ne peut que faire des hypothèses.

➢ Si le volume chu à Perpignan augmenta, on peut s'interroger sur la fréquence des averses. Un accroissement de la fréquence des valeurs extrêmes traduit des averses de forte intensité, mais un recul des crues les moins rares relève d'une fréquence relâchée.

➢ Il faut aussi évoquer l'évolution du paysage. Nous sommes dans la banlieue de Perpignan, la rurbanisation s'est intensifiée, dans un contexte de cultures viticoles et arbustives peu protectrices du sol. Ce sont des conditions très favorables au ruissellement violent, aux dépens d'un écoulement plus modéré.

Le contact entre les Aspres et la plaine du Roussillon se fait souvent dans un paysage fortement raviné (les orgues d'Ille-sur-Têt, n'en sont que la partie touristique). Ce processus est entretenu par les incendies, malgré les tentatives de reboisement.

b) La discrétisation des étiages est, quant à elle, illustrée par le document 2.22. Malgré une pluviométrie en légère augmentation depuis 1973, non seulement la durée des débits < 0,012 m^3/s n'a pas reculé, mais elle aurait même légèrement augmenté : presque 2 jours tous les 10 ans.

➢ La durée des étiages de classe 4 (donc 76 % sont des assecs) a augmenté d'une journée tous les ans. Ces évènements ne sont pourtant pas déconnectés des pluies (document 1.39) avec lesquelles leur durée est très logiquement en opposition de phase. C'est la tendance qui est anormale.

➢ Cette remarque concerne-t-elle les étiages de classe 3 ? En apparence, la réponse est positive, ces étiages furent plus longs au cours des pulsations sèches, mais, surtout, ils disparurent dans les années 1990, pour renaître au début du XXIe siècle. Aussi, globalement, leur fréquence gagna plus d'une journée par décennie.

➢ Les étiages de classe 3 semblent plus adaptés à la réalité pluviométrique, car leur durée a reculé de 5 jours tous les 10 ans.

➢ Cependant, les étiages de classe 1 qui avaient reculé dans les années 1970-1980 ont fait un retour en force à la fin du XXe siècle.

Que savons-nous ? Que les précipitations se sont accrues depuis 1973, que la région a été fortement périurbanisée, que l'agriculture y est intensive et gourmande en eau. La croissance de la durée des débits < 0,012 m^3/s pourrait être une conséquence d'une petite hydraulique localement très ancienne (certains aménagements que nous y avons visités « *relèvent de l'archéologie* »). On pourrait ainsi expliquer les déphasages de la fréquence des étiages des classes 1 à 3.

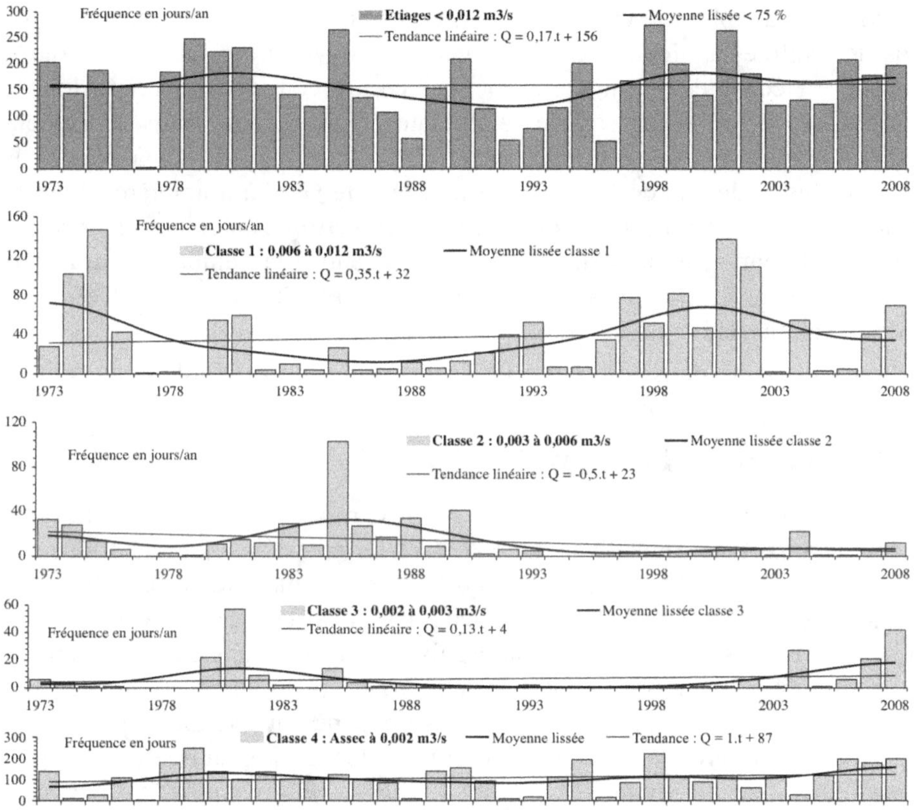

Classe 1	**0,006 m^3/s**	**à**	**0,012 m^3/s**
Classe 2	**0,003 m^3/s**	**à**	**0,006 m^3/s**
Classe 3	**0,002 m^3/s**	**à**	**0,003 m^3/s**
Classe 4	**0,000 m^3/s**	**à**	**0,002 m^3/s**

Document 2.22 - Discrétisation des étiages de la Canterrane à Terrats.

- La durée des étiages de classe 1 recula dans les années 1980 pour augmenter à la fin du siècle. L'hypothèse de prélèvements agricoles n'est pas à exclure.

- La durée des étiages de classe 2 apparaît en opposition de phase avec la classe précédente ! Une politique de sauvegarde a réduit ces basses eaux à leurs dépens.

➢ La fréquence des étiages de classe 3 est en phase avec la classe 2, sauf au début du XXIe siècle. La politique fut la même, mais avec une efficacité réduite.

L'apparente anarchie de la fréquence des étiages pourrait n'être que le fruit d'une tentative de gestion des eaux de surface dans un milieu où l'offre est ténue, et la demande considérable. Cette hypothèse expliquerait aussi l'ampleur des étiages de classe 4 avec le temps.

La Canterrane représente assez bien les problèmes que connaît l'hydrologie des cours d'eau pluvio-évaporaux méditerranéens, notamment ceux qui sont issus des collines aquicludes et dépourvues de couverture neigeuse. Le rôle du climat y est considérable, notamment pour ce qui concerne les crues dont les plus sévères ne relèvent pas de la climatologie générale, mais d'accidents météorologiques parfois imprévisibles (ou presque) : l'Ouvèze à Vaison-la-Romaine, les Caderaux de Nîmes, le Vidourle et le Gard à Sommières. Souvent les données sont incomplètes sur des bassins trop étroits, ou bien si le bassin est vaste, il a été harnaché de barrages. Nous avons choisi la Canterrane car la série est complète sur un tiers de siècle. Nous aurions pu choisir le Réal Collobrier, dans les Maures, suivi par le CEMAGREF.

Nous resterons dans les Pyrénées Orientales avec le Verdouble, dont les crues ont défrayé la chronique en 1999.

B - Le Verdouble à Tautavel

Nous avons retenu cet affluent de l'Agly, car, à l'inverse de ce dernier, du Tech et de la Têt, ce cours d'eau des Pyrénées-Orientales n'a pas été utilisé pour la production d'eau et d'énergie. Il naît dans la partie méridionale du Massif des Corbières, ce qui en fait un drain privilégié des calcaires mésozoïques fortement plissés et charriés et souvent métamorphisés. Adapté à une surface d'érosion cénozoïque, il recoupe plis et chaînons en gorges épigéniques (comme la gorge des Gouleyrous, où les premières humanités occupèrent une grotte perchée au-dessus de la rivière : le Caune de l'Arago). Cette originalité lui assure un soutien karstique qui évite l'assec estival (mais pas les étiages très creusés). Toutefois, le karst a une contrepartie : le Verdouble peut perdre de l'eau, et c'est ainsi qu'en été, avant d'atteindre l'Agly, il disparaît dans des pertes pour réapparaître en source vauclusienne près des Salses. Mais le jaugeage qui nous intéresse est réalisé à Tautavel, bien en amont, depuis 1967.

Preuve de la difficulté de l'interprétation des longues séries de données, entre 1967 et 2008, la tendance des précipitations perpignanaises (document 2.23) fut à la régression linaire (5 mm/décennie), du seul fait de la prise en compte des fortes précipitations de la fin des années 1960. Toutefois, l'écoulement du Verdouble, comme l'a été celui de la Canterrane, connut les mêmes variations interannuelles avec un recul de 0,2 m^3/s tous les 10 ans.

Dans son écoulement, la Verdouble a parfaitement respecté les pseudo-cycles pluviométriques, avec 16 pulsations courtes de 5 ans de longueur d'onde et 6 pulsations longues de 14 ans de longueur d'onde. Cependant, si, rapporté à la moyenne de 1967-2008 (558 mm), le repli linéaire des précipitations fut de 0,9 % par décennie, celui de l'écoulement du Verdouble (moyenne de 1967-2008 : 2,12 m^3/s) a été de 9,4 %. Certes, les pulsations de l'écoulement amplifient l'amplitude des pseudo-cycles pluviométriques, mais le recul observé sur plus de 40 ans est trop élevé pour n'être que le reflet des processus naturels.

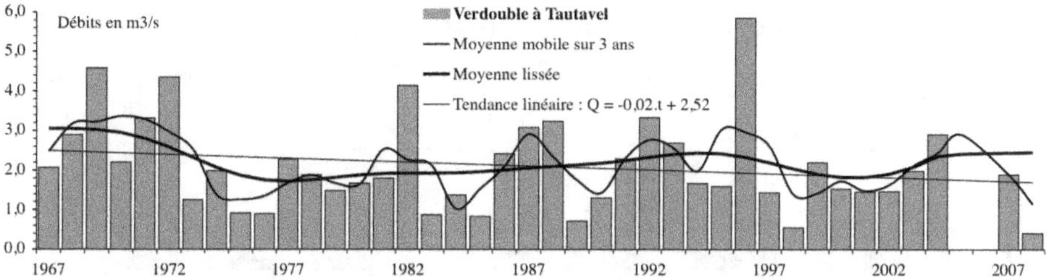

a) Variations interannuelles de l'écoulement du Verdouble

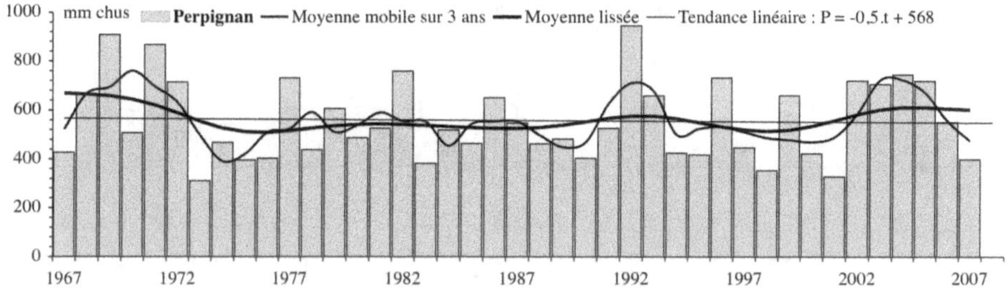

b) Variations interannuelles de totaux pluviométriques à Perpignan

Document 2.23 - Hydrologie du Verdouble à Tautavel

1°) La fréquence interannuelle des crues du Verdouble est illustrée par le document 2.24. Les résultats rendent parfaitement compte d'un écoulement pluvio-évaporal méditerranéen. Le Verdouble a connu 3 débits journaliers majeurs : 212 m^3/s le 31 décembre 1971, 309 m^3/s le 13 avril 2007 et 357 m^3/s le 13 novembre 1999. Mais, alors que la moyenne interannuelle est de 2,12 m^3/s, la médiane ne fut que de 0,70 m^3/s, et le rapport médiane/moyenne est 33 %. Une majorité de débits très faibles reste la caractéristique des cours d'eau pluvio-évaporaux méditerranéens. Comme, par souci scientifique, nous appliquons la même définition aux crues, c'est-à-dire les débits du premier quartile de la courbe monotone des débits classés, il y a « crue » pour un débit > 1,70 m^3/s. D'où la nécessité d'une discrétisation.

➢ Les crues de classe 4 ne concernent que 0,7 % du premier quartile. Malgré un seuil à 93,8 m^3/s, la situation de crues apparut souvent, mais sur 1 ou 2 jours seulement. Ces évènements sont le fruit d'averses très brutales, comme celles de la nuit du 12 au 13 novembre 1999. Mais, pour dévastatrices qu'elles soient, ces crues sont de très courte durée, ce qui est encore une caractéristique locale. Bien qu'essentiellement calcaire, le sous-sol du bassin n'absorbe pas ces évènements pluviaux qui ruissellent. Les évènements les plus durables se sont réalisés entre janvier et février 1996, le maximum n'atteignit que 170 m^3/s, mais le seuil de 93,8 m^3/s fut dépassé 5 fois. Ce sont des évènements exceptionnels pour lesquels une tendance au recul de 6 jours/millénaire n'a aucun sens.

➢ Les crues de classe 3 n'offrent que l'originalité d'être moins violentes, et par là même moins rares (2,9 %). Elles reflètent les poussées pluviométriques des années 1960 et 1990. Leur repli linéaire : 3 jrs/100 ans, reste sans signification.

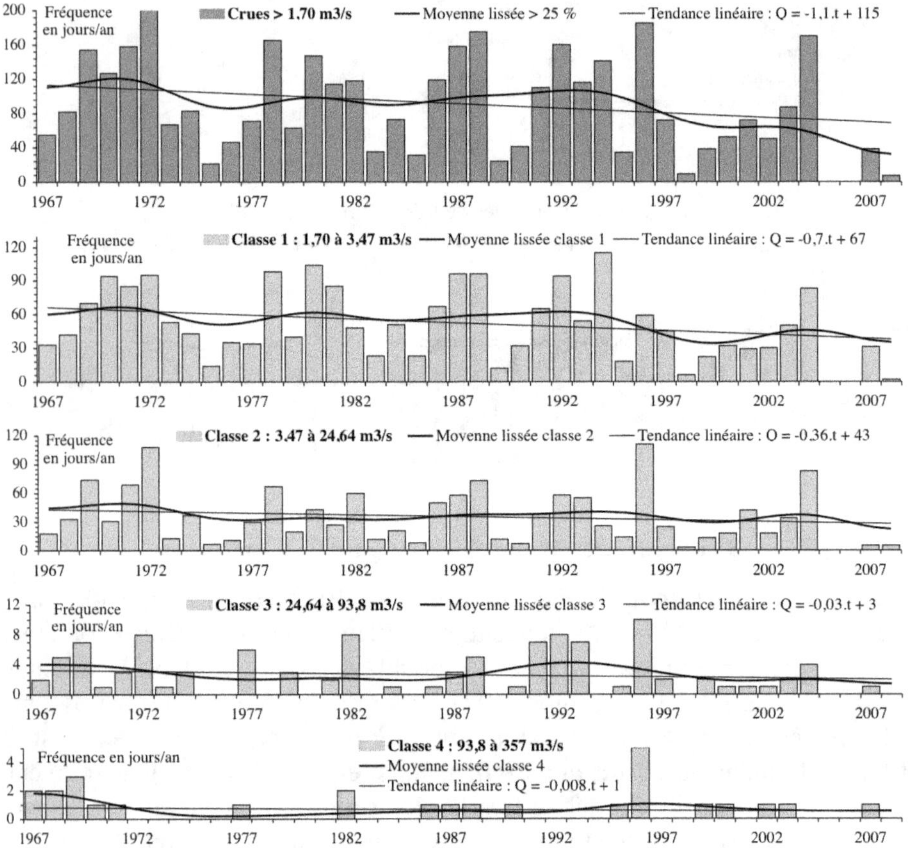

Classe 1	**1,70**	**m^3/s**	**à**	**3,47**	**m^3/s**
Classe 2	**3,47**	**m^3/s**	**à**	**24,64**	**m^3/s**
Classe 3	**24,64**	**m^3/s**	**à**	**93,8**	**m^3/s**
Classe 4	**93,8**	**m^3/s**	**à**	**357,0**	**m^3/s**

Document 2.24 - Discrétisation de la durée de crues du Verdouble à Tautavel

➢ Les crues des classes 2 et 1 sont beaucoup plus fréquentes : 96,4 % dont 39,1 % pour la classe 2 et 64,5 % pour la classe 1. Leur fréquence s'accroît au cours de pseudo-cycles pluviométriques abondants. Ce ne sont plus des « crues d'orages » ou des « crues cévenoles », mais des épisodes abondants consécutifs aux pluies de saison froide associées à un recul de l'évapotranspiration.

Il est donc logique que la fréquence de ces évènements ait reculé de 3,6 jrs/10 ans en classe 2 et de 7 jrs/10 ans en classe 1. Le cumul de toutes ces fréquences, ou durée interannuelle des crues > 1,70, reflète non seulement les oscillations cycliques des précipitations, mais il recula de plus d'une journée chaque année.

Il faut y reconnaître un double mécanisme des crues méditerranéennes : des épisodes correspondant aux flux pluviaux de saison froide, et qui ne sont des crues qu'au seul sens statistique, et des phases d'écoulement rapide consécutives à des averses très violentes d'automne, comme la « crue » de novembre 1999. Ces évènements sont rarissimes[2] et se traduisent par des inondations. Ces processus sont inconnus en régime pluvio-évaporal océanique.

2°) La fréquence interannuelle des étiages du Verdouble (document 2.25) : ces étiages, ou quatrième quartile des débits classés, ont des valeurs très faibles et le seuil d'étiage est de 0,343 m^3/s, soit 50 % de la médiane et 16 % de la moyenne interannuelle. Le Verdouble ne connaît pas l'assec, probablement du fait d'un soutien estival fourni par les nappes d'eau conservées dans les fissures karstifiées du calcaire urgonien et alimentées par les pluies de saison froide. Les interfluves du Verdouble sont des « garrigues » où le calcaire fissuré affleure directement. Les pluies d'hiver parviennent à s'infiltrer.

En dehors de ces considérations, la durée des étiages du Verdouble à Tautavel varia dans le même sens que l'amplitude des précipitations à Perpignan. Toutefois, la croissance linéaire de la durée des étiages a été de 3 jours chaque année, ce qui, malgré des différences interannuelles, constitue une augmentation trop forte pour être naturelle.

Nous opérerons en sens inverse de l'analyse de la durée des crues :

➢ La fréquence des étiages de classe 1 respecte assez correctement la succession des pseudo-cycles pluviométriques. Leur durée recula fortement à la fin des années 1960, pour augmenter sensiblement dans les années 1970, reculer au milieu des années 1980, croître considérablement à la fin des années 1990 et des années 2000. Mais la tendance linéaire traduit une croissance de près de 2 jours/an.

➢ Les étiages de classe 2 sont plus originaux. Ils ne sont apparus que timidement en 1975 pour s'épanouir en 1976 et surtout au cours des années 1980 (qui pourtant n'avaient pas manqué de pluies). Par la suite, ils sont

[2] Toutfois, la mère d'un ami de Tautavel, vit sa grange inondée par 1,8 m d'eau du Verdouble en 1920, 1940 et 1999…

devenus épisodiques, et leurs durées se sont brutalement accrues à la fin des années 2000. Au total, leur durée tend à augmenter d'1 jr/an.

➢ Encore plus rares, les étiages de classe 3 n'avaient été révélés qu'en 1976, pour ne rester qu'épisodiques en 1981-1982, en 1984, et 1989. Ils ont disparu de 1990 à 2007, pour durer 33 jours en 2008.

➢ Enfin, on ne connaît d'étiages de classes 4 que pour l'année 2008.

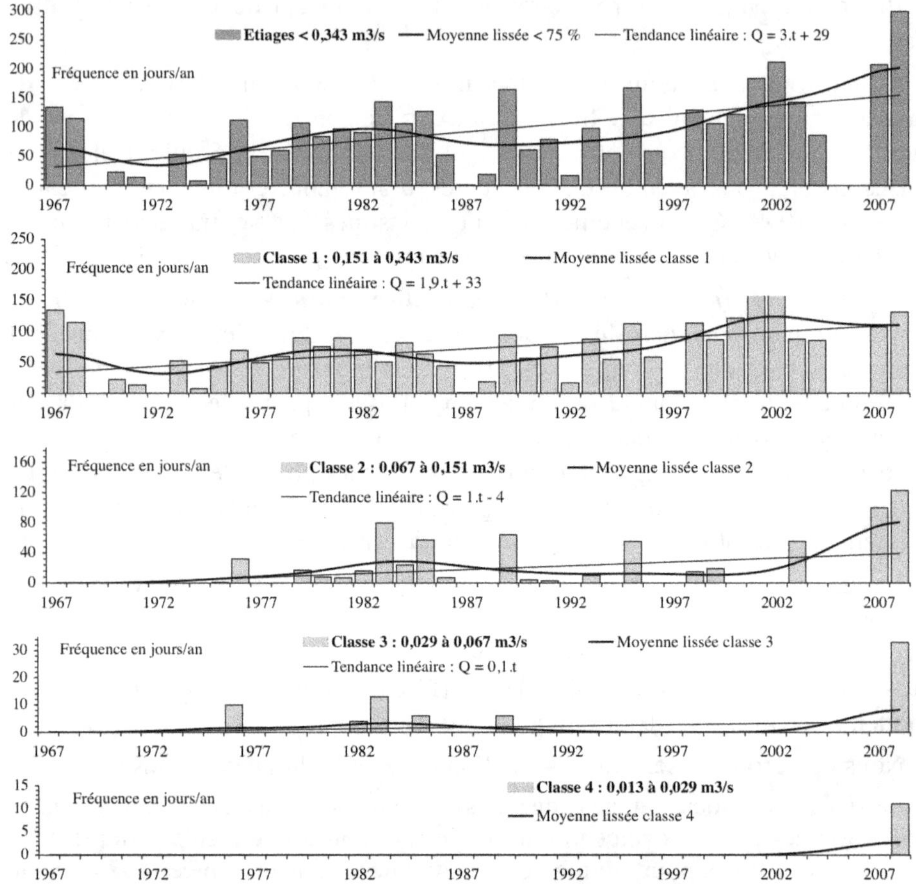

Classe 1	**0,151 m^3/s**	**à**	**0,343 m^3/s**
Classe 2	**0,067 m^3/s**	**à**	**0,151 m^3/s**
Classe 3	**0,029 m^3/s**	**à**	**0,067 m^3/s**
Classe 4	**0,013 m^3/s**	**à**	**0,029 m^3/s**

Document 2.25 - Discrétisation de la durée des étiages du Verdouble à Tautavel

Le rapport du B.R.G.M. nommé : « *Projet CORBIÈRES : Évaluation des ressources en eau souterraine des systèmes aquifères, karstiques des Corbières* » réalisé par A. Dôrfliflier et B. Ladouche et publié en janvier 2002, est éloquent sur le rôle du soutien des écoulements par les eaux souterraines.

Mais il admet l'utilité de ces nappes pour l'alimentation des activités humaines, notamment les villes de la côte.

Les étiages de classe 1 sont encore conjoncturels et correspondent, en grande partie, au recul de l'alimentation pluviale. Mais les étiages des classes 2 à 4 sont structurels et ne peuvent qu'être la conséquence d'un pompage direct dans les nappes. Pour bien connaître la région, j'ai noté que le niveau du Verdouble au pont de Tautavel devient excessivement bas très tôt dans le printemps et le reste très tard dans l'automne : 165 jours < 0,343 m^3/s en 1989, 168 jours en 1995, 184 jours en 2001, 212 jours en 2002, 2008 jours en 2007 et 299 jours en 2008.

Depuis l'origine de l'occupation humaine, la question de l'eau a été primordiale dans les pays méditerranéens. Les inondations de 1999 causèrent des dégâts considérables dans les bassins du Verdouble, de l'Agly et de l'Aude. Mais pour spectaculaires que soient ces crues, le principal souci reste du manque d'eau en été. Comme nous l'évoquions ci-dessus, les aménagements de petite hydraulique constituent un « *véritable musée en plein air* » des solutions apportées depuis des lustres ; de l'aqueduc romain d'Ansignan au barrage de Caramany sur l'Agly.

Les grands problèmes à résoudre au XXIe siècle seront la protection des riverains, principalement en milieu urbain, contre les crues issues du ruissellement brutal des averses cévenoles (inauguré dans la Presse par celui des cadereaux de Nîmes en 1988) et l'alimentation en eau des cultures délicates et des stations proches de la mer. Pour la satisfaction de ces besoins comme partout, il faut soit pomper dans les nappes, soit barrer les cours d'eau, et restituer cette eau, par des drains artificiels. C'est un manque à gagner pour l'écoulement, car, précisément, ces besoins se font ressentir en été, quand les débits sont déjà naturellement réduits. L'évocation de la Canterrane et du Verdouble est une illustration qu'on trouverait sur l'Agly, l'Hérault, les Gardons, l'Ouvèze, l'Argens.

Mais une grande partie des cours d'eau méditerranéens doit son alimentation à un stock neigeux constitué en hiver.

C - L'Aude à Belviane et Cabirac

On admet que l'Aude prend sa source au lac d'Aude à 2 185 m d'altitude, dans le massif du Carlit. Ainsi s'explique le caractère nival de l'écoulement de la partie amont. En effet, pour ce qui nous intéresse, l'Aude est jaugée depuis 1941 à Belviane et Cabirac, avec seulement quelques solutions de continuité (1951-1954 et 1983-1987). Son cours, alors orienté nord-sud, traverse le Capcir et les lacs artificiels de Matemale et Puyvalador, et il traverse de nombreuses gorges à travers des terrains anciens, schisteux et métamorphiques, avant d'entrer dans les pré-Pyrénées calcaires à Axat, qu'il traverse en gorges épigéniques, et Belviane et Cabirac se situent à l'aval du défilé de Pierre Lys, en amont de Quillan et à l'aval d'un bassin versant de 692 km^2.

1°) Hydrologie de l'Aude : ce cours d'eau est sans contestation un cours d'eau de régime nival (maximum de mai), et nous le considérons comme méditerranéen car né dans les Pyrénées orientales, aux étés secs, il gagna la Méditerranée (document 2.26.a). Malgré les quelques lacunes, il possible de décrire l'histoire de son écoulement depuis près d'un siècle, et il a été possible d'établir un système de pulsations interannuelles (document 2.26.b) :

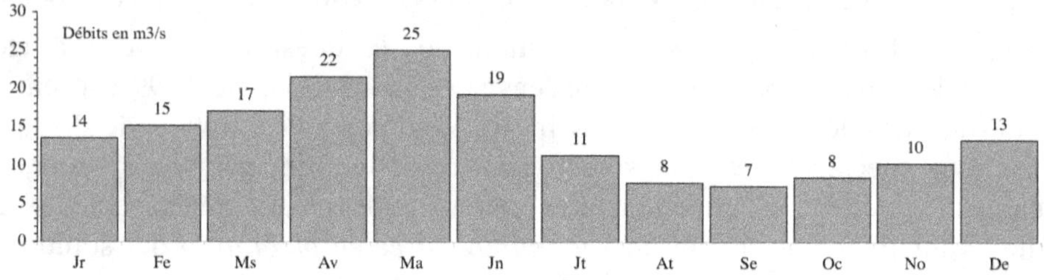

a) Régime mensuel de l'Aude

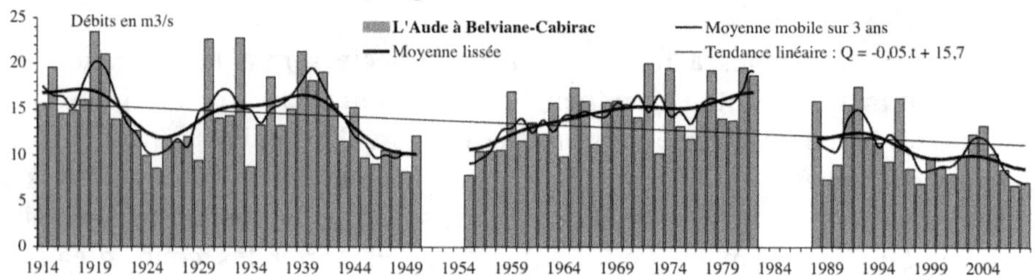

b) Variations interannuelles des débits moyens

Document 2.26 - Hydrologie de l'Aude à Belviane et Cabirac

➢ On distingue en premier 34 pulsations courtes de 5 ans en moyenne. Mais les lacunes des jaugeages évoquent trois époques . de 1914 à 1950, les 10 pulsations étaient de 7 années de longueur d'onde en moyenne. Nous retrouvons des valeurs voisines après 1988 : 7 pulsations de 6 années. Mais, entre ces deux périodes, les 17 pulsations ont été très brèves : 3 ans de longueur d'onde en moyenne.

➢ Cette discontinuité ne se retrouve pas avec les pulsations longues au nombre de 11 avec une longueur d'onde de 15 ans.

En bref, nous retrouvons les pseudo-cycles pluviaux du XXe siècle : les phases généreuses des années 1910, 1930 1960, 1990 et 2000, accidentée des crises : années 1920, 1940, 1970, fin des années et fin des années 2000. Toutefois, la période 1955-1982 apparaît comme une époque où l'écoulement n'a pas cessé de croître. La tendance linéaire : -5 m^3/s par siècle, n'a vraiment aucun sens. On est en droit d'évoquer une modification liée à la construction des barrages de Matemale et Puyvalador.

➢ Le barrage de Matemale a été mis en service en 1959 et retient un volume de 562 700 m^3 d'eau. Il a une triple destinée : produire de l'électricité, assurer l'irrigation et réguler le cours de l'Aude avec un débit minimum de 3 m^3/s.

➢ Le barrage de Puyvalador fut mis en service en 1932 et ne retient que 32 000 m^3 d'eau. Il sert à produire de l'électricité et à réguler le cours de l'Aude. La longueur de son couronnement est de 160 mètres.

Ce sont des barrages de faible ampleur, mais qui peuvent influencer l'hydrologie d'un bassin de seulement 700 km^2.

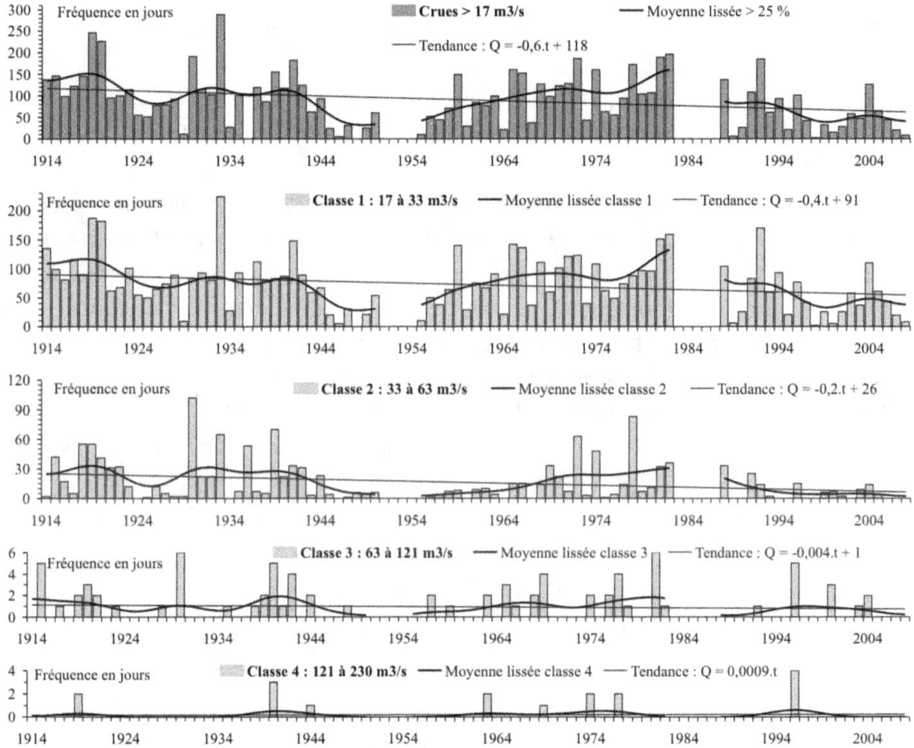

Classe 1	**17**	**m^3/s**	**à**	**33**	**m^3/s**
Classe 2	**33**	**m^3/s**	**à**	**63**	**m^3/s**
Classe 3	**63**	**m^3/s**	**à**	**121**	**m^3/s**
Classe 4	**121**	**m^3/s**	**à**	**230**	**m^3/s**

Document 2.27 - Discrétisation de la durée des crues de l'Aude à Belviane et Cabirac

2°) La fréquence interannuelle des crues de l'Aude (document 2.27) : les valeurs n'ont rien de méditerranéen : la médiane : 10,7 m^3/s, compte pour 80 % de la moyenne interannuelle : 13,5 m^3/s. Mais le seuil de crue est assez faible : 17 m^3/s, ce qui nous ramène à des valeurs méditerranéennes. Cependant, un maximum de 230 m^3/s est sans commune mesure avec la Canterrane et même le Verdouble.

➢ La fréquence des crues de classe 4 fait preuve d'une étonnante stabilité, car elles sont assez bien réparties sur la série et ne présentent de tendance linéaire, ni au recul ni à la croissance. Ce sont des évènements qui correspondent à des périodes de fortes pluies que les barrages ont rapidement évacuées.

➢ La durée des crues de classe 3 est plus élevée, mais cela ne tient qu'à des débits statistiquement moins élevés, et leur recul de 4 jrs/1 000 ans n'a aucun sens. À l'inverse, la période 1955-1982 connut une très nette progression.

➢ Le repli général des crues de classe 2 est plus significatif : 2 jours par décennie. Toutefois, nous avons fait le calcul : avant 1951, la fréquence recula de 1 journée par décennie ; entre 1955 et 1982, elle crût de 5 jours tous les 10 ans, pour se stabiliser par la suite.

➢ C'est un mécanisme qu'on retrouve sur les crues de classes 2 et 1, avec, notamment, cette augmentation du nombre annuel de jours de crues dans les années 1950-1970.

Le cumul de toutes ces données le confirme. La fréquence des crues > 17 m^3/s recule depuis 1914 de 6 jours tous les 10 ans. Mais la tendance avait été à un recul de 2,6 jours par décennie avant 1951, pour croître fortement : 3 jours/décennie entre 1954 et 1982, et reprendre le même rythme : -2,6 jrs/10 ans après 1988. La première période correspond à un recul pluviométrique général, commencé au cours de la première Guerre Mondiale et qui ne s'acheva qu'en 1949-1950. C'est un recul naturel. Ensuite, toutes les hypothèses sont admises : les précipitations se sont accrues au cours de la fin du XXe siècle. Mais la réduction plus récente de la fréquence des crues pourrait être une conséquence d'une politique générale de la gestion des eaux, et notamment la lutte contre les inondations.

Les plus forts débits observés à Belviane ont été ceux de 1940 (187 m^3/s le 4 mai 1940), de 1963 (230 m^3/s le 14 septembre 1963) et de 1996 (204 m^3/s le 8 décembre 1996). En effet, la région fut épargnée par les inondations de 1999.

*3°) **La fréquence interannuelle des étiages de l'Aude*** (document 2.28) : une comparaison avec le Verdouble nous montre que le rapport entre le plus fort et le plus faible débit du premier quartile est de 5 sur le Verdouble et 3 seulement sur l'Aude.

Le barrage de Matemale, mis en service en 1959, avait pour objectif de soutenir les débits du cours d'eau ; or, la fréquence des débits d'étiage < 6,7 m^3/s a augmenté de 6 jours tous les 10 ans depuis 1914. Il faut nuancer :

➢ Les étiages de classe 4 ne sont apparus qu'en 1995 ; quant à ceux de classe 3, on ne les connaît que depuis 1962 (même s'ils se sont déjà produits en 1918 et 1946, mais pour une journée seulement). Surtout, ils ont principalement été observés depuis 1989 (+ 1 jr/10 ans).

➢ Les étiages de classe 2 ont toujours existé, mais leur durée aurait augmenté de 3 jours tous les 10 ans. La remarque concerne aussi la durée des étiages de classe 1 : durée en augmentation de 2,4 jours par décennie.

Mais observons les faits en tenant compte de la mise en place des barrages : 1932 et 1959.

➢ Avant 1951, la durée des étiages de classe 3 recula de 7 jours par décennie alors que la fréquence des étiages de classe 1 augmentait de 2 jours tous les 10 ans. Les étiages les moins creusés (classe 1) devenaient de plus en plus fréquents du fait du recul pluviométrique. Mais on peut estimer que cette différence est la conséquence de la mise en eau du barrage de Puyvalador en 1932, laquelle élimina aussi les étiages de classe 3 et 4

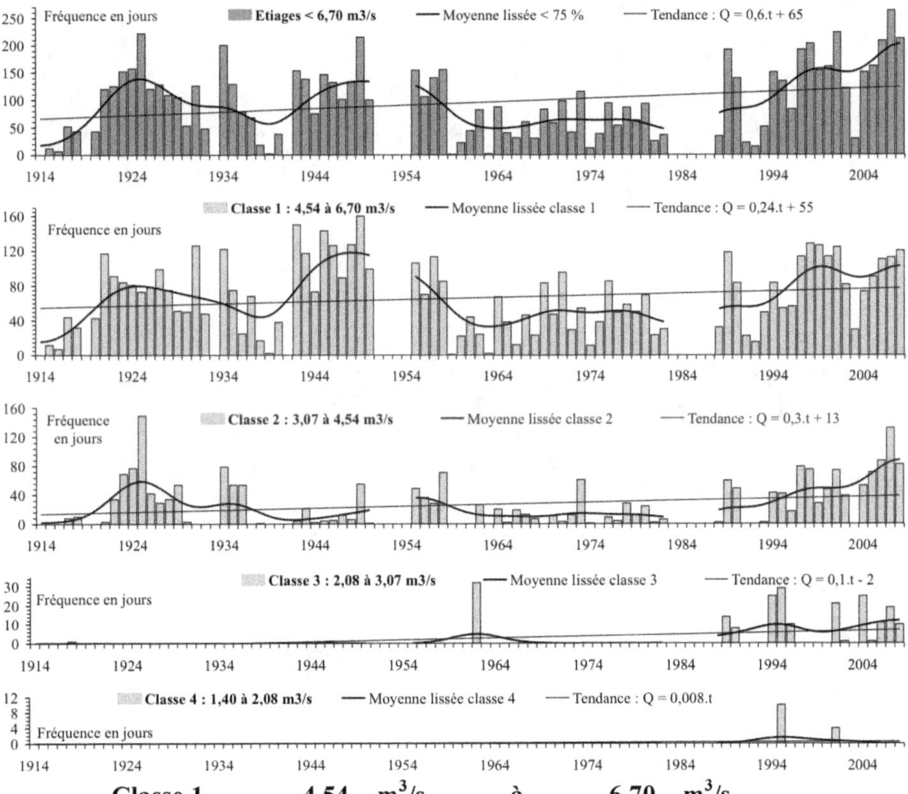

Classe 1	**4,54**	**m^3/s**	**à**	**6,70 m^3/s**
Classe 2	**3,07**	**m^3/s**	**à**	**4,54 m^3/s**
Classe 3	**2,08**	**m^3/s**	**à**	**3,07 m^3/s**
Classe 4	**1,40**	**m^3/s**	**à**	**2,08 m^3/s**

Document 2.28 - Discrétisation de la durée des étiages de l'Aude à Belviane et Cabirac

➢ Entre 1954 et 1982, la durée des étiages de classes 1 et 2 recula de 6 jours tous les 10 ans. Certes, les précipitations ont crû sur la plus grande partie de la

France, mais, réduire l'ampleur des étiages était aussi l'objectif du barrage de Matemale, mis en service en 1959.

➢ Depuis 1988, ce mécanisme pondérateur ne fonctionne plus :

➢ La fréquence des étiages des deux classes 1 et 2 est en augmentation de 3 jours par an, ce qui est énorme.

La fréquence des débits < 6,7 m^3/s est en augmentation constante et on l'estime à 6 jours par an. L'Aude est bien un cours d'eau méditerranéen confronté aux différents usages de ses eaux, où la solution des retenues montre ses limites. Il vrai que les barrages sont ici anciens et de taille modeste.

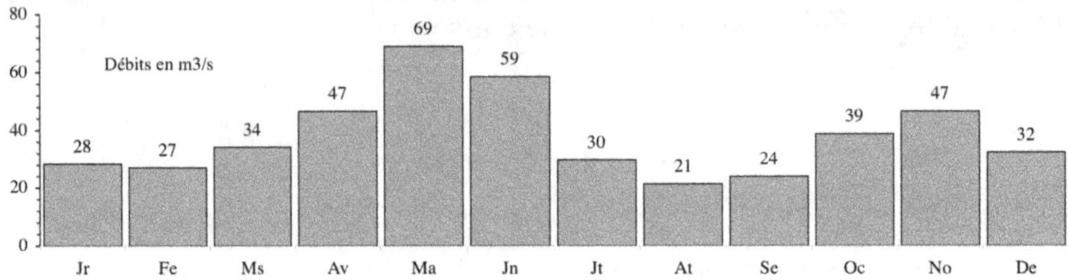

a) Régime mensuel du Var

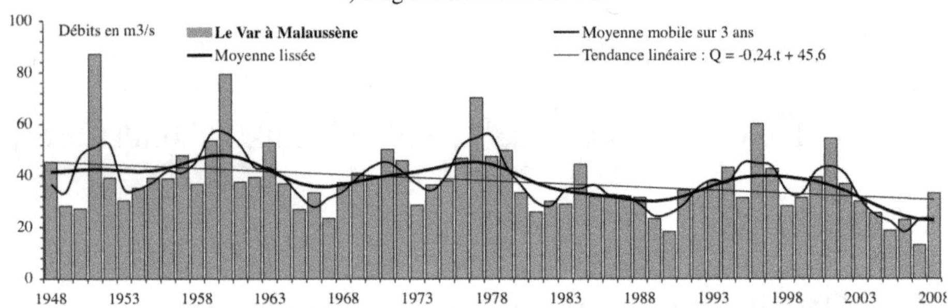

b) Variations interannuelles de l'écoulement

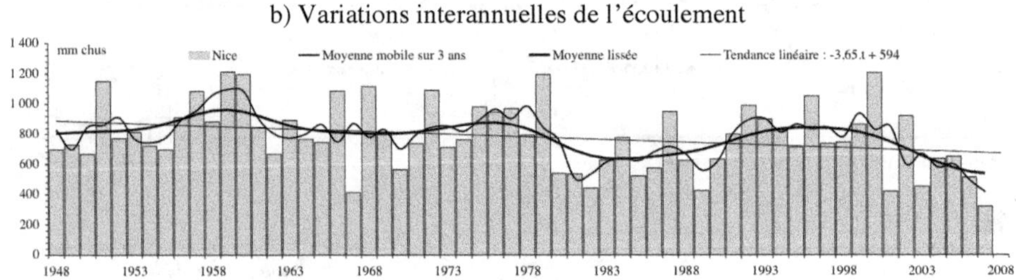

c) Les précipitations interannuelles à Nice

Document 2.29 - Hydrologie du Var à Malaussène

D - Le Var à Malaussène

La source du Var est située à 1 790 m d'altitude, près du col de la Cayolle à Entraunes dans les Alpes-Maritimes. En effet, l'originalité du Var vient aussi de sa situation géographique. Jusqu'en 1860, il servait de frontière avec le

Royaume de Piémont-Sardaigne. Mais, lors de la transformation du Comté de Nice en département des Alpes-Maritimes, celui-ci apparut trop petit, et l'on y rattacha l'arrondissement de Grasse. De ce fait, le Var ne coule plus dans le département du Var.

Mais pour ce qui nous concerne ici, on retiendra surtout que le fleuve est très typiquement méditerranéen, car aux averses de l'automne, il faut associer la débâcle nivale venue de l'amont (document 2.29). En matière de précipitations, nous ne pouvons que comparer les données de Malaussène avec les précipitations de Nice, très éloigné. Toutefois, la répartition des écoulements des totaux pluviométriques offre un bon parallélisme. Aussi, les fluctuations interannuelles sont principalement d'origine climatique. En effet, que les précipitations soient solides ou liquides, l'écoulement annuel moyen est le fruit des chutes de l'année en cours.

Les débits sont enregistrés à Malaussène depuis 1948, à l'aval d'un bassin de 1 830 km^2. Les pulsations de l'écoulement sont en accord avec ce qui a été observé tant en régimes océaniques que méditerranéens : 20 pulsations courtes de 6 ans et 8 pulsations longues de 15 ans de longueurs d'ondes. Quant à la tendance ici semi-séculaire, elle traduit un recul de 2,4 m^3/s par décennie (6,3 % de la moyenne cinquantenaire : 38 m^3/s). En effet, comme tous les cours d'eau provençaux, le Var fait l'objet de prises d'eau destinées à l'irrigation et aux usages urbains, ce qui n'est pas sans effet sur son hydrologie.

Mais, à l'image du Verdouble, le Var draine les calcaires crétacés (souvent de faciès urgonien) des Préalpes du Sud, riches en cañons, pertes, résurgences et formes karstiques diverses. La station de Malaussène est à la confluence avec la Tinée.

1°) La discrétisation des crues du Var (document 2.30) : le débit médian à Malaussène est de 25,2 m^3/s, alors que le débit moyen est de 38 m^3/s, et le rapport est de 66 %. C'est moins que l'Aude (8 %) mais plus que le Verdouble (33 %). Le Var apparaîtra donc moins immodéré ; aussi, le seuil des débits de crues (base du premier quartile) est-il de 44 m^3/s, mais avec un maximum de 1 300 m^3/s le 8 novembre 1951.

Avec de tels extrêmes, le Var pourrait être un fleuve dangereux dans sa partie aval, très urbanisée dans la région de Vence. Ce serait notamment vrai pour les crues de classe 4.

➢ Aussi, ces crues ont été laminées d'1 journée par décennie. Elles avaient été fréquentes au début des années 1950 (dont les 1 300 m^3/s du 8 novembre 1951), mais elles avaient disparu en 1964. Toutefois, elles se sont reproduites une journée en 1996 (752 m^3/s le 12 janvier) et en 2002 (610 m^3/s le 16 novembre).

➢ Les crues de classe 3 ont également été réduites de près d'une journée tous les 10 ans, sans qu'elles disparaissent. Elles accompagnèrent pulsations pluvieuses et neigeuses du début des années 1950, du début des années 1980 et de la fin du XXe siècle et du début du XXIe siècle.

➢ La durée des crues de classe 2 a régressé de 2 jours par décennie et celle des crues de classe 1 de 4 jours.

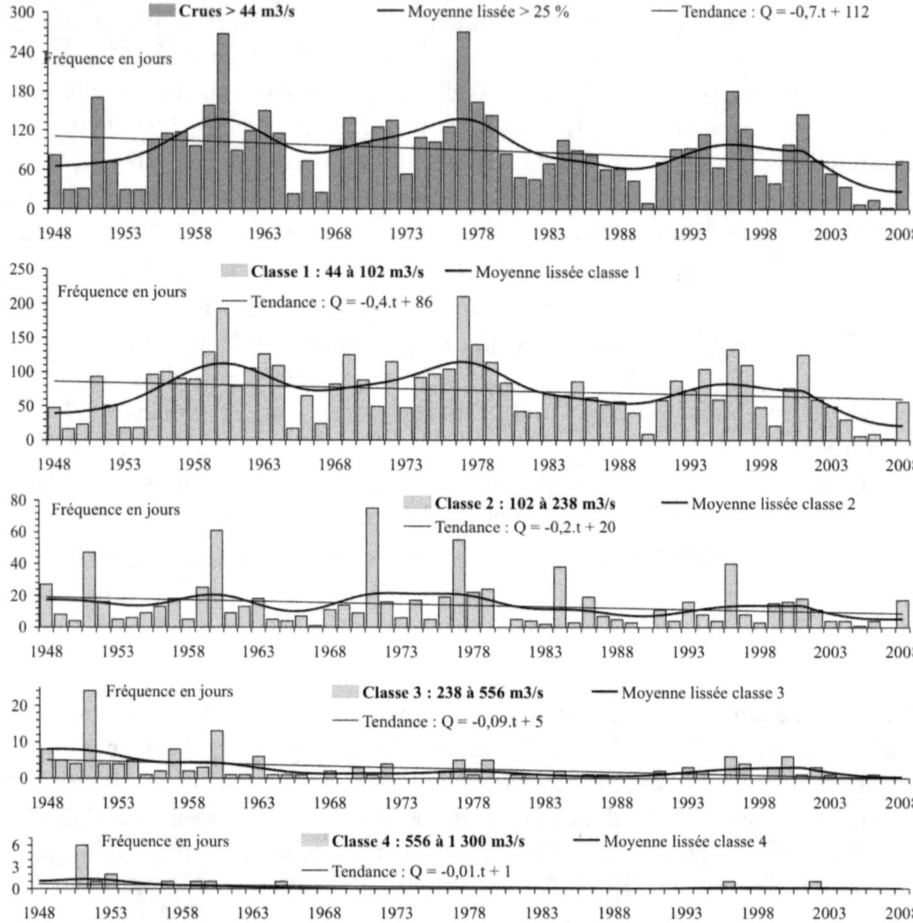

Classe 1	**44**	**m^3/s**	**à**	**102**	**m^3/s**
Classe 2	**102**	**m^3/s**	**à**	**238**	**m^3/s**
Classe 3	**238**	**m^3/s**	**à**	**556**	**m^3/s**
Classe 4	**556**	**m^3/s**	**à**	**1 300**	**m^3/s**

Document 2.30 - Discrétisation des crues du Var à Malaussène

À l'évidence, ce fut volontaire, car cette réduction de la fréquence des hautes eaux est moins forte pour les classes de rang inférieur. En effet, la fréquence moyenne d'une crue de classe 4 est de 1 occurrence tous les 4 ans, celle d'une crue de classe 2 de 2,5 par an. Toutes proportions gardées, les crues fréquentes ont très fortement reculé. À l'inverse, une crue moyenne de classe 2 dura 14 jours et celle de classe 1, 73 jours. Les reculs sont insignifiants, et pour éviter les drames, on a surtout combattu les débits extrêmes. Un recul naturel porterait plutôt sur l'ensemble des séries.

Les crues > 44 m³/s ont dans l'ensemble reculé (7 jours par décennie) mais elle furent surtout le reflet des pseudo-cycles pluviométriques.

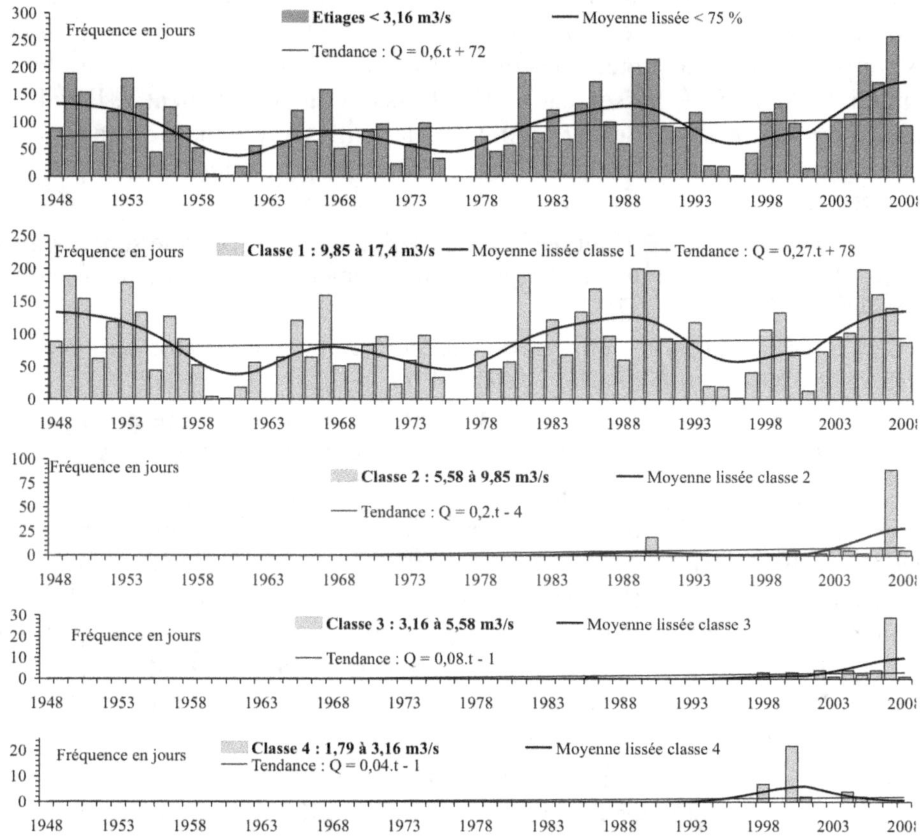

Classe 1	**17,4**	**m³/s**	**à**	**9,85**	**m³/s**
Classe 2	**9,85**	**m³/s**	**à**	**5,58**	**m³/s**
Classe 3	**5,58**	**m³/s**	**à**	**3,16**	**m³/s**
Classe 4	**3,16**	**m³/s**	**à**	**1,79**	**m³/s**

Document 2.31 - Discrétisation des étiages du Var à Malaussène.

2°) La discrétisation des étiages du Var : le seuil de débits d'étiages est à 17,4 m³/s (document 2.31). Le calcul statistique donne une valeur assez élevée au seuil supérieur, ce qui serait en accord avec un écoulement karstique, qui soutient les basses eaux et évite les assecs (inconnus sur le Var).

➢ La fréquence des débits inférieurs à 17,4 m^3/s traduit assez fidèlement la chronologie des pseudo-cycles pluviométriques négatifs. La durée des basses eaux s'est accrue de 6 jours par décennie, mais elle souligne surtout les années de sécheresses : fin des années 1940, années 1965-1976, milieu des années 1980, début des années 2000.

➢ Cette répartition reste celle de la fréquence des étiages de classe 1 dont la durée a augmenté de 3 jours tous les 10 ans.

Mais, sur les 5 521 débits du quatrième quartile, 5 277 relèvent de la classe 1. C'est-à-dire que 96 % des étiages sont compris entre 17,4 et 9,85 m^3/s. Plus que la protection contre les crues, le principal souci a été de soutenir les débits de basses eaux afin d'assurer un écoulement à l'aval du bassin pour les besoins de l'irrigation et des villes (système des canaux de Haute Provence) et peut-être pour la protection de l'écosystème. Mais cela n'a pas suffi.

➢ Les étiages de classe 2 (tout de même supérieurs à 5,58 m^3/s) ne sont apparus qu'en 1986, et leur fréquence a rapidement augmenté : 2 jours par décennie, pour durer 89 jours en 2007.

➢ Cela concerne aussi les étiages de classe 3, décelés dés 1986, mais surtout déclarés en 1997, pour durer 29 jours en 2007.

➢ À l'inverse, les étiages de classe 4 n'ont eu qu'une existence assez brève. Apparus en 1998, ils duraient 22 jours en 2000, pour disparaître en 2005.

À l'évidence, nous nous trouvons face à un mécanisme régulateur qui s'est révélé insuffisant. À la fin du XXe siècle, la régulation des débits d'étiages a échoué, probablement face à une trop forte demande. Les débits, jusque-là maintenus au-dessus de 9,85 m^3/s, sont passés en dessous de ce seuil, pour atteindre les très bas niveaux < 3,16 m^3/s. La crise a culminé au milieu des années 2000-2010. Apparemment, on est arrivé à éliminer les débits < 3,16 m^3/s vers 2000, mais ce fut aux dépens des débits compris entre 3,16 et 9,85 m^3/s dont la fréquence a atteint des valeurs élevées.

Nous arrêterons la description des extrêmes méditerranéens avec le Var, mais il montre combien les écoulements ont été artificialisés pour satisfaire les besoins d'une agriculture intensive et d'une population croissantes. Les crues cataclysmales sont la partie la plus spectaculaire du problème de l'eau, mais la réalité quotidienne est de conserver, en été, un écoulement qui serait déjà très défaillant du seul fait des conditions naturelles. Au-delà d'une certaine dimension du bassin versant, que nous estimons à 500 km^2 environ, en France, la plupart des cours d'eau pluvio-évaporaux présentent un écoulement plus ou moins largement anthropisé.

III - Les extrêmes des cours d'eau montagnards

Les régimes à rétention solide : glaciaires, nivaux et nivo-glaciaires ne constituent que 5,4 % de l'ensemble. Ils sont principalement localisés dans les Alpes et les Pyrénées, leurs extrêmes naturels sont des crues de débâcles nivales et nivo-glaciaires et des étiages d'autant plus creusés que le gel a été sévère. Toutefois, des orages peuvent provoquer des crues estivales par ruissellement. Mais, ces cours d'eau sont souvent équipés pour la production hydroélectrique, depuis la fin du XIXe siècle, et leurs extrêmes sont parfois très artificialisés.

L'alimentation solide, neige et/ou glace, ne se rencontre guère que dans les Alpes et les Pyrénées. La glace joue un rôle important dans les Alpes du Nord, notamment sur l'Arve et ses affluents et sur l'Isère, le Drac et la Romanche et leurs affluents. La neige joue un rôle partout ailleurs (y compris dans le Massif Central, le Jura et les Vosges). L'hydrologie de la plupart de ces cours d'eau sera analysée lors de l'étude des grands bassins versants nationaux : la Loire, la Garonne et le Rhône.

Aussi avons-nous retenu trois exemples : l'Adour à Asté car on le jauge depuis 1912, la Durance à Briançon (à l'amont du barrage de la Serre-Ponçon, les données semblent « naturelles ») et l'Isère à Val d'Isère, ou le rôle de la glace est sans équivoque. La série est moins longue que celle de l'Arve à Chamonix, mais elle nous est apparue plus fiable (document 2.32).

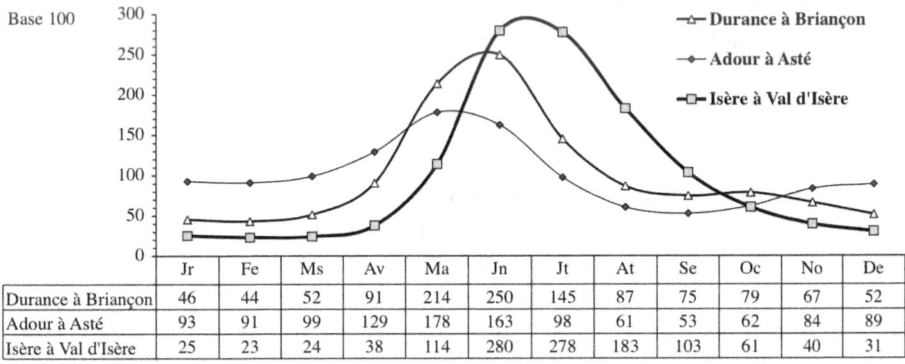

	Jr	Fe	Ms	Av	Ma	Jn	Jt	At	Se	Oc	No	De
Durance à Briançon	46	44	52	91	214	250	145	87	75	79	67	52
Adour à Asté	93	91	99	129	178	163	98	61	53	62	84	89
Isère à Val d'Isère	25	23	24	38	114	280	278	183	103	61	40	31

Document 2.32 - Trois régimes montagnards où la rétention solide domine l'écoulement

A - La Durance à Briançon.

La Durance prendrait sa source près de l'ancien Fort du Gondran, sur la commune de Montgenèvre, à une altitude de 2 390 m. Mais, en amont de Briançon, le cours le plus long de son bassin versant est constitué par la Clarée.

Celle-ci prend sa source à 2 450 m, col des Rochelles près du Mont Thabor. Elle rejoint la Durance à Briançon.

Le régime de la Durance y est essentiellement nival sans contestation possible, avec, il est vrai, un apport pluvial méditerranéen en octobre. Le cours d'eau est immodéré, avec un coefficient de pondération de 6, et on le jauge depuis 1955. à l'aval d'un bassin de 548 km^2 (document 2.33).

La tendance linéaire traduit un léger recul des débits, mais une régression de 7 m^3/s par siècle n'a guère de sens. À l'inverse, les pulsations pseudo-cycliques ont été bien marquées. On relève 20 cycles courts d'une durée de 5 ans en moyenne, associés à 6 cycles longs de 17 ans de longueur d'onde moyenne. Ces pulsations soulignent les fluctuations pluviométriques régionales (on pourra se référer aux stations de Lyon, de Nice et de Marseille), car les précipitations neigeuses ne constituent pas un tapis pérenne et celui-ci fond à chaque printemps.

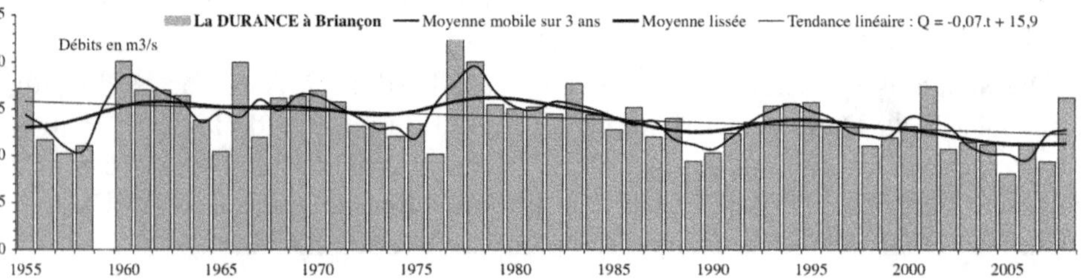

Document 2.33 - Variations interannuelles du débit de la Durance à Briançon

Aussi, les résultats évoquent-ils les périodes de forte nivométrie : début des années 1960, début des années 1970, années 1980, milieu des années 1990 et début des années 2000. Inversement, les « sécheresses » (en fait des hivers peu arrosés) de 1965, 1976, 1989, 1998 et 2005 marquèrent fortement l'écoulement.

1°) Les **crues** ***de la Durance à Briançon :*** une autre originalité du régime nival (ce qui le rapproche du régime pluvio-évaporal méditerranéen ou tropical) est la forte variation saisonnière des débits, avec une certaine rareté des débits élevés. C'est illustré par le rapport entre la moyenne (13,4 m^3/s) et la médiane (9,4 m^3/s), qui n'est que de 67 %, une valeur observée sur le Var. Toutefois, la discrétisation des crues donne des valeurs moins disparates car l'origine de la neige est océanique (document 2.34).

Le seuil des débits de crues est de 16,2 m^3/s, et la fréquence interannuelle du dépassement de ce seuil recula depuis 1955, de 6 jours tous les 10 ans. C'est une valeur assez élevée et qui ne s'explique pas naturellement. Dans le domaine océanisé, nous avons vu que les précipitations ont en général augmenté depuis le milieu du XXe siècle. Le recul général de la durée des épisodes de crue peut être artificiel du fait d'une lutte contre les inondations et/ou du fait des conséquences du reboisement, très important dans cette partie des Alpes.

Il peut aussi s'expliquer par d'autres raisons naturelles, comme une débâcle nivale affaiblie par une réduction de la durée de l'enneigement. Nous avons repris les observations faites en Tarentaise :

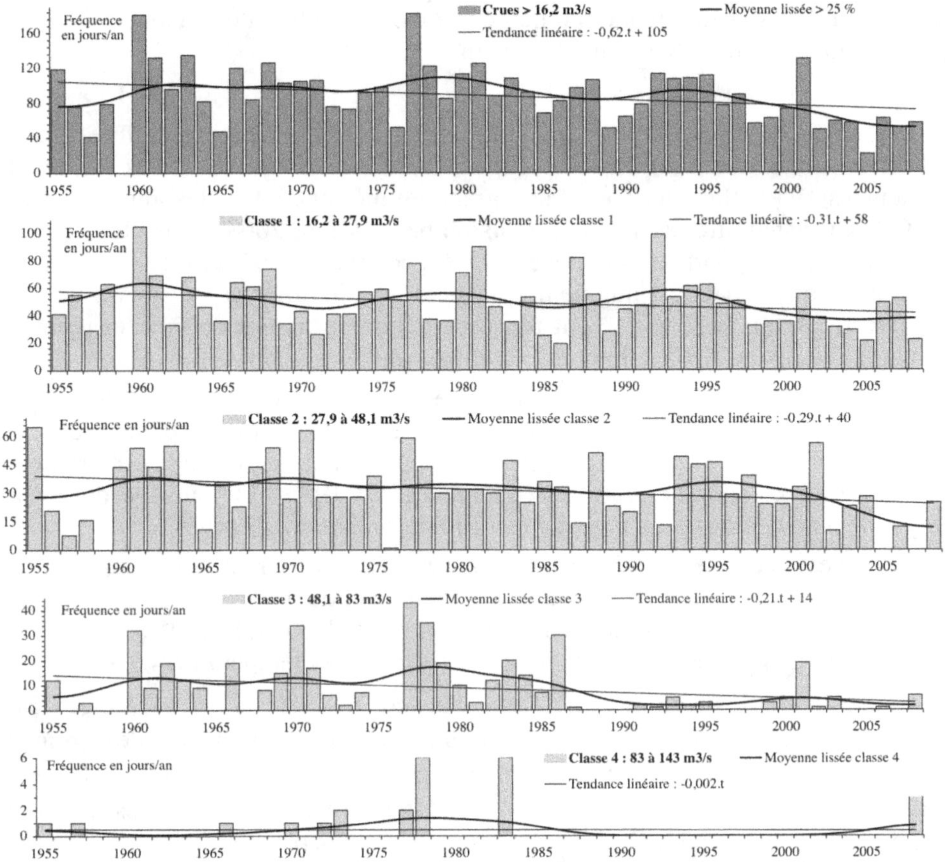

Classe 1	**16,2 m^3/s**	**à**	**27,9 m^3/s**
Classe 2	**27,9 m^3/s**	**à**	**48,1 m^3/s**
Classe 3	**48,1 m^3/s**	**à**	**83 m^3/s**
Classe 4	**83 m^3/s**	**à**	**143 m^3/s**

Document 2.34 - Discrétisation des crues de la Durance à Briançon

➢ Aucune réduction des précipitations de neige (intensité ou nombre annuel de chutes de neige) n'a pu être mis en évidence pour la seconde moitié du siècle dernier, mais on observa des alternances interannuelles très marquées. Les années excédentaires en neige appartiennent à la décennie 1975-1985, et elles alternent avec des années peu enneigées au début des années 1970 et entre 1987 et 1993.

➢ Cependant, la température hivernale de l'air vers 1 800 m aurait crû de 1 à 3°C dans la seconde moitié du XXe siècle, et cette augmentation est surtout effective depuis les années 1980 et 1990. Aussi en 2000, la neige tenait-elle au sol déjà vingt jours de moins qu'en 1960.

➢ L'augmentation des températures serait donc responsable de la diminution de l'enneigement en épaisseur et en durée. Cependant, un hiver peut être enneigé même s'il neige peu, quand la neige tombe en début de saison et que la température de l'air reste ensuite basse toute la saison.

Qu'observe-t-on à Briançon ?

➢ Les crues de classe 4 sont les plus rares. Leur origine est double : forte débâcle née d'un réchauffement précoce, ou averse orageuse. Rares au début des années 1950, elles ont connu une grande importance dans les années 1970-1980, pour disparaître par la suite, mais réapparaître en 2008. Leur plus grande fréquence correspond à la décennie excédentaire 1975-1985, puis leur disparition accompagne l'augmentation des températures de la fin du siècle. Comme les débits > 83 m^{3}/s sont tous des débits de mai et de juin, et pour la plupart situés avant 1985, l'hypothèse climatique reste viable.

➢ Les crues de classe 3 confirment cette hypothèse. À l'évidence, leur fréquence augmenta jusqu'à la fin des années 1980 (forte nivosité) pour se réduire par la suite (températures plus élevées). La période est assez clairement divisée en deux : des crues très fréquentes avant 1986 (13 jours de crues en moyenne) et des crues plus rares après (2 jours seulement de crue).

➢ Les crues de classes 2 et 3 conduisent aux mêmes observations. Leur durée a reculé de 2 jours par décennie, pour les premiers, et de 3 jours pour les seconds. Surtout, le recul devient particulièrement net au début du XXIe siècle, et il pourrait être mis en relation avec un accroissement des températures.

Nous avons insisté sur une conséquence possible d'un *« changement climatique global »* car, dans cette hypothèse, le remplissage des grands réservoirs, ici celui de la Serre-Ponçon, pourrait être compromis dans les décennies à venir, à un moment où les ressources énergétique fossiles vont commencer à faire défaut. Mais il ne faut pas non plus éliminer des causes différentes au recul des hautes eaux : le reboisement a été important dans cette partie des Alpes et l'on en connaît les effets régulateurs sur l'écoulement.

2°) Les étiages de la Durance à Briançon nous éloignent de ces considérations (document 2.35). Que les débits soient très faibles n'a rien d'original pour un cours d'eau nival, dont l'alimentation estivale est fortement contrariée par l'évapotranspiration, qui peut être très forte sur des versants forestiers.

➢ Le seuil d'étiage est fixé à 6,8 m^{3}/s ; la fréquence des débits qui l'ont dépassé est le reflet des pulsations sèches : début des années 1950, fin des années 1960 au début des années 1970, années 1980 (à forte nivosité) et début du XXIe siècle. Cette fréquence augmenta de près de 4 jours par décennie.

➢ Ces mêmes avatars accompagnent les étiages de la classe 1 dont les fréquences n'augmentèrent cependant que d'une journée par décennie.

Ce pourrait être conforme à une augmentation des températures, et notamment celle de la fin de l'hiver et du printemps, ce qui accroît les effets de la consommation physiologique des plantes (en admettant que la floraison et la fructuation soient avancées). Mais que 86 % appartiennent à la seule classe 1 n'a rien de naturel.

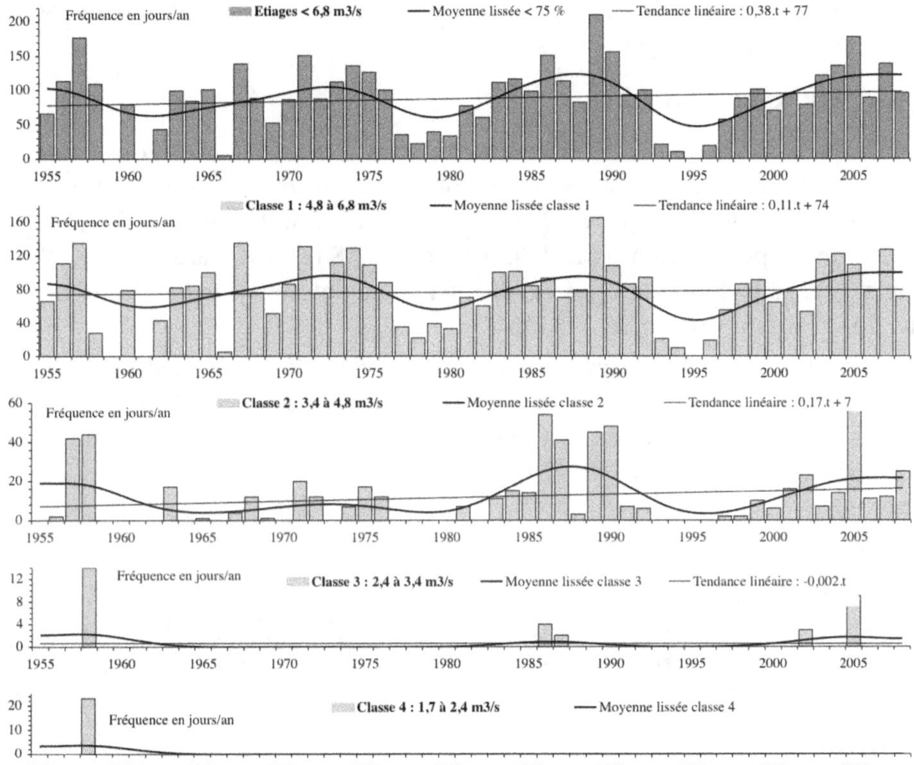

Classe 1	**6,8 m³/s**	**à**	**4,8 m³/s**
Classe 2	**4,8 m³/s**	**à**	**3,4 m³/s**
Classe 3	**3,4 m³/s**	**à**	**2,4 m³/s**
Classe 4	**2,4 m³/s**	**à**	**1,7 m³/s**

Document 2.35 - Discrétisation des étiages de la Durance à Briançon

➢ Les étiages de classe 3 avaient quasiment disparu entre 1958 et 1986, pour réapparaître au début des années 2000. Quant aux étiages de classe 4, ils n'ont existé qu'en 1958.

On ne peut s'en tenir à la seule explication climatique. Il est possible que les étiages de classe 4 aient été un accident. Mais pour ceux des classes 3 et 2, même si leur répartition est « *climatique* », leur rareté implique un aménagement destiné à soutenir le remplissage des barrages en été : en effet, une augmentation des températures provoquerait un accroissement de la demande biologique et un accroissement de la durée des étiages.

La Banque Hydro indique que « *les valeurs publiées représentent les débits réels de la Durance en aval des confluents de la Guisane et de la Cerveyrette, influencés par la retenue de pont Baldy. À l'échelle mensuelle - influence négligeable : les débits peuvent être considérés comme naturels* ». Le barrage de Pont Baldy retient 10^6 m^3 d'eau ; à l'évidence, il doit assurer à Briançon un débit estival d'au moins 3 à 4 m^3/s.

B - L'Adour à Asté

L'Adour naît de la confluence de trois torrents, en Haute-Bigorre, dans la vallée de Campan : l'Adour de Payolle provient du Massif de l'Arbizon (2 831 m), l'Adour de Gripp, du Massif du pic du Midi de Bigorre (2 877 m) et l'Adour de Lesponne, du Massif de Lascours (2 488 m). Il est alors jaugé à Aste, depuis 1912, à la sortie de cette vallée, peu en amont de Bagnères-de-Bigorre, à l'aval d'un bassin versant de 272 km^2.

Il est donc le drain naturel d'une partie des Pyrénées Centrales, dans une contextes de roches anciennes et métamorphiques portées à très hautes altitudes. Le rôle de la fonte des neiges est primordial, dans des montagnes qui, proches de l'océan, reçoivent plus de 2 000 mm de pluies, avec un maximum de printemps.

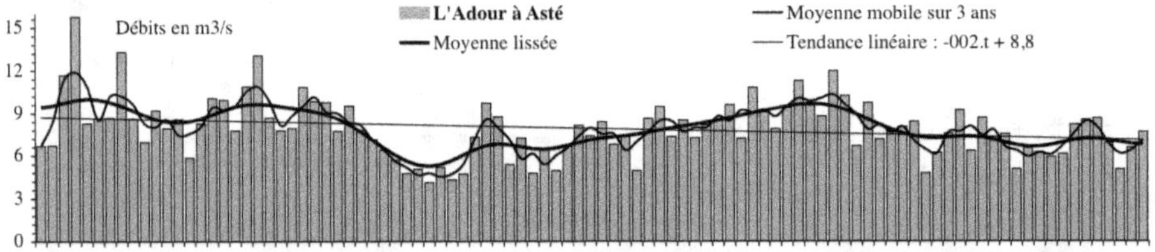

Document 2.36 - Variations interannuelles de l'écoulement de l'Adour à Asté

1°) Pluies, neiges, écoulement et réchauffement dans les Pyrénées centrales : selon la chronique hydrologique (document 2.36), les débits moyens auraient reculé de façon linéaire de 2 m^3/s par siècle. On observe aussi trois tendances plus ou moins cycliques : 43 pulsations courtes d'une longueur d'onde de 5 ans en moyenne, 12 pulsations moyennes d'une longueur d'onde de 12 ans en moyenne, et 4 pulsations très longues (50 ans environ) comprises entre 1912, 1946, 1980 et 2008. Ces pulsations pseudo-cycliques sont en relations avec des variations climatiques à court terme, qui sont les conséquences de variations de la circulation atmosphérique dans l'hémisphère nord, ce qui provoque une pseudo-cyclicité complexe, mais répétitive des flux de précipitations.

Mais, comme dans les Alpes, il faut aussi envisager une modification du régime thermique qui affecterait l'importance du couvert neigeux. Il semble, en effet, que, depuis le début du XXe siècle, les températures se soient davantage élevées dans le sud de l'Europe, avec une progression de 1,1°C (pour 0,8°C à l'échelle planétaire). À L'Hospitalet, dans la haute vallée de l'Ariège, Météo France reconnaît que la durée de l'enneigement a reculé de 10 jours entre 1971 et 2008. En accord avec ces mesures, les vendanges de Banyuls, qui débutaient en moyenne le 26 septembre, commencent maintenant treize jours plus tôt.

En parallèle avec ces observations, la superficie du glacier d'Ossoue, dans le massif du Vignemale, est passée de 95 à 46 ha en 100 ans. Cela corrobore une étude espagnole dénonçant le recul du manteau de glace de l'ensemble des Pyrénées, de 3 300 ha au début du XXe siècle à 390 hectares aujourd'hui, avec une accélération du processus depuis 2002.

Partout sur les versants, la végétation gagnerait de 3 m chaque année, sur les terres libérées par la glace et les neiges permanentes.

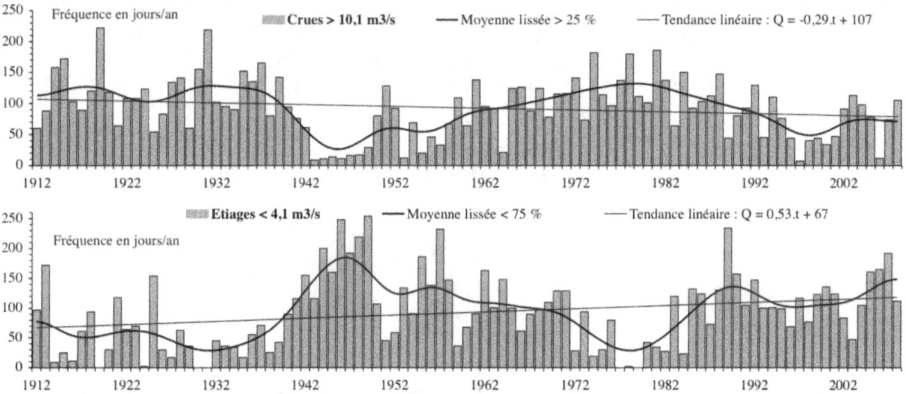

Document 2.37 - Crues et étiages de l'Adour à Asté

2°) Avatars des crues et des étiages de l'Adour à Asté : Les débits-seuils des crues et des étiages sont respectivement de 10,1 m^3/s et 4,1 m^3/s. Ce sont des valeurs assez proches pour un cours d'eau nival, et le rapport entre la médiane (6,40 m^3/s) et la moyenne (7,92 m^3/s) est plutôt élevé : 81 %, ce qui avoisine un écoulement océanique. Dans les Pyrénées, à haute altitude, si la neige peut être épaisse et a pu provoquer une forte crue nivale, les étés sont loin d'être secs et l'écoulement conserve une abondance qui fut mise a profit pour la production d'énergie sur les Gaves.

Le document 2.37 fait état de la répartition des crues et des étiages, des évènements en parfaite opposition de phases, mais où l'on retrouve les grandes tendances de l'écoulement :

➢ Des années 1910 aux années 1930, les crues furent nombreuses avec, en toute logique, des étiages modérés

➢ La situation s'est inversée dans les années 1940.

➢ On observe alors une lente progression de la durée des hautes eaux jusqu'au début des années 1980 ; cette croissance a été accompagnée du recul simultané des étiages. Ces variations quasi continues dans le troisième quart du XXe siècle ont été observées dans les Pyrénées orientales, et pourraient constituer une originalité régionale.

➢ La tendance s'est inversée jusqu'en 2008.

Ces variations lentes sont accompagnées de variations à termes plus brefs, en relations avec les pseudo-cycles pluviaux, mais la croissance de la durée des hautes eaux des années 1950-1980 correspond en partie à la *décennie 1975-1985* qui, dans les Alpes, fut marquée par un excédent neigeux.

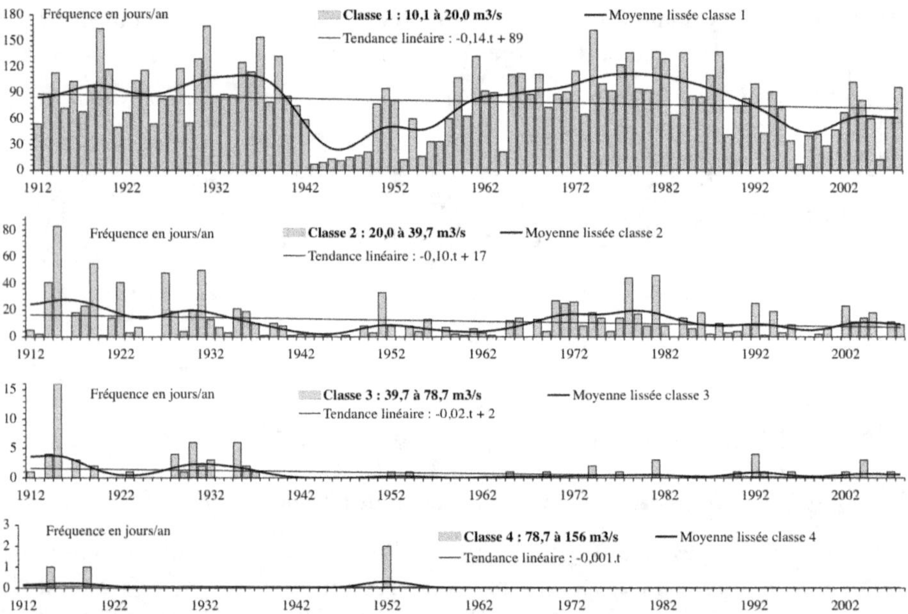

Classe 1	**10,1 m^3/s**	**à**	**20,0 m^3/s**
Classe 2	**20,0 m^3/s**	**à**	**39,7 m^3/s**
Classe 3	**39,7 m^3/s**	**à**	**78,7 m^3/s**
Classe 4	**2,4 m^3/s**	**à**	**1,7 m^3/s**

Document 2.38 - Discrétisation des crues de l'Adour à Asté

a) La discrétisation des crues est illustrée par le document 2.38.

➢ La répartition interannuelle des fréquences de crues de classe 1 n'offre pas de différences fondamentales avec celle des débits > 10,1 m^3/s. La durée recula d'une journée et demie par décennie et l'interprétation sera la même.

➢ La fréquence des crues de classe 2 a connu les mêmes fluctuations, mais elle illustre un repli plus marqué au cours du temps, qui se confirme avec les crues de classe 3, devenues épisodiques après 1938.

➢ Quant aux crues de classe 4, très rares, elles ont cessé de se produire après 1952.

Certes, plus les débits-seuils sont élevés, plus grande sera la rareté de l'évènement. Rien n'indique qu'il faille évoquer les effets d'un dérèglement climatique, mais il est possible que la réduction du tapis neigeux ait provoqué une réduction des volumes évacués par les débâcles, jusqu'à faire disparaître les crues les plus importantes. Toutefois, les crues de classe 4 se sont produites en mai 1915 et en février 1952 et 1919 (156 m^3/s le 6 février 1919). Quant aux crues de classe 3, on en rencontre d'octobre à mai. Ce sont des crues de ruissellement issues de précipitations liquides copieuses ou/et durables. On évoquera alors la contrepartie du recul du tapis neigeux (et de la déprise pastorale en altitude) et de la reconquête des pentes par un manteau forestier.

b) La discrétisation des étiages est illustrée par le document 2.39 :

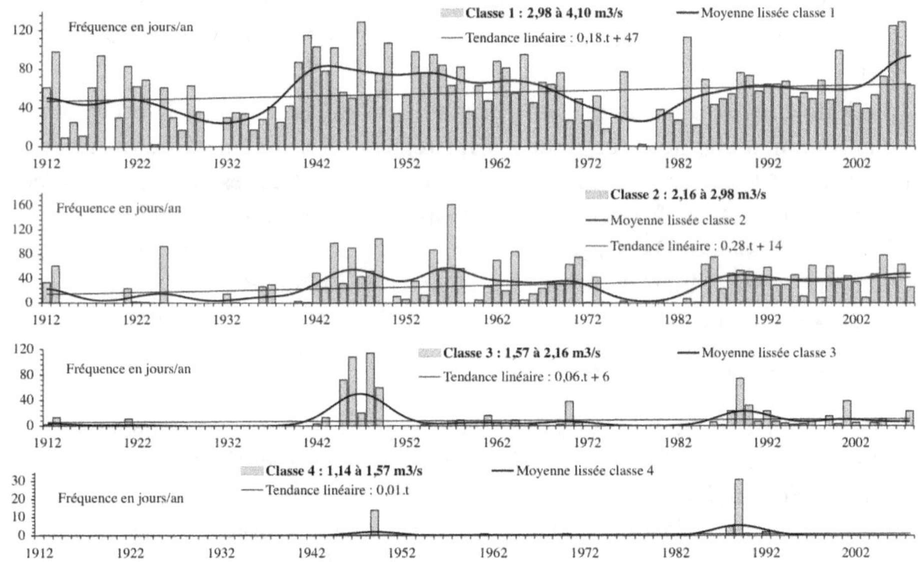

Classe 1	**2,98**	**m^3/s**	**à**	**4,10**	**m^3/s**
Classe 2	**2,16**	**m^3/s**	**à**	**2,98**	**m^3/s**
Classe 3	**1,57**	**m^3/s**	**à**	**2,16**	**m^3/s**
Classe 4	**1,14**	**m^3/s**	**à**	**1,57**	**m^3/s**

Document 2.39 - Discrétisation des étiages de l'Adour à Asté

La faible dispersion des débits d'étiage pourrait s'expliquer par la présence de lacs de verrou glaciaire dans la Vallée de Lesponne : le lac Bleu de Lesponne, le lac Vert voisin, le lac de Peyrelade et le lac d'Ourrec. Il est possible qu'ils induisent une pondération de l'écoulement. Quoi qu'il en soit, nous sommes confrontés à la situation inverse des crues :

➢ La durée des étiages de classe 1 souligne l'occurrence des périodes de déficit pluviométrique : années 1940 et années 1990. Leur fréquence recula au cours des *« décennies excédentaires en neige »*, mais sur l'ensemble du siècle, leur durée a augmenté de près de 2 jours tous les 10 ans.

➢ Les étiages sont révélateurs d'un autre mécanisme : rarissimes avant 1942, ils se sont creusés au cours des pulsations pluviométriques sèches, pour devenir annuels après 1985. Leur durée s'est accrue de près de 3 jours par décennie.

➢ Les étiages des classes 3 et 4 sont des évènements rares, mais ils sont survenus tardivement. Les étiages de classes 3 furent très fréquents au coeur des années 1940 et au début des années 1990, pour régresser.Les étiages de classe 4 ont surtout été fréquents à la fin des années 1980 et au début des années 1990.

Ces vallées sont touristiques, le haut Adour est célèbre pour ses frayères naturelles à saumon atlantique (*Salmo salar*). Des étiages trop creusés seraient nocifs à l'équilibre des écosystèmes. On a apparemment soutenu les plus faibles écoulements (probablement à partir des lacs) : les étiages de classe 4 ont été jugulés au début du XXIe siècle, ceux de classe 3 ont été réduits, et cela au profit des étiages de classe 2.

L'Adour à Asté présenterait un écoulement encore naturel. Il est probable qu'il subisse actuellement les revers d'un recul de l'ampleur et de la durée du tapis neigeux. On observe une influence certaine des volumes écoulés (comme à Briançon et sur l'Aude à Belviane), alors que le contexte pluviométrique serait plutôt à la croissance. Dans les Pyrénées, comme dans les Alpes (ici on pense aux Gaves), cette situation ne sera pas sans conséquence sur la production d'hydroélectricité.

C - L'Isère à Val d'Isère

L'Isère prend sa source au *glacier des sources de l'Isère* sous la Grande Aiguille Rousse, près du col de la Vache. À Val d'Isère, il pénètre seulement dans sa vallée glaciaire la Tarentaise, et il ne draine qu'un bassin versant de 46 km^2 seulement. Mais l'influence de la glace joue son rôle à plein (document 2.32) avec 5 m^3/s en juillet et 3,3 m^3/s en août, mais 5,04 m^3/s en juin relèvent de la fonte des neiges. Les minima sont février et mars (0,4 m^3/s). L'immodération est de 12,5, au profit des débits les plus faibles ; le rapport entre la médiane de tous les débits journaliers (0,87 m^3/s) et leur moyenne (1,82 m^3/s) est de 48 % seulement. Le régime est donc plutôt glacio-nival.

1°) L'hydrologie interannuelle d'un cours d'eau glacio-nival : l'origine glaciaire de l'écoulement se traduit aussi par une très grande pondération interannuelle (document 2.40). La moyenne des débits annuels est de

1,82 m^3/s, ; mais avec un écart-type de 0,30 m^3/s seulement, le coefficient de variation est de 16%. Les variations interannuelles sont donc de très faible amplitude.

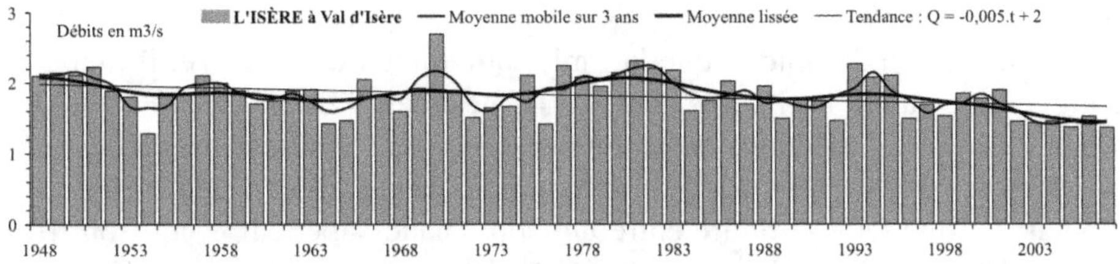

Document 2.40 - Variations interannuelles de l'écoulement de l'Isère à Val d'Isère

a) Depuis 1948, l'écoulement n'a connu que des pulsations mineures. La moyenne mobile sur 3 ans définit 25 pulsations courtes de 5 ans de longueur d'ondes, et qui correspondent au ruissellement des pluies sur la glace et les versants (en été et en hiver) qui accidentent 9 pulsations de 13, elles-mêmes pluviales comme nous l'avons souvent démontré. Mais ces dernières pulsations sont à peine dessinées : l'écart-type n'est que de 0,15 m^3/s et le coefficient de variation se réduit à 8 %.

L'interprétation est aisée : l'écoulement provient de la fonte estivale de la glace, et cette fonte dépend des températures dont les variations interannuelles sont faibles. Or, pour ce qui est du « *changement global* », il semblerait que le réchauffement concerne plus les températures des hivers que celles des étés.

Pourtant, l'écoulement a reculé au cours de ces années de 0,05 m^3/s tous les dix ans. On opposera que ce ne sont que 3 % du débit moyen tous les 10 ans, soit 0,3 m^3/s en 60 ans (1948-2007). Cependant, en décomposant l'écoulement (de façon arbitraire, car axée sur la seule observation), une modification de la tendance peut être relevée sur un temps plus long :

➢ La tendance interannuelle relève de pulsations courtes mais elle est stable jusqu'en 1981 : l'équation linéaire serait **Q = 0,001.t + 1,87 m^3/s**. La tendance a été presque nulle sur plus de trente ans

➢ Après 1981, la tendance a été au recul : **Q = -0,02.t + 2,07 m^3/s**, même si ce recul est faible : **0,2 m^3/s** tous les 10 ans.

➢ Il y aurait même une aggravation à partir de 1993 : **Q = -0,05.t + 2,09 m^3/s**, soit **1 m^3/s** tous les 20 ans.

Il faut envisager le rôle simultané des précipitations et des températures dans les Alpes.

b) Les précipitations alpines ont connu un recul récent. Rappelons d'abord la répartition des précipitations dans les Alpes. Il existerait aussi une limite altitudinale dans l'abondance des pluies. Sur le versant occidental de l'arc alpin, en Savoie et en Suisse, il existerait un optimum pluviométrique de 2 000 mm/an qui se situe à 2 000 m dans les Préalpes, mais s'élève à 3 000-3 500 m dans les Massifs Centraux. On l'explique par un effet mécanique, car c'est l'ensemble de l'atmosphère qui se trouve « *soulevé au passage de la montagne, comme l'eau sur un seuil dans un torrent* ».

On comprend alors mieux que la limite pluviométrique s'élève. Il faut donc retenir comme valeur limite une pente de l'Ouest vers l'Est, de 2 000 à 3 500 m. Au-dessus de cette altitude, on estime que les précipitations reculent, et les hauts sommets y dominent souvent une mer de nuages, effet d'une inversion de températures due ici à la limite entre un front chaud supérieur et un front froid inférieur. Une relative sécheresse serait donc le fait des plus hauts sommets.

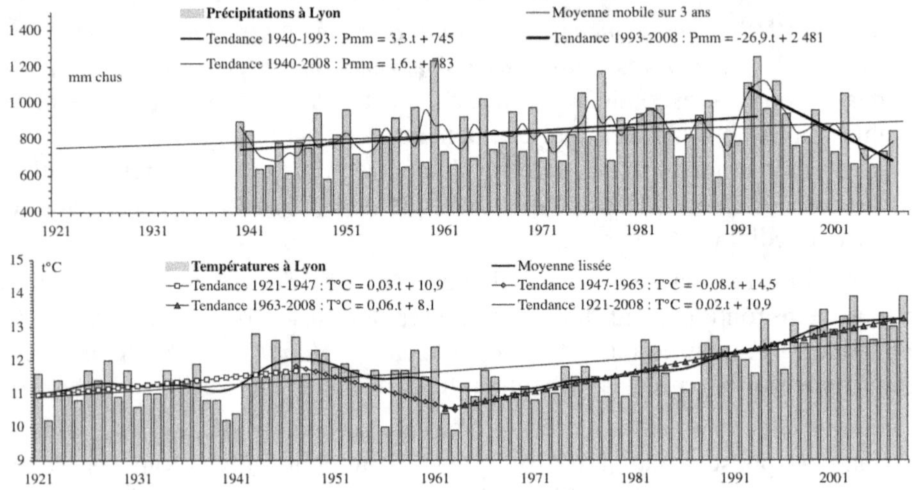

Document 2.41 - Variations ombro-thermiques lyonnaises au XXe siècle

Quelles furent les variations interannuelles récentes ? Faute de données dans les Alpes, nous avons retenu la station la plus proche, celle de Lyon, et l'on en extrapolera les conséquences à la montagne (document 2.41). Les précipitations connues depuis 1940 ont subi les fluctuations pseudo-cycliques communes à la France océanisée. Mais si la tendance linéaire entre 1940 et 2008 révèle une tendance à la croissance de 1,6 mm chaque année, la période doit être divisée en deux : une phase générale de croissance pluviométrique entre 1940 et 1993 de 3,3 mm annuels et un recul spectaculaire depuis 1993 de 26,9 mm par an.

Rapporté à la montagne, le tapis neigeux fut abondamment renouvelé jusqu'en 1993, pour connaître un important manque à gagner par la suite. Or ces variations concernent aussi l'alimentation des cirques glaciaires et leurs névés, et, par voie de conséquences, l'alimentation glaciaire.

On pourrait ainsi expliquer le recul du débit rapide de l'Isère après 1993.

b) Les températures alpines ont connu un progrès constant depuis le début des années 1960. Dans l'ensemble des massifs alpins, la température diminue de 0,55 °C tous les 100 m, ce qui placerait l'isotherme de 0°C à 2 850 m en Savoie, une valeur assez voisine de la « *limite moyenne des neiges éternelles* » estimée à 2 900 m. À Lyon, les températures sont connues depuis 1921, et elles ont augmenté de 0,02°C chaque année (2°C pour 1 siècle). Mais la variation y a connu des fluctuations :

- Les températures ont crû de 1921 (et probablement depuis le début du siècle) à 1947 (une année chaude dans toute l'Europe), selon un rythme moyen de 0,03°C chaque année.
- Puis ce fut le recul thermique (lui-même général) de 1947 à 1963 : -0,08°C par an.
- Mais depuis 1963, la croissance est de retour avec 0,06°C par an.

On sait, par ailleurs, que les fronts glaciaires ont avancé dans les décennies 1950-1960, et nous en avons l'explication : une relative croissance de l'alimentation, associée à un recul des températures. Les glaciers étaient bien alimentés et fondaient moins. Par la suite, les températures ont augmenté, ce qui accéléra la fonte, et dés la fin du XXe siècle, l'alimentation nivale aurait fortement reculé. On aurait ainsi la raison d'un débit assez stable jusqu'aux années 1970, suivi par un déclin.

La comparaison avec les données lyonnaises n'est que spéculation, mais elle va dans le sens des observations, des mesures et des modèles mathématiques

c) La durée saisonnière du tapis neigeux recule, et la limite des neiges persistantes se relève. On sait que les nuages sont constitués de gouttelettes microscopiques d'eau (et non de vapeur) en surfusion, c'est-à-dire à l'état liquide entre -12 et 16°C. Une instabilité provoque leur congélation en cristaux de glace, qui, si la température se relève, donneront des gouttes d'eau et de la pluie, mais si la température reste à 0°C, la coalescence entraîne la formation de flocons de neige. La chute de neige est donc une précipitation solide.

Les précipitations liquides, en montagne, naissent souvent de l'effet de relief. En hiver, le contact d'une masse d'air chaude et humide (air océanique) et d'une masse d'air froide (air continental) génère une zone pluviogène : la vapeur de l'air océanique, rejetée en altitude, se refroidit et perd de sa pression, ce qui engendre nuages et gouttes d'eau. En montagne, du fait du relief, le processus peut être plus actif, ce qui donne des pluies plus abondantes. Mais du fait du gel, ces précipitations seront le plus souvent neigeuses. Ainsi s'explique le fait que les chutes de neige en montagne sont souvent lourdes, abondantes et épaisses.

Il se constitue un tapis neigeux qui, généralement, fond au printemps en dessous d'une altitude variable, celle dite des « *neiges éternelles* ». Leur limite inférieure est scientifiquement dénommée « *ligne d'équilibre* », et elle se situe à une altitude bien supérieure à celles des glaciers. Actuellement, cette « *ligne d'équilibre* » se situe à 2 500 m sur la face occidentale des Alpes du Nord, à 2 700 m sur celle des Alpes du Sud, et à 2 900-3 000 m dans les Massifs Centraux (Mont-Blanc, Belledonne, Oisans, Mercantour).

Une remontée des températures et une réduction des précipitations pourraient relever l'altitude de la « ligne d'équilibre » et provoquer le recul des glaciers.

d) Aussi les fronts glaciaires reculent-ils. En France, l'équipe du Laboratoire de glaciologie et géophysique de l'environnement (L.G.G.E, C.N.R.S / Université de Grenoble 1) dirigée par Emmanuel Le Meur a étudié le glacier Saint-Sorlin dans le Massif des Grandes Rousses sur la période 1981-2004. Le modèle mathématique CROCUS (mis au point par Météo France pour l'analyse de l'évolution du manteau neigeux et du risque d'avalanche) a été adapté aux glaciers. Le paramètre thermique retenu fut celui du scénario B.1, le plus optimiste (et réaliste) du G.I.E.C, une croissance séculaire de 1,8°C au XXIe siècle. Le calcul a démontré l'imminence d'une violente décrue glaciaire, accompagnée d'une disparition du glacier vers 2060, et d'une grande partie des glaciers alpins par voie de conséquence.

En Suisse, l'Institut fédéral suisse de technologie (E.T.H) de Zurich effectua une étude analogue entre 1994 et 2005 dans le glacier du Dôme du Goûter. Un carotage des glaces sur 140 m de profondeur démontra une augmentation de 1°C à 1,5°C dans les 60 premiers mètres ; ce réchauffement s'expliquerait par celui de l'atmosphère en altitude. Cet apport énergétique provoque la fonte superficielle de la neige, qui alimente des « bédières » (ruissellement) dont l'eau disparaît dans des « moulins » (crevasses). En profondeur, cette eau gèle à nouveau, ce qui se traduit par une restitution énergétique, donc une remontée des températures de la glace profonde. En clair, les glaciers alpins sont « froids » depuis le Petit Âge de Glace, et leur température interne varie entre 0 et -11°C. La conséquence sera d'en faire des glaciers « tempérés » avec une température interne voisine de 0°C, c'est-à-dire en situation de fonte. En 2005, l'agence suisse World Glacier Monitoring Service annonçait que l'épaisseur des glaciers d'Europe avait diminué de 9,6 m depuis 1980, dont 0,7 m en 2004 et 0,60 en 2005.

La réduction de l'enneigement et le réchauffement ont certainement un impact sur les écoulements nivaux (voir l'Adour et la Durance), et apparemment aussi sur l'écoulement glaciaire de l'Isère. Mais ont-ils un impact sur les écoulements extrêmes des régimes glaciaires ?

2°) La discrétisation des extrêmes de l'Isère à Val d'Isère : les seuils des crues et des étiages sont respectivement de 2,5 m³/s et 0,50 m³/s. Leur fréquence interannuelle varia depuis 1948, mais sans annoncer de catastrophe imminente (document 2.42).

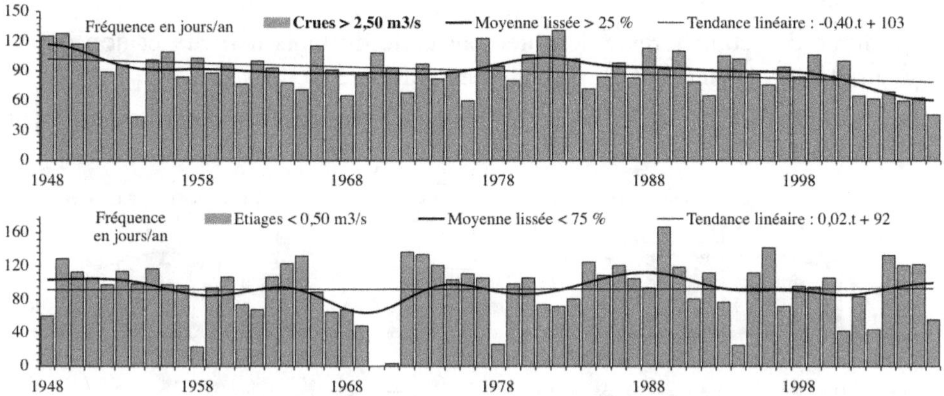

Document 2.42 - Fréquences des crues et des étiages de l'Isère à Val d'Isère depuis 1948

La fréquence des crues > 2,50 m³/s recule depuis 1948 de 4 jours tous les 10 ans, mais le recul s'est accentué après 1981 : **Q = -1,7.t + 112** soit 17 jours par décennie, et surtout après 1993 : **Q = -0,34.t + 107**, et, depuis 15 ans, la fréquence annuelle de ce type de hautes eaux recula de 34 jours par décennie, ce qui est considérable. Quelle explication fournir ? Dans le second quart du XXᵉ siècle, les températures ont inexorablement commencé à croître, ce qui ne pouvait qu'entraîner une réduction de la durée saisonnière du tapis neigeux. Tant que les précipitations ont continué de progresser (en dehors des pseudo-cycles courts), jusqu'au début des années 1990, le recul resta limité, mais la chute brutale des abats pluviométriques provoqua un recul brutal du volume des neiges hivernales. Toutefois, un tel recul nous semble plutôt le reflet du rôle de la neige que de celui de la glace

Les étiages se situent au coeur de l'hiver (février). À ce moment, l'écoulement n'est plus assuré que par le torrent sous-glaciaire alimenté par la fonte de la glace. À la vérité, un réchauffement du coeur du glacier pourrait relever le volume écoulé et raccourcir la durée des débits < 0,50 m³/s (document 2.42). Ce n'est pas exactement ce qui est perçu sur le long terme. La durée de ces basses eaux aurait même augmenté de 2 jours par siècle, valeur négligeable qui traduit plutôt la stabilité interannuelle. Nous avons envisagé trois cas de figures :

➢ Avec un réchauffement depuis 1961, la tendance linéaire est **Q = 0,3.t + 86** soit des étiages plus longs de 3 jours tous les dix ans. L'allongement dû à un tapis neigeux plus bref l'emporte sur la fonte de la glace.

➤ Avec une augmentation des précipitations jusqu'en 1993, la tendance reste positive : **Q = 0,2.t + 89**. La durée saisonnière du tapis neigeux l'emporte sur son volume, il n'y a plus de réserves nivales en altitude.

➤ Le recul pluviométrique après 1993 accroît encore plus cette durée : **Q = 1.t + 80**.

La durée des étiages reste dominée par celle du tapis neigeux et non par la fonte du glacier. L'Isère est plus nivale que glaciaire !

a) La discrétisation de la fréquence des crues est matérialisée par le document 2.43 :

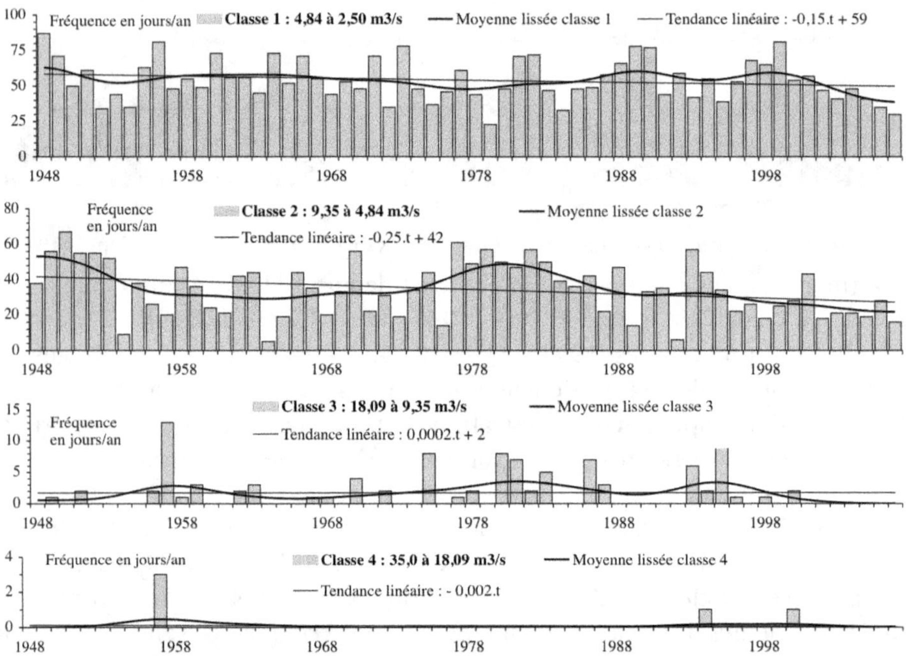

Classe 1	**2,50**	**m^3/s**	**à**	**4,84 m^3/s**
Classe 2	**4,84**	**m^3/s**	**à**	**9,35 m^3/s**
Classe 3	**9,35**	**m^3/s**	**à**	**18,09 m^3/s**
Classe 4	**18,09**	**m^3/s**	**à**	**35,00 m^3/s**

Document 2.43 - Discrétisation des crues de l'Isère à Val d'Isère

Les crues les plus violentes, celles de classes 4 et 3, se sont produites 109 jours, or 99 d'entre elles se situent en juin et en juillet. Ce sont à la fois des crues de fonte définitive et brutale du tapis neigeux saisonnier, mais ce sont aussi des crues par ruissellement de précipitations liquides. D'ailleurs, la crue maximale : 35 m^3/s, se réalisa le 14 juin 1957.

➤ Les *crues de classe 4* sont des crues très rares qui ne se sont produites que 5 fois depuis 1948 : en 1958, 1994 et 2000. Elles ont « disparu » entre 1958 et

1994, apparemment sans raison. Mais les crues de juin et de septembre sont des crues de ruissellement, provoquées par des orages dont les eaux ont violemment ruisselé sur les glaciers et les versants. Ces débits relèvent d'un régime pluvial

➢ Les *crues de classe 3* sont moins rares : 104 occurrences. Elles correspondent aux pulsations pluvieuses de la fin des années 1950, de la fin des années 1970 et du milieu des années 1990. La tendance n'a pas de sens (2 jours/10 000 ans). Ces crues étant situées en juin et juillet, nous évoquerons encore le ruissellement et peut-être la fonte brutale de la neige.

➢ Avec la *classe 2*, le rôle pluvio-nival et surtout nival se précise. La durée de ces crues a reculé de 2,5 jours par décennie depuis 1948 avec un recul plus important depuis 1980 : **Q = -1.t + 45**, soit 1 journée par an, et surtout depuis 1993 : **Q = -1,6.t + 41**, soit plus de 3 jours tous les 2 ans. Le rôle des températures devient possible, mais ces reculs de la fréquence sont plutôt expliqués par un tapis plus bref à partir des années 1970-1980 et moins alimenté à partir des années 1990.

➢ Enfin, la fréquence des *crues de classe 1* n'a que très faiblement reculé : 3 jours tous les 20 ans depuis 1948. Mais leur fréquence recula dés 1981 : **Q = -0,6.t + 63**, soit 6 jours tous les 10 ans, recul qui s'accentua à partir de 1993: **Q = -1,3.t + 61**, soit 13 jours tous les 10 ans.

Les hautes eaux de l'Isère à Val d'Isère sont nivo-pluviales ; leur fréquence recula en parallèle avec l'accroissement des températures et surtout la réduction des précipitations qu'accompagnèrent la durée et l'épaisseur du tapis neigeux saisonnier.

b) La discrétisation de la fréquence des étiages est illustrée par le document 2.44 : le problème est de déterminer la part de l'alimentation pluviale et nivale et celles des températures associées à la durée du tapis neigeux et à la fonte de la glace. Or nous savons que globalement la durée des étiages resta dominée par celle du tapis neigeux, par sa durée et par son épaisseur.

➢ Les *étiages de classe 1* constituent la moitié des débits <0,50 m^3/s. Leur fréquence tend à se réduire depuis 1948 d'1,6 jour par décennie. Mais il faut scinder la période. La tendance linéaire a reculé jusqu'au début des années 1990 : **Q = -0,1.t + 51**, soit une augmentation raisonnable d'une journée par décennie, du fait de la croissance des températures. Puis, brutalement, leur fréquence recula : **Q = -5,6.t + 48**, soit près de 6 jours par an. Moins alimenté, plus chaud, le glacier fond et ses débits d'hivers sont plus copieux (tout en restant faibles). C'est une réponse thermique et pluviale parfaitement logique.

➢ Les *étiages de classe 3 et de classe 4* sont en phases, et sont marqués par une réduction de leur fréquence (classe 3) et une disparition (classe 4) dans les années 1960-1990. Il fait de plus en plus chaud dès 1961, et ce serait peut-être une explication. La glace se réchauffa, alimentant bien les torrents sous-glaciaires, ;de même, sur les versants, jusqu'en 1993, la neige abondante pouvait alimenter un écoulement d'hiver. Globalement, la fonte des glaces, celle de la neige et le ruissellement étaient plus abondants. On expliquerait ainsi la plus grande raréfaction de ce type d'étiages dés les années 1960. À l'inverse, il tomba moins de neige après 1993 ; la seule fonte de la glace ne suffit plus à soutenir l'écoulement, et des étiages plus creusés sont alors réapparus. Nous restons dans la même causalité dans laquelle pluies, neige et glace sont en association.

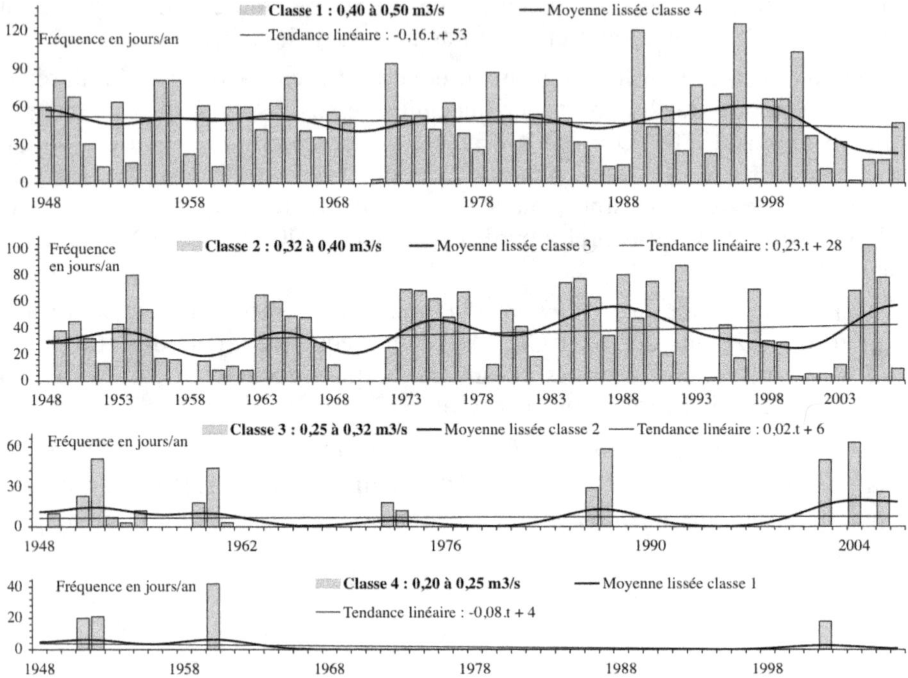

Classe 1	**0,50 m³/s**	**à**	**0,40 m³/s**
Classe 2	**0,40 m³/s**	**à**	**0,32 m³/s**
Classe 3	**0,32 m³/s**	**à**	**0,25 m³/s**
Classe 4	**0,25 m³/s**	**à**	**0,20 m³/s**

Document 2.44 - Discrétisation des étiages de l'Isère à Val d'Isère

➢ Les *étiages de classe 2* sont difficilement explicables. Ils constituent 40 % des débits < 0,50 m³/s, et leur fréquence augmente de 2,3 jours tous les 10 ans depuis 1948. Cette fréquence est en opposition de phases avec celle de la classe 1. Les maxima pseudo-cycliques correspondent évidemment aux périodes moins arrosées : début des années 1950, fin des années 1960 et milieu des années 1970, fin des années 1980, milieu des années 1990 et années 2000. Mais on ne trouve aucune corrélation avec les températures, ni avec les précipitations.

On en reste à des conjectures. Les étiages les plus rares (classes 3 et 4) et les plus fréquents (classe 1) ont été sensibles aux paramètres climatiques. Pourquoi la durée des étiages de classe 2 continua-t-elle d'augmenter ? On serait tenté d'évoquer une résistance au réchauffement. À l'époque du jaugeage, le glacier était insuffisamment réchauffé pour que ces étiages puissent se réduire.

Quelle que soit la situation géographique, les cours de quelque importance ont connu, non seulement une modification de leurs modules moyens, au cours du XXe siècle, mais leurs débits extrêmes ont aussi été fortement perturbés. Il y a certes une réponse à la conjoncture climatique. Non seulement le climat global connaît un réchauffement généralisé depuis 1850, mais il a fait aussi l'objet de pulsations météorologiques saisonnières. Le XXe siècle a connu des épisodes plus chauds.Des travaux récents (et anciens) ont démontré que les températures ont globalement monté de 1890 à 1949. Puis elles ont reculé de 1949 à 1965. Depuis cette date, elles connaissent une forte augmentation, laquelle s'est accélérée à partir des années 1980. Les glaciers alpins qui avaient progressé dans les années 1950-1960 ont à nouveau reculé.

Mais ces variations thermiques sont accompagnées de variations pluviométriques. Celles-ci ont connu un recul des années 1880 au début du XXe siècle. Les trente premières années de ce siècle ont été marquées par une progression (très irrégulière) des précipitations, lesquelles ont reculé entre 1930 et 1950. Elles ont ensuite connu une nouvelle progression de 1950 au début des années 1980, et elles seraient en léger déclin depuis cette date. Ainsi, le recul de l'enneigement montagnard en ce début du XXIe siècle s'explique autant par un apport nival moindre que par une croissance des températures.

On notera la mauvaise corrélation entre la tendance des précipitations et celle des températures. De toute façon, l'impact hydrologique ne concerne qu'un minimum de cours d'eau français, pour la plupart de régime simple. Pour beaucoup d'entre eux, les variations interannuelles de la durée de leurs extrêmes hydrologiques ne sont pas le fruit des pulsations pluviométriques, et encore moins des températures. Elles relèvent des aménagements humains : production hydro-électrique, protections contre les inondations et les étiages, alimentation urbaine et irrigation.

C'est ce que nous allons envisager sur cinq grands bassins versants métropolitains : la Seine, la Loire, la Dordogne, la Garonne et le Rhône.

Troisième chapitre : Les grands fleuves du Bassin de Paris

Une partie de l'écoulement du Bassin de Paris est drainée par la Somme, dont nous avons déjà analysé les extrêmes. Une faible part s'écoule en direction de l'Escaut. Enfin, tout l'Est Lorrain appartient au système mosan ou rhénan. Toutefois, la plus grande partie des eaux de surface s'écoule vers la Manche et l'Atlantique, par l'intermédiaire de deux fleuves majeurs : la Seine et la Loire.

La Loire est le plus vaste. En effet, ce bassin couvre 117 480 km^2, mais son originalité porte plutôt sur l'organisation du réseau hydrographique. Le fleuve se divise en plusieurs ensembles, qui, on le verra ci-dessous, jouèrent un rôle fondamental dans le déclenchement des grandes inondations qui affectèrent le Val de Loire du XVIe au XIXe siècle. L'amont du bassin est intrinsèquement auvergnat au sens topographique du terme. Cette partie se divise en deux sous-bassins parallèles et de direction méridienne : la Loire au sens strict et l'Allier (14 310 km^2). Ils prennent naissance sur le revers septentrional des Cévennes, et, sur 250 km, ils drainent les fossés effondrés des Limagnes, du Forez et du bassin de Roanne, encadrés par les sommets des volcans du Velay, du Cantal et de l'Auvergne, ainsi que par les blocs soulevés du Vivarais, de la Margeride, du Forez et du Livradois. Le deux cours d'eau se rejoignent pour entrer dans le Bassin Parisien. Jusqu'au Miocène, le fleuve gagnait le bassin de la Seine selon un axe actuellement parcouru par le Loing. Mais la subsidence qui attira la transgression de la Mer des Faluns détourna le tracé du fleuve vers sa direction actuelle : le sud du Massif Armoricain. C'est la partie médiane de la Loire, laquelle décrit un grand arc de cercle entre Nevers et Saumur, et dont le sommet se trouve à Orléans. Ce détournement cénozoïque a engendré une originalité hydrographique ; entre Nevers et les Ponts-de-Cé (Angers), la Loire ne reçoit guère d'affluents importants sur sa rive droite, car le drainage y est rapidement orienté vers la Seine. Le seul affluent majeur, le Loir, reste parallèle au fleuve et ne le rejoint qu'en Anjou, après sa confluence avec la Sarthe. À l'inverse, les affluents sont nombreux en rive gauche. En dehors des cours d'eau solognots : Sauldre, Beuvron et Cosson, venus du Sancerrois, les affluents majeurs : Cher (13 920 km^2) et Vienne (21 105 km^2) prennent naissance sur les sommets très arrosés de la Montagne Limousine, confirmant le rôle joué par le Massif Central. La troisième partie du bassin se situe en aval des Ponts-de-Cé, quand le fleuve traverse le sud du Massif Armoricain. Il reçoit alors ses derniers affluents : le Thouet (3 396 km^2) et la Sèvre Nantaise (2 356 km^2), sur la rive droite, issus des collines vendéennes, la Maine sur la rive gauche, produit de la convergence de trois cours d'eau issus des collines du Perche et de Normandie :

la Sarthe (16 374 km^2), la Mayenne (5 820 km^2) et le Loir (7 920 km^2). En dehors du Loir (venu des confins de la Beauce) et des cours d'eau solognots, l'ensemble du bassin versant relève de massifs anciens : Cévennes, Vivarais, Velay, Auvergne, Limousin, Bocage Vendéen, Collines du Perche et de Normandie. Ce sont des régions très arrosées de l'automne jusqu'au printemps, et la Loire connaît alors de longues périodes de hautes eaux parfois assorties d'inondations. Mais les réserves phréatiques y sont ténues, ce qui se traduit par des étiages très rigoureux, dont les bancs de sables du Val de Loire, sont les témoins visibles. C'est dommage pour ce fleuve qui pénètre jusqu'au coeur du pays et qui fut longtemps l'artère majeure de circulation.

La Seine serait le deuxième bassin versant français du fait de sa superficie (78 650 km^2), mais c'est aussi le drain majeur du Bassin Parisien, facilement relié à la Loire, à la Saône et surtout à la Flandre par un important système de canaux. Les bateliers ont l'habitude de distinguer une Seine amont d'une Seine aval distinction que nous conserverons en partie. La plus grande partie du réseau séquanien amont prend naissance sur les revers des cuestas jurassiques du sud-est du Bassin de Paris, en Châtillonnais, et plus exactement sur le Plateau de Langres. La Seine au sens strict prend naissance près de Châtillon-sur-Seine ; plus au nord, l'Aube (4 660 km^2) et la Marne (12 920 km^2) suivent une direction parallèle, une *direction sud-armoricaine* conforme au pendage naturel des terrains jurassiques et crétacés vers le centre du Bassin de Paris. Au sud, la même direction est suivie par le Loing (né sur les collines de Puisaye couvrant 4 150 km^2) et l'Yonne (10 887 km^2), seul bassin secondaire venu du Massif Central, puisque né sur le Morvan. Puis ces cinq cours d'eau se rapprochent et convergent entre Montereau et Paris, où se concentre l'écoulement. Ce dessin du réseau fut longtemps présenté comme exemple pédagogique de géomorphologie structurale avec des cours d'eau cataclinaux, ouvrant de la large percée cataclinale dans le front des cuestas à Joigny pour l'Yonne, à Bar-sur-Seine et à Troyes pour la Seine, à Bar-sur-Aube et Arcis-sur-Aube pour l'Aube, et à Vitry-le-François et Épernay pour la Marne. Il est reconnu comme favorable à la concentration des inondations et expliqua en partie les grandes crues que connut la capitale entre le XVIe et le XXe siècle. En aval de Paris, le réseau devient dissymétrique, à l'image de celui de la Loire en aval de Nevers. La Seine reçoit assez peu d'affluents sur sa rive droite. Le rôle hydrologique de l'Essonne et de l'Orge est négligeable, et le seul cours d'eau important reste l'Eure, issu des collines du Perche. Inversement, le drainage est plus développé sur la rive droite, dans la moitié septentrionale du Bassin de Paris, avec le vaste bassin de l'Oise (16 667 km^2). Si la source est en Belgique, dans les roches anciennes de la Fagne, l'essentiel du bassin occupe la couverture crétacée et cénozoïque du centre du Bassin Parisien. Son affluent majeur, l'Aisne (7 920 km^2), est original. Avec son affluent l'Aire, et avec la Meuse, ils appartiennent à ces réseaux aberrants, qui coulent sur le revers des Côtes de Meuse et d'Argonne en direction de la Mer du Nord, L'Aisne se dirigeait vers la Meuse, mais elle fut capturée par un affluent de l'Oise, pour grossir les eaux de la Seine. C'est par le truchement de l'Oise et de l'Aisne que Paris put facilement être relié par canaux au réseau de la Meuse et à celui de l'Escaut. Mais les apports importants en périodes de crue, ont souvent ralenti l'écoulement du flux arrivant sur la capitale et aggravé les grandes inondations de 1740 et de 1910. En aval de Conflans-Sainte-Honorine, la rive droite entre en concurrence avec le drainage de la Somme, et sans l'apport de l'Epte, venue de la boutonnière du Bray, le drainage serait comparable à celui de la Loire en aval d'Orléans. Dans son ensemble, l'hydrologie profonde du bassin de la Seine relèvera de terrains sédimentaires et leurs aquifères, dont le drainage se fait dans le même sens que l'écoulement de surface. Mieux alimentés en été, la Seine et ses affluents ont bénéficié de basses eaux moins creusées, ce qui rendait la navigation plus aisée. C'est en cela que ce fleuve joua un rôle économique qui dépassa celui de la Loire, trop immodérée.

I - Les extrêmes hydrologiques de la Seine

La Seine n'est guère connue pour ses excès : elle a été fortement aménagée pour la navigation aux XIXe et XXe siècles, et les étiages ne sont guères décelables. Quant aux crues, si celle de 1910 a marqué les mémoires et justifié la réalisation de retenues de soutien en amont, dans le Morvan d'abord, et surtout en Haute-Marne et dans l'Aube par la suite, elle ne « connut pas de répliques au XXe siècle », et les hautes eaux de 1955 : 2 120 m^3/s le 25 janvier 1955, n'ont rien eu de comparable avec les 2 770 m^3/s du 26 janvier 1910. Alors que le Rhône, la Garonne et surtout la Loire, avaient fait l'objet d'inondations cataclysmales aux XVIIIe et XIXe siècles, la Seine n'avait guère subi d'évènements aussi violents ; et, pour retrouver des débits aussi exceptionnels que ceux de 1910, il faut remonter à la crue de décembre 1740 et de mars 1658. Il est vrai que le XVIIe siècle avait connu trois crues majeures en quelques années, celles de février 1649, de décembre 1651 et de mars 1658.

Notre objectif sera de décrire et d'analyser l'évolution de la fréquence des hautes et des basses eaux de la Seine sur la plus longue chronique possible. Toutefois, pour les XXe et XXIe siècles, la série de données journalières la plus longue concerne les relevés effectués dans Paris depuis 1927. Ils excluent dont la crue de 1910 ; à l'inverse, ils permettent d'analyser le rôle progressif des aménagements qui se sont succédé depuis les années 1920, et de quantifier leur impact sur la réponse du fleuve aux variations pluviométriques.

Cette étude devait aussi prendre en compte les extrêmes de la haute Seine, dont les débits sont relevés à Bar-sur-Seine depuis 1950, ainsi que ceux de ses principaux affluents : l'Oise à Pont-Sainte-Maxence (Oise) depuis 1960, la Marne à Saint-Dizier (Haute-Marne) depuis 1948, l'Aube à Arcis-sur-Aube (Aube) depuis 1960, l'Yonne à Courlon (Yonne) depuis 1958 et le Loing à Épisy (Seine et Marne) depuis 1949. La période 1920-1960 apparaît assez mal connue, et ce fut un inconvénient pour mener cette étude, mais la période où l'*Institution Interdépartementale des Barrages-Réservoirs du Bassin de la Seine* (I.I.B.R.B.S) a effectué la majorité de ses travaux est couverte, ce qui a permis d'analyser leurs impacts sur les extrêmes hydrologiques du fleuve, et principalement à Paris.

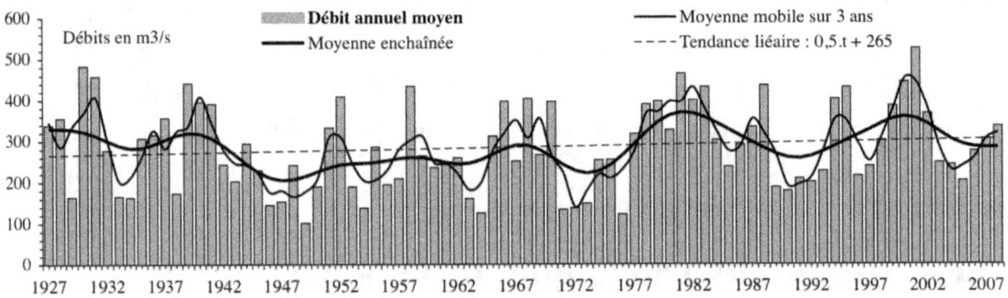

a) Les débits moyens de la Seine au Pont d'Austerlitz à Paris

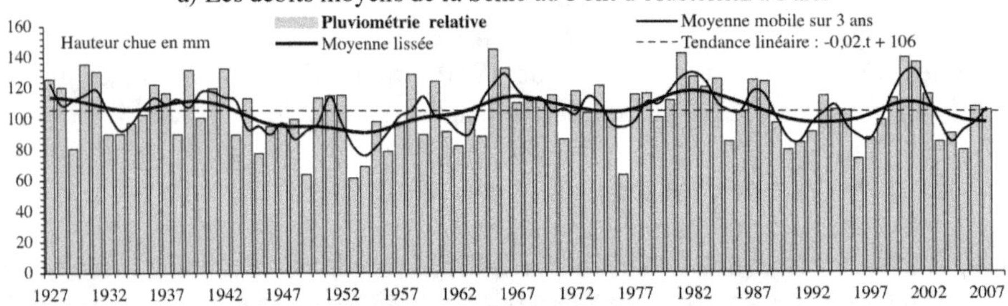

b) Les totaux pluviométriques relevés au Bourget

Document 3.1 - La Seine à Paris entre 1927 et 2008

A - Présentation de la Seine à Paris

À Paris, la Seine draine un bassin versant de 43 800 km^2 et écoule 286 m^3/s (moyenne 1927-2008). Son débit journalier maximum a été de 2 120 m^3/s le 25 janvier 1955 et son étiage le plus creux n'était que de 15 m^3/s le 17 novembre 1947. Mais la médiane rend mieux compte de la réalité, avec une valeur de 185 m^3/s, elle ne représente que 65 % du débit moyen, c'est normal pour un cours d'eau au régime pluvio-évaporal océanisé, dont la majorité des débits sont le plus souvent modestes.

1°) Un écoulement essentiellement pluvial: le document 3.1 illustre conjointement, la variation annuelle du débit moyen de la Seine au pont d'Austerlitz et celle des totaux pluviométriques enregistrés au Bourget. Certes, la station du Bourget n'est pas représentative de l'ensemble du Bassin de Paris, mais, du fait de la modestie du relief, les influences maritimes ne connaissent guère d'obstacles et les tendances interannuelles relevées au Bourget peuvent être attribuées à l'ensemble du Bassin. C'est ce qui se dégage de la comparaison des deux graphiques :

➢ Des *pulsations de moyenne longueur d'onde*, d'une quinzaine d'année en moyenne, et qui ont connu des maxima en 1927, 1940, 1950, 1967, 1982 et 2000 et des minima en 1934, 1947, 1954, 1975, 1990 et 2007. Ces pulsations se retrouvent dans l'écoulement mesuré au pont d'Austerlitz.

➢ Des pulsations de courte longueur d'onde, transcrites par la moyenne mobile sur trois ans, donc de 6 ans en moyenne, évoquent un parallélisme presque parfait entre précipitations et écoulement.

L'écoulement de la Seine est donc fidèle aux variations des apports pluviométriques. Toutefois, les 25 dernières années semblent faire l'objet d'une anomale ; la tendance générale des précipitations est à une certaine stabilité, la courbe de tendance semi-séculaire s'aplatit ; à l'inverse, la même courbe pour l'écoulement marque une légère progression. En effet, sur les 81 années, le coefficient directeur de la tendance linéaire des totaux pluviométriques annuels évoque un recul de 0,02 mm/an (2 mm par siècle) ce qui peut être assimilé à une stabilité interannuelle. À l'inverse, les débits se seraient accrus de 1/2 m^3/s chaque année, ce qui n'est pas négligeable.

La variation des extrêmes donne un élément de réponse.

2°) Fréquence des extrêmes hydrologiques à Paris **:** à partir de la courbe monotone des débits classés entre le 1er janvier 1927 et le 31 décembre 2008, nous retenons le 1er quartile (0 à 25 %) comme hautes eaux et le 4e quartile (75 à 100 %) comme basses eaux. Sont ainsi définis comme « crues » les débits ≥ 361 m^3/s, et comme « étiages » ces ≤ 110 m^3/s. Par la suite, on calcule, pour chaque année, le nombre de fois où chacun de ces seuils a été dépassé (crues) ou non atteint (étiages). Le document 3.2 rend compte des résultats.

a) La fréquence des débits >361 m^3/s est le reflet de la variation interannuelle des débits moyens (documents 3.1 et 3.2) avec un recul indéniable dans les années 1940-50, et surtout des pulsations d'une quinzaine d'années avec des maxima au milieu des années 1920, à la fin des années 1930, au cours des années 1950-60, et surtout au début des années 1980 et à la fin des années 1990. C'est une alternance que nous retrouverons sur la plupart des cours d'eau de régime pluvio-océanique.

Quelle a été la tendance ? Outre une succession de pulsations, la tendance linéaire révèle une faible augmentation du nombre de débits > 361 m^3/s. Le coefficient directeur est de 0,2, ce qui traduit une croissance théorique de 2 jours tous les 10 ans ; c'est faible, mais, en théorie, cette fréquence se serait accrue de 16 jours entre 1927 et 2008, dans le cadre d'une suite de pulsations pluviométriques, ce qui va dans le sens d'un accroissement des débits de 1/2 m^3/s chaque année, complètement étranger à la relative stabilité des précipitations.

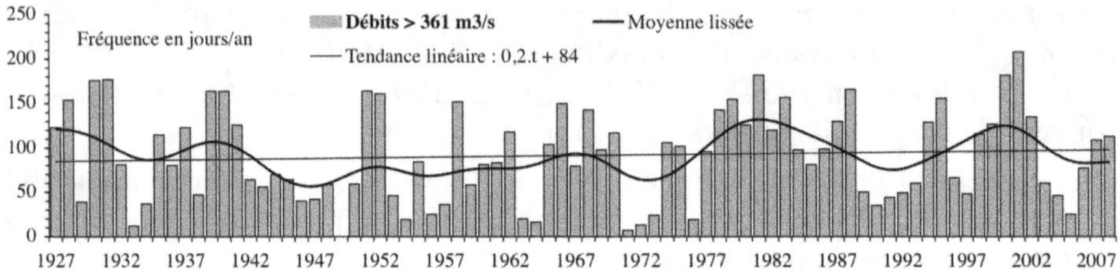

a) Fréquence des crues

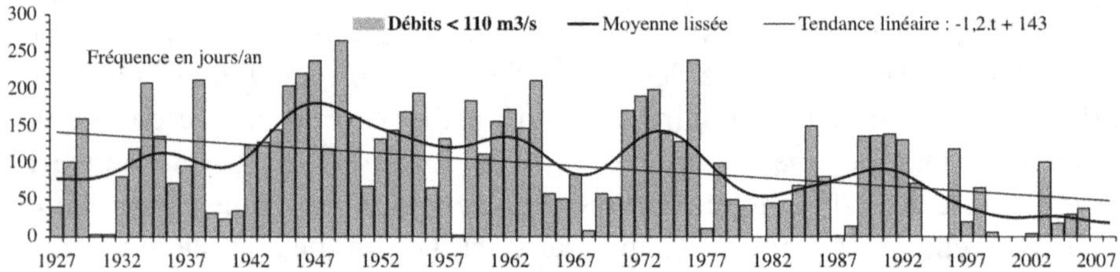

b) Fréquence des étiages

Document 3.2 - Hautes et basses eaux de la Seine entre 1927 et 2008

Nous avons alors discrétisé les débits du 1er quartile (361 à 2 120 m^3/s) en quatre classes, et le document 3.3 en illustre la chronologie. Les pulsations de moyenne longueur d'onde restent sensiblement les mêmes sur l'ensemble de la période pour les quatre classes de débits.

➢ L'occurrence des crues les plus fortes, celles de classe 4, révèle des « *périodes de crises* », au cours desquelles ces débordements furent annuellement plus fréquents, et le début des années 1980 est fortement marqué, au contraire de 1955 où la crue centennale fut un évènement bref. Surtout, la fréquence de ces hautes eaux exceptionnelles a été réduite. Le coefficient de tendance linéaire est négatif et traduit un recul de 2 jours par siècle. C'est peu, mais c'est appréciable.

➢ Les crues de classe 3, moins rares, furent particulièrement fréquentes à la fin des années 1930. On les oublia, mais elles ont réapparu au début des années 1980 et des années 2000. Malgré cela, leur fréquence est en repli de 3 jours par siècle.

➢ Tout change avec la fréquence de crues de classe 2. Certes, les pulsations pluviales restent marquées : fin des années 1920, et 1930, années 1950-1960 et surtout début des années 1980 et 2000. Mais la tendance linéaire s'est inversée, avec une croissance de la fréquence d'un peu plus d'une journée tous les 10 ans.

Le plus marquant est sans doute la présence de ces hautes eaux à la fin des années 2000, comme si les eaux des deux classes précédentes avaient été reportées ici.

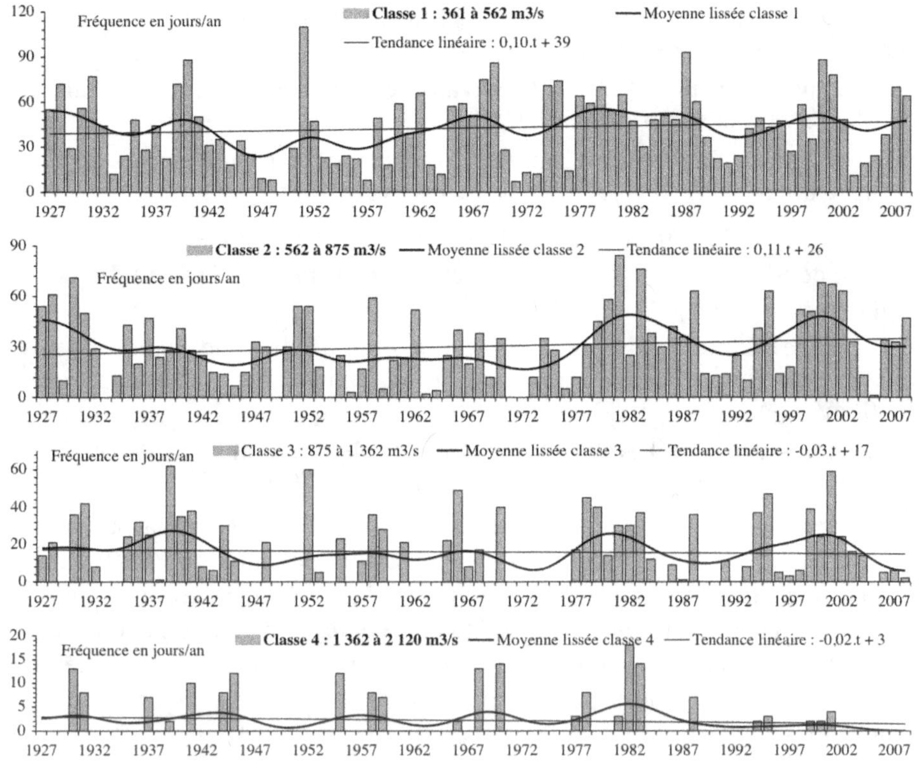

Classe 1	**361**	**m^3/s**	**à**	**562**	**m^3/s**
Classe 2	**562**	**m^3/s**	**à**	**875**	**m^3/s**
Classe 3	**875**	**m^3/s**	**à**	**1 362**	**m^3/s**
Classe 4	**1 362**	**m^3/s**	**à**	**2 120**	**m^3/s**

Document 3.3 - Discrétisation des crues de la Seine à Paris (1927-2008)

➢ La fréquence des crues de classe 1 confirme cette impression, les pulsations sont identiques, la fréquence a crû d'une journée tous les 10 ans, et la fin des années 2000 apparaît comme une période de hautes eaux.

Que s'est-t-il passé ? La crue de 1910 avait fait très peur, celle de 1955 a accru cette crainte. Des mesures furent prises afin d'atténuer le risque d'inondation pour Paris.

b) La protection de Paris contre le retour de la crue de 1910 résulte d'un programme mis en place entre 1931 et 1939, et surtout avec les Lacs de Seine construits entre 1949 et 1991. L'objectif est d'y réserver les crues.

Avant 1910, seul le barrage des Settons existait déjà (23.10^6 m^3) ; trois réservoirs ont été mis en en service entre les deux guerres :

- Crescent, sur la Cure, en 1931 et Bois de Chaumeçon, sur le Chalaux en 1934, deux barrages réalisés pour la production d'électricité, procurent un volume disponible de 24.10^6 m^3.
- Champaubert au Bois (23.10^6 m^3) avait été aménagé sur la Blaise (affluent de la Marne) et mis en service en 1938.
- Le barrage de Pannecière-Chaumard, commencé dans les années 1930, ne fut achevé qu'en 1949, mais il offre une capacité de 80.10^6 m^3.

La crue de 1955 relança cette politique d'équipements de protection :

- Le lac de Seine, dit aussi lac de la forêt d'Orient (près de Troyes), fut achevé en 1966 avec une capacité de 205.10^6 m^3.
- Le Lac de Marne dit du Der-Chantecoq, situé au droit de Saint-Dizier, est établi en dérivation de la Marne et de la Blaise, avec une capacité de 350.10^6 m^3.
- Le lac-réservoir de l'Aube se compose de deux bassins, en dérivation de l'Aube. Mis en eau en 1989, il offre une capacité de 170.10^6 m^3.

Ce potentiel est presque en totalité géré par l'I.I.B.R.B.S. qui a pris le nom de *Grands Lacs de Seine*, et qui dispose ainsi d'un potentiel de 805.10^6 m^3. Si une crue importante se présente, le débit total laissé à la rivière est limité par déversement dans les lacs : c'est le débit de référence. Après la crue, on procède à la vidange progressive des lacs ou délestage, tout en respectant ce débit de référence. On revient alors progressivement à une situation normale de lacs presque vides.

C'est ce qui explique la régression des crues de classes 4 et 3 aux profits des crues de classes 2 et 1. Dans les années 1990 et 2000, un certain nombre de très hautes eaux furent ainsi laminées : les crues des classes 3 et 4 ont été supprimées, et l'eau fut répartie sur une plus longue durée, ce qui accrut l'impact des crues de classes 2 et 1, lesquelles concernent des débits sans gravité pour les riverains et leurs activités. Toutefois, on reste étonné de la modestie des résultats. C'est oublier ce qui a été fait pour les étiages.

c) La fréquence des débits < 110 m^3/s est logiquement en opposition de phase avec les crues et les débits moyens. La discrétisation des débits du 4e quartile des débits classés a donné les valeurs suivantes : le document 3.4 rend compte de leur chronologie, mais il faut aussi se rappeler que, globalement, la fréquence annuelle des étiages aux débits < 110 m^3/s a reculé de plus d'une journée chaque année (document 3.2), soit 96 jours en 80 ans.ce qui ne peut pas être fortuit.

Les étiages sont pseudo-cycliques : début des années 1930, fin des années 1940, début des années 1960, coeur des années 1970, début des années 1990 et début des années 2000 (document 3.2). Mais l'expérience rappelle qu'ils ont été, dans l'Europe entière, particulièrement creusés à la fin des années 1940 et au coeur des années 1970, où, chaque fois, ils correspondent à des reculs pluviométriques. Cependant, la réalité des étiages est très différente de celle des pluies à Paris (document 3.1).

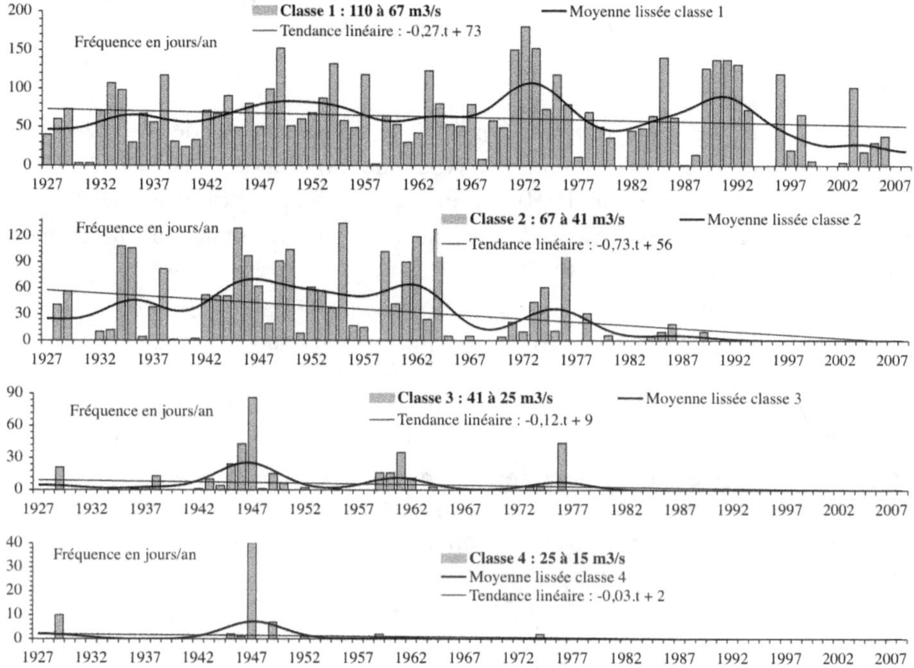

Classe 1	**67 m^3/s**	**à**	**110 m^3/s**
Classe 2	**41 m^3/s**	**à**	**67 m^3/s**
Classe 3	**67 m^3/s**	**à**	**25 m^3/s**
Classe 4	**25 m^3/s**	**à**	**15 m^3/s**

Document 3.4 - Discrétisation des étiages de la Seine à Paris (1927-2008)

➢ Les étiages de classe 4 ont peu à peu disparu. Très marqués en 1947 : 40 jours < 25 m^3/s, ils n'ont duré que 2 jours en 1974 et ont disparu en 1976, 1989 et 1990, des années partout connues pour leurs basses eaux et la faiblesse des précipitations.

➢ La remarque est presque identique pour les étiages de classe 3, fortement marqués à la fin des années 1940, très peu au milieu des années 1970 et inexistants par la suite. La tendance linéaire confirme un recul de plus d'une journée par an.

➢ De façon empirique, on observe une augmentation de la fréquence des étiages de classe 2 jusqu'au début des années 1960, puis, c'est la décroissance généralisée avec disparition dans les années 1990. La tendance globale a été à un recul de 2 jours tous les 3 ans depuis 1927.

➢ Enfin, les étiages très modérés de classe 1 n'ont pas connu de modifications notables jusqu'à la fin du XXe siècle, avec une fréquence semblable à la fin des années 1940, au milieu des années 1950, 1960 et surtout 1970, et au début des années 1990. On les repère même au début des années 2000. Toutefois, la tendance linéaire indique un recul de 3 jours par décennie, surtout bien marquée par un important repli au début des années 2000, sans contrepartie pluviométrique.

Il n'existe qu'une seule réponse possible, le détournement des lacs écréteurs de crues vers le soutien des étiages. Nous ne polémiquerons pas. Mais les inondations comme celles de 1910 présentent un risque moindre que celui du manque d'eau. Les ressources hydrologiques du bassin versant de la Seine en amont de Paris sont fortement sollicitées :

➢ L'irrigation du maïs et des protéagineux s'est généralisée sur les plateaux : Champagne, Brie, Gâtinais. Si cette technique fait surtout appel aux prélèvements dans les nappes, les sources qui alimentent les affluents et les sous-affluents ont eu à en souffrir, et c'est un manque à gagner pour l'écoulement estival, essentiellement soutenu par les nappes phréatiques.

➢ La navigation s'est considérablement développée sur la Seine, en aval de Paris, alors qu'il faut maintenir en eau les canaux de l'amont : canal de Bourgogne, canal latéral à la Marne, canal de la Marne à la Saône, canal de la Marne au Rhin.

➢ Enfin, et peut-être surtout, les besoins industriels et urbains ont été décuplés dans les dernières années du XXe siècle, plus particulièrement pour satisfaire les besoins de l'île de France.

Ce sont la Seine et ses affluents qui ont été le plus sollicités. Si les besoins en eau potable et industrielle sont constants, l'offre naturelle se réduit en été. L'I.I.B.R.B.S. a été sollicitée pour remédier au problème. Sur son site Internet, nous avons pu lire ceci :

➢ « *Les lacs-réservoirs représentent un stock potentiel de l'ordre de* 830.10^6 m^3 *pour le soutien des étiages. Pendant les 4 mois critiques, de juillet à octobre, ils permettent des lâchures moyennes maximales d'environ 70* m^3/s *: 10* m^3/s *pour les réservoirs du Morvan, 17* m^3/s *pour le lac Seine, 14* m^3/s *pour le lac Aube et 30* m^3/s *pour le lac Marne. Cet apport peut représenter une fraction importante du débit naturel de la Seine à Paris, comme le montrent les lâchures effectuées lors des dernières périodes de sécheresse* ».

➢ « *Le débit d'étiage naturel minimal à Paris est de l'ordre de 25* m^3/s. *Avant la mise en service des lacs-réservoirs, il était généralement constaté des débits* *d'étiage de 12 m^3/s sur la Marne, 23 m^3/s sur la Seine en amont de Paris et 35 m^3/s à Paris ».*

➢ *« Les tranches de réserve ménagées dans chaque ouvrage sont portées à 180.10^6 m^3 utilisables en année sèche pour les étiages tardifs en novembre et décembre. Ce stock permet alors un apport potentiel d'une vingtaine de m^3/s pendant ces deux mois. Mais l'offre se réduit en été ».*

À Paris, la lutte contre les basses eaux a été privilégiée face au risque de crue, et les Grands Lacs de Seine sont maintenus en eau en hiver, époque où l'on devrait les vider pour retenir les plus fortes crues, afin de soutenir les basses eaux estivales : navigation, eau potable, eaux industrielles, aussi plaisance sur ces mêmes Grands Lacs.

B - Rôle des affluents

La plupart des affluents ne sont jaugés que depuis une date récente. Ainsi, nous n'avons pas trouvé de données antérieures à la Seconde Guerre Mondiale, et nous avons dû nous satisfaire de données commençant dans les années 1950, ce qui couvre largement la période des grands aménagements.

Six cours d'eau sont concernés : l'Oise à Pont-Sainte-Maxence (109,4 m^3/s entre 1960 et 2008), la Marne à Saint-Dizier (26,3 m^3/s entre 1948 et 2007), la Seine à Bar-sur-Seine (24,2 m^3/s entre 1950 et 2007), l'Aube à Arcis-sur-Aube (33,7 m^3/s entre 1960 et 2008), l'Yonne à Courlon-sur-Yonne (93 m^3/s entre 1958 et 2008) et le Loing à Épisy (18,4 m^3/s entre 1949 et 2008). Seule l'Oise a sa confluence en aval du pont d'Austerlitz, mais on sait que ses crues peuvent retenir les eaux de la Seine et accroître l'inondation de Paris, comme ce fut le cas en 1910. En effet, quelques détails doivent attirer l'attention.

➢ À Bar-sur-Seine, la Seine n'a reçu aucun de ces affluents, toutefois elle est très influencée par le lac de la forêt d'Orient depuis 1966.

➢ Elle reçoit d'abord l'Aube, dont les 34 m^3/s ne sont pas négligeables, surtout depuis l'achèvement du lac-réservoir de l'Aube en 1989. À Montereau, elle reçoit l'apport de l'Yonne (près de 100 m^3/s), le cours d'eau le plus anciennement aménagé de barrages écrêteurs (Crescent, Chaumeçon et surtout Pannecière-Chaumard). À l'inverse, le Loing apparaît comme quantité négligeable avec 18 m^3/s.

➢ Quant à l'Oise, elle n'a pas été concernée par des aménagements anti-crues, et pour certains (par exemple J.P. Bravard), c'est une lacune, car ce cours d'eau draine tout le nord du bassin versant, au relief plus marqué et aux précipitations plus élevées, notamment sur l'Ardenne et sur l'Argonne (d'où provient l'Aisne).

Le document 3.5 permet de comparer les écoulements moyens de ces six cours d'eau.

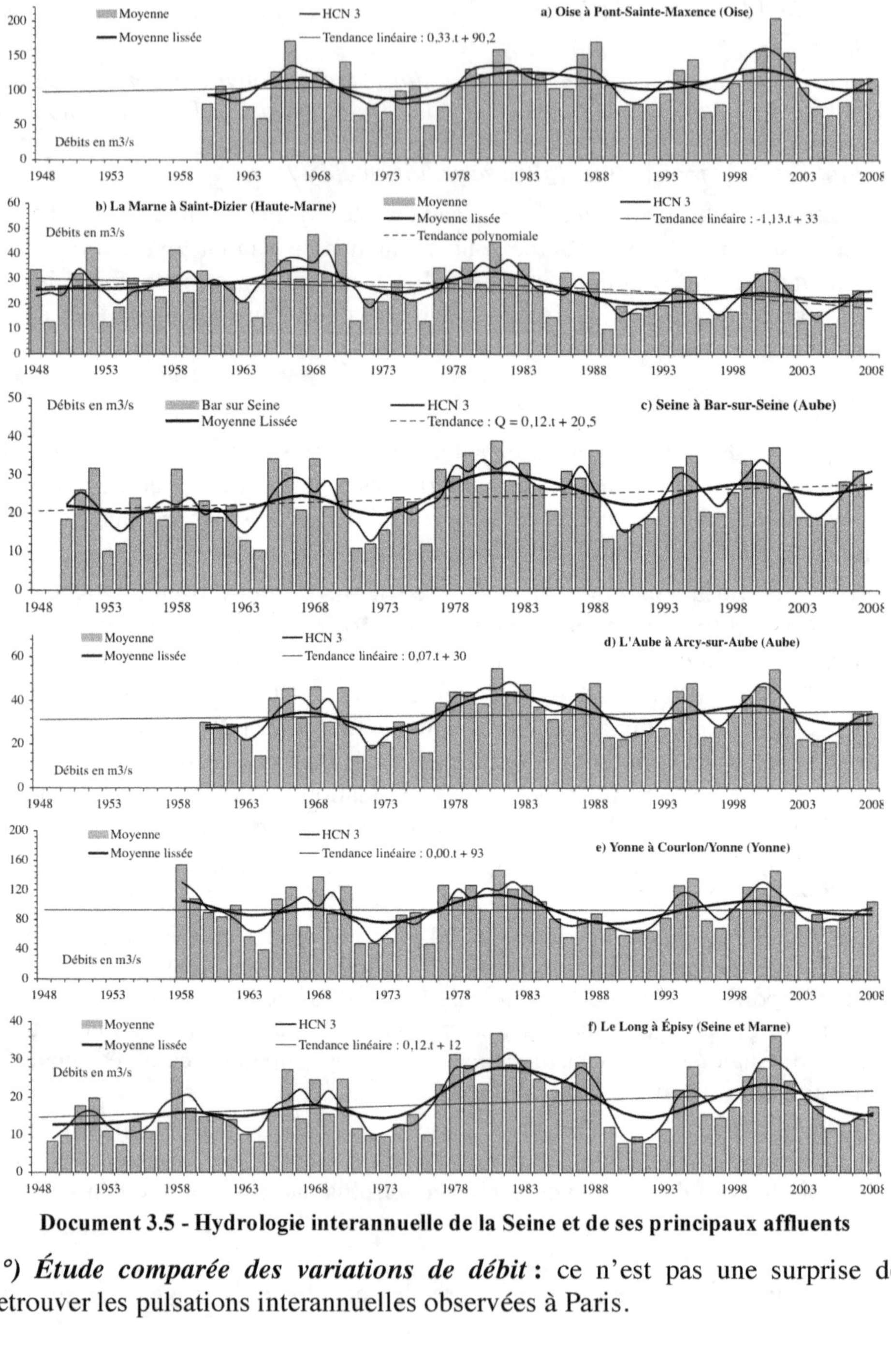

Document 3.5 - Hydrologie interannuelle de la Seine et de ses principaux affluents

1°) Étude comparée des variations de débit **:** ce n'est pas une surprise de retrouver les pulsations interannuelles observées à Paris.

➢ Les pulsations d'une quinzaine d'années séparent les hautes eaux de 1960, 1970, 1985 et 2000 des basses eaux de 1949, 1964, 1976, 1989 et 2005.Elles sont accidentées par les mêmes pseudo-cycles courts illustrés par la moyenne mobile de 3 ans (HCN 3).

Ce sont les tendances qui sont du principal intérêt.

➢ Un seul cours d'eau a connu une croissance notable de son débit moyen, l'Oise. Le coefficient directeur de la tendance linéaire est de 0,33, ce qui veut dire qu'en moyenne, le débit s'est accru de 3,3 m^3/s tous les dix ans. Or, c'est un cours d'eau non aménagé pour l'écrêtement des crues, mais qui est sollicité pour la liaison fluviale Seine-Lorraine (canal de l'Oise à l'Aisne, canal latéral à l'Aisne, et canal des Ardennes,) et surtout Seine-Nord (Oise canalisée, canal de la Sambre à l'Oise, canal de Saint-Quentin et canal du Nord). Toutefois, c'est une consommation très inférieure à la lutte contre les crues (et les étiages). On peut retenir l'éventualité d'un écoulement naturel.

➢ Deux n'ont connu qu'une croissance modérée de leur débit annuel : la *Seine* et le *Loing*. Le coefficient directeur de la tendance linéaire n'est que de 1,2 ; soit un accroissement de 1,2 m^3/s tous les 10 ans. Ce sont des évolutions qu'on peut encore juger naturelles, car le Loing n'est pas concerné par des aménagements de cette taille (Loing canalisé et canal du Loing), et le Lac de la Forêt d'Orient n'influence la Seine qu'en aval de Troyes.

➢ L'*Aube* à Arcis s'en rapprocherait, avec un débit augmentant de 0,7 m^3/s tous les dix ans. On serait tenté d'y reconnaître l'efficacité du lac-réservoir de l'Aube en service depuis 1989. Ce serait confirmé par l'*Yonne*, dont les aménagements anciens (Pannecière-Chaumard en 1949) donnent l'image d'une certaine stabilité, seulement accidentée par les pseudo-cycles naturels.

➢ Enfin, la *Marne* est le seul cours d'eau dont les débits ont tendance à reculer : 13,3 m^3/s tous les 10 ans. C'est une valeur considérable, mais (document 3.5.b), nous avons construit la courbe de tendance polynomiale ($Q = a.t^2$). C'est une parabole convexe, qui montre que les débits ont crû jusqu'à la fin des années 1970, pour décroître rapidement par la suite. Le lac du Der-Chantecoq a été mis en service en 1974. Son objectif est de soutenir les étiages de la Seine, et ce repli hydrologique pourrait en être une conséquence néfaste.

Une réponse est fournie par l'analyse des extrêmes.

2°) La fréquence des crues de la Seine et de ses affluents : le climat, la morphologie et l'hydrogéologie du bassin versant de la Seine sont homogènes, mais les affluents ont des superficies différentes, avec un réseau hydrographique également de longueurs diverses. Une seule averse généralisée sur le Bassin Parisien n'entraînera pas une seule onde de crue, mais une série d'intumescences sans gravité. Par contre, la répétition de très grosses averses peut saturer l'ensemble de la surface du bassin, l'eau ruisselle partout en même temps, les crues deviennent alors peu à peu coalescentes, le lit devient insuffisant à écouler cette eau, ce qui provoque des inondations graves, mais heureusement rares : 1910 et 1955 pour le XXe siècle.

La méthode va donc consister dans l'analyse de la fréquence des crues sur les cinq bassins référents : Oise, Marne, Seine, Aube, Yonne et Loing. Pour chacun d'eux, les débits journaliers ont été classés en ordre décroissant, les crues ne concernant que le premier quartile. Quelle y fut l'évolution des crues pendant la fin du XXe et le début du XXIe siècle ? Nous commencerons par les jaugeages apparemment les cours d'eau les moins influencés pour terminer par la Marne.

a) Les crues de la Seine à Bar-sur-Seine (document 3.6) ont subi une croissance régulière de leur fréquence annuelle au cours de ce demi-siècle+

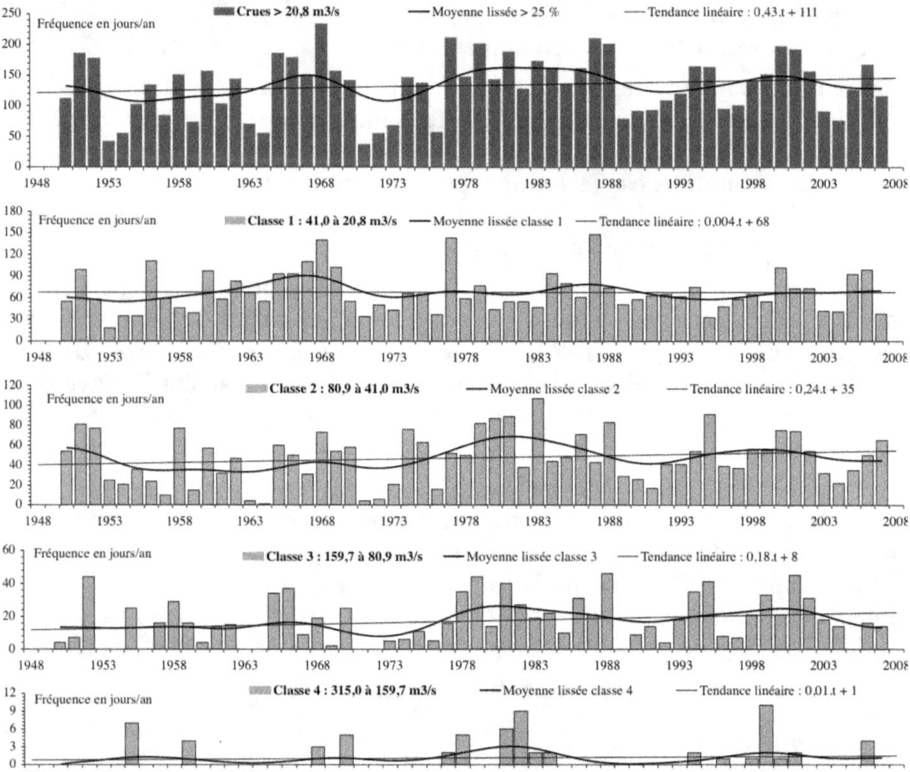

Document 3.6 - Discrétisation des crues de la Seine à Bar-sur-Seine (1950-2007)

Elles ont subi une croissance régulière de leur fréquence annuelle au cours de ce demi-siècle. On sait que le cours d'eau est sensiblement naturel[3], aussi

[3] En effet, peut-on vraiment parler de cours d'eau et d'écoulement naturel dans les plaines françaises, humanisées depuis de dizaines de siècles.

nous sentons-nous autorisés à évoquer une réponse aux pulsations pluviométriques. Effectivement, une plus grande fréquence de ces hautes eaux se manifestait au cours d'années plus arrosées : début des années 1950 puis des années 1960, fin des années 1960, début des années 1980, fin des années 1990, début des années 2000 (document 3.1).

➢ Les très rares crues de classe 4 soulignent ces pulsations avec une fréquence accrue en 1955, 1982 et 1999. Mais, en dehors des pulsations, leur fréquence resta stable car une croissance linéaire d'1 journée par siècle est négligeable.

➢ Ce qui attire l'attention pour les crues de classe 3 est leur plus grande fréquence après 1975. De 12 crues annuelles avec cette date, la fréquence passe à 21 par la suite. Pourquoi ? Par un accroissement du volume et/ou de la violence des averses (nous n'avons pas eu accès aux données météorologiques) ou par une modification de la mise en valeur, défavorable à l'évapotranspiration (mais cela serait sensible dès la classe 4). Quoi qu'il en soit, la durée de ces crues a augmenté de 2 jours par décennie.

➢ La remarque est identique pour les crues de classe 3 : 48 jours/an en moyenne, 41 jours avant 1975, et 53 jours par la suite, soit un accroissement de 2,4 jours tous les 10 ans.

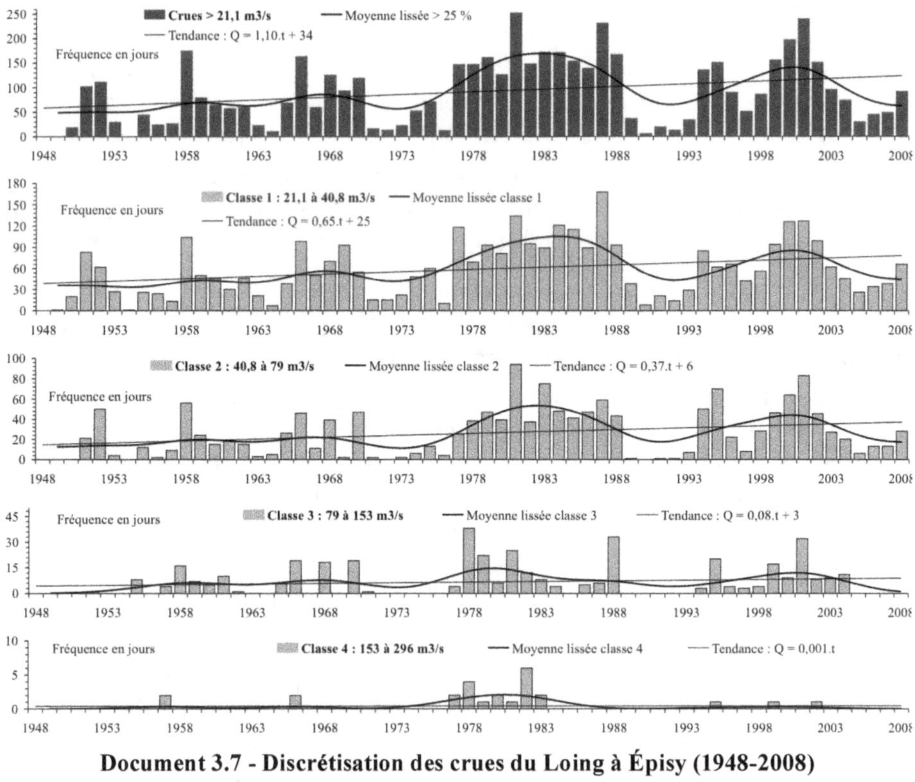

Document 3.7 - Discrétisation des crues du Loing à Épisy (1948-2008)

➢ À l'inverse, les crues de classe 1 n'ont subi que les pulsations pseudo-cycliques, la croissance linéaire ne traduisant qu'une augmentation de la fréquence de 4 jours par siècle.

Selon toute vraisemblance, nous sommes en présence de processus naturels, liés aux précipitations traduisant une très légère augmentation des écoulements du premier quartile de la courbe monotone d'une peu plus de 4 jours tous les 10 ans, ce qui corrobore l'hydrologie globale du fleuve à son amont (document 3.5.c).

b) Cette répartition se retrouve sensiblement sur les crues du Loing à Épisy (document 3.7). Les pulsations pseudo-cycliques sont identiques (ce qui confirme leur origine pluviale) et, surtout, apparaît une nette augmentation de la fréquence de ces hautes eaux après 1975.

➢ La fréquence des crues de classe 4 est stable (croissance d'1 jour/100 ans) avec une manifestation assez spectaculaire au début des années 1980, notamment la crue de 1982 qui inonda Montargis.

➢ Les crues de classes 3, 2 et 1, de moins en moins rares, se sont manifestées tous les 10-15 ans, avec uns réelle augmentation que résume le tableau ci-dessous :

	Durée < 1975	Durée > 1975	Tendances
Classe 3	4 jours	9 jours	1 jour /décennie
Classe 2	16 jours	34 jours	4 jours/décennie
Classe 1	52 jours	73 jours	7 jours /décennie

Et, globalement, les crues supérieures à 21 m^3/s se sont accrues de plus d'une journée par an. C'est plus que sur la Seine à Bar, mais la tendance a été de même ordre, et, apparemment naturelle.

c) L'Oise à Pont-Sainte-Maxence (document 3.8) offre une image semblable de crues de fréquence pseudo-cyclique, mais dont l'occurrence tendait à s'accroître au fil des années à l'image des écoulements moyens (document 3.5.a).

➢ Les crues de classe 4 n'ont cessé de s'amplifier pour être très présentes au milieu des années 1990 et au début des années 2000 (4 jours en 1995 et 15 jours en 2001 notamment). La conséquence en est l'effacement relatif des crues des années 1980, dont les débuts ont été rapportés en classe 3.Toutefois, l'augmentation de leur fréquence est relativisée : 4 jrs/siècle en moyenne.

➢ La fréquence des crues des classes 3 et 2 s'est plus fortement accrue : 1 journée par décennie pour la classe 3 et près de 4 journées pour la même période en classe 2.

➢ Enfin, les crues de classe 1 nous offrent l'image d'une certaine stabilité, avec une fréquence qui n'augmenta que de 6 jours par siècle.

Pour ces trois jaugeages (Seine, Loing et Oise) à la répartition géographique assez dispersée dans le Bassin de Paris, à l'évidence nous sommes en face d'une réponse naturelle des bassins versants à des pulsations pluviométriques de même ordre : précipitations plus abondantes en hiver (période du ruissellement) avec des averses plus violentes. Toutefois, l'hypothèse d'une modification des paysages agraires : labours précoces, réduction des herbages, ne peut être exclue.

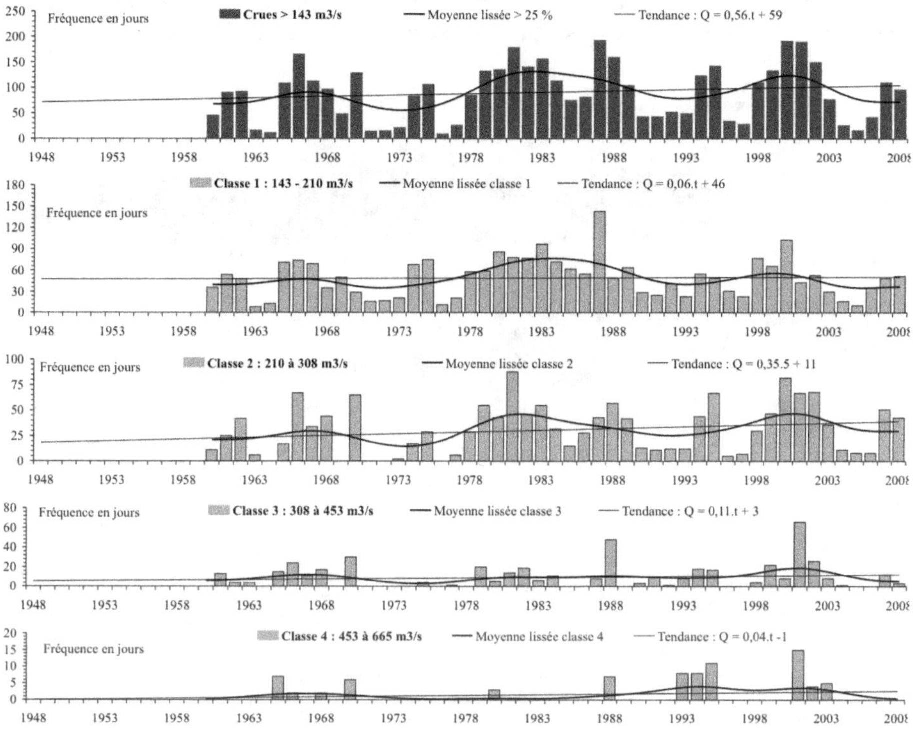

Document 3.8 - Discrétisation des crues de l'Oise à Pont-Sainte-Maxence (1960-2008)

d) L'Aube ne fut influencée qu'après la mise en eau du lac-réservoir de l'Aube en 1989. La discrétisation des crues en fait largement état (document 3.9).

➢ Les crues de classe 4 qui avaient été fortement marquées au début des années 1980, dont plus précisément la crue de 1982, disparaissent complètement après 1988. Le barrage a alors parfaitement fonctionné en tant qu'écrêteur de crues.

➢ À l'inverse, il *« laisse passer les crues de classe 3 »*, mais en les atténuant fortement. Leur fréquence moyenne qui était de 10 crues annuelles avant 1989 recula à 3 seulement par la suite. La tendance générale est donc celle d'un recul d'une journée par décennie.

➢ Il est ensuite normal que les crues de classe 2 soient moins concernées par ces aménagements, du fait qu'elles ne constituent pas un danger. Il se produisait en moyenne 34 crues de classe 2 avant 1989, le nombre est à peine réduit à 32.

En fait, la tendance reste dans le sens de celles des précipitations : une augmentation d'un peu plus d'une journée par décennie.

➢ Quant aux crues de classe 1, qui présentent encore moins de risques, leur fréquence moyenne recula de 55 jrs/an avant 1989 à 40 jrs/an après cette date, soit une tendance au repli de 3 jrs/an. C'est une anomalie inexplicable dans la lutte contre les crues ; par contre, elle peut parfaitement s'expliquer par le soutien des étiages, ces dites hautes eaux étant réservées pour la période estivale.

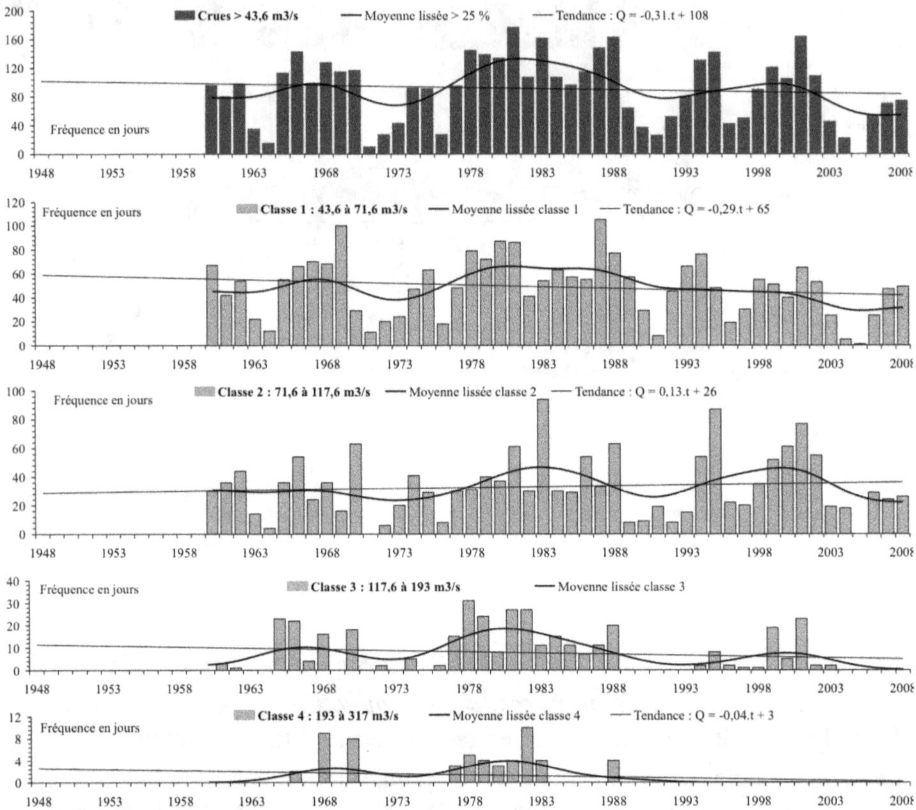

Document 3.9 - Discrétisation des crues de l'Aube à Arcis (1960-2008)

Toutefois, globalement, les débits du premier quartile de la courbe des débits classés ont reculé de 3 jours tous les 10 ans, ce qui va dans le sens du rôle du lac de l'Aube.

e) L'Yonne à Courlon (document 3.10) fit l'objet des premiers aménagements écrêteurs de crue, dont le plan d'eau de Pannecière-Chaumard en 1949. Les périodes de plus fortes eaux du début des années 1960 et 1970, des années 1980 et de la fin des années 1990 sont parfaitement nettes.

➢ Pour les crues les plus rares, celles de classe 4, les aménagements du Morvan jouent parfaitement leur rôle, et sans effacer complètement son impact, celui-ci a été notablement réduit. En outre, la tendance linéaire évoque un recul d'une journée de crue par décennie. Ce repli des hautes eaux a été également répercuté sur les crues de classe 3, dont la fréquence a reculé de 6 jours tous les 20 ans. Or, on sait que la tendance pluviométrique aurait été favorable à une progression de la durée et du volume des hautes eaux.

➢ À l'inverse, l'eau ainsi retenue est redistribuée pour des évènements de moindre ampleur : les crues de classe 2 et 1, qui ont vu leurs fréquences progresser d'1 jr/10 ans.

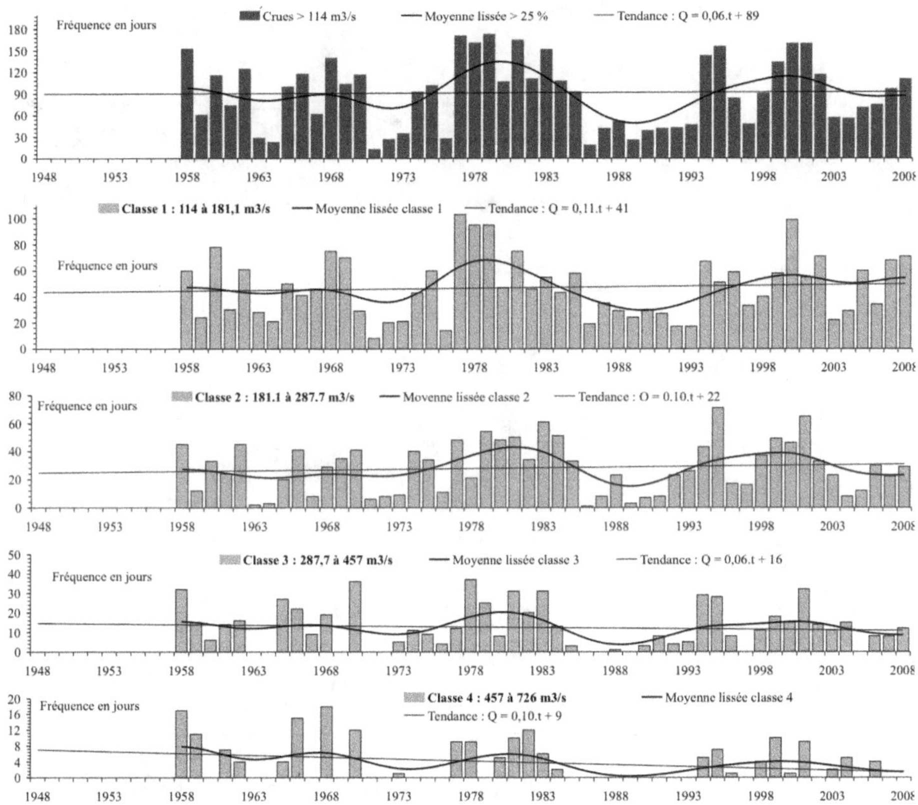

Document 3.10 - Discrétisation des crues de l'Yonne à Courlon (1958-2008)

Le volume des retenues du Morvan ne permet pas de réserver l'ensemble des eaux susceptibles d'engendrer des crues, mais elles permettaient au moins de réduire l'amplitude et la durée des crues les plus fortes. Toutefois, à Courlon, l'ensemble des débits du premier quartile continua de croître de 6 jrs/siècle, ce qui peut être négligé. Cependant, on n'avait pas pu réduire la crue de 1955 à Paris, aussi avait-on envisagé d'autres aménagements.

f) La Marne à Saint-Dizier qui subissait la régulation de Champaubert aux Bois depuis 1938 commença à ressentir celle du barrage du Der-Chantecoq dès 1974 (document 3.11). Ainsi la fréquence des débits appartenant au 1er quartile a-t-elle reculé (8 jrs/10 ans) et surtout après 1975.

➢ Les crues de classe 4 ont disparu. Ce sont elles qui, à Saint-Dizier, avaient inondé la ville en 1955.

➢ Les crues de classe 3 n'ont pas disparu, mais ont connu un recul certain après 1975, même si elle ont encore connu une durée notable à la fin des années 1990. Toutefois, on relève un repli d'une journée par décennie.

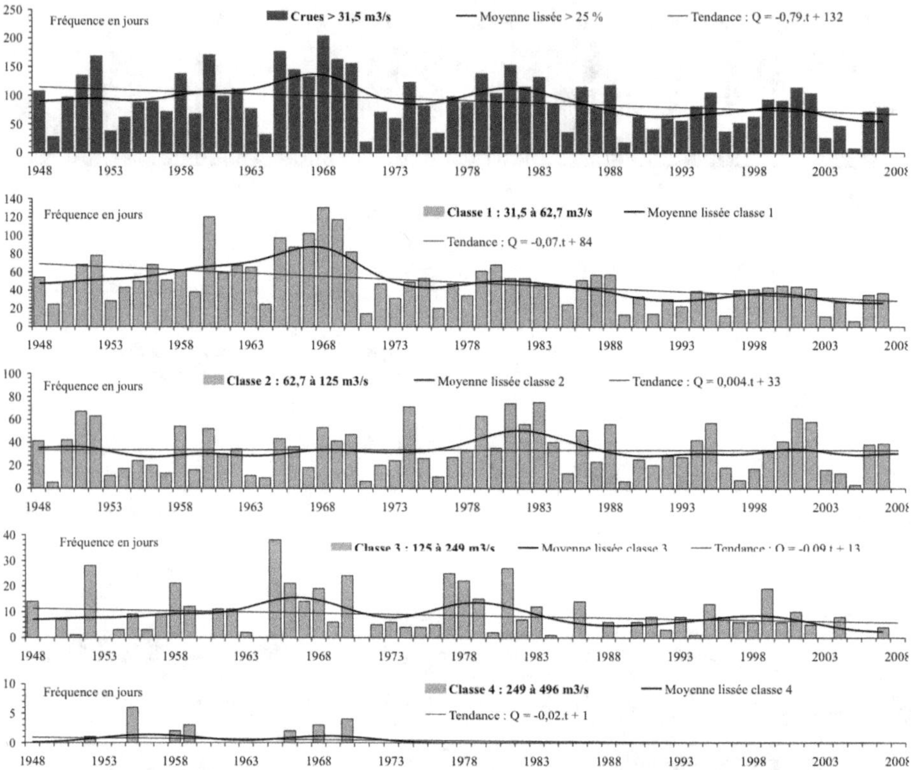

Document 3.11 - Discrétisation des crues de la Marne à St Dizier (1948-2007)

➢ Mais, une première originalité concerne les crues de classe 2, dont la fréquence suit le rythme des pulsations pluviométriques sans qu'un recul soit appréciable après la mise en service du Der-Chantecoq. La tendance est négligeable et même positive : 4 jrs/siècle.

➢ La seconde originalité est qu'à l'inverse, la fréquence des crues de classe 1 a connu un repli de 7 jours par siècle, ce qui peut sembler négligeable.

Toutefois, du fait de la capacité de la retenue du Der-Chantecoq : 350.10^6 m^3, on aurait pensé à un impact plus important sur la réduction de la durée des hautes eaux. Aussi comprend-t-on mieux pourquoi à Paris, les débits du premier quartile des débits journaliers classés depuis 1927, connaissent une fréquence ayant tendance à augmenter (document 3.2).

Il est vrai que les crues supérieures à 1 362 m^3/s ont tendance à reculer (document 3.3) et que ce recul semble spectaculaire après 1989 quand les ouvrages de la forêt d'Orient (205.10^6 m^3), du Der-Chantecoq (350.10^6 m^3) et du lac-réservoir de l'Aube (170.10^6 m^3) ont pu fonctionner simultanément. Mais, l'impact sur les crues de classe 3 est négligeable, et sans effet sur les crues de classes 2 et 1. On s'interroge quant à leur efficacité sur une crue du type de celle de 1955 ou pire, de 1910.

3°) La fréquence des étiages de la Seine et de ses affluents : à l'évidence, le principal souci est devenu le soutien des étiages afin de satisfaire de nombreux besoins humains, économiques, mais aussi écologiques, car des étiages artificiellement creusés ont des effets catastrophiques sur la flore et la faune, en accentuant, par exemple, l'impact des pollutions.

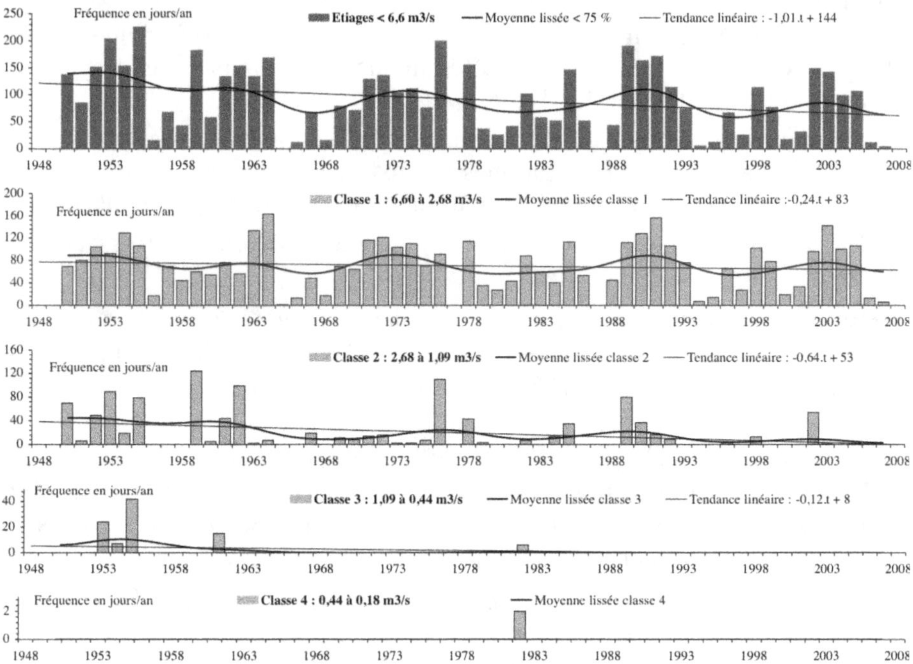

Document 3.12 - Discrétisation des étiages de la Seine à Bar-sur-Seine (1949-2008)

a) On sait qu'en amont de Bar-sur-Seine, l'hydrologie est encore naturelle (document 3.12). Il peut paraître logique, que, sur un bassin où la fréquence des crues a globalement augmenté (document 3.6), celle des étiages se soit repliée au cours de la même période. Et c'est vrai pour ce qui concerne la Seine à Bar.

Les débits du quatrième quartile (< 6,6 m^3/s) ont reculé d'une journée par an, ce qui est considérable, et, apparemment naturel, du fait d'une période de précipitations abondantes. Ce recul est accidenté de pulsations correspondant à des périodes où les précipitations ont connu des pseudo-cycles négatifs : début des années 1950 et des années 1960, milieu des années 1970, début des années 1990 et 2000.

La méthode reste celle de l'analyse des crues. La fréquence des étiages, c'est-à-dire du dernier quartile des débits journaliers classés en ordre décroissant sur les cinq bassins référents (Oise, Marne, Seine, Aube, Yonne et Loing), a été discrétisée afin de séparer les causes naturelles des aménagements effectués à la fin du XXe siècle. La discrétisation apporte des nuances, car le quatrième quartile constitue un ensemble très groupé couvert à 77 % par la classe 1.

➢ Cette classe 1 est donc fondamentale. La fréquence de ces étiages a connu les pulsations que nous venons de citer, et, il est vrai, a reculé d'un peu plus de 2 jours par décennies.

➢ La classe 2 ne représente plus que 21 % de l'ensemble du quatrième quartile. La fréquence de ces étiages a connu les mêmes pulsations pseudo-cycliques, avec un recul de 6 jours tous les 10 ans.

➢ À l'évidence, les étiages de classe 3 ne sont plus représentatifs, avec 2 % de l'ensemble. Ils avaient été très marqués par les « sécheresses » de 1953 à 1955 (cette dernière année fut une année d'extrêmes). Puis ils ont finalement disparu.

➢ Enfin, l'étiage de classe 4 ne concerne que deux écoulements très faibles en 1982.

Cette curiosité peut être due à une défaillance de notre système statistique, qui, basé sur une régression géométrique, amplifie artificiellement la classe 1. Mais cela peut aussi être interprété comme l'impact du milieu naturel. En amont de Bar-sur-Seine, la Seine et son affluent l'Ource drainent les plateaux calcaires du Jurassique moyen et supérieur du Châtillonnais et du plateau de Langres. Le rôle du karst est ici important. Les eaux infiltrées s'y concentrent en hiver, échappent à l'évapotranspiration et assurent le soutien des débits estivaux par l'intermédiaire de nombreuses petites sources vauclusiennes.

➢ La classe 1 n'est pas une anomalie, mais le seul reflet de la réalité hydrologique : des débits qui restent soutenus.

➢ La classe 2 illustre les périodes de plus grandes sécheresses.

➢ Mais il est vrai que les classes 3 et 4 peuvent être des anomalies, car on sait combien la fiabilité des limnigraphes est douteuse pour les très faibles débits.

Dans tous ces cas de figures, la réduction de la durée des étiages s'expliquerait simplement par des phénomènes naturels.

b) Le Loing draine les plateaux crayeux recouverts de sidérolithique du Gâtinais. Ce milieu plus aquiclude justifie des étiages plus nuancés (document 3.13). Le recul général de la fréquence des débits < 7,7 m³/s reste logiquement d'évolution inverse à celui des crues : un repli de plus d'une journée par an.

On notera aussi que les débits d'étiage ont disparu entre 1978 et 1989. On sait que ces années firent l'objet de ce que nous nommerons une « *anomalie pluviométrique positive* ». Ces pluies ont généré des fortes crues (document 3.7), mais inversement les étiages furent très atténués. En d'autres lieux, le Poitou, nous avons eu l'occasion d'observer et de mesurer les mêmes évènements hydrologiques, qu'on expliquait par le rôle de nappes précaires situées dans le sidérolithique. En temps normal, elles s'assèchent en été, mais au cours des années pluvieuses 1980, elles assurèrent la pérennité de l'écoulement. Il faut aussi évoquer le rôle d'un sous-sol crayeux.

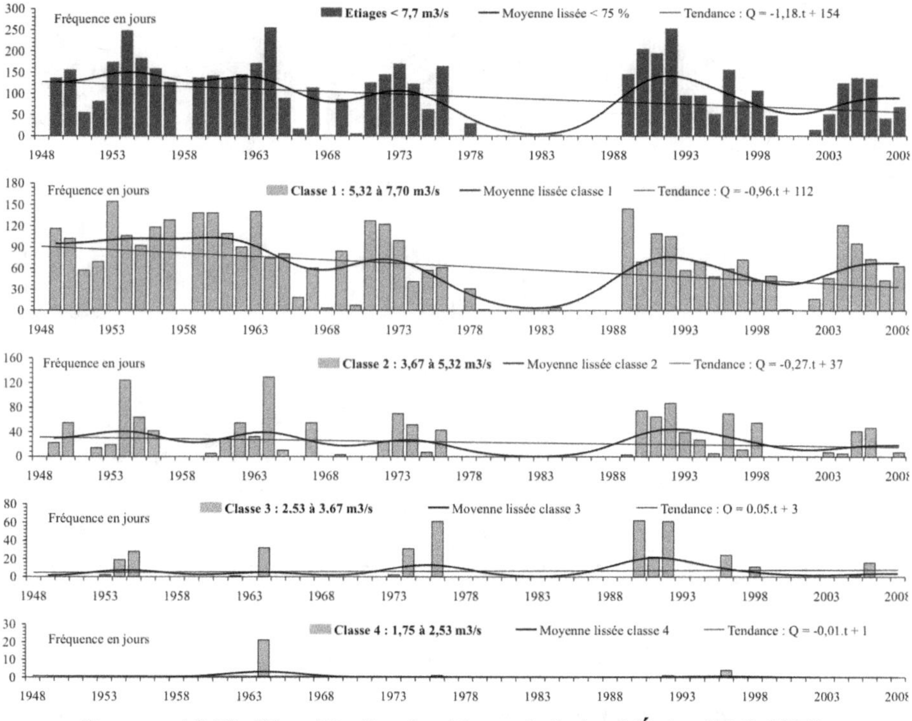

Document 3.13 - Discrétisation des étiages du Loing à Épisy (1949-2008)

- Les étiages de classe 1 donnent le ton ; plus fréquents avant les années 1980, ils durèrent moins longtemps par la suite. Du fait d'un accroissement global des pluies dans le bassin de Paris, leur fréquence recula d'1 jour par an.
- Les étiages de classe 2 auraient plus souffert, ce qui est logique du fait de leur degré de rareté. Leur fréquence recula de près de 3 jours par an.

➢ On serait inversement surpris d'une croissance de la fréquence des étiages de classe 2, mesurée à 1 journée tous les 20 ans. Pour avoir habité en Gâtinais, nous ne sommes guère surpris. Le sidérolithique présente l'inconvénient de regorger d'eau en hiver, ce qui est néfaste aux semis d'hiver.Une vaste campagne de drainage fut entreprise au cours des années 1970-1980 ; elle a accru l'effet des étiages les plus creux.

➢ Enfin, les étiages de classe 4 ne sont guère significatifs. Le fait qu'ils aient existé avant et après les années 1980 a un sens, le bassin est sensible aux sécheresses. Mais 21 jours d'affilée de débits < 2,5 m³/s en 1964 évoquent aussi une hypothèse anthropique, comme le maintien en eau du canal du Loing.

Toutefois, le Loing (comme la haute Seine) montre combien la nature du sous-sol peut naturellement amplifier ou réduire l'impact de fluctuations, parfois modérées, des précipitations.

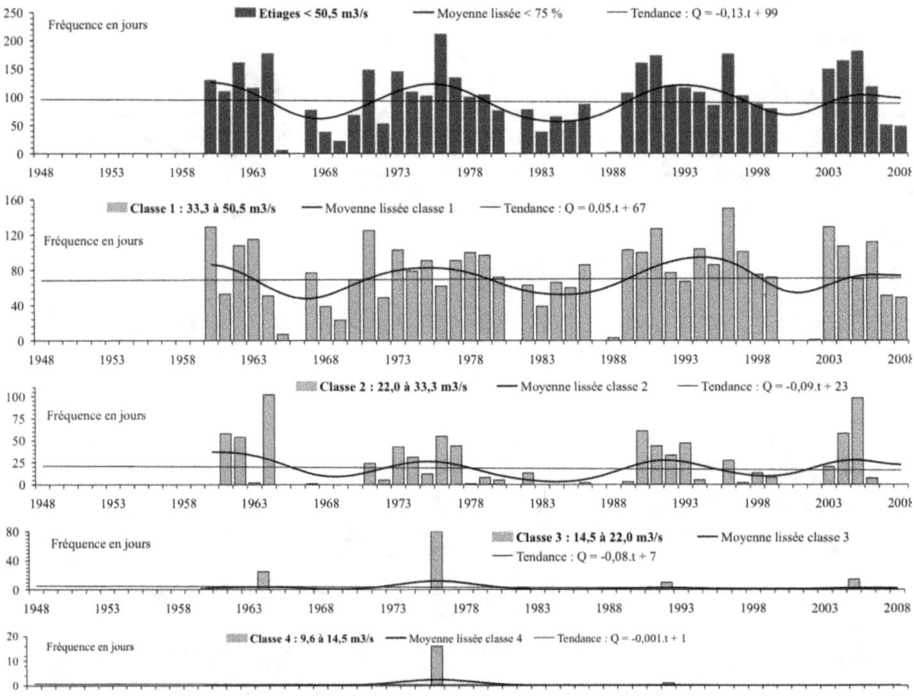

Document 3.14 - Discrétisation des étiages de l'Oise à Pont-Sainte-Maxence (1960-2008)

c) L'Oise est certainement le cours d'eau dont les étiages semblent les moins influencés par un évènement autre que naturel (document 3.14). Les étiages, c'est-à-dire les débits < 50,5 m³/s, se répartissent dans le temps suivant une quasi-régularité avec une fréquence plus élevée au cours des sècheresses pseudo-cycliques : début des années 1960, milieu des années 1970, début des années 1990 et début des années 2000. On y repère les années qui laissèrent le souvenir d'étés chauds, longs et très secs : 1964, 1976, 1989-1990, 1996, 2003 à 2005. Si l'on admet un accroissement de la pluviosité à la fin du XXe siècle, le recul général de la fréquence de ces étiages (1 > 1 jr/10 ans) est aussi naturel que leurs pulsations.

➢ À l'image de la haute Seine, les étiages de classe 1 rassemblent les 3/4 du quatrième quartile des débits classés. Aussi leur chronologie reproduit celle des débits < 50,5 m^3/s, Toutefois, la tendance linéaire est moins affectée par la pluviométrie générale, et nous pouvons évoquer une stabilité quand la tendance est à une croissance de la fréquence de 5 jours par siècle.

➢ Dans la réalité, ce sont les durées des étiages de classe 2 qui ont reculé de près d'une journée par décennie.

➢ Enfin, les étiages de classes 3 et 4 n'ont pas de tendance significative. Inversement, ils soulignent les deux grandes sècheresses des 40 dernières années. Celle de 1964 a duré 25 jours (classe 3), celle de 1976 a été une surprise (80 jours en classe 3 et 16 jours en classe 4). Or l'Oise est navigable et naviguée, et l'on a jugulé l'impact des sécheresses de 1992 (10 jours en classe 3 et 1 journée en classe 4) et surtout de 2005 (14 jours mais en classe 3 seulement). « *Voies navigables de France* » est parvenue à soutenir les basses eaux.

Dans l'hydrologie de l'Oise, le rôle de l'Ardenne est négligeable à Pont-Sainte-Maxence. Le fleuve et son affluent l'Aisne sont principalement les drains des plateaux plus ou moins crayeux de l'Argonne, de la Champagne sèche, du Lannois, du Vermandois, du Soissonais et du Valois. Les pluies s'y infiltrent au travers des labours, en hiver, pour être restituées par de puissantes sources pérennes, les « sommes » selon les expressions du nord-est du bassin de Paris.

Les étiages y sont donc moins creusés (75 % en classe 1), ce qui rendait ces cours d'eau naturellement navigables, mais insuffisamment pour les exigences nautiques apparues au cours des XIX et XXe siècles.

d) Les étiages de l'Aube incitent à la discussion (document 3.15), car, naturelle jusqu'en 1989, l'hydrologie de l'Aube fut alors fortement influencée par le réservoir installé en amont. On sait que ces barrages ont été réalisés pour l'écrêtement des crues et pour protéger Paris, mais on sait aussi que ce rôle a été détourné vers le soutien des étiages. Le cas de l'Aube est assez pédagogique.

L'année 1989 n'est pas seulement celle de la mise en service du lac de l'Aube, ce fut aussi une année de grande sécheresse et de fortes chaleurs estivales comme 1964, 1976 et 2003. Mais, plus que l'été, ce fut l'automne qui eut à souffrir du manque d'eau. Or, l'automne connaît aussi le recul de l'évapotranspiration du fait du commencement de la dormance de la phytocénose. Aussi l'impact du déficit pluviométrique sur les écoulements est-il moins important. Cette situation se réalisa en 1978 et en 1989. Il est donc logique que les étiages de classes 3 et 4 soient absents de 1978 et 1989, alors qu'à l'inverse, ils se sont trouvés fortement marqués en classe 2 et 1.

➢ La fréquence des débits < 12,4 m^3/s fut maximale au début des années 1960 et au milieu des années 1970, selon les variations interannuelles de précipitations, pour ensuite assez fortement régresser. La tendance a été à une réduction de plus de 5 jours tous les deux ans, malgré un retour d'une fréquence plus élevée au tout début du XXIe siècle. De 123 jours par an, en moyenne, avant 1989, la fréquence moyenne de ces débits a été réduite à 50 jours/an.

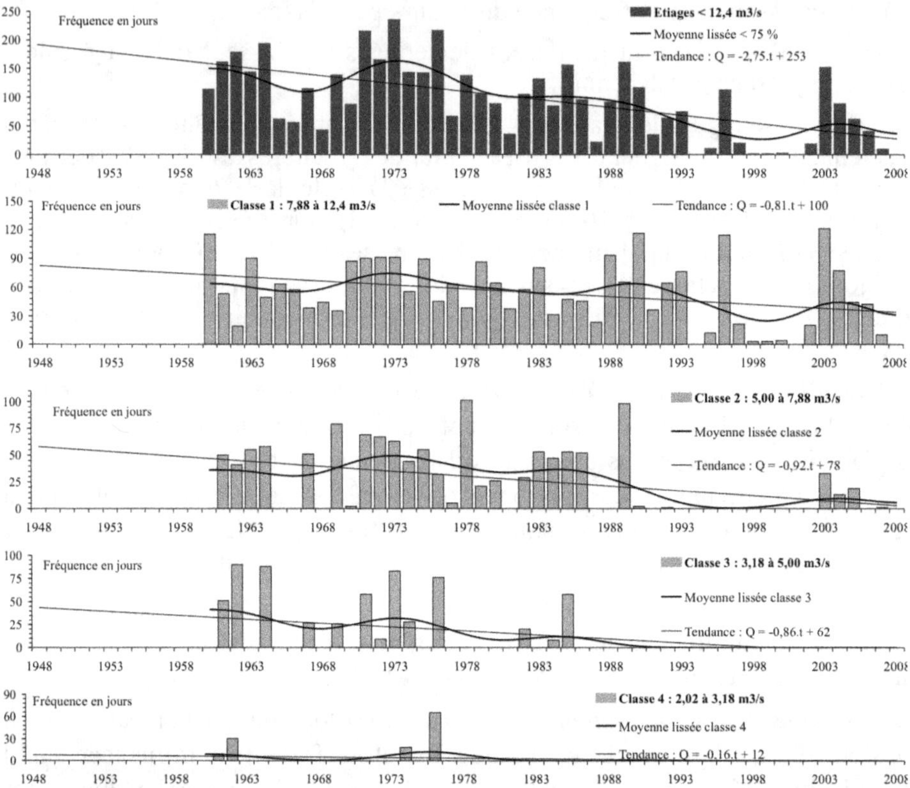

Document 3.15 - Discrétisation des étiages de l'Aube à Arcis-sur-Aube (1960-2008)

➢ Les étiages de classe 4 n'avaient jamais été fréquents, comme cela semble la règle dans ces régions calcaires. En amont d'Arcis, l'Aube draine, en effet, le Barrois et le nord du plateau de Langres. Toutefois, les années particulièrement peu arrosées, 1964 et 1976, avaient généré des basses eaux. À l'inverse, le rôle du lac de l'Aube a éliminé cette classe dés 1989.

➢ C'est encore plus marqué pour les étiages de classe 3. Une fréquence qui recula d'une journée par an est élevée pour une classe donc la durée moyenne des étiages n'est que de 26 jours. Ils avaient été particulièrement sévères en

1962 et 1964 (90 et 88 jours) et en 1973 et 1976 (83 et 76 jours). Ils ont disparu après 1989.

➢ Cette tendance se retrouve dans la fréquence interannuelle des étiages de classe 2, qui, moins sévères, avaient fortement marqué le milieu des années 1970, et surtout les étiages tardifs d'automne de 1978 et de 1989. Il semblerait donc que le soutien des étiages n'ait commencé qu'après 1989, mais ait été très important dans les années 1990. La fréquence des étiages de cette classe recula tout de même d'une journée chaque année.

➢ Enfin, la fréquence des étiages très peu creusés de classe 1 s'est aussi réduite de près d'une journée par an. Mais il faut peut-être souligner la présence d'une fréquence redevenue élevée au début des années 2000. Si on ne retient que des fréquences > 90 jrs/an, on repère vite les années au déficit hydrique modéré et/ou tardif : 1960, 1972-1973, 1990, 1996 et 2003.

Ce n'est qu'une hypothèse, mais le début des années 2000 a été marqué par une série de hautes eaux qui, à Paris, ont fait craindre une inondation assez grave : 1 480 m^3/s en 1999, 1 170 m^3/s en 2000 et 1 510 m^3/s en 2001 ; par peur d'une catastrophe, on se préoccupa peut-être de moins soutenir les étiages jugés sans gravité !

e) On sait que l'Yonne fut aménagée très tôt dans la lutte contre les crues, qu'en est est-il des conséquences des aménagements sur les étiages (document 3.16) ? En effet, la chronologie est équivoque. Les débits du quartile des débits classés, < 37,9 m^3/s respectent la succession naturelle des années aux déficits pluviométriques connus jusqu'au début des années 1980, soit le début des années 1960 et le milieu des années 1970. Inversement, le début des années 1990 est à peine marqué, et il faut attendre le début des années 2000 pour que ces débits redeviennent plus fréquents. Le fait que la fréquence de ces étiages ait reculé, corrobore les données climatiques, mais un repli de près de 3 jours tous les 2 ans nous paraît anormal.

➢ La fréquence des étiages de classe 4 n'a pas de sens hydrologique car elle réduite au 15 juin 1964 et aux 22 et 23 novembre 2007 (il se peut qu'il y ait une erreur de mesure dans ce dernier cas[4]). À l'inverse, les étiages de classe 3 sont très bien marqués autant au début des années 1960 qu'au milieu des années 1970. Puis ils disparaissent par la suite.

➢ La remarque est identique pour les étiages de classe 2, mais seulement avant les années 1980. La sécheresse du début des années 1990 est effacée et celle du début des années 2000 à peine marquée. La fréquence de tels étiages aurait donc reculé d'une semaine par décennie.

---

[4] L'Yonne écoulait 24,9 m^3/s le 20 novembre 2007, 14,2 m^3/s le 21, 14 m^3/s le 24 et 33,7 m^3/s le 25 ; des débits de 4,4 et 5,1 m^3/s les 22 et 23 novembre ressemblent assez fortement à une erreur de report.

➢ Seule la fréquence des étiages de classe 1 révèle l'existence d'une « crise » au début des années 1990, mais leur fréquence recula néanmoins de 9 jours tous les vingt ans.

L'hypothèse évoquée à l'occasion de l'étude des étiages de l'Aube est à reprendre. La « *crise hydro-pluviométrique de 1976* » fit craindre à un risque de pénurie en été et en automne, tant au niveau de l'agriculture, que des besoins industriels et urbains. Les réservoirs écrêteurs de crue furent sollicités pour soutenir les étiages, au moins jusqu'à ce que le risque de crue ne revienne dans l'actualité à la fin des années 1990.

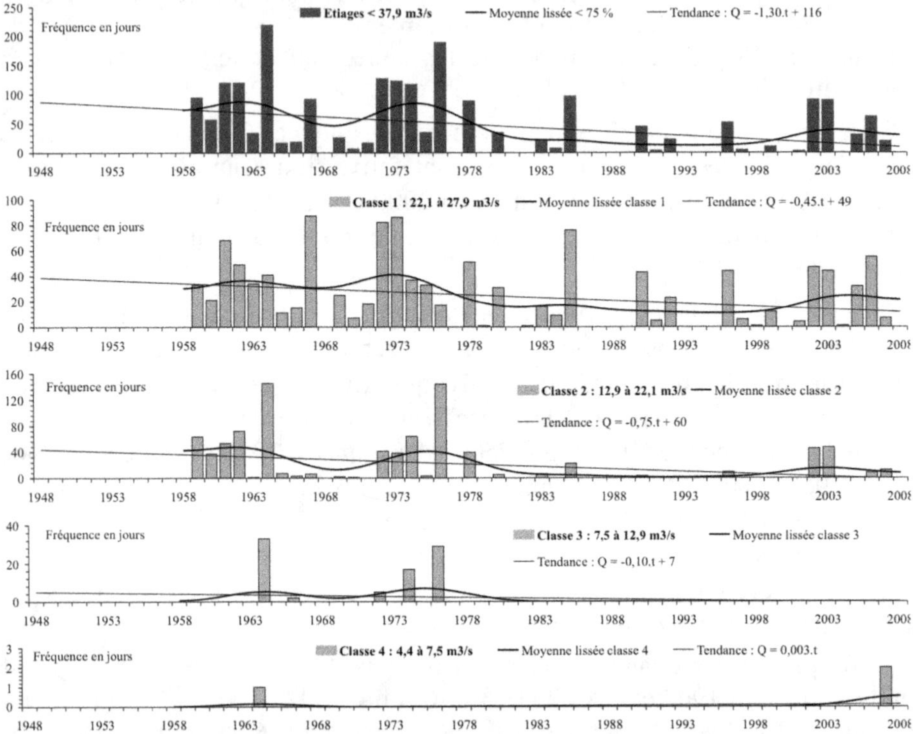

Document 3.16 - Discrétisation des étiages de l'Yonne à Courlon (1959-2008)

L'exemple de la Marne met les choses au point.

f) La Marne à Saint-Dizier (document 3.17) est sous l'influence du lac du Der-Chantecoq, mis en service en 1974, mais l'hydrologie en était déjà régulée par l'ancien réservoir de Champaubert aux Bois mis en service en 1938. La fréquence des étiages < 6,55 m^3/s apparaît étonnamment stable (une croissance de 3 jours par siècle) et l'on y lit les séries de crises : fin des années 1940-1950, début des années 1960, milieu des années 1970, début des années 1990 et des années 2000. Surtout, l'impact du lac du Der-Chantecoq est imperceptible.

En fait, les statistiques doivent être lues différemment.

➢ Les étiages de la classe 4 avaient disparu bien avant la mise en service du lac du Der-Chantecoq. Les basses eaux de la fin des années 1940-1950 ont été les dernières. Celles du début des années 1960 et toutes les suivantes ont été jugulées, du fait du soutien à la navigation sur la Marne et ses canaux. On avait utilisé l'ancien réservoir de Champaubert.

➢ Les étiages de classe 3 ont subi le même recul (4 jours par décennie) mais sans disparaître. Toutefois, leur fréquence avait été fortement réduite au début des années 1960 et au milieu des années 1971 par l'ancien réservoir de Champaubert, et surtout dans les années suivantes du fait du soutien du lac du Der-Chantecoq.

➢ Ce rôle des retenues est confirmé par la réduction de la fréquence des étiages de classe 2 (4 jours tous les 10 ans). Toutefois, l'occurrence des basses eaux de cette classe n'a jamais été effacée, notamment dans les années 1989 et suivantes.

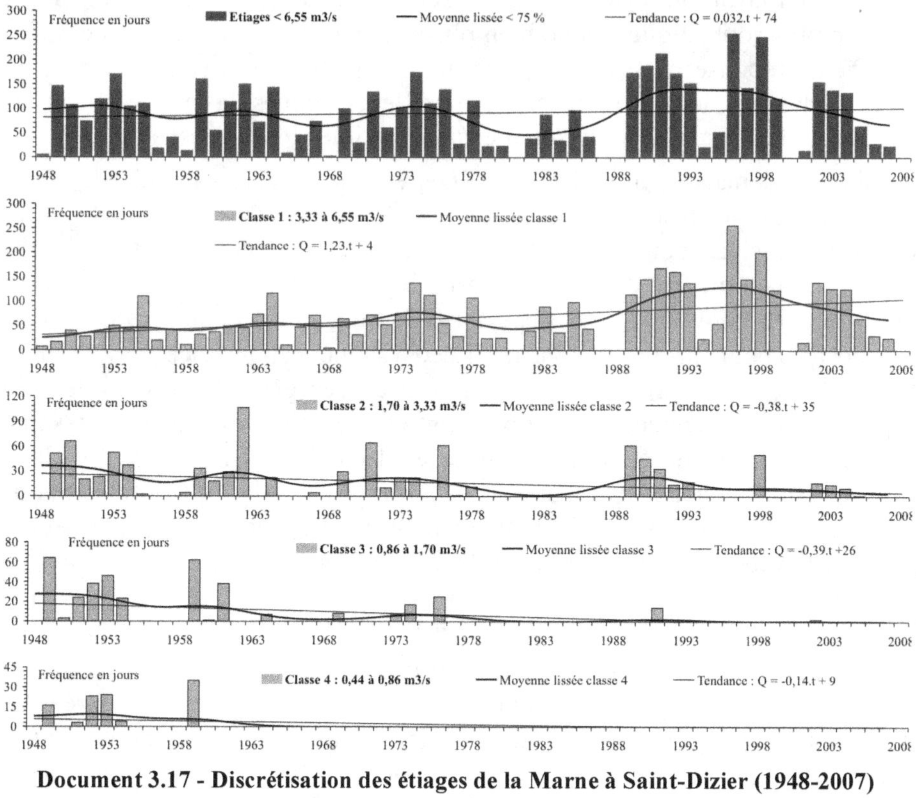

Document 3.17 - Discrétisation des étiages de la Marne à Saint-Dizier (1948-2007)

➢ La fréquence des étiages de classe 1 fournit l'explication. Elle s'est fortement accrue (plus d'une journée chaque année). Les premières crises de basses eaux ne dépassent pas une centaine de jours par an (1955, 1964, 1975), puis leur durée annuelle augmenta : 168 jours en 1990, 256 jours en 1996 et encore 199 jours en 1998.

La méthode consista à réduire et supprimer les étiages les plus creux des classes 2 à 4, mais sans chercher à supprimer totalement les basses eaux. Le lac du Der-Chantecoq alimente la Marne en été sans tenter d'atteindre un débit élevé, on se satisfait d'un apport compris entre 3,33 et 6,55 m^3/s, suffisant à assurer la satisfaction des besoins de l'aval.

Dans la seconde moitié du XXe siècle et au commencement des années 2000, l'hydrologie de la Seine à Paris est le reflet des apports pluviométriques ayant affecté le bassin versant. La période aurait plutôt connu une croissance de son abondance pluviométrique, entrecoupée de pulsations plus ou moins cycliques. La fréquence des débits de crues s'y est accrue aux dépens des débits d'étiages. La crue de 1955 fit à nouveau craindre le retour d'un évènement comme celui de 1910, dont on n'ose imaginer l'impact sur une urbanisation qui a été multipliée en aval de la capitale, et sur des activités aux aménagements beaucoup plus sophistiqués, donc bien plus fragiles, que ceux de 1910 et même de 1955. La réponse passa par la construction des barrages écrêteurs de crues décrits ci-dessus, devant réserver derrière leurs digues la masse d'eau qui déborderait dans les villes (elle serait ensuite restituée à l'hydrosystème).

Mais la demande agricole, urbaine et industrielle a crû de façon exponentielle, et les réservoirs ont été, en partie, détournés de leur usage initial. Ils servent aussi à soutenir les débits de basses eaux, et un certain nombre d'étiages a disparu. Par exemple, à Paris, il n'y a plus de débits inférieurs à 25 m^3/s depuis 1974, à 41 m^3/s depuis 1976 et à 67 m^3/s depuis 1989 ; en soi, c'est positif pour la protection de l'écosystème (abondance programmée, dilution de la pollution), mais ceci oblige à conserver de l'eau dans les plus grands lacs : Der-Chantecoq, Forêt d'Orient et Lac de l'Aube. Que se passerait-il s'il affluait la même quantité d'eau qu'en 1910 ? On sait que ni l'Aisne, ni l'Oise ne sont concernées, leur eau « *ferait barrage* » à Conflans-Sainte-Honorine, et les lacs en partie remplis pourraient-ils écrêter les crues de la Marne, de l'Aube et de la haute Seine, Paris serait-elle protégée ?

II - Les extrêmes hydrologiques de la Loire

La Loire, le « *dernier fleuve sauvage français* », est connue pour les avatars de ses écoulements saisonniers interannuels. Suivant les sources chiffrées qui ont été mises à notre disposition, à Blois, à l'aval d'un bassin versant de 38 320 km^2, qui ne concerne que les Cévennes et l'Auvergne, le fleuve aurait écoulé 6 000 m^3/s le 29 septembre 1866, 4 700 m^3/s le 21 octobre 1907 et encore 2 940 m^3/s le 9 décembre 2003. À l'inverse, il n'écoulait que 19 m^3/s le 7 octobre 1949 à la suite d'un étiage inférieur à 25 m^3/s commencé le 15 août de la même année. Il est bien connu que ces extrêmes sont le fait normal d'un écoulement pluvio-évaporal océanique venu du Perche et du Limousin, associé à un écoulement pluvio-évaporal méditerranéen cévenol et à la fonte des neiges sur les volcans d'Auvergne et du Velay.

Mais, à Montjean, le drainage atteint 109 930 km^2, et le jaugeage incorpore alors l'apport des affluents du Limousin (Vienne et Cher) et du Perche (Sarthe, Mayenne) les valeurs extrêmes diffèrent. Les hautes eaux principales furent 6 300 m^3/s le 1er décembre 1910, 6 100 m^3/s le 23 décembre 1982, 5 750 m^3/s le 24 février 1977, 5 500 m^3/s le 7 janvier 1936, et la pointe de la crue du 2 octobre 1866 « ne fut que de 4 950 m^3/s ».

À l'évidence, il faut séparer les chroniques en deux ensembles concernant ou écartant le Limousin et le Perche.

A - La Loire à Blois et à Montjean

Entre ces deux stations, le drainage s'accroît de 38 320 à 109 930 km^2, soit une augmentation de 287 %. En effet, à Blois, l'écoulement de la Loire relève presque exclusivement des apports de la Loire elle-même, en amont de Nevers, et de l'Allier, dont les écoulements sont fortement influencés par les averses cévenoles et la fonte des neiges. À Montjean, le bassin a été accru du Limousin avec le Cher, la Vienne et son affluent la Creuse, du Thouet, et de la Maine (conjugaison de la Sarthe, de la Mayenne et du Loir). À l'exclusion du Loir, ces cours d'eau sont fortement influencés par les apports océanisés sur des régions de collines : le Limousin au sud et le Perche au Nord-ouest.

1°) Chronologie comparée des débits annuels moyens (1863-2008) : hormis la variation du drainage, ces deux stations offrent l'énorme intérêt de posséder une chronique de relevés s'étendant de 1863 à nos jours, avec une courte interruption de 1894 à 1899 (document 3.18).

Nous avons eu recours au lissage des moyennes annuelles : moyenne mobile sur 3 ans et moyenne enchaînée, et il apparaît évident qu'on retrouve, fort probablement, la même répartition des mêmes pulsations interannuelles :

- La moyenne mobile révèlerait un cycle de 26 pulsations d'une période moyenne de 5 ans, mais il ne s'agit en aucun cas de cycles, l'écart-type est de 2,5 années, soit un coefficient de variations à la moyenne très médiocre de 50 %.
- La moyenne lissée permet de plutôt retenir 10 pulsations d'une douzaine d'années en moyenne, pas plus cycliques que les précédentes : le coefficient de variation d'écart-type à la moyenne est en effet de 70 %.

Nous retiendrons plutôt ce second type de pulsations, qui, à l'image de la Seine et de ses affluents, révèle une plus grande fréquence de hautes eaux au milieu des années 1860, à la fin des années 1870 et 1880 ; puis à la fin des années 1910, au début des années 1930, au début des années 1940 et des années 1950, au milieu des années 1960, au début des années 1980, et au début des années 2000 (dont les crues de 2003). Surtout, cette fréquence fut simultanée à Blois et à Montjean, ce qui exclut une variation géographique des volumes globaux chus sur le bassin.

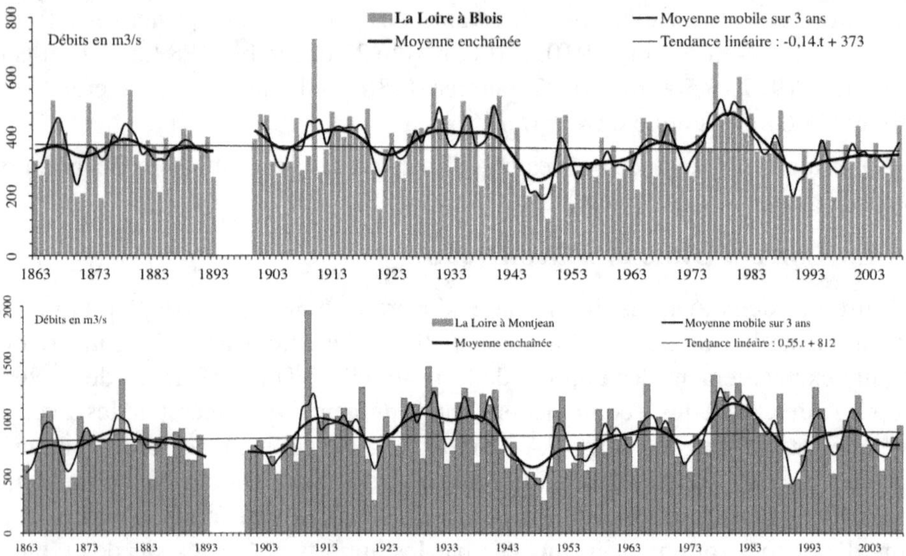

Document 3.18 - Chroniques des débits annuels de la Loire à Blois (41) et à Montjean (49)

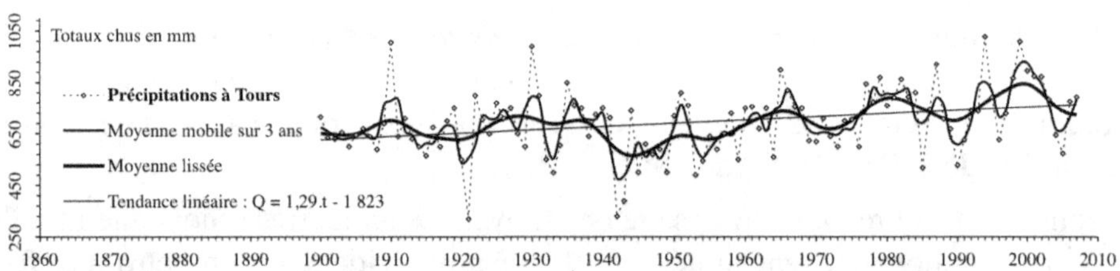

Document 3.19 - Les précipitations à Tours de 1900 à nos jours.

Toutefois, sur un pas de temps équivalent, la tendance linéaire a décru chaque année de 0,14 m^3/s à Blois, pour croître de 0,55 m^3/s à Montjean. Rapportées aux moyennes, ces tendances sont à un recul de 0,4‰ à Blois (X_i = 363 m^3/s) et une augmentation de 0,6‰ à Montjean (X_i = 855 m^3/s). C'est négligeable en face des pulsations, et, surtout, cela ne traduit pas d'influence anthropique majeure en amont. Pourtant, si l'on compare ces écoulements avec les précipitations à Tours (sur un siècle seulement) on est surpris (document 3.19).

À partir du début du XXe siècle, les précipitations y ont connu les mêmes pseudo-cycles qu'au Bourget (document 3.1), et l'on y observe une tendance à l'augmentation des volumes chus (13 mm par décennie). L'hydrologie annuelle de la Loire y est plus conforme à Montjean qu'à Blois.

2°) Les hautes eaux à Blois et à Montjean (1863-2008) sont considérés comme débits de crues, les débits appartenant au premier quartile de la courbe des débits classés, soit tous les débits ≥ 486 m^3/s à Blois et ≥ 1 140 m^3/s à Montjean (document 3.20).

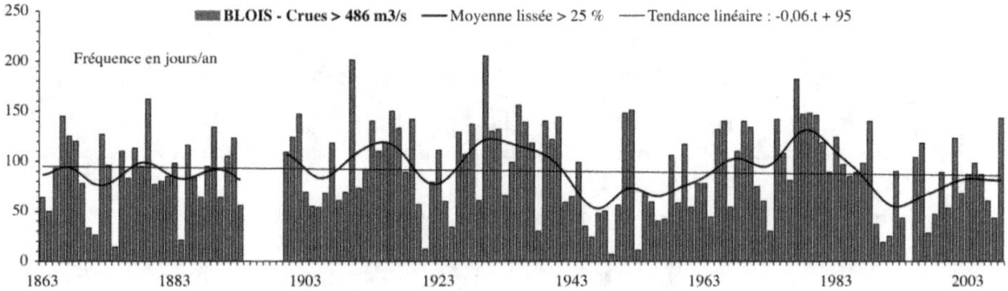

a) Fréquence annuelle des crues à Blois.

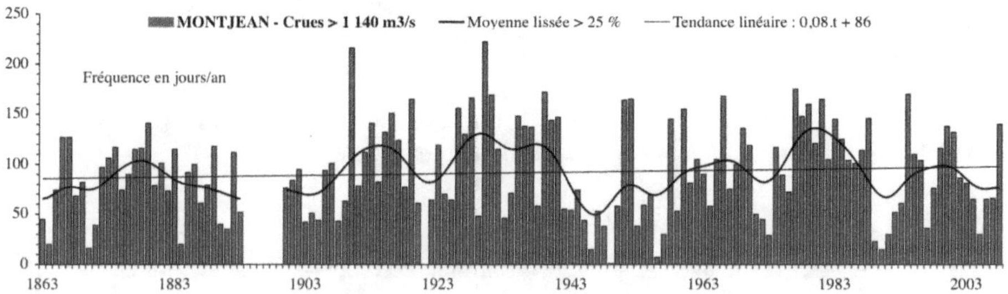

b) Fréquence annuelle des crues à Montjean sur Loire.

Document 3.20 - Fréquence des crues de la Loire entre 1863 et 2008

À l'évidence, le parallélisme des pulsations se trouve respecté. Et l'on retient plus particulièrement des crues avoisinant 10 jours/an dans les années 1910, 1930, 1940, 1960, 1980 et 2000. Toutefois, alors que ces crues se sont accrues de 8 jours par siècle à Montjean, elles ont reculé de 6 jours/siècle à Blois !

a) Il faut évoquer les enseignements de la discrétisation des crues à Blois. Elles ont été séparées en quatre classes dont le document 3.21 illustre les variations séculaires.

➢ Les crues de classe 4 ont disparu à la fin des années 1920.

➢ À l'inverse, les crues de classe 3 ont conservé la régularité des pulsations de l'écoulement, et elles furent « sévères » en 1910, au début des années 1940 et des années 1980 et, dans une moindre mesure, au début des années 2000. L'originalité est leur stabilité sur une longue période ; puis, sur un siècle et demi, leur fréquence se serait accrue de 5 jours par millénaire, et autant dire qu'elles ont été très stables.

➢ Cette remarque concerne les crues de classes 2 et 1, les plus fréquentes ; respectant « à la lettre » la répartition des hautes et basses eaux, elles n'ont connu qu'une très légère baisse de leur fréquence : 3 jours/siècle en classe 2 et 2 jours/siècle en classe 1.

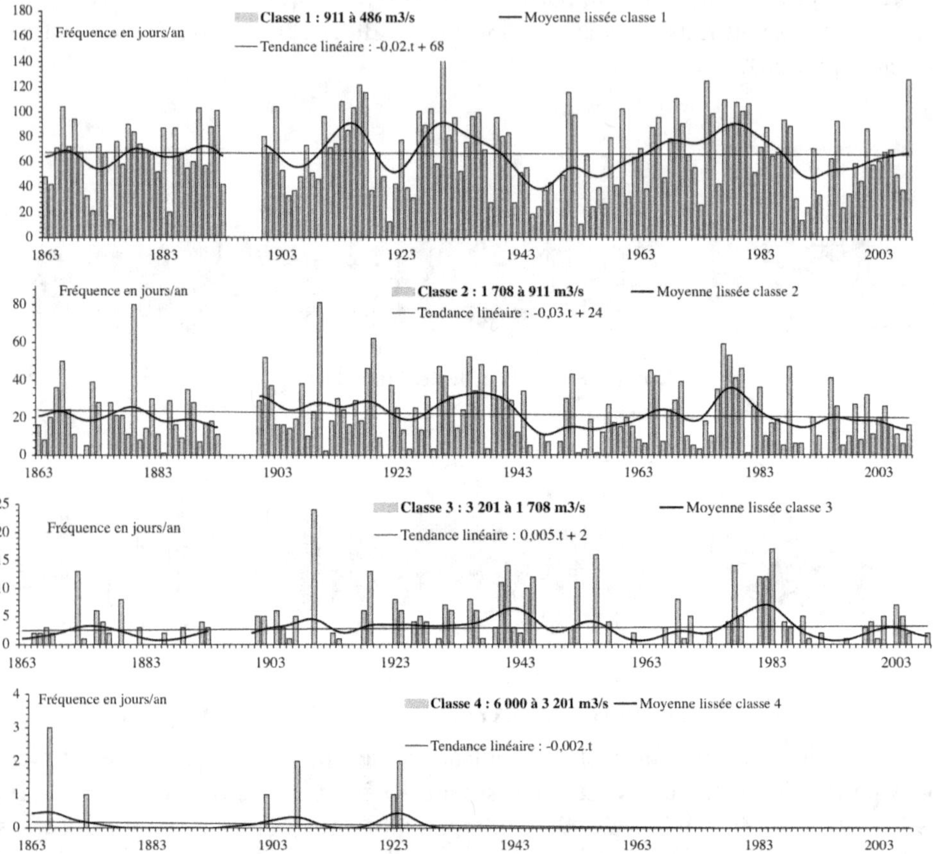

Classe 1	**486**	**m³/s**	**à**	**911**	**m³/s**
Classe 2	**911**	**m³/s**	**à**	**1 708**	**m³/s**
Classe 3	**1 708**	**m³/s**	**à**	**3 201**	**m³/s**
Classe 4	**3 201**	**m³/s**	**à**	**6 000**	**m³/s**

Document 3.21 - Discrétisation des crues de la Loire à Blois

Ce résultat corrobore le léger recul de la fréquence des débits > 486 m³/s à Blois. L'hypothèse anthropique est plausible, même si les travaux recommandés par l'ingénieur en chef Comoy, dit *« système Comoy »* au XIXe siècle, préconisaient plutôt la lutte contre les effets des inondations (levées inondables, digues fusibles) que leur prévention. On doit néanmoins rappeler que dès 1711,

Robert de la Chastre fit édifier, la digue du Pinay dans les gorges de Villerest, afin de réserver une partie des crues du Forez. Ce principe de barrage écrêteur de crue se sera repris qu'à la fin du XXe siècle, sur le même site, avec le barrage de Villerest édifié en 1976. La plupart des autres édifices construits sur la Loire (Saint-Etienne-du-Vigan à la fin du XIXe siècle, Brives-Charensac en 1886, la Palisse en 1954, Grangent 1955 et 1957) et sur l'Allier (Poutès en 1941, Naussac près de Langogne, en 1983 pour une première tranche et en 1998 pour la seconde) visaient plus spécialement à la production d'énergie. Mais il est possible qu'ils aient agi sur l'occurrence des crues les plus sévères et sur une légère régression des crues les plus fréquentes.

Nous aimons évoquer une autre hypothèse. Les grandes inondations du XVIIIe et du XIXe siècle se sont réalisées dans le contexte d'un « *Massif Central chauve* » tel qu'il était encore décrit dans la première partie du Tome VI de la Géographie Universelle de Vidal de la Blache, et écrit par de Martonne. La concentration des averses, en particulier des averses méditerranéennes sur les Cévennes, a pu y être très rapide. Depuis, tous les sommets ont été reboisés, le Massif Central est devenu vert, et il est très logique de penser que la même quantité d'eau chue suivant la même violence se trouve retardée, la crue est de même volume, mais elle est étendue dans le temps. Les crues de classes 4, brutales et violentes auraient alors naturellement disparu. Ceci justifierait l'annulation de la construction des édifices écrêteurs de Serre de la Fare sur la Loire, du Veudre sur l'Allier et de Chanbonchard sur le Cher.

b) La discrétisation des crues à Montjean affine l'interprétation (document 3.22) : la répartition des fréquences reste beaucoup plus homogène au cours du XXe siècle.

➢ La permanence des crues de classe 4 en est la première illustration. Une augmentation de leur fréquence de 9 jours par millénaire n'a pas de sens, mais ce qui importe est la quasi-permanence de très hautes eaux au cours des années 1920. Elles se sont régulièrement succédé avec une périodicité d'une douzaine d'années. Le plus étonnant est que cette fréquence ne s'affaiblit pas, et une vingtaine de jours de débits > 4 109 m^{3}/s au début des années 1980 nous rappelle que le risque est là. On serait plutôt surpris par une fréquence plus faible en 1866.

➢ La même remarque concerne les crues de classe 3, qui se révèlent avoir été très fréquentes dans les trois premières décennies du XXe siècle, puis dans les années 1970-1980. Si elle ne marquèrent pas les mémoires, c'est que sur la Loire, les levées maintenant multiséculaires parviennent à les contenir dans le lit mineur.

➢ Ces remarques concernent aussi les crues de classe 2 : fréquence pseudo-cyclique d'une douzaine d'années, croissance négligeable de cette fréquence dans le temps : 3 jours tous les 100 ans.

➢ Enfin, les crues de classe1 se font remarquer par un accroissement plus significatif de leur fréquence : près d'un jour et demi tous les 10 ans. C'est faible, mais c'est en sens inverse de ce que nous avons calculé à Blois.

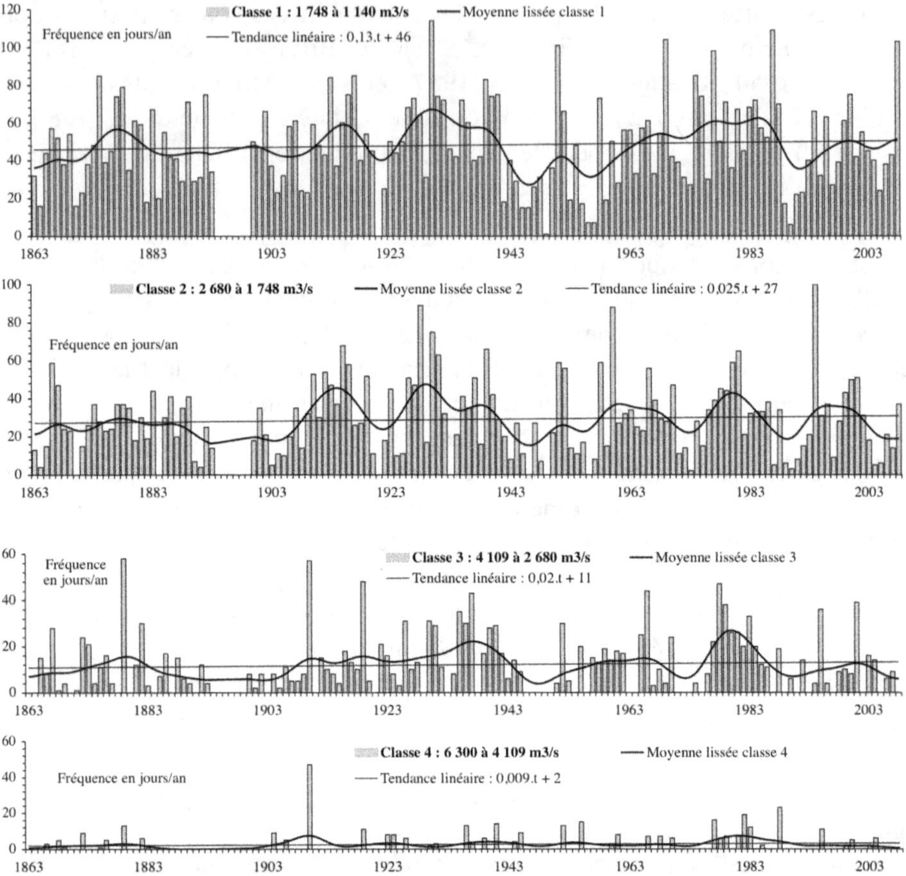

Classe 1	**1 140 m^3/s**	**à**	**1 748 m^3/s**
Classe 2	**1 748 m^3/s**	**à**	**2 680 m^3/s**
Classe 3	**2 680 m^3/s**	**à**	**4 109 m^3/s**
Classe 4	**4 109 m^3/s**	**à**	**6 300 m^3/s**

Document 3.22 - Discrétisation des crues de la Loire à Montjean

En effet, il se dégage de la discrétisation de cette longue série que les crues de la Loire à Montjean ont eu une très légère tendance à augmenter. C'est une évolution conforme aux précipitations connues sur une longue période, à Tours et surtout au Bourget. Il va de soi que notre logique se réduit à la ressemblance et qu'en aucun cas, les pluies tourangelles ne sont représentatives de l'ensemble de la pluviométrie du bassin de la Loire.

3°) Les basses eaux à Blois et à Montjean (1863-2008) : les basses eaux ou étiages sont concrétisés par le quatrième quartile des débits classés de chacune des deux séries, soit tous les débits ≤ 125 m^3/s à Blois et ≥ 295 m^3/s à Montjean (document 3.23).

La répartition est assez identique dans les deux stations et corrobore correctement les phases de repli pluviométrique. On y reconnaît assez bien le milieu des années 1900, le début des années 1920, la fin des années 1940 (ce fut partout la décennie des étiages importants), le milieu des années 1970 et la fin des années 1980. Mais l'originalité des crues est ici inversée : à Blois, la durée des étiages s'est accrue de 8 jours par siècle, pour reculer d'autant à Montjean.

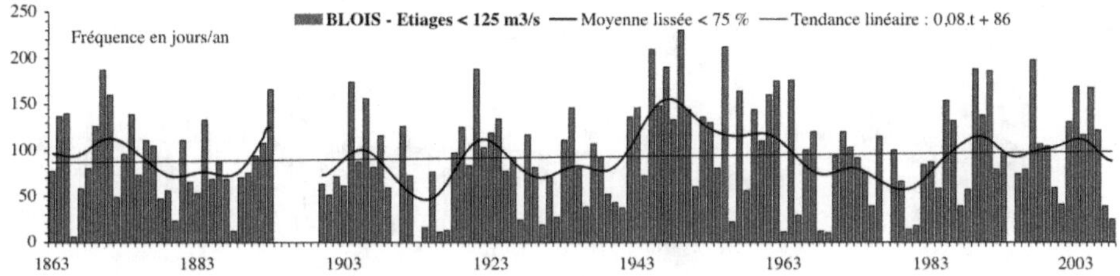

a) Fréquence annuelle des étiages à Blois

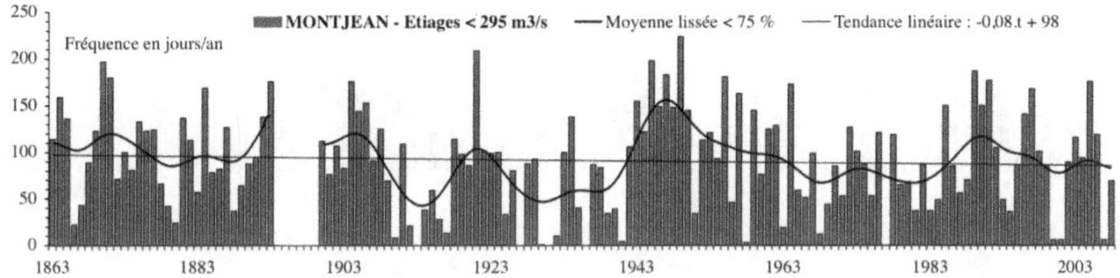

b) Fréquence annuelle des étiages à Montjean

Document 3.23 - Fréquence des étiages de la Loire entre 1863 et 2008

a) La discrétisation des étiages à Blois est illustrée par le document 3.24.

➢ La fréquence des étiages de classe 4 est centrée sur le début et surtout le milieu du XXe siècle : 21 crues en 1933, 73 en 1949 et 18 en 1952 et cela peut surprendre, même s'il est connu que ce furent des années de fort déficit pluviométrique.

➢ La fréquence des étiages de classe 3 apporte un premier élément de réponse. Ces étiages ont été progressivement moins fréquents : un recul de 4 jours sur un siècle. Mais la description du graphique montre surtout une fréquence élevée au cours des années de fort déficit pluviométrique : débuts des années 1870, des années 1900, des années 1920, des années 1947-1952, des années 1960. Mais la « sécheresse » du milieu des années 1970 est atténuée et celle de la fin des années 1980 est inexistante. Cela n'a rien de naturel.

➢ Les étiages de classe 2 n'ont connu que la succession des pulsations sèches et humides, et leur tendance linéaire ne fait l'objet d'aucune direction préférentielle.

➢ Ce n'est plus le cas des étiages de classe 1. Certes ils respectent la périodicité des variations naturelles de l'écoulement pluvial, mais, « anormalement », leur fréquence s'est légèrement accrue : 1,4 jours/décennie.

Nous avons déjà observé cette modification sur la Seine et ses affluents. Le problème de l'eau dans le « Val » est double. On y redoute les inondations cataclysmales, comme celles de 1846, 1856 et 1866 (entre 6 000 et 8 000 m^3/s). Mais on y craint autant les étiages.

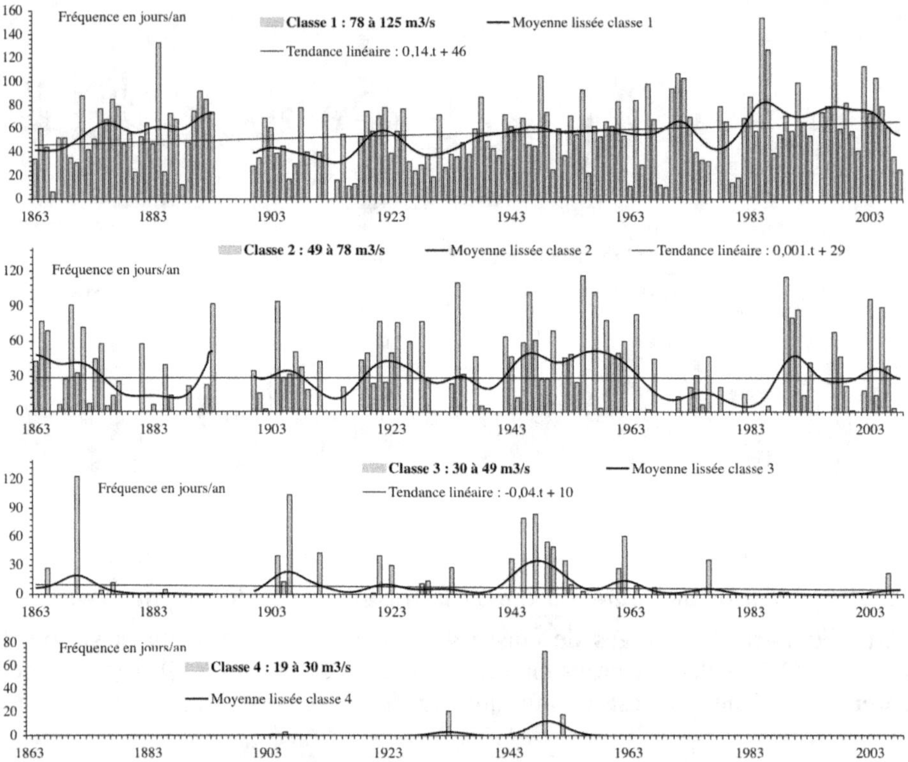

Classe 1	**125 m^3/s**	**à**	**78 m^3/s**
Classe 2	**78 m^3/s**	**à**	**49 m^3/s**
Classe 3	**49 m^3/s**	**à**	**20 m^3/s**
Classe 4	**30 m^3/s**	**à**	**19 m^3/s**

Document 3.24 - Discrétisation des étiages de la Loire à Blois

Autrefois, jusqu'à l'arrivée du chemin de fer, les marchandises arrivées par Nantes gagnaient le Centre et Paris par voie fluviale, et si les « *turcies* » avaient été élevées du XIIe au XVIe siècle pour protéger les riverains, les « *levées* » édifiées par la suite eurent pour rôle de maintenir un chenal navigable pendant les étés. On ne navigue plus, mais on a construit des centrales nucléaires à Belleville, Dampierre-en-Burly, Saint-Laurent-des-Eaux et Chinon-Avoine. Or ces installations ont besoin d'eau de refroidissement, laquelle provient du fleuve, grâce à des aménagements de soutien des étiages, moins spectaculaires que sur la Seine, il est vrai.

Ce fut le principal rôle du barrage de Villerest édifié entre 1978 et 1984, et de celui de Naussac construit entre 1984 et 1998. On a réduit (voire supprimé) l'occurrence des plus basses eaux, dont le soutien a accru la fréquence des étiages modérés de classe 1. Mais qu'en est-il à Montjean ?

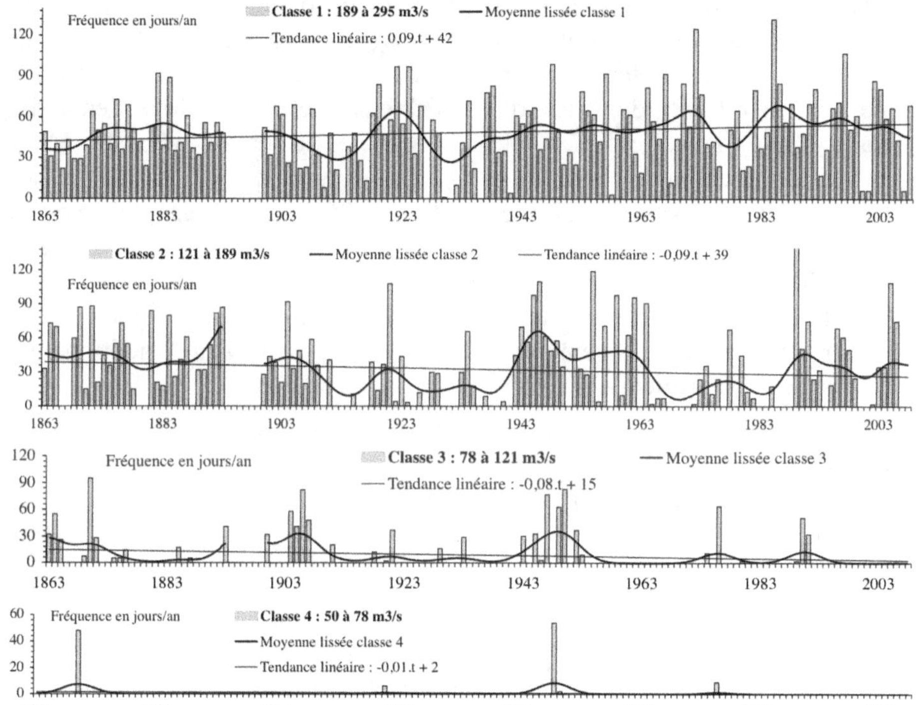

Classe 1	**125 m³/s**	**à**	**78 m³/s**
Classe 2	**78 m³/s**	**à**	**49 m³/s**
Classe 3	**49 m³/s**	**à**	**20 m³/s**
Classe 4	**30 m³/s**	**à**	**19 m³/s**

Document 3.25 - Discrétisation des étiages de la Loire à Montjean

b) La discrétisation des étiages à Montjean en quatre classes est rendue par le document 3.25. Aux mêmes maux, les mêmes remèdes, et la répartition diffère peu.

➢ Les étiages de classe 4 ont toujours été rares et disparaissent après 1976 et la construction des barrages de soutien.

➢ Ceux de classe 3 ont été plus fréquents au cours des années sèches, mais leur fréquence est en recul constant de 8 jours par siècle.

➢ Les étiages de classe 2 restent très marqués. Réduits au milieu des années 1970, ils se sont très accusés au début des années 1990. Toutefois, la tendance a été au recul de 9 jours/siècle.

➢ Comme à Blois, grâce au soutien, les plus basses eaux ont été transformées en modestes étiages de classe 1, dont la fréquence a crû de 9 jours par siècle.

Il n'existe pas de modifications fondamentales de l'hydrologie des extrêmes de la Loire entre Blois et Montjean. Cependant, on est intervenu dans le Massif Central pour le soutien des étiages et la protection des centrales nucléaires. À la liste, il faut ajouter celle de Civaux, sur la Vienne, mise en service en 1997-1998, dont les deux réacteurs de 1 450 Mw demandent beaucoup d'eau de refroidissement. L'ensemble du bassin issu du Massif Central est apparemment sollicité. À l'inverse, les crues ont évolué en sens inverse dans les deux stations. Le recul de leur fréquence à Blois, pour modeste qu'il soit, est bien réel, alors qu'à Montjean, cette fréquence s'est accrue, comme l'ont fait les débits moyens et, apparemment, les totaux pluviométriques. Il semblerait que les inondations ligériennes aient cessé de faire peur, et que les écoulements soient restés proches du fonctionnement naturel sur les gros affluents.

Malheureusement, les séries y sont moins longues ; toutefois, comme nous avons pu l'analyser sur la Seine, les comportements du fleuve restent soumis à l'hydrologie de sa partie amont : les bassins auvergnats, le réseau limousin et le réseau percheron.

B - La Loire auvergnate

À l'amont de leur confluence nivernaise, la Loire et l'Allier sont jaugés en Haute-Loire respectivement à Bas-en Basset, à l'aval de 3 234 km² de bassin versant, et à Vieille-Brioude : 2 269 km². Ces jaugeages sont loin d'être aussi étendus que ceux de Blois et de Montjean, mais ils donnent une bonne idée de l'écoulement au XXe siècle, car on y possède des relevés journaliers interrompus depuis 1919.

Les analyses effectuées à Bas-en Basset et à Vieille-Brioude seront alors comparées aux résultats obtenus à Blois sur la même période. C'est une solution viable. En effet, le jaugeage de Giens serait plus proche de la confluence, mais les débits n'y sont connus que depuis 1936 ; or, entre Giens et Blois, la Loire ne reçoit aucun affluent important.

***1°) Chronologie comparée des débits annuels moyens (1919-2008)* :** à la première « lecture » du document 3.26, les débits moyens ne diffèrent que par leur volume, mais les pulsations restent voisines et sensiblement parallèles.

Dès Vieille-Brioude, on relève les pulsations reconnues plus en aval : 20 pulsations courtes et pseudo-cycliques de 5 ans et 3 pulsations longues d'une quinzaine d'années. Toutefois, il existe des nuances entre la Loire et l'Allier, en amont de leur confluence. La pulsation courte positive (débits plus élevés) du début des années 1940 apparaît plus marquée sur l'Allier que sur la Loire. Inversement, la pulsation courte négative (débits moins élevés) y est également plus marquée.

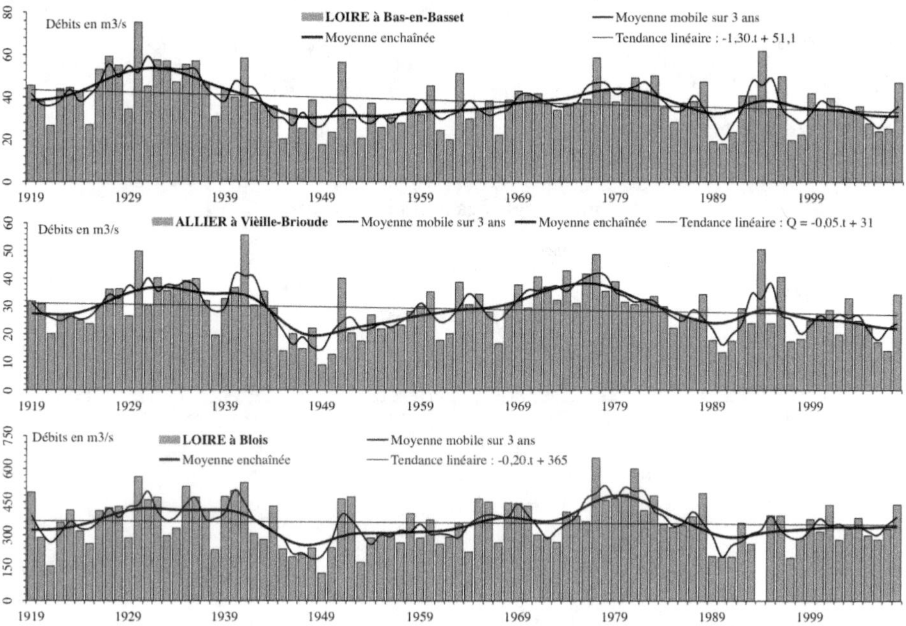

Document 3.26 - Débits annuels moyens de la Loire auvergnate, de l'Allier et de la Loire à Blois

À Bas-en-Basset et à Vieille-Brioude, nous avons retenu, non pas le débit brut mais le module spécifique : 11,8 et 12,8 l/s/km^2. Les moyennes mobiles sur 3 ans (pulsations courtes) ont été reproduites sur le document 3.27. Les pulsations ont toujours été en phase, toutefois on relève des variations.

➢ Avant 1921, l'Allier fut plus abondant que la Loire que par unité de surface drainée. Puis, de 1921 à 1932, la situation s'inverse, et la Loire devient plus abondante, au cours d'une phase de croissance générale des modules (pulsation longue). Les modules sont ensuite équivalents jusqu'en 1938, en phase de recul général (pulsation longue).

➢ Puis, les modules de l'Allier sont nettement plus élevés au cours de la pulsation positive courte (maxima en 1940-1941), pour être inférieurs à ceux de la Loire pendant la pulsation négative courte qui lui succède (minima en 1949).

➢ Par la suite, les modules qui continuent de connaître des pulsations courtes font l'objet d'une tendance généralisée à l'augmentation (pulsation longue) jusqu'en 1981. Au cours de cette longue période, l'Allier fut intrinsèquement plus abondant.

➢ Enfin, pulsations courtes et longues eurent tendance à se confondre, avec une très forte amplitude des maxima et des minima, et, surtout, des modules très voisins sur la Loire et l'Allier.

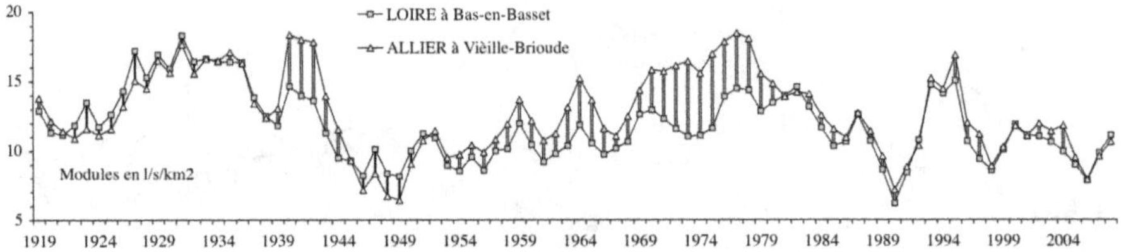

a) Chronologie des pulsations courtes

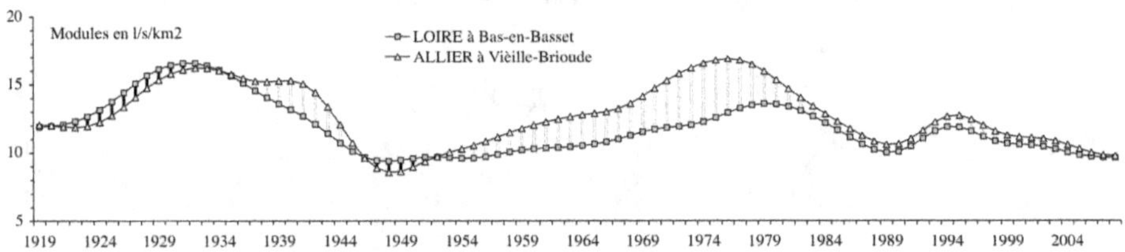

b) Chronologie des pulsations longues

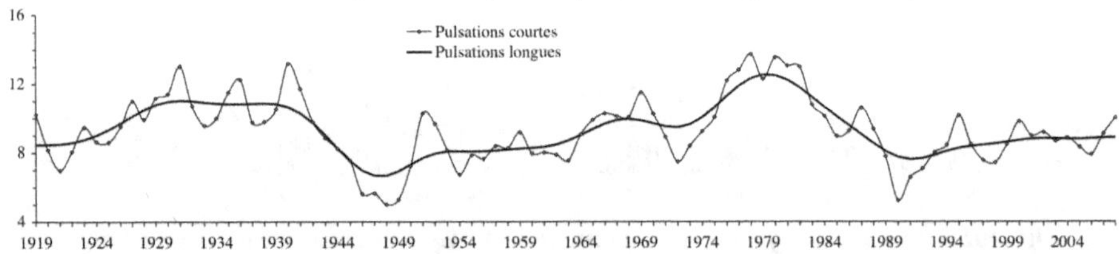

c) Les deux modes de pulsations tels qu'ils sont rendus à Blois (Xi = 9,3 l/s/km^2)

Document 3.27 - Modélisation des pulsations courtes de la Loire et l'Allier

Cette variation peut être naturelle, mais la distribution interannuelle des hautes et basses eaux peut seule donner une réponse.

2°) Les crues à Bas-en-Basset et à Vieille-Brioude : nous examinerons d'abord la fréquence d'apparition des débits des premiers quartiles des deux séries monotones classées : 37 m^3/s sur l'Allier et 48 m^3/s sur la Loire. Les durées des jaugeages étant les mêmes, il a été facile d'en effectuer la comparaison (document 3.28).

Aux deux stations, les crues ont fait l'objet des mêmes pulsations : une fréquence croissance rapide de 1919 à 1931, un repli aussi rapide de 1931 à 1949-1950, une croissance très lente (émaillée de pulsations courtes simultanées) de 1950 à 1979-1980, un nouveau repli rapide jusqu'en 1990-1991, une nouvelle croissance rapide jusqu'en 1995 et enfin, ce qui semble l'amorce d'un lent repli, inachevé (?) en 2008.

Globalement, il y a eu un repli général de la fréquence de ces hautes eaux : 34 jours par siècle sur la Loire à Bas-en-Basset et 42 sur l'Allier à Vieille-Brioude. Ces tendances restent conformes à ce qui se passa à Blois au cours du même laps de temps : une réduction de 14 jours/siècle. On sait qu'à Blois, la fréquence des crues > 486 m^3/s recule depuis 1863 (très irrégulièrement, bien entendu : document 3.20.a).

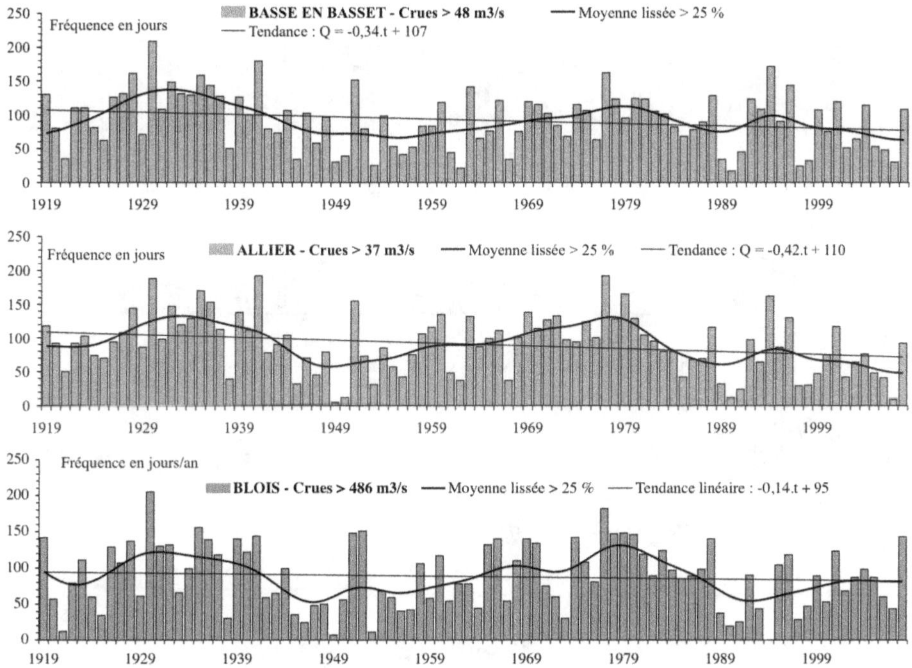

Document 3.28 - Les hautes eaux de la Loire à Bas-en-Basset et Blois, et de l'Allier à Vieille-Brioude

Les pulsations, qu'elles soient longues ou courtes, sont le reflet de pseudo-cycles pluviométriques (document 3.19), mais ce recul général est en opposition avec celui des totaux pluviométriques qui seraient en croissance générale au cours de la seconde moitié du XXe siècle. On y reconnaîtrait l'impact des aménagements.

a) La discrétisation des crues de la Loire à Bas-en-Basset (document 3.29) traduit un hydrosystème légèrement anthropisé. En effet :

➢ Pour rares qu'elles aient été, non seulement ces très hautes eaux n'ont pas disparu, mais leur fréquence s'est accrue vers la fin du siècle et le début du suivant, conformément aux précipitations. Elles sont le résultat des averses cévenoles de l'amont du bassin, et elles sont devenues de plus en plus fréquentes après 1976 pour culminer en 2003 et 2008.

➢ À l'opposé, les crues des classes 3, 2 et 1 ont connu un recul de leur fréquence : 2 jours/siècle pour la classe 1 (ce qui est négligeable), 2 jours par décennie pour la classe 2 et 1,4 jours pour la classe 1 (ce qui n'est plus négligeable).

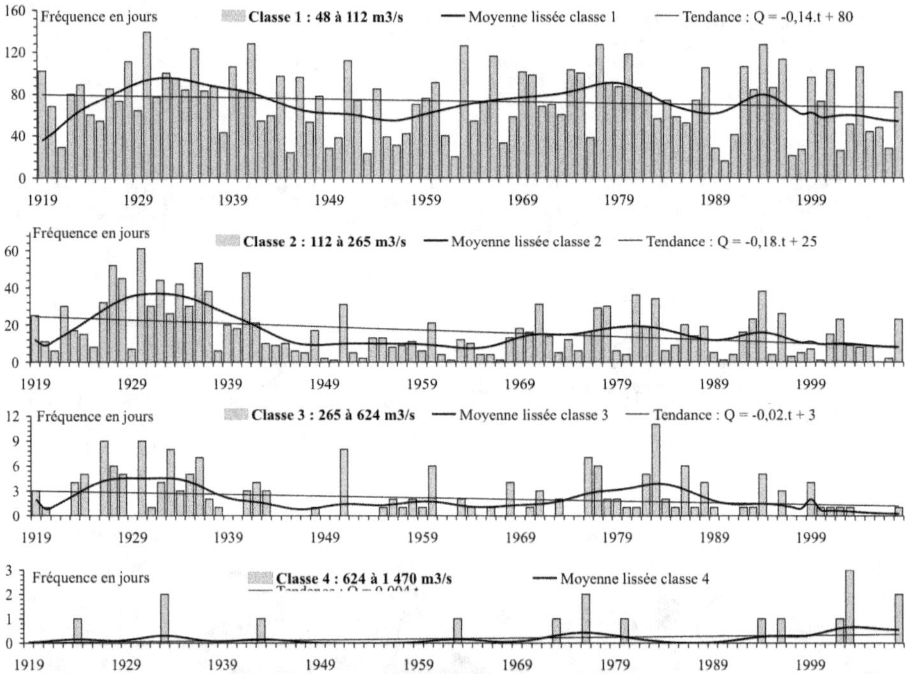

Classe 1	**48**	**m³/s**	**à**	**112**	**m³/s**
Classe 2	**112**	**m³/s**	**à**	**265**	**m³/s**
Classe 3	**265**	**m³/s**	**à**	**624**	**m³/s**
Classe 4	**624**	**m³/s**	**à**	**1 470**	**m³/s**

Document 3.29 - Discrétisation des crues de la Loire à Bas-en-Basset

Comment interpréter ces calculs ? La digue du Pinay, que Robert de la Chastre fit édifier dans les gorges de Villerest en 1711, n'empêcha pas l'occurrence des grandes inondations du Val entre 1711 et 1866. Mais, plus récemment, le barrage de Villerest a été édifié en 1976. A-t-il joué son rôle ? En 1866, à Blois, le débit de 2 000 m³/s n'a été dépassé que 5 jours durant, mais il avait atteint 6 000 m^3/s. Sur la période commune aux jaugeages de Blois et Bas-en-Basset (1919-2008), il fut dépassé 5 jours en 1919, 7 jours en 1923 et 1924, 3 jours en 1926, 1927 et 1928, puis en 1931, 1932 et 1936, 8 jours en 1940, 1941 et 1945, 7 jours en 1952, 12 jours en 1955, 3 jours en 1957, 4 jours en 1968, 6 jours en 1977, 1981 et 1982, 13 jours en 1983, 3 jours en 1988, et 4 jours en 2003. Mais seules les crues du 24 octobre 1872, du 22 octobre 1907 et des 1er et 2 janvier 1924 ont dépassé 3 500 m^3/s. Enfin, sur les 19 années où les crues furent > 2 500 m^3/s, 13 se situent après 1940, et 6 après 1976.

Pour les crues modestes de classes 1 et 2, voire même de classe 3, les barrages ont réduit la fréquence des crues. Pour les crues plus fortes et plus rares de classe 4, nous interprétons les résultats autrement. À Blois, seules les crues > 2 000 m^3/s se sont maintenues, celles dont le débit était > 3 500 m^3/s disparaissent dès 1924. Pour comprendre, reportons-nous à Bas-en-Basset : en dehors de l'année 1933, les crues de classes 4 sont plus fréquentes après 1976 ; pourquoi ?

- Il y a eu croissance des précipitations depuis les années 1940.
- Le barrage de Villerest joue son rôle, il laisse passer les crues de classe 4, mais en les retenant plusieurs jours, ce qui réduit leur impact à l'entrée du Val : 2 940 m^3/s à Blois en 2003 (6 000 m^3/s en 1866, 3 900 m^3/s en 1924).
- Le reboisement de l'amont du bassin pourrait aussi être pris en compte, car il « retarde la concentration des eaux de ruissellement ».

b) La discrétisation des crues de l'Allier à Vieille-Brioude conduit à une interprétation du même ordre (document 3.30).

- Les crues de classe 4 sont en phase avec les pulsations générales de l'écoulement, et surtout avec la progression de la pluviométrie dans la seconde partie du XXe siècle. En particulier, leur fréquence s'est accrue au cours de la longue pulsation positive qui, commencée dans les années 1950, a duré jusqu'à la fin des années 1980.
- À l'inverse, la fréquence des crues de classes 3, 2 et 1, bien qu'en phase avec les pseudo-cycles courts et longs de l'écoulement moyen et des précipitations, a reculé. Ce repli est négligeable pour les crues de classe 3 : 2 jrs/100 ans. Mais, comme à Bas-en-Basset, ce n'est plus le cas pour celle de classe 2 : 1,8 jrs/10 ans et de classe 2,2 jrs/10 ans.

L'Allier fut surtout aménagé pour la production d'énergie : Poutès en 1941 et Naussac en 1983. S'ils ont pu agir sur l'occurrence des crues, c'est dans ce bassin de l'Allier que nous jugeons que le reboisement put être le plus efficace. Pour le prouver, il faudrait établir une difficile cartographie chronologique (un S.I.G. par exemple) du reboisement au XXe siècle.

Quoi qu'il en soit, nous avons l'explication de la répartition des quatre classes de crues à Blois (document 3.21). Les édifices écrêteurs de crue, comme

Villerest, ont effectivement contribué au repli des crues des classes 1 à 3, comme le demandait le cahier des charges. Les pulsations longues, entre 1919 et 2008, des trois classes sont en phase avec celles de la Loire à Bas-en-Basset et de l'Allier à Vieille Brioude. La disparition des crues de classe 4, à Blois, après 1924, n'est qu'un artéfact. Le calcul statistique, à Blois, prend en compte les inondations de 1866, 1872, 1907 et 1924, d'une autre ampleur que celles qui sont survenues par la suite. On a vu qu'après cette date, les écoulements > 3 500 m^3/s ont disparu.

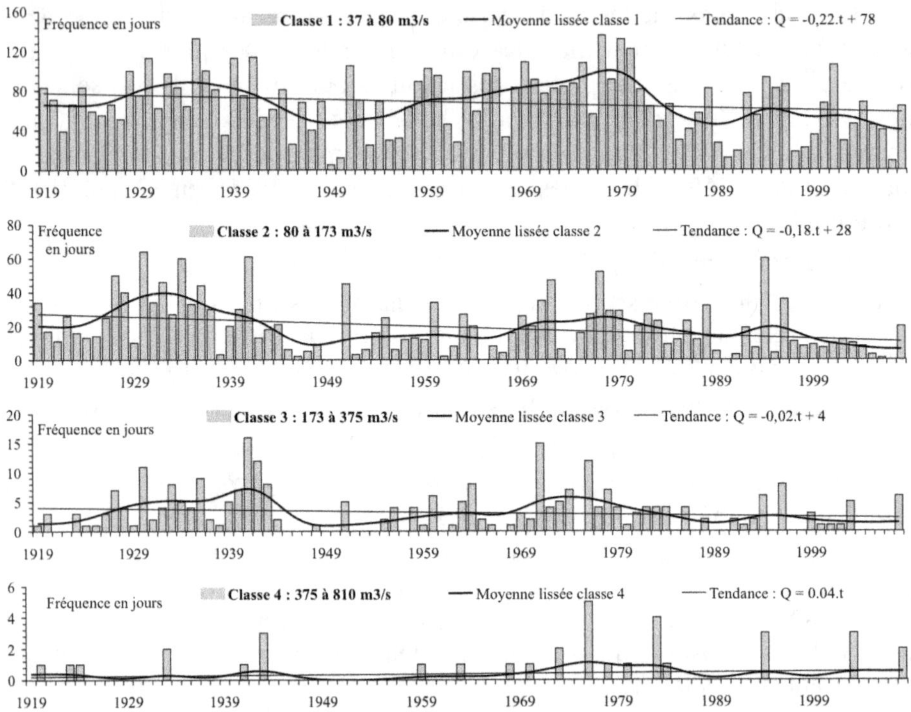

Classe 1	**37 m^3/s**	**à**	**80 m^3/s**
Classe 2	**80 m^3/s**	**à**	**173 m^3/s**
Classe 3	**173 m^3/s**	**à**	**375 m^3/s**
Classe 4	**375 m^3/s**	**à**	**810 m^3/s**

Document 3.30 - Discrétisation des crues de l'Allier à Vieille-Brioude

C'est un argument qui, pour notre analyse, va plus dans une réponse au reboisement qu'aux aménagements. Mais, dans les deux cas, cette action reste anthropique.

3°) Les étiages à Bas-en-Basset et à Vieille-Brioude : la définition des étiages concerne les débits < 11 m^3/s sur la Loire à Bas-en-Basset et < 8,6 m^3/s sur l'Allier à Vieille-Brioude (document 3.31).

a) Les tendances sont inversées : les étiages de la Loire se sont accrus de 2 jours par décennie, et ceux de l'Allier ont reculé de plus de 8 jours sur le même pas de temps. Si les précipitations se sont accrues, au moins depuis les années 1940, il est logique que les étiages deviennent de plus en plus brefs, et l'exemple de l'Allier va dans ce sens. Il est plus difficile d'interpréter le cas de la Loire.

À Vieille-Brioude, le régime interannuel de la fréquence des étiages est en opposition de phases avec celui des crues (document 3.28) et plus généralement celui des débits (document 3.26). Mais une analyse plus détaillée décèle des anomalies.

➢ Certes, la durée des étiages fut particulièrement élevée pendant les « sécheresses » de la fin des années 1940, avec 237 jours de débits < 8,6 m^3/s en 1949.

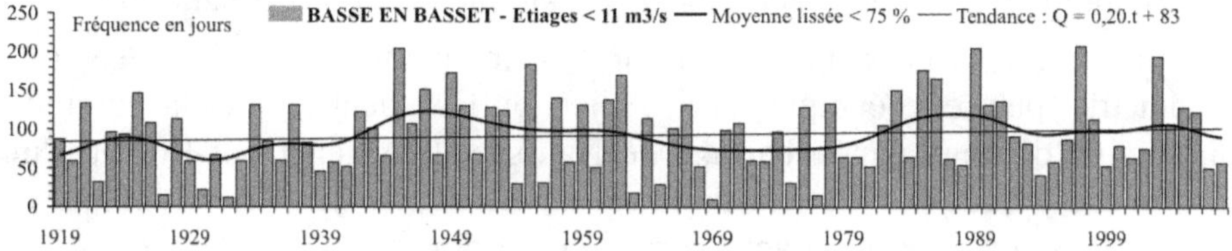

a) Fréquence des étiages de la Loire à Bas-en-Basset

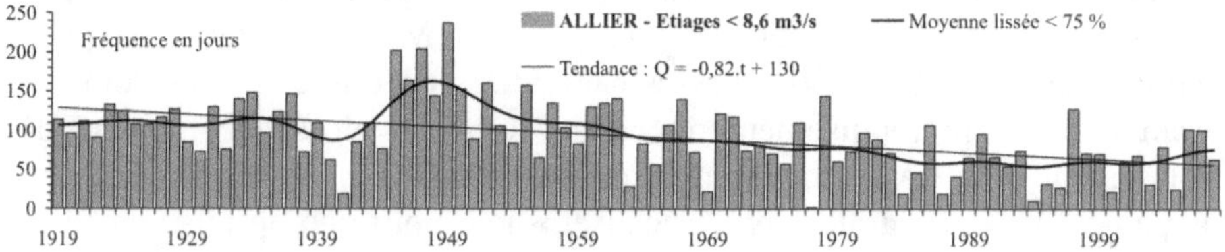

b) Fréquence des étiages de l'Allier à Vieille-Brioude

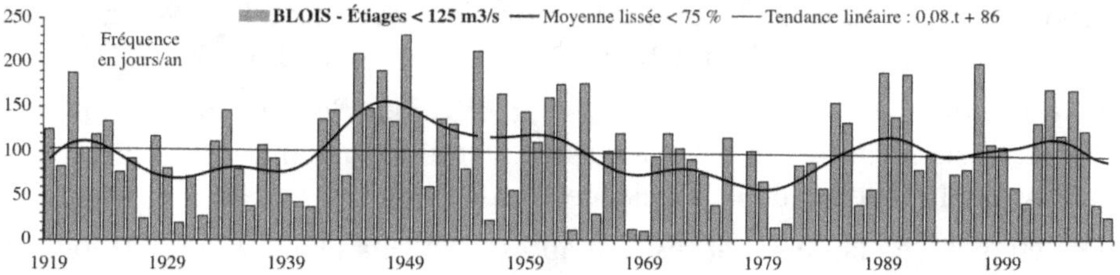

c) Fréquence des étiages de la Loire à Blois

Document 3.31 - Les basses eaux de la Loire auvergnate et de l'Allier

➢ Par la suite, la tendance (selon la moyenne lissée) fut au recul général de la durée de ces étiages jusqu'à la fin des années 1990. Les déficits du début des années 1970 et de la fin des années 1980 sont à peine perceptibles.

➢ Ce n'est qu'après 1999 que la durée des basses eaux commença à progresser (et encore très faiblement).

À Bas-en-Basset, la fréquence des étiages est beaucoup plus nettement en opposition de phases avec la chronologie des crues et des débits moyens. Les années des « grandes sécheresses » sont traduites par des étiages durables : 204 jours en 1945, 173 en 1949, 184 en 1955, 170 en 1962, 205 en 1989, 208 en 1997, 194 en 2003. Le détail révèle néanmoins des anomalies :

➢ La dispersion interannuelle des durées est anormalement élevée. Un moyen de l'illustrer est de calculer le *coefficient de variation*, ou quotient entre l'écart-type et la moyenne. À Vieille-Brioude comme à Bas-en-Basset, la durée moyenne des étiages est de 93 jours. Mais l'écart-type est de 45 jours à Vieille-Brioude et de 48 jours à Bas-en-Basset. Avec un *coefficient de variation* de 0,52, les étiages sont moins homogènes sur la Loire que sur l'Allier : 0,49.

➢ Les basses eaux du début des années 1970 sont à peine marquées.

➢ Enfin, rappelons que la durée des étiages augmente, ce qui est anormal.

Quelle explication peut-on fournir ? Une cause naturelle, liée à la pluviométrie, peut être évoquée sur l'Allier, où l'on peut ajouter la possibilité d'un soutien d'étiage par le barrage de Naussac. L'Allier a fait l'objet d'une attention écologique particulière du fait d'un effort pour favoriser le retour des saumons. Le maintien d'un niveau correct en été devenait nécessaire. C'est pour cette raison qu'on a renoncé au barrage du Veudre et que celui de Saint-Étienne-de-Vigan a été démonté en 1998. Mais comment expliquer l'accroissement de la durée des basses eaux à Bas-en-Basset, sur la Loire ? On pourrait évoquer le reboisement du Massif Central, alors accompagné d'un accroissement de l'évapotranspiration estivale (mais pourquoi l'Allier y échappe-t-il ?). Ne faudrait-il pas « accuser » une politique de mise en réserve derrière les barrages de Brives-Charensac, de la Palisse et de Grangent, afin d'assurer la production d'électricité lors de la forte demande hivernale, mais aussi de maintenir l'activité touristique estivale sur le plan d'eau ?

b) Discrétisation des étiages de la Loire à Basse-en-Basset: on remarque que les débits deviennent très faibles en classes 3 et 4. Le document 3.32 illustre les variations interannuelles de la fréquence de ces étiages.

Les étiages de classe 4 ont disparu après 1949. Ils avaient duré 20 jours en 1945 et 10 jours en 1947 et 1949. Ils ne réapparaîtront pratiquement plus par la suite : 1 journée en 1953 et en 1991. Ces étiages n'avaient pas été observés aux cours des années de sécheresse précédentes. Leur occurrence à la fin des années 1940 est liée à des processus pluviométriques naturels, mais leur brutalité suivie de leur disparition pourrait être liée au *fonctionnement intempestif* des usines de Saint-Etienne-du-Vigan et de Brives-Charensac.

➢ À l'évidence, il y eut aussi volonté de réduire les étiages les plus creux. Par exemple, les étiages de classe 3 n'ont pas disparu, on les retrouve normalement au début des années 1960, au début de années 170 (très atténués !), à la fin des années 1980 et au début des années 2000. Mais leur fréquence a été en recul d'un peu plus d'une journée par décennie.

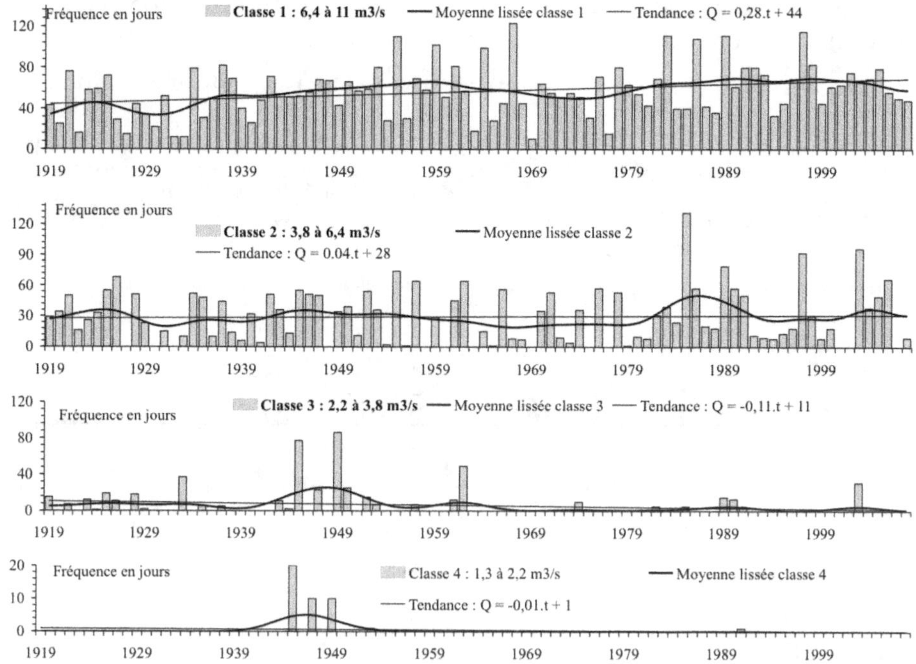

Classe 1	**11,0 m³/s**	**à**	**6,4 m³/s**
Classe 2	**6,4 m³/s**	**à**	**3,8 m³/s**
Classe 3	**3,8 m³/s**	**à**	**2,2 m³/s**
Classe 4	**2,2 m³/s**	**à**	**1,3 m³/s**

Document 3.32 - Discrétisation des étiages de la Loire à Bas-en-Basset

➢ La fréquence des étiages de classe 2 n'a guère changé (une croissance négligeable de 2 jours/siècle) seulement accidentée par les pulsations humides ou sèches de l'écoulement. À l'opposé, la durée annuelle des étiages de classe 1 (des étiages très modérés) s'est accrue de près de 3 jours par décennie.

L'augmentation de la durée des basses eaux < 11 m³/s (document 3.31) masque en fait une politique générale de lutte contre les étiages. Quelques lâchures à partir de barrages ont permis de réduire, voire de supprimer les étiages les plus creux, ceux dont souffrait l'écosystème (et les centrales nucléaires du Val). En revanche, ceci accrut artificiellement la durée des étiages modérés par le seul fait du report des processus. Cette observation justifie, à elle seule, le recours à la discrétisation des débits du quatrième quartile.

c) Discrétisation des étiages de l'Allier à Vièille-Brioude: l'Allier, comme la Loire auvergnate prennent naissance sur des roches aquicludes (sauf peut-être en milieu volcanique) comme le « revers » des Cévennes. Les averses y ruissellent en automne et engendrent des crues, mais la réserve qui s'y constitue est peu importante, et l'eau est presque entièrement absorbée par la végétation, en été. Qu'une année soit sèche et l'étiage sera très creusé. Le document 3.33 illustre les variations interannuelles de leur fréquence.

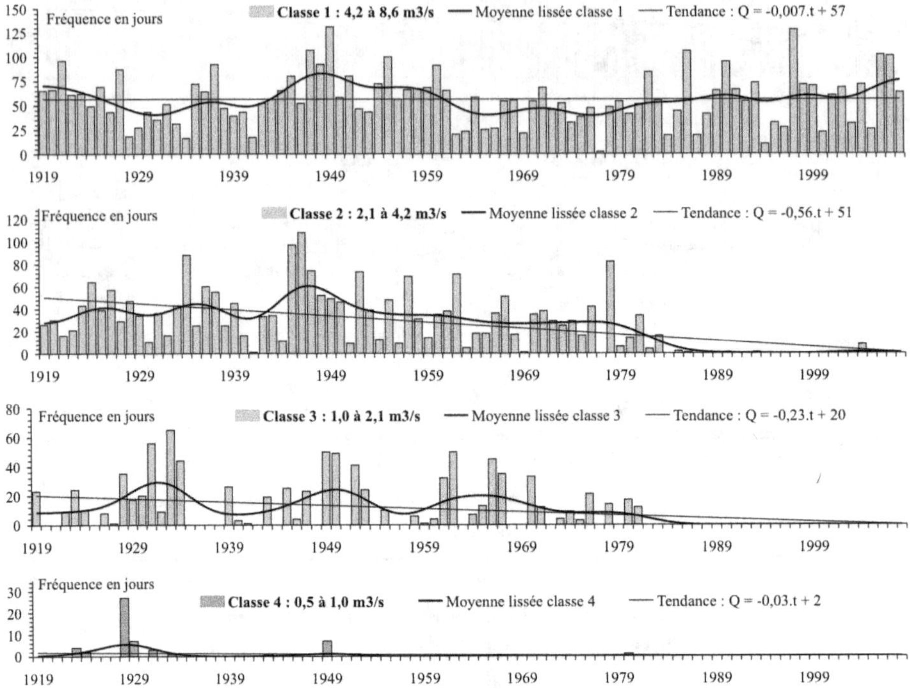

Classe 1	**8,6**	**m^3/s**	**à**	**4,2**	**m^3/s**
Classe 2	**4,2**	**m^3/s**	**à**	**2,1**	**m^3/s**
Classe 3	**2,1**	**m^3/s**	**à**	**1,0**	**m^3/s**
Classe 4	**1,0**	**m^3/s**	**à**	**0,5**	**m^3/s**

Document 3.33 - Discrétisation des étiages de l'Allier à Vieille-Brioude

À Vieille-Brioude, la politique a été la même qu'à Bas-en-Basset : se débarrasser des étiages les plus sévères, dans un contexte pluviométrique naturel propice, il faut le rappeler.

➢ Les étiages de classe 4 ont peu à peu disparu : 27 jours en 1928, 7 jours en 1949, 1 jour en 1979. Si les barrages hydro-électriques n'ont guère d'effet sur les crues, on peut leur demander de soutenir les étiages : Poutès dès la fin des années 1940 et Naussac après 1983.

➢ Les étiages de classe 3 ont respecté l'alternance entre pulsations humides et sèches (moyenne lissée), mais leur durée a reculé de près de 5 jours tous les 20 ans, pour disparaître en 1983 avec la mise en eau du barrage de Naussac.

➢ Les étiages de classes 2, qui avaient progressé jusqu'au milieu des années 1940 (tendance de la moyenne lissée), ont été de moins en moins fréquents par la suite pour disparaître après 1983 (rôle probable de la retenue de Naussac). Globalement, leur durée a reculé de près de 6 jours par décennie.

➢ Enfin, les étiages de classe 1 sont restés stables (un recul de 7 jours/1 000 ans !) du fait du transfert des basses eaux précédentes.

Au cours de la seconde moitié du XXe siècle, les eaux de la Loire moyenne, celles du Val de Loire (classé au patrimoine de l'Unesco), ont servi à l'alimentation des centrales nucléaires entre Belleville et Chinon-Avoine. Les besoins concernent essentiellement le refroidissement des eaux du circuit secondaire, celui qui fait fonctionner turbines et alternateurs. Ce circuit est en partie fermé pour deux raisons : la nécessité d'opposer une source chaude et une source froide afin d'obtenir le meilleur rendement (la centrale nucléaire est une centrale thermique), et d'éviter le risque de rejet d'une eau radioactive dans la nature.

Mais ces centrales fonctionnent en continu, et il leur faut la même quantité d'eau de refroidissement en été. Comme la Loire est connue pour ses profonds étiages, une politique de soutien est effectuée en amont, à Villerest sur la Loire et à Naussac (probablement) sur l'Allier. Il suffit de se reporter aux étiages de Blois (document 3.24) pour observer les résultats. Les très basses eaux y sont en recul, mais la durée des étiages de classe 1 croît de deux semaines par siècle depuis 1963, et, nous avons fait le calcul, de 3 jours par décennie depuis 1945.

C - La Loire angevine

Entre le « *Bec d'Allier* » ou confluence entre la Loire et l'Allier, et le « *Bec des deux eaux* » ou confluence entre la Loire et le Cher, le fleuve ne reçoit plus d'affluents importants. À Gien, le bassin draine 35 500 km^2, et à Tours, à 20 km en amont du « *Bec des deux eaux* », il n'atteint que 42 130 km^2. La différence, 6 600 km^2, n'est couverte que par le Loiret (une résurgence du fleuve), le Cosson (702 km^2), et le Beuvron (1 100 km^2). Seule la Sologne, marécageuse, apporte de l'eau, car, du fait du pendage général des couches, le drainage du Gâtinais et de la Beauce se fait vers le nord, vers la Seine et vers le Loir, malgré l'attrait de la subsidence de la Mer des Faluns.

À l'inverse, le drainage s'accroît du fait des apports du Limousin à Montsoreau (81 100 km^2), du Bocage Vendéen et surtout de la Beauce et du Perche à Montjean (109 930 km^2). Les affluents concernés sont le Cher jaugé à Selles-sur-Cher (9 262 km^2), la Vienne à Ingrandes, près de Châtellerault (10 050 km^2) et son affluent la Creuse à Leugny (8 020 km^2), le Thouet à Chacé (3 310 km^2) et la Maine à Angers (22 020 km^2).

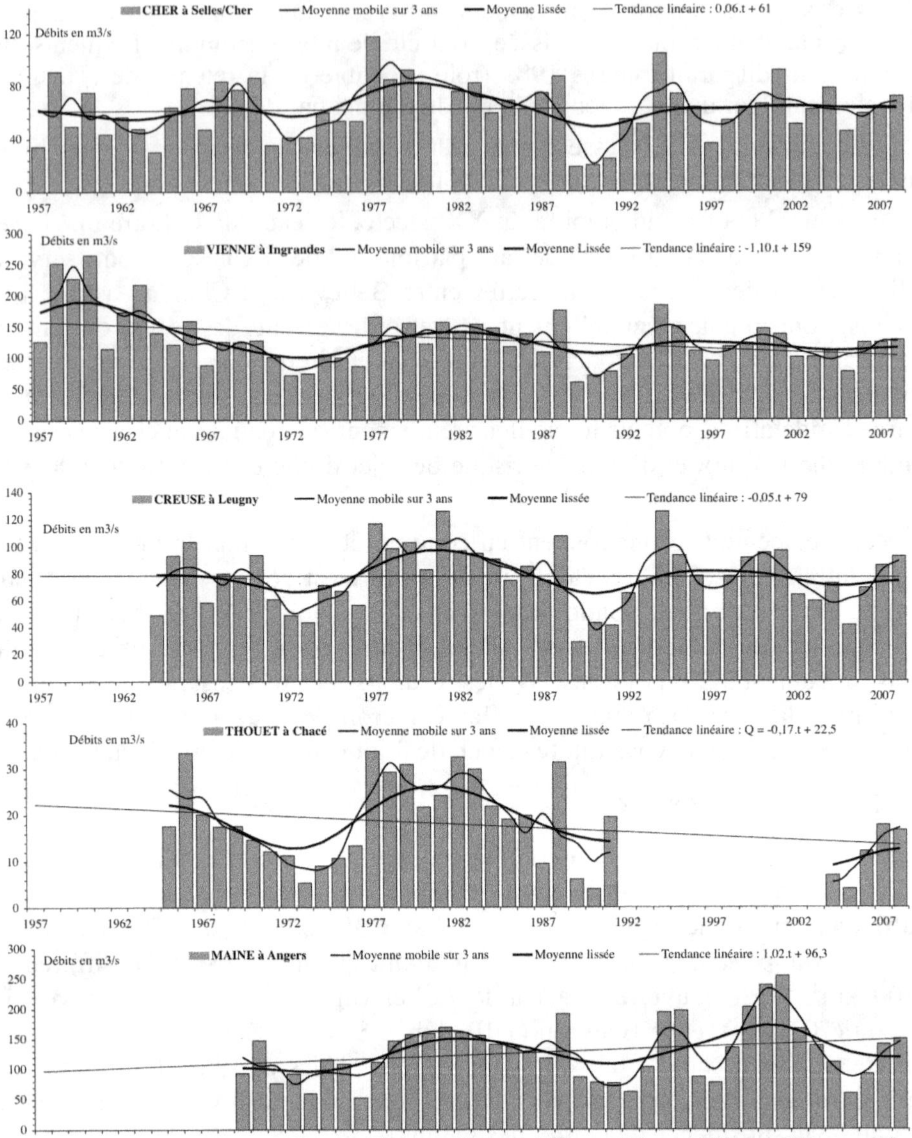

Document 3.34 - Écoulements interannuels des affluents de la Loire

1°) Chronologie comparée des débits annuels moyens (1957-2008) : les mesures fiables ne débutent, au plus tôt, qu'en 1957, mais elles indiquent une continuité dans la logique de l'écoulement entre le fleuve et ses affluents (document 3.34). Certes, les séries sont courtes, voire discontinues. Le Cher à Selles-sur-Cher et la Vienne à Ingrandes sont effectivement jaugés depuis 1957 ; pour les autres, les données sont plus restreintes. La Creuse à Leugny n'est jaugée que depuis 1964 et la Maine à Angers depuis 1969 seulement. Quant au jaugeage du Thouet à Chacé, commencé en 1965, il a fait l'objet d'un abandon de 12 ans entre 1992 et 2003, et encore les mesures de 1992 et de 2003 sont incomplètes.

Toutefois, à Selles-sur-Cher et à Ingrandes on observe deux types de pulsations :

➢ Une douzaine de pulsations courtes (humides et sèches à la fois) de 4 à 5 ans de longueur d'onde.

➢ Elles-mêmes accidentent des pulsations longues de 12 à 15 ans de longueur d'onde.

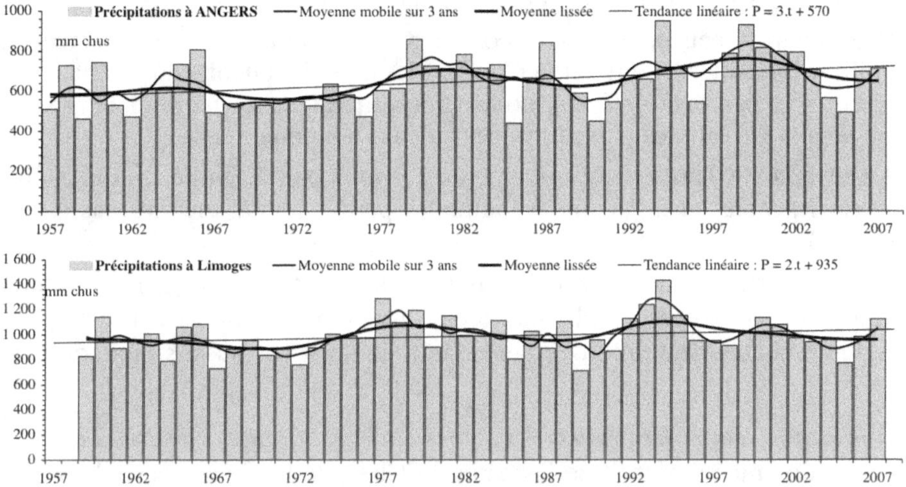

Document 3.35 - Quelques données pluviométriques « régionales »

On reste dans la logique de la Seine et de la Loire amont, avec des périodes marquées par leurs hautes eaux (début des années 1960, fin des années 1970 et début des années 1980, milieu des années 1990 ; début des années 2000), séparées par des basses eaux chroniques (début des années 1970, fin des années 1980, début des années 1990). Même si les séries sont discontinues, nous retrouvons sur tous les cours d'eau les basses eaux du début des années 1970 et de la fin des années 1980, début des années 1990, séparées par les hautes eaux des années 1977-1988. Le parallélisme des pulsations entre 1992 et 2003 sur le Cher, la Vienne, la Creuse et la Maine, permet de penser que le Thouet fit l'objet de hautes eaux en 1994-1995 et 1999-2001, séparées par les mêmes périodes de basses eaux. Enfin, la fin de la première décennie des années 2000 semble marquée par le retour d'une pulsation humide. Les seules stations météorologiques auxquelles nous avons eu accès sont à Angers et à Limoges, que l'on peut reconnaître comme représentatives du Limousin et de l'Est du

Massif Armoricain (document 3.35). Il n'y a pas de discussion possible, les pulsations hydrologiques brèves et longues relèvent de la succession de pseudo-cycles pluviométriques.

Ce n'est pas sur la succession plus ou moins cyclique de phases d'écoulement qu'il faut épiloguer. Entre 1957 et 2008, la tendance linéaire indique une croissance des totaux pluviométriques de 3 mm/an à Angers et de 2 mm/an à Limoges.

➢ Un seul cours d'eau aurait connu une croissance de ses débits consécutivement à une augmentation (générale sur le bassin de Paris) du volume des précipitations. C'est la Maine à Angers avec une croissance de ses débits estimée à 1 m^3/s chaque année (ce qui est élevé !).

➢ Deux cours d'eau peuvent être considérés comme ayant une tendance à la « stabilité » ; le Cher à Selles et la Creuse à Leugny. Les débits du Cher auraient crû de 6 m^3/s par siècle et ceux de la Creuse auraient reculé de 5 m^3/s sur le même temps. Du fait des pulsations, ces valeurs ont peu de sens.

➢ À l'inverse, le Thouet à Chacé a perdu 1,7 m^3/s par décennie (ce qui est loin d'être négligeable) et la Vienne à Ingrandes perd 1,1 m^3/s tous les ans (ce qui est élevé !).

Il est évident que certains bassins ont encore un « comportement hydrologique naturel » et pluvial, alors que d'autres subissent des pertes d'origine probablement anthropique. En fait, ce n'est pas aussi simple qu'il n'y paraît.

2°) Variations de la fréquence des crues : Cher, Vienne, Creuse, Thouet et Maine : nous rappellerons que les eaux du Cher, de la Creuse et de la Vienne proviennent du Limousin, une région fortement reboisée avec de nombreuses friches agricoles, mais où les cours d'eau furent aménagés pour la production hydroélectrique : barrage d'Éguzon sur la Creuse, lac de Vassivière et l'Isle-Jourdain sur la Vienne, mais aucun aménagement de taille sur le Cher.

Les eaux du Thouet viennent du Bocage Vendéen, et celles de la Maine sont issues de la confluence des eaux du Loir, de la Sarthe et de la Mayenne. Si le Loir provient du sud-ouest du Bassin de Paris, la Sarthe et la Mayenne sont issues de l'est du Massif Armoricain. Ici, il n'y a pas d'aménagements importants (un peu de navigation sur la Sarthe et la Mayenne) ; mais les paysages ont été modifiés, notamment pour ce qui touche à la suppression du bocage.

Quel que soit le cours d'eau, le rythme des pulsations est respecté. C'est la tendance interannuelle de la fréquence de ces hautes eaux qui attire l'attention.

➢ Seule la fréquence des crues de la Maine a notablement augmenté depuis, avec une hausse de plus de 7 jours par décennie, ce qui nous a semblé anormalement élevé, même si cette valeur va dans le sens de la tendance pluviométrique.

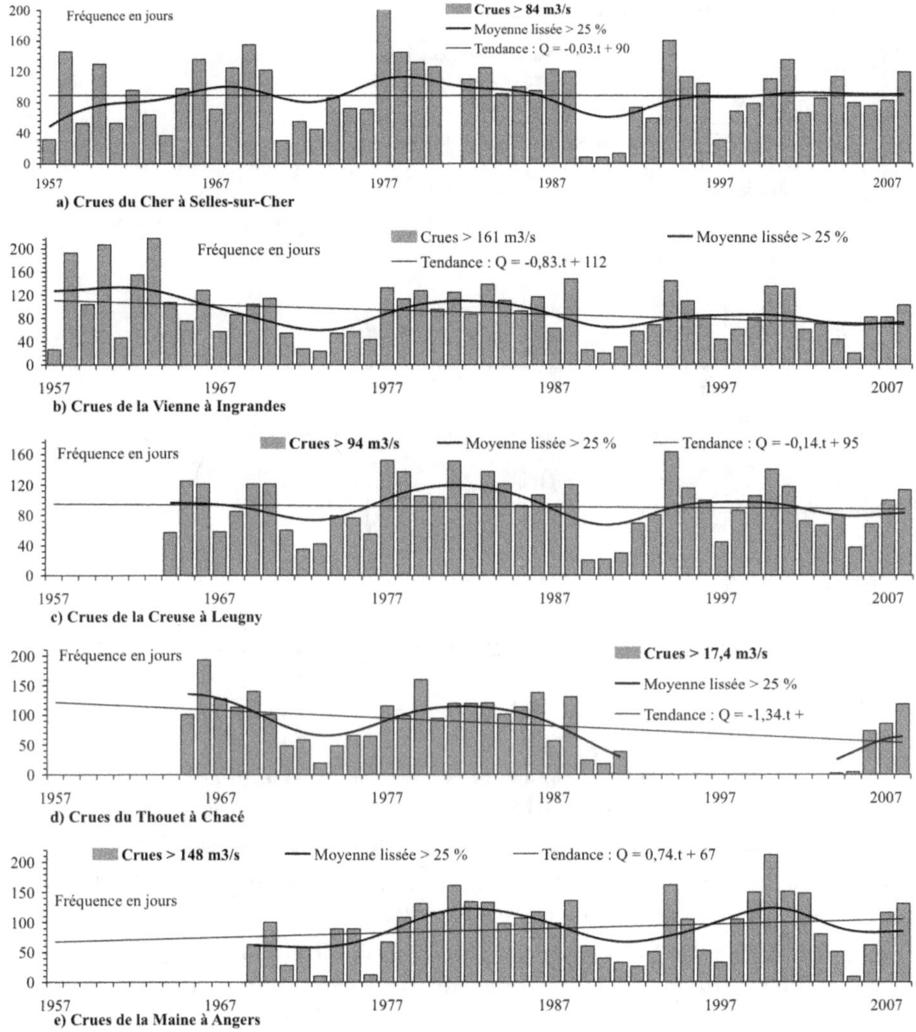

Document 3.36 - Crues des principaux affluents de la Loire « angevine »

➢ Les crues du Cher évoquent plutôt la stabilité : recul de 3 jours par siècle, mais c'est contraire à la tendance pluviométrique en Limousin.

➢ Le recul de la fréquence des crues de la Vienne et de son affluent la Creuse (respectivement de 8 jours et de 14 jours par décennie) est encore plus anormal.

➢ Quant au recul de la fréquence des crues du Thouet de 13 jours par décennie, il est aussi anormal, mais il est vrai qu'il nous manque toutes les données concernant la période 1992-2003.

a) La discrétisation des crues du Cher depuis 1957 est illustrée par le document 3.37. Les pulsations sont respectées et les fréquences sont plus rares au fur et à mesure que les débits sont plus élevés.

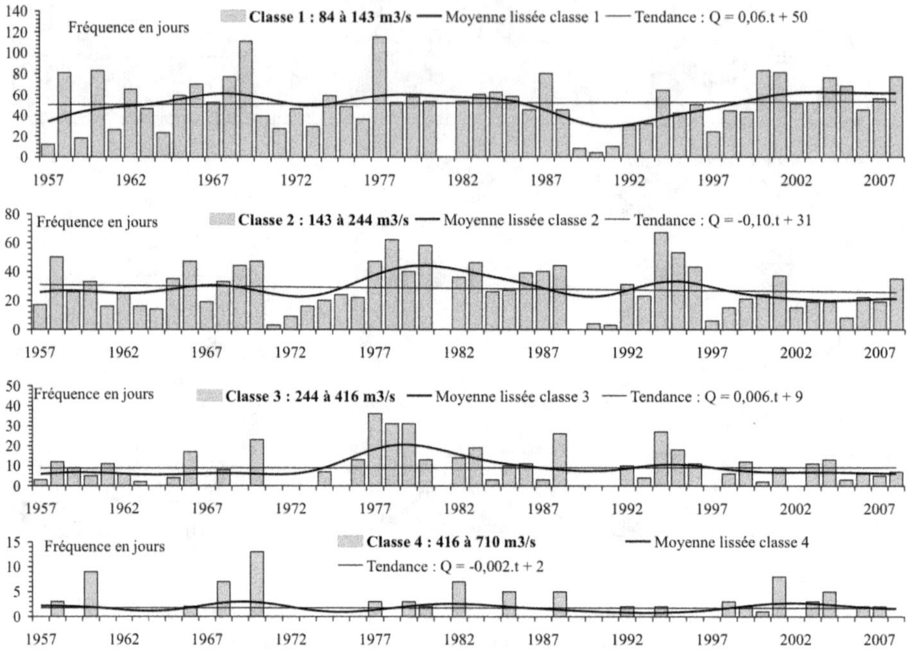

Classe 1	**84**	**m^3/s**	**à**	**143 m^3/s**
Classe 2	**143**	**m^3/s**	**à**	**244 m^3/s**
Classe 3	**244**	**m^3/s**	**à**	**416 m^3/s**
Classe 4	**416**	**m^3/s**	**à**	**710 m^3/s**

Document 3.37 - Discrétisation des crues du Cher à Selles-sur-Cher

➢ Les crues de classe 4 deviendraient moins fréquentes (-2 jrs/100 ans) à l'inverse de celles de classe 3 (+ 6 jrs/100 ans).

➢ Les crues de classe 2 deviendraient aussi moins fréquentes (-10 jrs/100 ans) avec une tendance inverse pour les crues de classe 1 (+ 6 jrs/100 ans).

Mais ces faibles valeurs ont-elles un sens ? Il faudrait plutôt évoquer une grande stabilité interannuelle sur une longue période, avec l'impact de variations pseudo-cycliques des précipitations. Mais il est vrai que cette « stabilité » n'est pas conforme à la tendance pluviométrique locale (et générale). Quelle influence y reconnaître ? Peut-être l'impact positif d'une politique de reboisement qui a marqué l'ensemble du XXe siècle. Cela justifierait l'abandon du projet écrêteur de crue de Chambonchar.

b) La discrétisation des crues de la Vienne depuis 1957 est illustrée par le document 3.38. Les pulsations pluviales naturelles sont respectées, mais la fréquence des crues a toujours reculé.

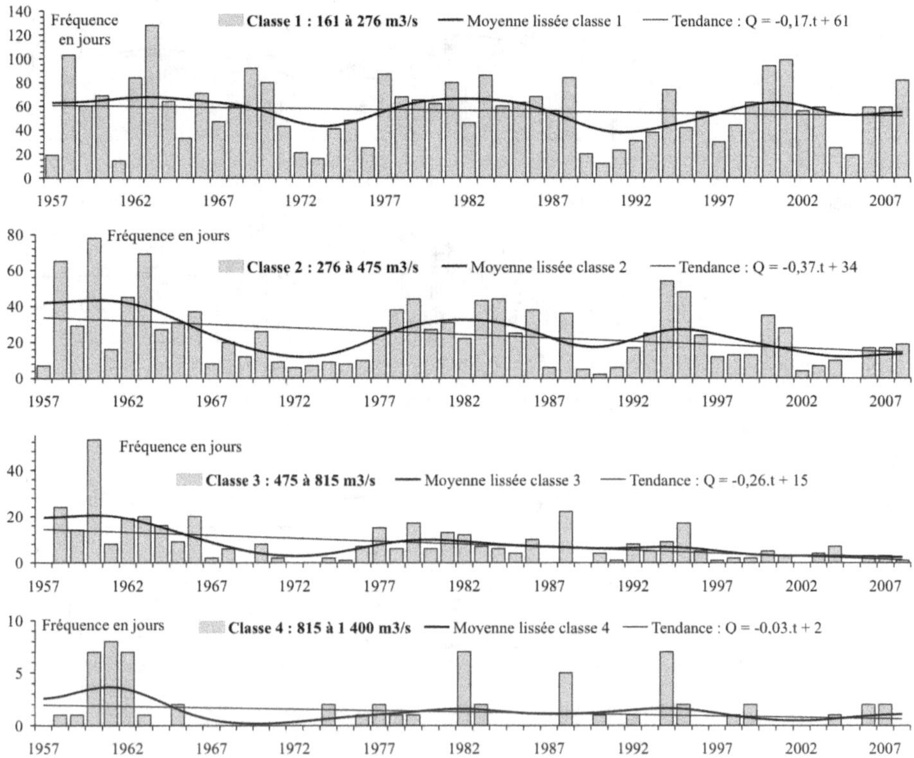

Classe 1	**161 m^3/s**	**à**	**276 m^3/s**
Classe 2	**276 m^3/s**	**à**	**475 m^3/s**
Classe 3	**475 m^3/s**	**à**	**815 m^3/s**
Classe 4	**815 m^3/s**	**à**	**1 400 m^3/s**

Document 3.38 - Discrétisation des crues de la Vienne à Ingrandes

➢ Il faut cependant reconnaître une stabilité des crues de classe 4, celle qui dépassent 800 m^3/s et qui se suivent épisodiquement. Le recul de leur fréquence 3 jrs/siècle n'a pas de sens.

➢ À l'inverse, les crues de classes 3, 2 et 1, ont fait l'occurrence d'un recul appréciable de leur fréquence extimé à 2,6 jours, 3,7 jours et 1,7 jour par décennie.

Il n'existe pas de barrage écrêteur de crue sur la Vienne. Les seuls ouvrages importants sont à Vassivière (Haute-Vienne) et à l'Isle-Jourdain (Vienne), mais ils sont utilisés pour le tourisme et la production d'énergie. Aussi leur impact est-il négligeable sur les crues. Dans ce contexte, la réduction de la fréquence des crues est peut-être à mettre à l'actif du reboisement.

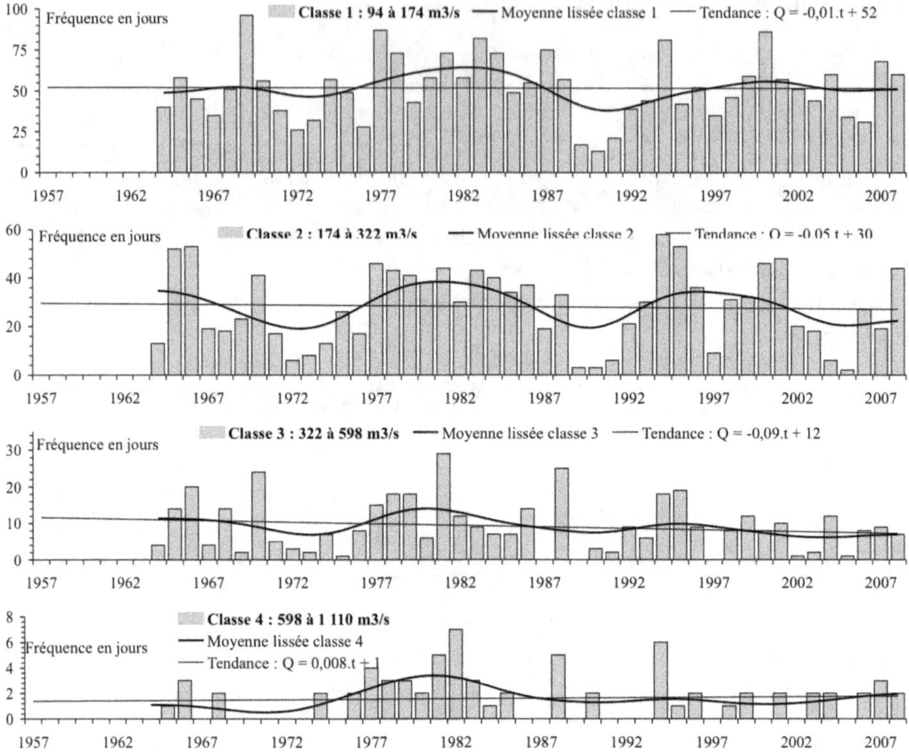

Classe 1	**94 m^3/s**	**à**	**174 m^3/s**
Classe 2	**174 m^3/s**	**à**	**322 m^3/s**
Classe 3	**322 m^3/s**	**à**	**598 m^3/s**
Classe 4	**598 m^3/s**	**à**	**1 110 m^3/s**

Document 3.39 - Discrétisation des crues de la Creuse à Leugny

c) La Creuse est un affluent de la Vienne et les discrétisations de leurs crues doit être mise en parallèle (document 3.39), mais les mesures ne commencent qu'en 1964. La Creuse n'est pas plus aménagée que la Vienne dans la lutte contre les inondations. Le barrage d'Éguzon et ses barrages de soutien n'ont d'autre but que de produire de l'électricité. Aussi n'est-on guère surpris de découvrir un fonctionnement comparable, avec surtout une variation interannuelle de la fréquence des processus uniquement accidentée par les pseudo-cycles pluviaux, car les fréquences font preuve d'une grande stabilité sur le long terme.

➢ Les crues de classe 4 ont une fréquence qui s'accroît de ... 8 jours par millénaire. Nous rappellerons que la crue de 1982 ne fut pas la plus forte, celle de 1960 avait inondé toute la basse ville d'Argenton, dans l'Indre.

➢ Quant aux reculs de la fréquence des crues de classe 3 (9 jrs/siècle), de classe 2 (5 jrs/siècle) et de classe 1 (1 jr/siècle), ils sont négligeables.

Que ce soit pour la Vienne et la Creuse, mais aussi pour le Cher, la faiblesse de la modification de la fréquence des hautes eaux sur le long terme, en période d'accroissement de la pluviométrie, pourrait bien devoir être attribuée à la politique de reboisement du Limousin au cours du dernier siècle.

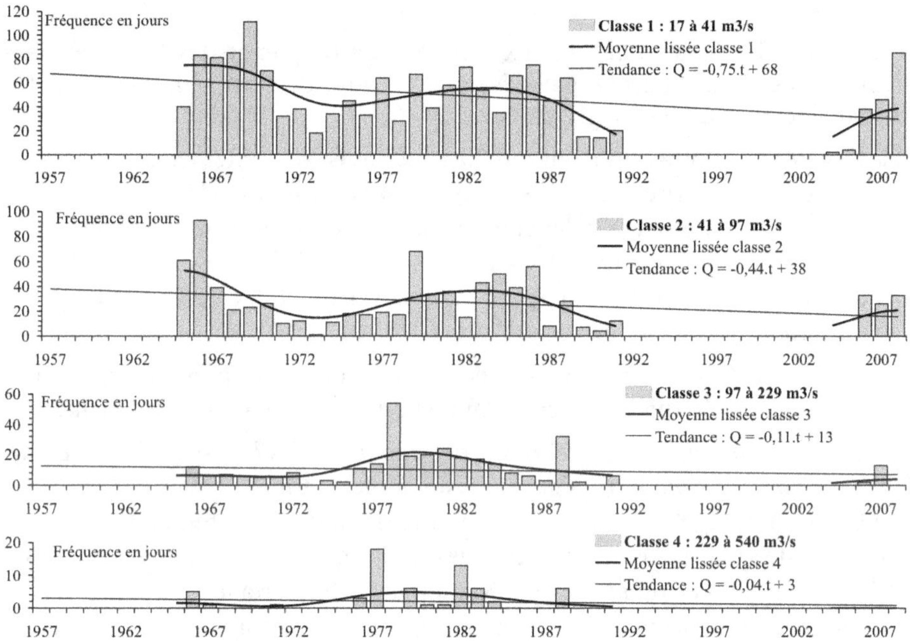

Classe 1	**17**	**m^3/s**	**à**	**41 m^3/s**
Classe 2	**41**	**m^3/s**	**à**	**97 m^3/s**
Classe 3	**97**	**m^3/s**	**à**	**229 m^3/s**
Classe 4	**229**	**m^3/s**	**à**	**540 m^3/s**

Document 3.40 - Discrétisation des crues du Thouet à Chacé

d) Le Thouet a été retenu car c'est le seul affluent issu de Vendée, en amont de Montjean (document 3.40). Le Thouet avait été aménagé pour la navigation à l'aval de son bassin, entre Montreuil-Bellay et la confluence avec la Dive dont le système aboutissait à celui de la Loire. Mais, le Thouet ne possède pas de grands aménagements. À l'inverse, il est très sollicité dans cette région bocagère, vouée à une polyculture herbagère, où les plantes cultivées (maïs et protéagineux) mais aussi les arbres fruitiers (pommiers et poiriers) sont en progression. Ici, comme sur la Charente, la cause des difficultés repose sur les ponctions agricoles et les modifications du drainage. Les versants du Thouet ont été couverts d'étangs destinés à la mise en réserve des eaux hivernales, pour l'approvisionnement estival des cultures ; mais surtout, le barrage du Cébron-Puy Terrier sur le Cébron, retient $11,5.10^6$ m^3 d'eau. Quelle en est l'influence sur les hautes eaux ?

Certes, on ne soulignera que trop l'absence de mesures entre 1992 et 2003, mais il paraît assez clairement que les fréquences des hautes eaux ont reculé.

➢ Ce sont les crues les moins graves qui ont été les plus concernées. La fréquence des crues de classe 1 a reculé de 7,5 jours par décennie, et celles de classe 2 de 4,4 jours.

➢ Les crues plus fortes ont « mieux résisté ». La fréquence des crues de classe 2 s'est repliée d'une journée par décennie et celle des crues de classe 4 de 2 jours par siècle, ce qui est négligeable.

À l'évidence, volontairement ou pas, certains ruissellements ou, comme nous préférons l'écrire, certains *écoulements rapides de crue*, ont été interceptés. Pour employer un langage trivial, les *« fortes crues passent »*, mais les plus faibles écoulements sont *« écrêtés »* car mis en réserve derrière des plans d'eau (étang de la Barre à Saint-Loup-sur-Thouet, lac de Secondigny) qui pour la plupart ne sont que des retenues collinaires.

Ce qui est instructif, c'est que le bocage a été en partie préservé, qu'il n'y a pas accroissement du ruissellement comme nous allons le voir maintenant.

e) La discrétisation des crues de la Maine (document 3.41), nous offre une autre image. Les valeurs rencontrées sont considérables, et n'évoquent pas le « cours d'eau calme et navigable » qui irrigue la ville d'Angers et la relie à la Loire. Sur une période de 40 ans seulement, les crues, telles que nous les avons définies, le quatrième quartile des débits classés, ont eu un débit variant de 1 à 10. Mais ce n'est peut-être pas fortuit, car la fréquence de ces crues a augmenté fortement durant cette période.

➢ Les crues de classe 4 ont plus de 1 000 m^3/s ; très rares avant 1990 (2 jours en 1982, 5 jours en 1987), elles se sont multipliées 12 jours en 1995 et 13 jours en 2001.

➢ Les autres crues ont une fréquence constamment croissante, malgré les pulsations pluviométriques : 1,6 jr/décennie en classe 3, 3,8 jrs/décennie en classe 2 et 1,2 jr/décennie en classe 1.

Même si cette augmentation du nombre de jours de crues va dans le sens d'un accroissement de la pluviométrie à la fin du siècle passé, elle est très spectaculaire. Or, il n'existe pas d'aménagements spécifiques, pour la régularisation des débits de la Mayenne, de la Sarthe et du Loir. Tout au plus, ces cours d'eau ont-il connu la *« fièvre des aménagements pour la batellerie »* du XVIe au XIXe siècle. Mais leur rôle consisterait plutôt à réguler les débits.

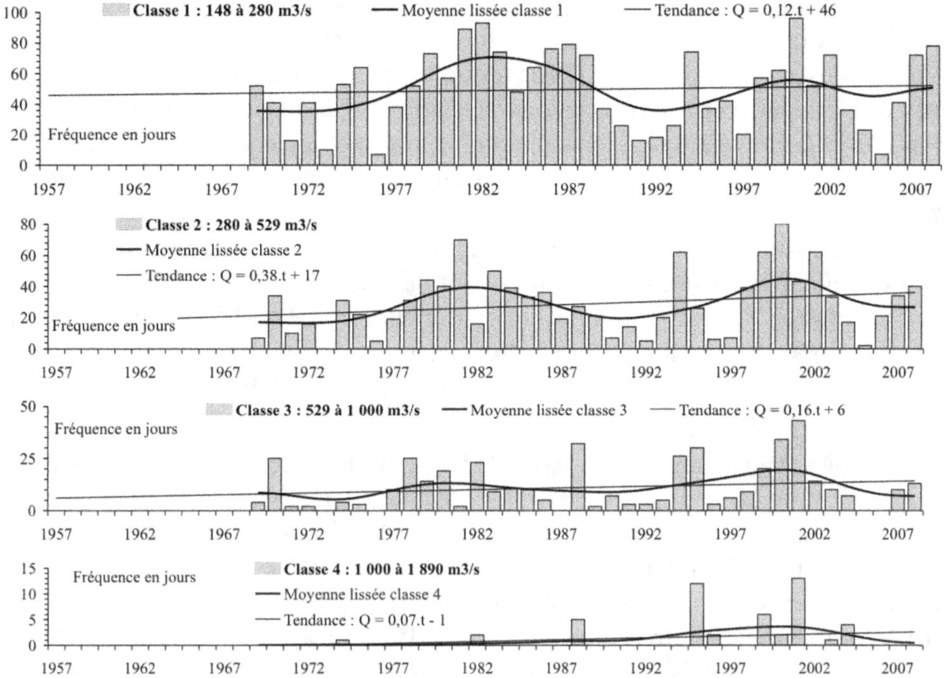

Classe 1	**148 m³/s**	**à**	**280 m³/s**
Classe 2	**280 m³/s**	**à**	**529 m³/s**
Classe 3	**529 m³/s**	**à**	**1 000 m³/s**
Classe 4	**1 000 m³/s**	**à**	**1 890 m³/s**

Document 3.41 - Discrétisation des crues de la Maine à Angers

À l'inverse, l'amont des bassins, la Beauce pour le Loir, et surtout l'Est du Massif Armoricain pour la Sarthe et la Mayenne, ont connu une extension de la modification des paysages agraires. En *« terre d'openfield »*, notamment en Beauce, le remembrement a accru la taille des parcelles. Les modes de travail ont évolué et l'on y pratique la grande culture, avec des labours profonds et surtout précoces. La concentration des eaux de pluies vers les chenaux a été accélérée et parfois accentuée par un drainage artificiel. Ailleurs, sur le Massif Ancien, on a étendu ces procédures. Mais le bocage à maille serrée était incompatible avec l'accès aux lourdes machines agricoles. Aussi, les haies ont-elles été rasées, et dans certains secteurs, le paysage a pris des *« allures d'openfield »*. Ajoutons que la crise de l'élevage et sa concentration à l'étable, ont fortement réduit l'extension des herbages permanents.

Ces travaux, engagés dès les années 1960, ont eu des effets pervers, dont le principal a été de favoriser l'écoulement rapide de crue. L'eau ruisselle facilement en hiver, d'où une augmentation de la fréquence des hautes eaux. La Maine à Angers n'est que l'illustration d'un phénomène très général dans l'Ouest. Ces modifications se retrouvent-elles sur l'écoulement de la Loire en aval des confluences ? Nous savons (document 3.20) que les débits de crue (> 1 140 m^3/s) ont vu leur fréquence augmenter légèrement : 8 jrs/siècle. C'est très peu, voire négligeable, mais en opposition avec ce qui est observé à Blois. Parmi ces crues, celles qui sont devenues les plus fréquentes sont les crues de classe 1 (1,3 jr/décennie, document 3.22). Les hautes eaux de la Loire en aval du « bec des deux eaux » sont surtout influencées par le Limousin. Nous ne sommes plus en 1856, et les pluies ne ruissellent plus ni sur les Cévennes, ni sur le Limousin, et il y a eu recul de la fréquence des hautes eaux à partir de cette région. Inversement, l'eau ruisselle sur le bassin de la Maine, et la progression du processus a été rapide.

Les crues cataclysmales de 1846, 1856 et 1866 avaient été la conséquence d'un hiver pluvieux qui avait saturé les sols de l'Auvergne, du Limousin et du Perche ; les averses cévenoles avaient engorgé le lit mineur en aval de Nevers, et cette eau avait été retenue en aval du fait de la confluence avec des réseaux eux-mêmes en crue. Le cas de figure peut se reproduire : on a vu les eaux affluer brutalement à Brive-Charenssac en 1980 et au bec d'Allier en 2003. Pour qu'il y ait obstruction à l'aval, il faudrait que les crues du Cher, de la Vienne et de la, Loire fassent obstacle. On sait que ce n'est pas la tendance sur les deux premiers. À l'opposé, les crues de la Maine deviennent inquiétantes.

3°) Variations de la fréquence des étiages: Cher, Vienne, Creuse, Thouet et *Maine :* la logique veut que la fréquence des étiages recule quand, d'une part, les précipitations sont plus abondantes, et quand, d'autre part, la fréquence des crues augmente, et inversement. Mais que reste-t-il de logique dans l'écoulement de fleuves anthropisés ?

Le document 3.42 rend compte de la variation interannuelle de la fréquence des étiages sur le Cher, la Vienne, la Creuse, le Thouet et la Maine depuis 1957. Toutefois, on se souviendra que les jaugeages ne débutent qu'en 1964 sur la Creuse et le Thouet, en 1965 sur la Maine. Ajoutons que sur la Vienne, nous avons écarté les années 1957 à 1959 pour manque de fiabilité des basses eaux. Ces basses eaux ont été l'objet de pulsations pseudo-cycliques en phases entre elles et avec les précipitations (document 3.35), mais en opposition de phases avec les crues (document 3.36). L'originalité de chacun des cours d'eau est la tendance des processus.

➢ Sur la plupart des bassins, la durée des étiages a eu tendance à reculer : 7 à 8 jours par décennie sur le Cher, la Creuse et la Maine, et 1 jour/décennie pour la Vienne.

➢ Inversement, cette durée a fortement crû sur le Thouet.

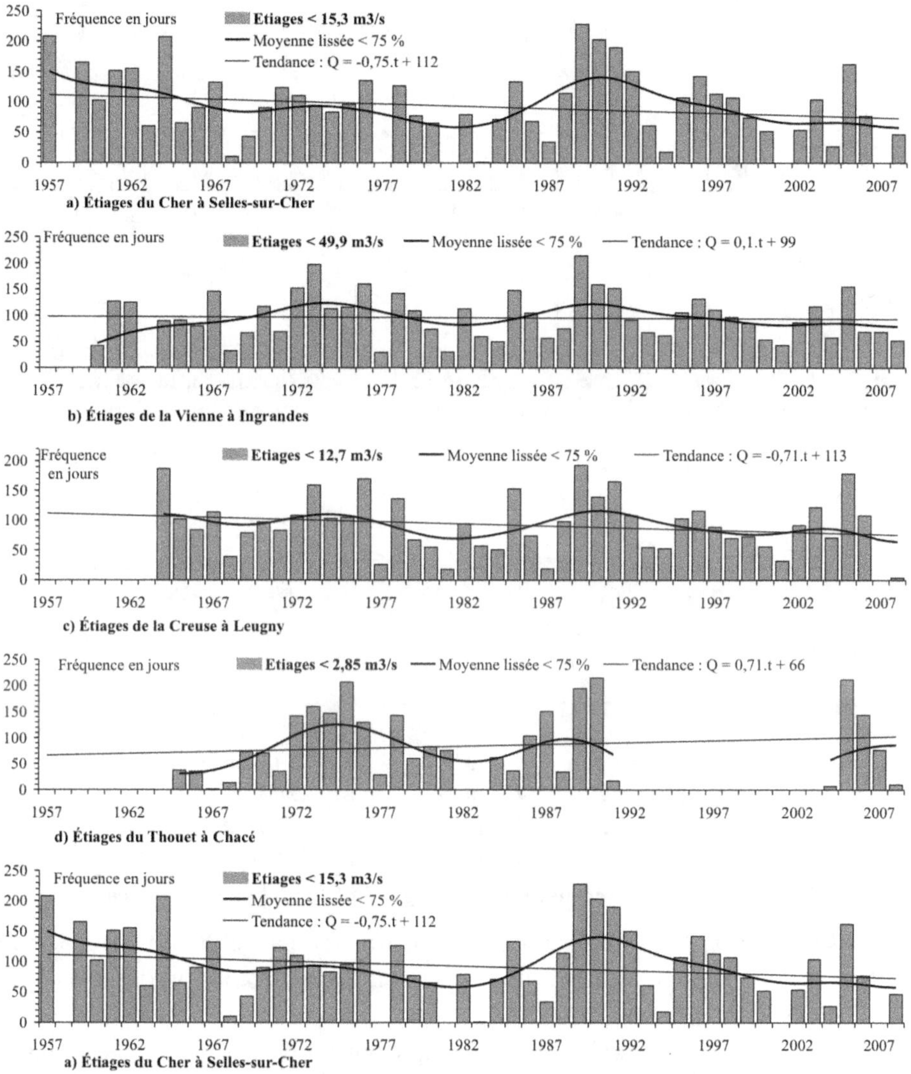

Document 3.42 - Étiages des principaux affluents de la Loire « angevine »

Ces résultats sont globalement satisfaisants. L'allongement de la durée des basses eaux sur le Thouet et la Maine va dans le sens de l'utilisation du sol : des plantes gourmandes en eau au cours de l'été, du maïs et des arbres fruitiers qui demandent à être irrigués. Un recul sur le Cher et la Creuse irait dans le sens d'une pluviométrie plus marquée, mais oblitère le rôle de la forêt.

Surtout, le faible recul des basses eaux sur la Vienne va dans le sens d'un soutien volontaire, nécessaire au bon refroidissement de la centrale de Civaux.

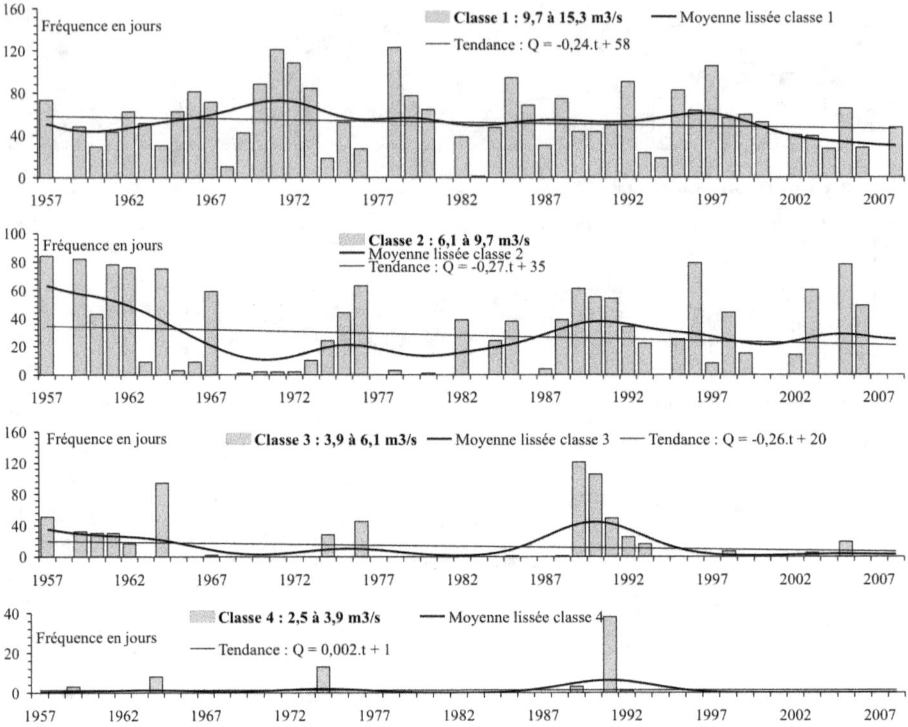

Classe 1	**84 m^3/s**	**à**	**143 m^3/s**
Classe 2	**143 m^3/s**	**à**	**244 m^3/s**
Classe 3	**244 m^3/s**	**à**	**416 m^3/s**
Classe 4	**416 m^3/s**	**à**	**710 m^3/s**

Document 3.43 - Discrétisation des étiages du Cher à Selles-sur-Cher

a) La discrétisation des étiages du Cher est illustrée par le document 3.43 : les résultats sont originaux du fait d'une inversion de la succession des pulsations entre la classe 1 et la classe 2.

➢ En effet, les étiages de classe 1, ceux qui ont été les moins creusés, ont vu leur fréquence reculer de 2,4 jrs/décennie. Mais les variations interannuelles sont peu marquées, et peu dépendantes des variations interannuelles des débits (document 3.34). Les « périodes de creux » correspondent aux années 1965-1967, 1970-1973, 1978-1980, 1985-1986, 1992, 1995-1997 et 2005. Les années qui furent marquées par de fortes sécheresses : 1976 et 1989, sont peu marquées.

➢ Inversement, la classe 2 respecte la distribution générale de l'écoulement du Cher et des précipitations tant en Limousin qu'en Anjou (document 3.35). Les années de fort déficit hydrique sont bien marquées (début des années 1960, début des années 1970, fin des années 1980). Toutefois, si la tendance est à la réduction des durées de 2,7 jrs/décennie, la courbe des moyennes lissées souligne un fort recul de la fréquence de ces crues dans les années 1970-1980, à l'exception des étiages de 1975 et 1976.

➢ Les classes 3 et 4 soulignent les mêmes variations (un recul de 2,6 jrs/décennie en classe 3), avec des étiages bien marqués autour de 1976 et surtout de 1989-1990. Le fleuve a été aménagé pour la navigation au XIXe siècle : un canal latéral de Vierzon à Saint-Aignan (branche ouest du canal du Berry) et un aménagement avec barrages mobiles entre Saint-Aignan et Tours. On ne navigue plus (ou presque, car un effort est fait vers le tourisme), mais on utilise les biefs pour l'aspersion des cultures.

➢ Les étiages très creusés de classes 4 et 3 sont difficiles à soutenir, mais leur occurrence a été réduite aux années 1973-1976 et 1989-1992.

➢ Les étiages de classe 2 subissent le même sort ; car, bien que la sécheresse ait été plus sévère dans les années 1970-1976 puis 1989-1993, que dans les années 1959-1967, la durée des étiages afférents a puis être réduite.

➢ Enfin, pour ce qui concerne les étiages de classe 1, il faut interpréter les différences comme la réussite d'un certain lissage : la durée relativement longue des étiages du tout début des années 1970 et des années 1989-1992, correspond à un report dans cette classe, des étiages plus sévères qu'on a réussi à limiter.

Quant à la réduction générale de la durée de tous les étiages, elle est conjoncturelle : une augmentation des apports des nappes du Limousin permet de mieux approvisionner les sources en été.

b) La discrétisation des étiages de la Vienne (document 3.44) conduit à une discussion et un raisonnement du même ordre. Nous avions conclu à une légère augmentation de la fréquence des basses eaux (document 3.42). Leur discrétisation révèle une intervention de l'homme. En effet, les besoins estivaux de la centrale de Civaux ne sont pas compatibles avec une progression de la durée des étiages.

Selon l'arrêté interpréfectoral du 9 août 1991, pour le fonctionnement des deux tranches de 1 400 M.Watt, l'équivalent d'un débit de 4 m^3/s est prélevé, et en aucun cas il ne doit dépasser 6 m^3/s (il faut aussi savoir que, même à l'arrêt, la centrale peut consommer l'équivalent de 0,9 m^3/s). Aussi, la ***centrale doit-elle être arrêtée si le débit moyen journalier tombe en dessous de 10 m^3/s.*** Enfin, le même texte établit que ce sont les réserves des barrages situés en amont qui doivent soutenir le niveau du débit.

La centrale est en service depuis l'hiver 1997-1998, ce qui explique la répartition des étiages discrétisés :

➢ Les étiages de classe 4 sont « hors la loi », car le seuil des 10 m^3/s y est inscrit. Ce sont des étiages sévères : 17 jours en 1961, 9 jours en 1977, 34 jours surtout en 1976. Mais dès 1990, ils avaient été réduits à 6 jours, pour ne plus jamais réapparaître par la suite.

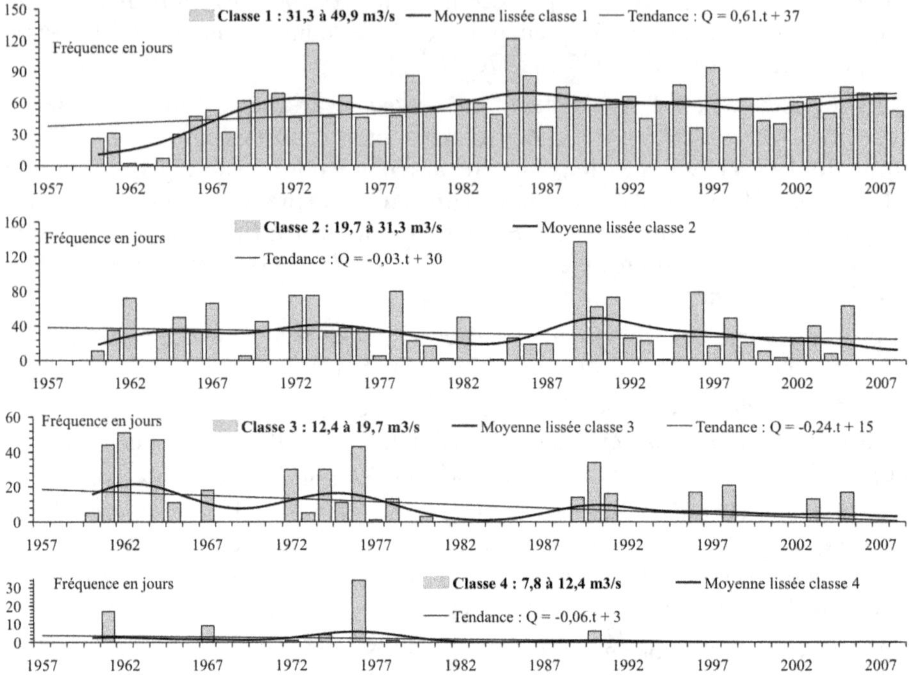

Classe 1	**31,3 m^3/s**	**à**	**49,9 m^3/s**
Classe 2	**19,7 m^3/s**	**à**	**31,3 m^3/s**
Classe 3	**31,3 m^3/s**	**à**	**12,4 m^3/s**
Classe 4	**12,4 m^3/s**	**à**	**7,8 m^3/s**

Document 3.44 - Discrétisation des étiages de la Vienne à Ingrandes

➢ Les étiages de classe 3 dépassent largement le seuil imposé. Toutefois, E.D.F. avait appliqué un principe de précaution. Sans qu'ils disparaissent, la durée de ces basses eaux a été réduite de 2,4 jrs/décennie. Ainsi les étiages des années 1989-1991 ont été largement réduits.

➢ La durée des étiages de classe 2 est stabilisée. Mais il fallait éviter la vidange des retenues de l'amont. Il faut, en effet, rappeler que leur objectif est de fournir de l'électricité et d'assurer des activités ludiques en été. La durée des étiages de classe 1, dont les débits sont supérieurs au triple du seuil exigé, a été accrue de 6 jours par décennie.

Les gestionnaires de Civaux ont donc imposé une réduction de la durée et de l'occurrence des plus basses eaux. Mais il faut aussi souligner qu'ils ont bénéficié d'une période favorable : le Limousin connaît une pluviométrie croissante depuis le milieu du XXe siècle. Pourrait-on gérer une pénurie comme celle qui affecta la France au début des années 1920 et à la fin des années 1940.

c) La Creuse n'entre pas dans le système des centrales nucléaires, aussi ces étiages sont-ils restés plus naturels (document 3.45). Donc, dans la logique d'une augmentation des précipitations, les basses eaux ont reculé depuis le début des années 1960 (document 3.42). La discrétisation confirme cette tendance.

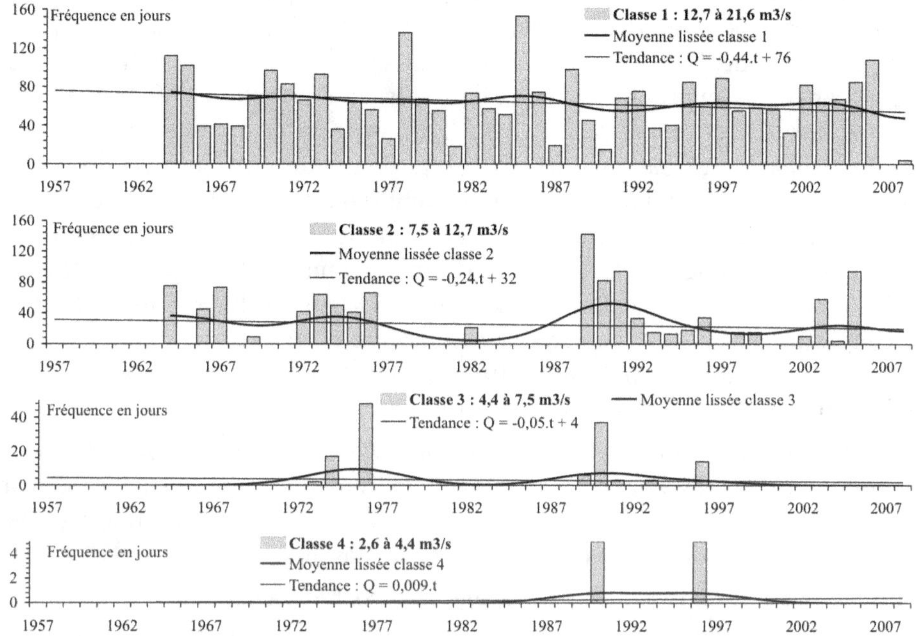

Classe 1	**12,7 m³/s**	**à**	**21,6 m³/s**
Classe 2	**7,5 m³/s**	**à**	**12,7 m³/s**
Classe 3	**4,4 m³/s**	**à**	**7,5 m³/s**
Classe 4	**2,6 m³/s**	**à**	**4,4 m³/s**

Document 3.45 - Discrétisation des étiages de la Creuse à Leugny

➢ Avec deux occurrences seulement en 1990 et en 1996, la classe 4 manque de représentativité (un recul de sa fréquence de 9 jrs/millénaire n'a pas de sens). Mais ils ont chaque fois duré cinq jours en août 1990 et en septembre 1996 ; ces dates ne sont pas fortuites, elles correspondent à des étés très secs.

➢ La fréquence des étiages de classe 3 a également reculé, mais 5 jours/siècle sont négligeables. Néanmoins, leur répartition souligne bien la succession des pulsations pluviométriques déficitaires : débuts des années 1970 et des années 1990).

➢ La fréquence des étiages de classe 2 évoque mieux la tendance au recul : 2,4 jrs/décennie, ces basses eaux se trouvant chronologiquement réduites aux années sèches.

➢ Ce n'est plus l'impression que donne la durée annuelle des étiages de classe 1. Leur succession est apparemment aléatoire, avec une succession rapide d'années déficitaires et d'années où l'eau abonda. Mais le lissage traduit une certaine régularité, confirmée par une tendance linéaire de -4,4 jrs/décennie.

La Creuse a été barrée à Éguzon, par un barrage qui, en son temps, fut le plus haut d'Europe, avec une hauteur de près de 60 m et une longueur de 300 m. Sa capacité est de 58.10^6 m^3. C'est une masse suffisante pour influencer les étiages, car ces barrages doivent être pleins à la fin de l'automne pour assurer la demande aux heures de pointe en hiver. Cette mise en réserve ne peut qu'avoir des effets sur les plus basses eaux. Il faut aussi ajouter qu'Éguzon n'est que la partie centrale de tout un système qui comprend six barrages entre Guéret (Creuse) et Argenton-sur-Creuse (Indre), dont les barrages de la Roche au Moine et de la Roche-Bat-L'Aigue : 4.10^6 m^3 chacun. Le barrage de la Roche-Bat-L'Aigue sert de régulateur, et c'est à lui qu'il faut attribuer la régularisation des étiages de classe 1.Mais, certaines années, le déficit est tel que les étiages n'ont pu être contrôlés, en 1990 et 1996 notamment, mais on ignore la raison qui fait que le même phénomène n'a pas été observé en 1976 !

d) Le Thouet n'échappa pas à la modification de son régime d'étiages (document 3.46). Les étiages apparaissent extrêmement creusés ; on ne peut parler de débits que pour la classe 1 ; pour les autres, ce ne sont que des suintements, et l'on approche de l'assec avec la classe 4.

Le Bocage Vendéen est constitué de roches anciennes, de schistes précambriens (Briovérien), et de batholites cristallins. Les réserves d'eau y sont infimes : des poches dans les altérites, et une « eau de carrière » dans les schistes. Ces régions sont donc très sensibles aux sécheresses météorologiques estivales (1949, 1969, 1976, 1989). Si on ajoute une agriculture gourmande en eau, on comprend les résultats de la discrétisation, car intrinsèquement la fréquence des basses eaux a reculé (document 3.42).

➢ Les étiages les plus creusés ont fini par être effacés. Les étiages de classe 4 disparaissent en 1976, et, surtout, ne réapparaissent pas en 1959-1990, ni en 2004-2005. Ceux de la classe 3 n'ont disparu qu'après 1990, pour ne plus réapparaître.

➢ Inversement, la durée des étiages les moins creusés a augmenté de 7,6 jrs/décennie pour les étiages de classe 2 et encore de 1,6 jr/décennie en classe 1.

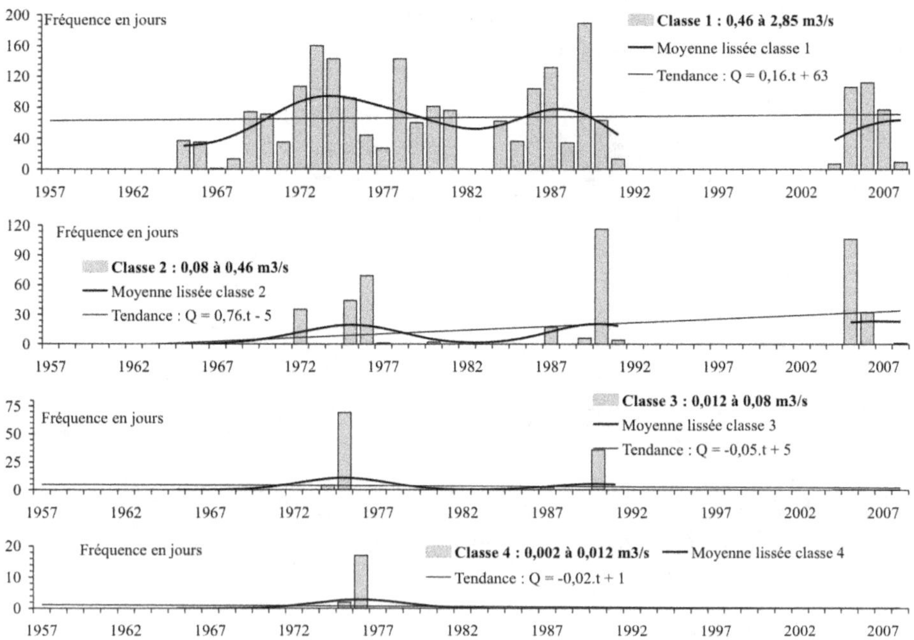

Classe 1	**0,46**	**m^3/s**	**à**	**2,85**	**m^3/s**
Classe 2	**0,08**	**m^3/s**	**à**	**0,46**	**m^3/s**
Classe 3	**0,012**	**m^3/s**	**à**	**0,08**	**m^3/s**
Classe 4	**0,002**	**m^3/s**	**à**	**0,012**	**m^3/s**

Document 3.46 - Discrétisation des étiages du Thouet à Chacè.

Certes, il y a des lacunes dans les relevés hydrométriques, mais la logique aurait voulu que la durée des étiages de toute classe régresse. Ainsi, les $11{,}5.10^6$ m^3 d'eau retenus par le barrage de Cébron-Puy Terrier doivent éviter l'assec du Thouet, et les basses eaux des classes 3 et 4 ont disparu. Mais on lui demande aussi d'alimenter le département des Deux-Sèvres en eau potable et de permettre l'irrigation de deux mille hectares de cultures. Comme sur la Vienne à Leugny, la réduction des plus basses eaux se fait aux dépens de la durée des étiages moins creusés. C'est la logique du soutien d'étiage : maintenir assez d'eau pour qu'elle soit utilisée.

e) La Maine, enfin, n'a pas échappé à la mutation de ses basses eaux (document 3.47). La discrétisation des basses eaux semble fournir des résultats désordonnés : la fréquence des plus basses eaux est en progrès, mais celle des étiages les moins graves est en recul. C'est l'inverse de la Vienne et du Thouet.

➢ Les étiages de classe 4 n'ont existé qu'en 1976, et ceux de classe 3 ne font pas l'objet d'une réelle progression de leur durée : 1,5 jrs/siècle.

➢ Mais les étiages de classe 2 sont en net progrès, de près de 5 jours par décennie.

➢ Cependant cette croissance est contrariée par le recul de la fréquence des étiages de classe 1 : 1,3 jrs/décennie.

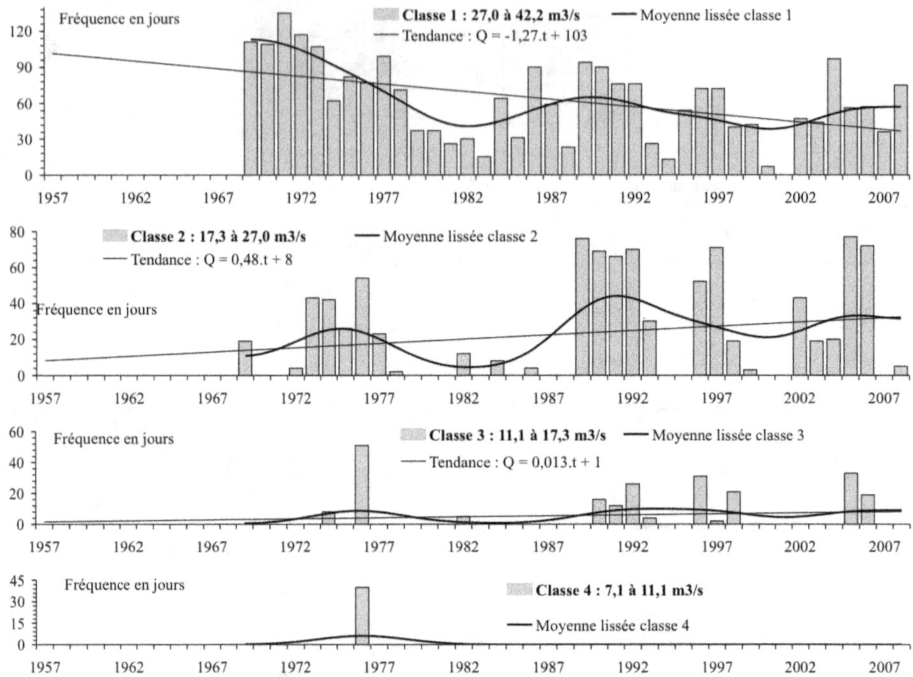

Classe 1	**27,0 m^3/s**	**à**	**42,2 m^3/s**
Classe 2	**17,3 m^3/s**	**à**	**27,0 m^3/s**
Classe 3	**11,1 m^3/s**	**à**	**17,3 m^3/s**
Classe 4	**7,1 m^3/s**	**à**	**11,1 m^3/s**

Document 3.47 - Discrétisation des étiages de la Maine à Angers

La durée des basses eaux a reculé sur la Maine (document 3.42), impact probable d'une pluviométrie plus copieuse depuis une cinquantaine d'années (malgré l'alternance de pulsations sèches et humides). Toutefois, il faut prendre en compte l'usage de l'espace agricole. Certes, la dévastation du bocage accroît la fréquence des hautes eaux. Mais le développement de l'irrigation a l'effet inverse sur les basses eaux. Ici, il est probable qu'une partie des aménagements voués à la navigation au XIXe siècle sur la Sarthe et la Mayenne surtout, soit sollicitée. Entre deux écluses, un bief constitue une réserve stable. On observerait un savant dosage. Les plus basses eaux, de classes 4 et 3 sont éliminées ou réduites. Les étiages les moins creusés de classe 1 sont soutenus, pour maintenir les biefs en eau, mais les basses eaux moyennes de classe 3 connaissent alors un accroissement apparemment anormal de leur fréquence ; toutefois, ce n'est que la conséquence de mouvements destinés à ne pas trop agresser l'écosystème.

Globalement, la Loire reste elle-même, hésitant entre les inondations et les bancs de sables. En amont, dans le Val de Loire et en Auvergne, on craint les crues, comme sur la Seine à Paris. Mais les crues les plus graves ont plus de 150 ans, le reboisement du Massif Central joue un rôle régulateur en aplatissant les hydrogrammes de crues, ce qui est d'ailleurs le rôle d'un barrage écrêteur. Le souci principal est devenu le soutien des étiages afin de permettre le refroidissement des centrales nucléaires.

En Anjou, alors que la Loire reçoit les eaux du Limousin, de Bocage et du Perche, le souci semble avoir été oublié. La crue de 1866 est loin, les crues suivantes ont été sans gravité. Autrefois, on redoutait l'étiage, néfaste à la navigation et à sa liaison avec les réseaux aménagés : Dive et Thouet, Sarthe, Mayenne et Maine. On a abandonné la navigation, en dehors de quelques ouvrages touristiques sur la Mayenne et la Sarthe. On redoute les étiages sur certains affluents (étiages d'ailleurs sans influence sur la Loire elle-même) pour le refroidissement de Civaux sur la Vienne, pour l'irrigation sur le Thouet et la Maine. Ailleurs, crues et étiages se suivent au gré des pulsations pluviales : le Cher, parfois perturbé par les installations hydroélectriques : la Creuse.

Quatrième chapitre : Les extrêmes de la Dordogne et de la Garonne

Si la Dordogne (23 870 km^2) partage la ria de la Gironde avec la Garonne, elle n'en constitue pas moins un fleuve original. L'amont est situé dans le Massif Central, et il pourrait être géologiquement divisé en deux. En effet, la Dordogne proprement dite, et ses affluents, la Maronne et la Cère, sont issues des massifs volcaniques démantelés des Monts Dore et du Cantal, vastes châteaux d'eau situés à une altitude comprise entre 1 500 et 1 900 m. Plus au nord, la Vézère (3 636 km^2), l'Auvezère (900 km^2) et l'Isle (7 510 km^2) naissent sur le plateau limousin, moins élevé et surtout moins riche en eau souterraine. Puis ces cours d'eau, à l'image de la Seine, se dirigent vers un point de convergence, situé à Libourne, après avoir traversé par des percées cataclinales les Causses du Périgord et leurs cuestas bordières. Mais l'originalité par rapport à la Seine, et surtout à la Loire, est l'ampleur de l'incision. Les plateaux calcaires dénudés des interfluves ont été creusés de véritables gorges dont la luxuriance des plaines alluviales contraste avec les modestes taillis de chênes des plateaux. Mais c'est déjà un paysage aquitain : cet autre midi du professeur J.P. Vigneau.

La Garonne (55 000 km^2) rassemble des eaux venues du Massif Central et des Pyrénées Centrales, ce qui fait toute son originalité. Du fait du basculement du Massif Central vers l'ouest, la Garonne va chercher ses affluents rive droite, jusqu'en Margeride et dans les Cévennes : le Lot (11 254 km^2), l'Aveyron (5 300 km^2), le Tarn (15 700 km^2) et l'Agout (3 740 km^2). C'est, en plus vaste, le dispositif de la Dordogne. Les sources sont en montagne : la Truyère (3 280 km^2) au Truc de Randon (Margeride), le Lot et le Tarn aux Monts Lozère et Aigoual, l'Agout et le Thoré dans les monts de l'Espinouse (sur les confins méditerranéens). Comme les affluents de la Dordogne, ces cours d'eau ont creusé des gorges, voire des cañons, tant dans le socle du Rouergue et des Ségala (Truyère et Lot)) que dans les Grands Causses (Tarn et Jonte) et dans les causses du Quercy (Lot et Aveyron). Mais, ici, pas de convergence : les vallées restent parallèles et rejoignent la Garonne entre Toulouse et Marmande. Les Pyrénées Centrales voient naître la Garonne (issue du Val d'Aran en Espagne malgré le traité de 1659) et l'Ariège, venu du Carlitte. Avec leurs affluents l'Hers (1 350 km^2), le Lèze et le Salat (1 570 km^2), ces cours d'eau dessinent un réseau convergent vers Toulouse. Les sources, situées entre 2 000 et 3 000 m, évoquent le rôle de la neige, mais les Pyrénées dessinent une muraille qui regarde vers le nord ; les pentes sont plus importantes que les altitudes, et ces cours d'eau conservent un aspect torrentiel jusqu'à Toulouse. Enfin, l'érosion et le remblaiement glaciaire quaternaire ont dessiné des vallées en auge accidentées de verrous. Associée à l'abondance nivale, cette géomorphologie a largement favorisé les installations hydro-électriques, notamment dans le Massif de Néouvielle, sur la Neste de Cap de Long. La troisième partie du bassin de la Garonne concerne le réseau divergent des collines de Gascogne. La Garonne en occupe la moitié orientale depuis la Baïse (2 910 km^2), à l'ouest, jusqu'à la Louge, à l'est. Issu du plateau du Lannemezan, ce réseau draine des *terres froides* suivant un éventail qui s'achève entre Toulouse et Tonneins. Le démantèlement rapide des Pyrénées combla l'avant-pays aquitain de débris arrachés à la montagne (les molasses, un grès argileux plus ou moins tendre) à peine recouvertes de débris torrentiels quaternaires. Il en résulte un cône topographique (qui n'est pas un cône de déjection) sur lequel le réseau hydrographique divergea depuis le Nebouzan. Ce réseau de l'Armagnac incisa les molasses en ligne droite (traduction de sa jeunesse et de l'homogénéité du sous-sol) ; aussi les eaux gagnent-t-elles rapidement la Garonne et l'Armagnac manque-t-il d'eau en été, dans un paysage de vallées dissymétriques chères à au professeur Taillefer. En aval de Marmande, la Garonne ne reçoit plus que des affluents secondaires : le Ciron sur la rive gauche et le Dropt sur la rive droite. Mais c'est un cours d'eau encore tumultueux qui se présente en Bordelais.

Du fait de la précocité du « *développement économique de l'Occitanie* » au Moyen Âge, des aménagements ont affecté très tôt l'hydrologie de ces rivières : moulin du Bazacle à Toulouse, canalisation du Tarn et du Lot. Mais, ce sont surtout les aménagements hydro-électriques et l'irrigation, qui, au XXe siècle ont fortement affecté les écoulements, avec, notamment, le creusement des étiages de la Garonne.

I - Les extrêmes de la Dordogne

Le bassin de la Dordogne compte plus de 200 ouvrages hydroélectriques répartis en quatre ensembles : les aménagements de la Haute Dordogne, de la Maronne, de la Cère et de la Vézère ; ce qui en fait le troisième ensemble français après la Durance et la Truyère. Pour ce qui nous intéresse, ce sont 970.10^6 m^3 d'eau qui sont ainsi stockés derrière des barrages.

A - Les aménagements hydroélectriques

Il n'y a que quelques centrales fonctionnant au fil de l'eau à Bergerac, Tuilières et Mauzac. Pour la plupart d'entre elles, ce sont des usines de moyenne chute, à l'aval de vastes réservoirs et fonctionnant par éclusées. Les grands barrages stockent l'eau en période de faible demande d'électricité (en général en été) et la turbinent lorsque la demande sur le marché de l'énergie est importante (en général en hiver).

1°) Les aménagements hydro-électriques de la Haute Dordogne sont les plus importants. Ils concernent des lacs situés en amont d'un barrage-poids ou d'un barrage-voûte. Ils sont vastes : 286 km^2 en moyenne, et profonds : le quotient de leur capacité K et de leur superficie S donne une profondeur moyenne de 27 m, ce qui limite l'évaporation. Pour la plupart, ils furent édifiés entre 480 et 850 m d'altitude, directement au pied des reliefs volcaniques et du Limousin afin d'en capter l'important apport pluvio-nival de la saison froide.

➢ Six retenues regroupent 98 % de la capacité de stockage : Bort-les-Orgues (477.10^6 m^3), l'Aigle (220.10^6 m^3), le Chastang (187.10^6 m^3), Neuvic d'Ussel (23,6.10^6 m^3), Marcillac (31,3.10^6 m^3) et Marèges (47.10^6 m^3) ; mais les usines sont de deux types. Les plus importantes sont des moyennes chutes, au pied des barrages : Argentat (7,2.10^6 m^3), Chastang, l'Aigle, Marèges et Bort-les-Orgues, dont l'énergie potentielle est conservée dans des lacs longs et étroits. On leur oppose les retenues de plateaux, profondes de 1 à 10 m seulement.Ici le bassin versant est largement inondé - Val Beynette (7,5.10^6 m^3), Neuvic d'Ussel, Marcillac, barrages de la Rhue (1,7.10^6 m^3) et de la Glane (2,2.10^6 m^3) - pour être relié, par conduites forcées, aux usines de la vallée de la Dordogne : de Marcillac et de la Glane vers Chastang, de Neuvic d'Ussel vers l'Aigle, de Val Beynette vers Marèges, et de la Rhue vers Bort-les-Orgues.

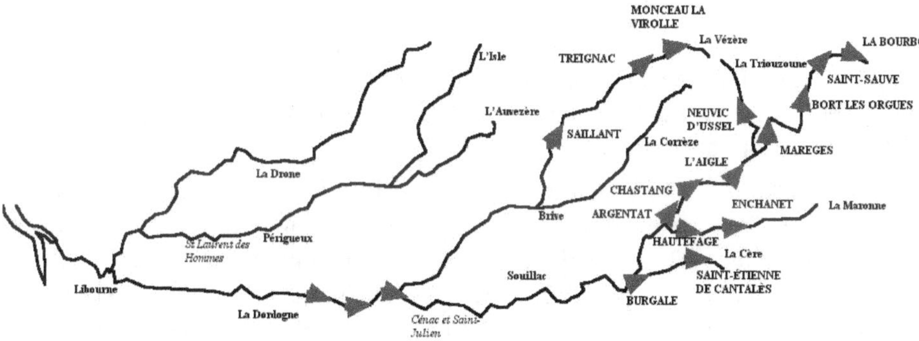

Document 4.1 - Le harnachement hydroélectrique de la Dordogne et de ses affluents

➢ Le premier ouvrage important fut élevé en 1935 à Marèges, sur la Dordogne. Comme il contrôlait 3 011 km^2 ou 68 % du bassin, nous avons estimé que l'écoulement naturel avait cessé. La guerre n'arrêta pas les travaux ; en aval de Marèges, l'Aigle et Neuvic furent mis en service en 1945, et l'impact passa à 3 400 km^2 ou 77 % du bassin, la capacité des retenues augmentant de 80 %. Cette artificialisation de l'écoulement était achevée en 1957 avec le barrage d'Argentat, par ailleurs destiné à modérer l'influence hydrologique des très grands ouvrages : Chastang en 1951 et Bort-les-Orgues en 1952.

L'ensemble fonctionne donc en cascade, aussi les seuls ouvrages de la Dordogne finissent-ils par contrôler 4 412 km^2, soit 99,2 % des 4 420 km^2 de bassin situés en amont d'Argentat, où les débits sont relevés depuis le début du XXe siècle.

2°) Les autres aménagements sont plus restreints mais complètent l'ensemble. Ces aménagements concernent des torrents issus du Cantal : la Maronne et la Cère, au sud de la haute Dordogne, et la Vézère, à l'ouest, dont les eaux proviennent du Limousin. À l'inverse, au milieu de cet ensemble, la Corrèze ne fut pas aménagée.

a) La Maronne constitue le second ensemble et les aménagements commencèrent dès 1940 avec le barrage du Gour Noir, entre Saint-Julien-aux-Bois (Corrèze) et Cros-de-Montvert (Cantal). L'aménagement est du même type que celui de la Haute Dordogne, avec des retenues en cascade fonctionnant par éclusées. De l'amont vers l'aval, on distingue :

➢ Le *barrage d'Enchanet* (encore dans le Cantal), édifié de 1946 à 1950 : sa digue de 69 mètres retient 93.10^6 m^3 apportés aussi par l'Etze et la Bertrande.

➢ Le *barrage du Gour Noir*, construit de 1940 à 1945 : ce barrage est plus modeste, de 38 m de haut, et ne retient que 5.10^6 m^3.

➢ Enfin, le *barrage de Hautefage*, en Corrèze, élevé entre 1956 et 1958 : sa digue de 61,5 mètres ne retient que 27.10^6 m^3 d'eau.

Au total, ce sont 125.10^6 m^3 d'eau qui sont retenus sur la Maronne. Le barrage de Hautefage se trouvant près de la confluence avec la Dordogne, à deux kilomètres en aval d'Argentat, ce sont plus de 99 % de la surface du bassin de 821 km^2 qui sont ainsi sous contrôle.

b) La Cère fut la plus anciennement aménagée. En effet, le barrage de Vic-sur-Cère fut mis en service en juin 1897, et il alimenta une des toutes premières centrales hydroélectriques destinées à une consommation domestique. Il fonctionna jusqu'en 1925. Mais les principaux aménagements sont, d'amont en aval : Saint-Étienne-Cantalès, Nèpes et Camps qui alimentent respectivement les usines de Lamativie et Laval-de-Cère. Un dernier édifice, le barrage de la Brugale, est installé en aval de Laval-de-Cère.

➢ Le *barrage de Saint-Étienne de Cantalès* construit entre 1940 et 1945 : d'une hauteur de 63 mètres, il retient 133.10^6 m^3 d'eau, qui constituent le Lac du Ribeyrès.

➢ Le *barrage de Nèpes*, construit en 1944-1945, n'est que le bassin de compensation de l'usine de haute chute de Lamativie à 15 km de là, ce qui explique la modestie de sa hauteur : 15 m, et le volume de sa retenue : $0,19.10^6$ m^3 d'eau.

➢ Deux autres petits barrages sont implantés à *Camps* et à la *Brugale*, et installés deux kilomètres en aval de Laval-de-Cère.

➢ La présence d'une retenue à la Brugale, dans le Lot, près de la confluence avec la Dordogne, fait que les 1 096 km^2 du bassin sont sous contrôle à près de 99 %.

c) Enfin la Vézère fut aménagée dans sa partie amont.

➢ Le barrage-voûte de *Monceau la Virolle*, construit de 1940 à 1945 : d'une hauteur de 32 mètres, il ne retient que $0{,}22.5^6$ m^3 d'eau.

➢ Le *barrage de Treignac*, édifié entre 1949 et 1951 : d'une hauteur de 26 mètres, il est plus volumineux avec $7{,}5.10^6$ m^3 d'eau.

➢ Enfin, le *barrage-voûte du Saillant* est le plus ancien : construite de 1926 à 1930, sa digue de 28 mètres ne retient que $0{,}045.10^6$ m^3 d'eau.

Seul le barrage de Treignac est important, mais il se situe en amont de la station de mesure d'Uzerche, où l'impact de ces lâchures sera important.

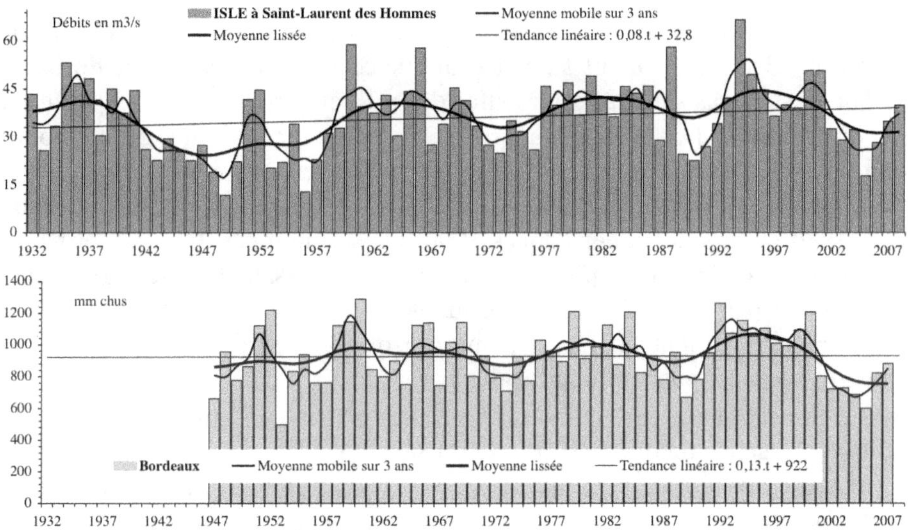

Document 4.2 - L'écoulement interannuel de l'Isle à Saint-Laurent des Hommes comparé aux précipitations bordelaises.

B - Hydrologie comparée de l'Isle et de la Vézère

La Dordogne elle-même est jaugée en plusieurs points qui permettent d'analyser le rôle des aménagements hydrauliques. Nous avons retenu les stations d'Argentat et de Cénac-et-Saint-Julien car les débits y sont jaugés depuis 1900 et 1898. La première est directement influencée par les aménagements de la Haute Dordogne, la seconde en est plus éloignée et prend en compte l'impact de la Maronne et de la Cère. Mais la confluence de la Vézère étant plus en aval, nous avons retenu la station d'Uzerche. Surtout, l'Isle n'est pas aménagée et elle peut servir de cours d'eau témoin.

1°) Hydrologie et extrêmes de l'Isle à Saint-Laurent des Hommes : l'Isle y est jaugée, entre Mussidan et Montpon, depuis 1932 à l'aval d'un bassin de 3 350 km^2. L'écoulement interannuel moyen du fleuve (document 4.2) fait apparaître une suite de pulsations que nous connaissons bien : 22 pulsations courtes d'une durée moyenne de 5 à 6 ans, et 10 pulsations longues de 15 ans. Ces épisodes sont en phases avec les pseudo-cycles pluviométriques de la station accessible la moins éloignée : Bordeaux. Un tel parallélisme n'est, en aucun cas, une coïncidence, et il traduit un écoulement moyen assez parfaitement pluvial. En effet, à Bordeaux, les cycles ont une forte tendance à s'annuler sur une longue période et l'on ne reconnaît qu'une croissance linéaire de 13 mm de pluies annuelles par siècle. À Saint-Laurent des Hommes, l'écoulement conserve une même stabilité interannuelle sur le long terme, avec une croissance négligeable de 8 m^3/s tous les 100 ans.

a) La discrétisation des crues en quatre classes peut encore le laisser croire (document 4.3). L'Isle a fait l'objet d'une succession de hautes et de basses eaux qui ne sont pas sans rappeler celles des affluents rive droite de la Garonne (voir ci-dessous). Les débits supérieurs au premier quartile de la courbe monotone des débits classés : 42,5 m^3/s, ont en effet connu des phases de « paroxysme » au milieu des années 1930 et des années 1960, au début des années 1980 et vers la fin des années 1990. C'est une répartition conforme aux maxima des pseudo-cycles pluviométriques. La croissance de leur fréquence, d'une journée par décennie, relève du même processus. Et il est vrai que cette répartition se maintient au fur et à mesure que le degré de rareté des crues augmente, avec des nuances négligeables :

➢ Les crues de la classe 1 ont surtout affecté le deuxième tiers du XXe siècle, avec une croissance théorique de 8 jrs/100 ans.

➢ À l'inverse, la durée des crues de classe 2 aurait reculé très légèrement : 2 jrs/100 ans.

➢ La fréquence des crues de classe 3 serait en progression : 4 jrs/100 ans.

➢ Enfin, celle des crues de classe 4 est stable : 8 jrs/1000 ans.

L'origine de ces hautes eaux est sans contestation pluviale, et l'on ne note pas d'impacts artificiels tels qu'une modification du paysage agraire : arrachage de haies, reboisement ou déboisement. Il est vrai que l'amont se situe sur les forêts et les herbages du Périgord vert.

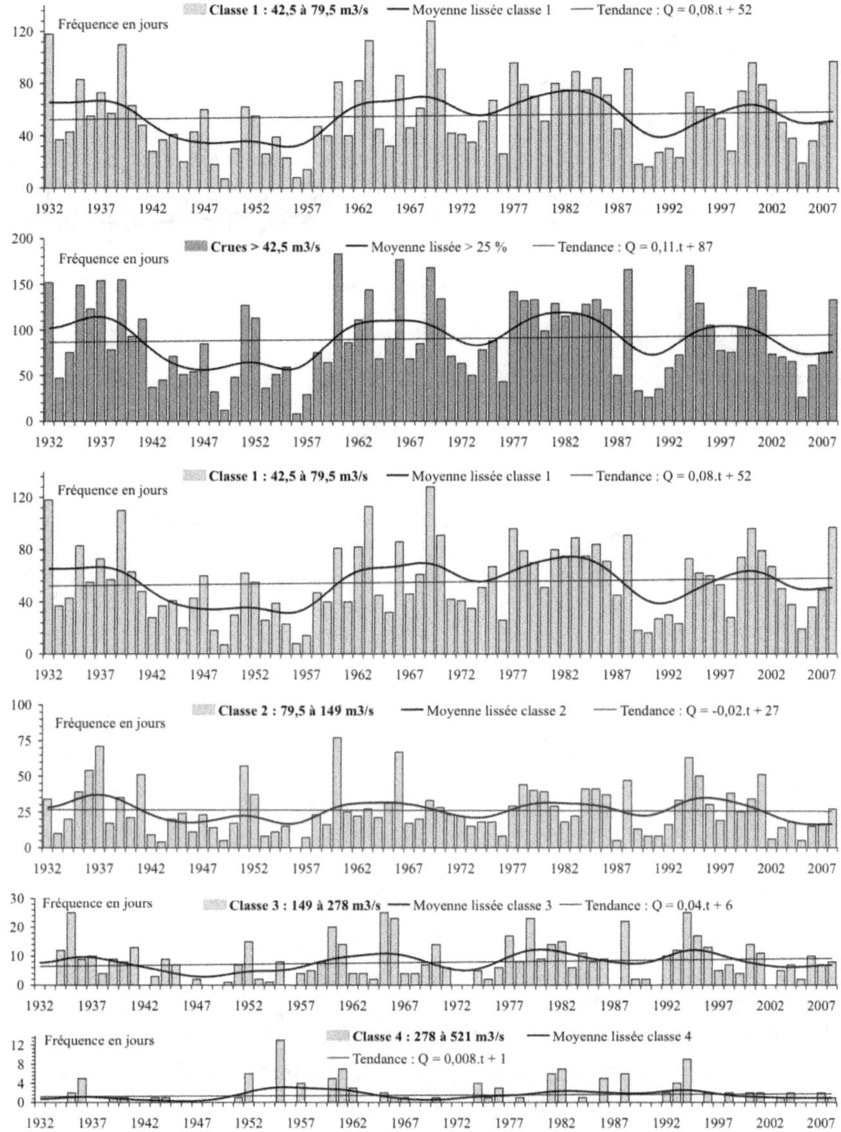

Classe 1	**42,5 m^3/s**	**à**	**79,5 m^3/s**
Classe 2	**79,5 m^3/s**	**à**	**149 m^3/s**
Classe 3	**149 m^3/s**	**à**	**278 m^3/s**
Classe 4	**278 m^3/s**	**à**	**521 m^3/s**

Document 4.3 - Discrétisation des crues de l'Isle à Saint-Laurent des Hommes

b) Cette stabilité est moins évidente à l'examen des basses eaux (document 4.4). Globalement, la durée des basses eaux du quatrième quartile, inférieures à

13,5 m³/s, a reculé d'1,3 jours tous les 10 ans, ce qui va dans le sens d'une augmentation de la hauteur d'eau chue.

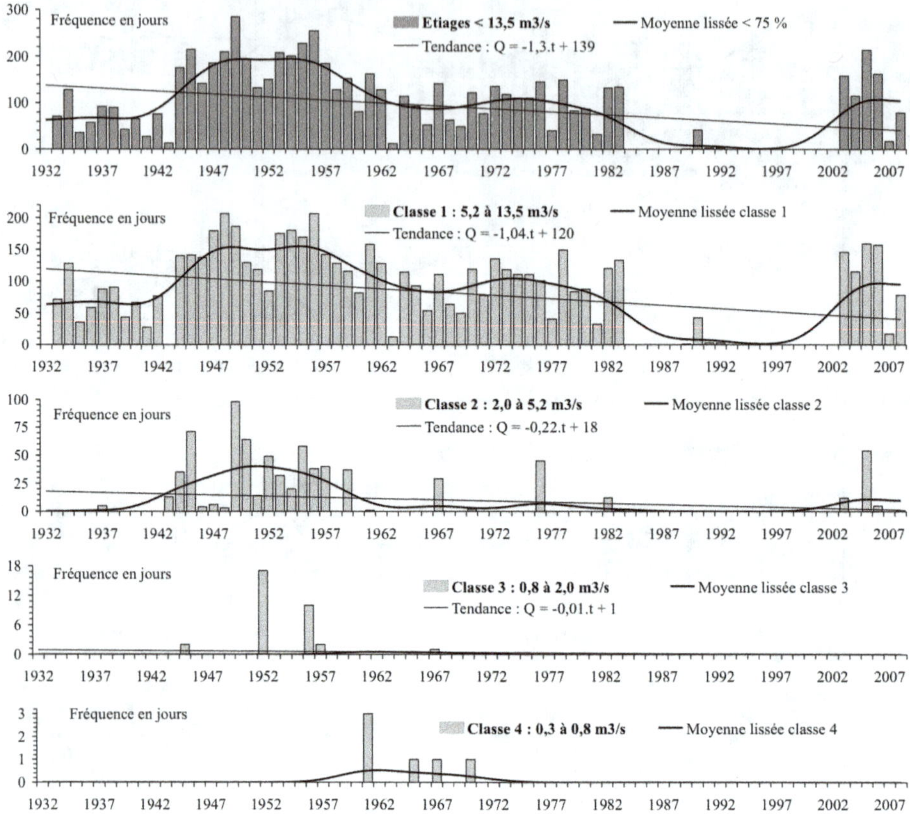

Classe 1	**5,2 m³/s**	**à**	**13,5 m³/s**
Classe 2	**2,0 m³/s**	**à**	**5,2 m³/s**
Classe 3	**0,8 m³/s**	**à**	**2,0 m³/s**
Classe 4	**0,8 m³/s**	**à**	**0,3 m³/s**

Document 4.4 - Discrétisation des étiages de l'Isle à Saint-Laurent des Hommes

➢ La durée des étiages de classe 1 a le plus fortement reculé : 1 journée par an (104 jours par siècle soit près du 1/3 d'une année).

➢ Les étiages de classes 2 ont aussi assez fortement reculé : 2 jours par décennie (22 jours par siècle).

➢ Enfin, les étiages des classes 3 et 4 n'ont existé qu'au cours des années 1950 à 1970.

La répartition des basses eaux n'est pas évidente et il faut analyser deux phénomènes :

➢ Les basses eaux ont disparu entre 1984 et 2002, à l'exception d'un bref retour en 1990. Cette disparition corrobore cette période plutôt humide et pluvieuse qui marque la fin du XXe siècle, à peine interrompue par la « sécheresse » de 1989 à 1991. Cet épisode a éliminé toutes les basses eaux inférieures à 13,5 m^3/s. Toutefois, le retour d'années moins arrosées provoqua leur retour dés 2003. Ce retour des étiages creusés se ressent jusqu'à la classe 3 : débits supérieurs à 2 m^3/s.

➢ Les étiages les plus rares, des classes 3 et 4 (mais aussi de la classe 2), sont quasiment concentrés dans le deuxième tiers du XXe siècle, entre 1937 et 1982. Ils correspondent à des déficits pluviométriques connus pour leur concentration sur la saison chaude : fin des années 1940 (dont 1949), milieu des années 1950, début des années 1960 et surtout début des années 1970 (dont 1972 et 1976).

L'hydrologie de l'Isle s'avère donc plutôt indépendante des aménagement humains qui ont affecté cette partie du Massif Central ; aussi, cette hydrologie « naturelle » va nous servir de témoin pour analyser l'impact des aménagements hydroélectriques de la Dordogne et de ses affluents.

2°) Hydrologie et extrêmes de la Vézère à Uzerche : elle a été harnachée pour la production hydroélectrique à Saillant dès 1926, mais les plus importants barrages sont ceux de Monceau la Virolle et de Treignac, construits dans les années 1940. Ils ont été élevés en amont d'Uzerche, où les débits sont connus depuis 1918, ce qui permet une bonne approche de leur impact sur l'écoulement.

Les débits annuels moyens de la Vézère font preuve de pulsations d'une grande régularité (document 4.5).

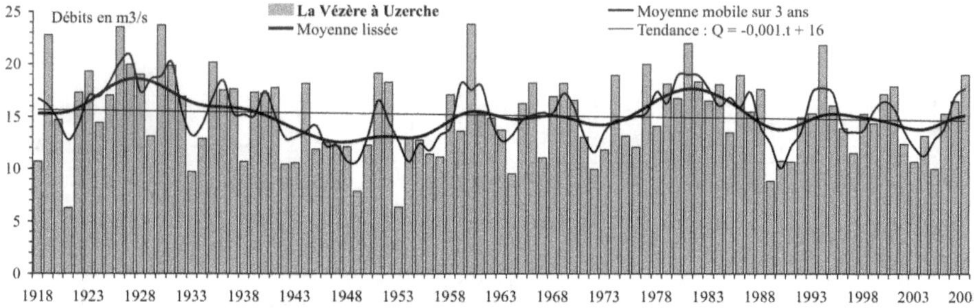

Document 4.5 - Variations interannuelles de l'écoulement de la Vézère à Uzerche

Les pulsations relèvent de pseudo-cycles pluviométriques, à l'image de l'Isle (et des autres cours d'eau de l'est du Bassin Aquitain), selon deux types : 33 pulsations courtes de 5 à 6 ans et 15 pulsations longues d'une douzaine d'années. Nous y reconnaissons l'impact d'années particulièrement sèches : 1921, 1929, 1949, 1953, 1964, 1972, 1989 et 2003. Cependant, sur cette longue période, la tendance linéaire indique une variation négligeable sur le long terme : recul d'1 m^3/s sur 1 000 ans. En aucune manière, nous ne ressentons l'impact des aménagements hydrauliques, lesquels, il est vrai, restituent la totalité de l'eau après turbinage. Toutefois, on sait que le but est de produire de l'énergie en hiver en retenant au maximum de l'eau au cours de l'été, ce qui suggère une action sur les extrêmes hydrologiques.

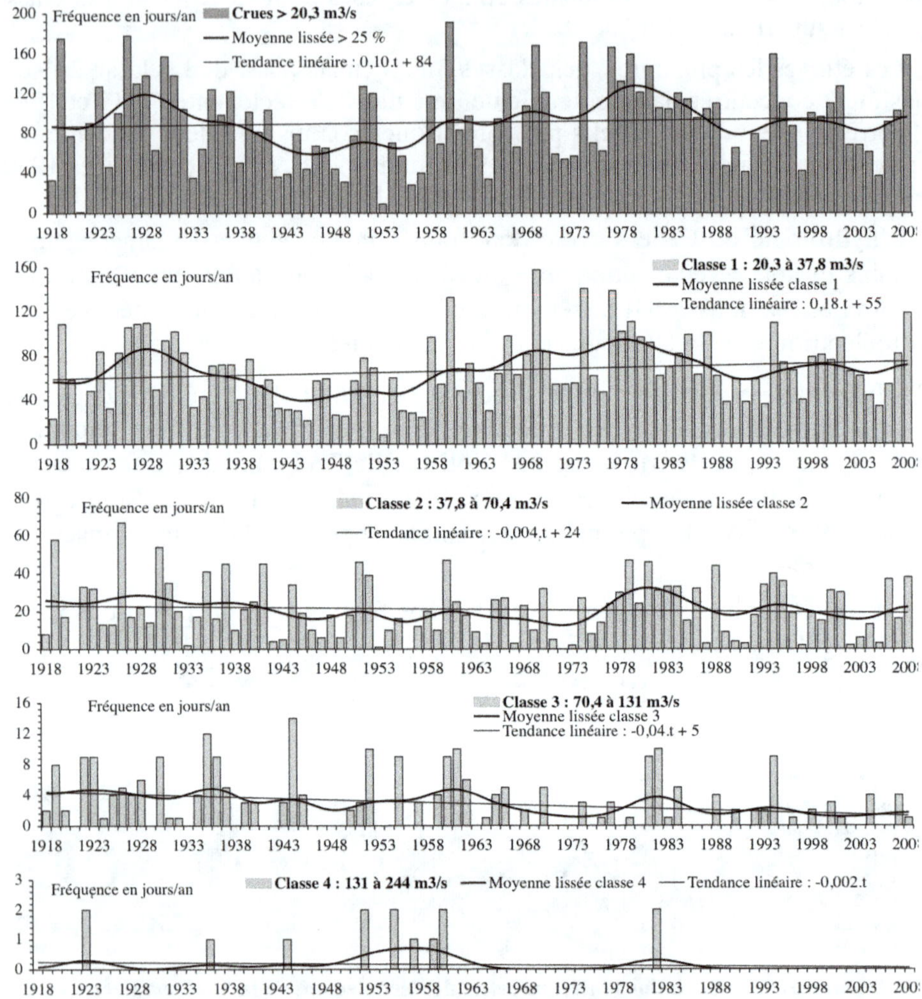

Classe 1	**20,3 m^3/s**	**à**	**37,8 m^3/s**
Classe 2	**37,8 m^3/s**	**à**	**70,4 m^3/s**
Classe 3	**70,4 m^3/s**	**à**	**131 m^3/s**
Classe 4	**131 m^3/s**	**à**	**244 m^3/s**

Document 4.6 - Discrétisation des crues de la Vézère à Uzerche

b) À l'inverse, la durée des étiages a augmenté (document 4.7) : en valeur absolue, ces étiages sont très creusés (< 5,64 m^3/s), mais ce peut être normal sur du massif ancien, du fait de l'absence de réserve dans les roches saines et leur modestie dans les altérites superficielles. Toutefois leur fréquence est anormale par rapport à l'Isle, où les étiages étaient de moins en moins longs. En effet, la durée des basses eaux < 5,64 m^3/s, n'a cessé d'augmenter : 3 jours/décennie (même si les pulsations naturelles sont respectées). L'été, on retient de l'eau derrière les digues, ce qui a pour conséquence d'allonger la durée des basses eaux. Mais la discrétisation de celles-ci permet d'apporter une importante correction.

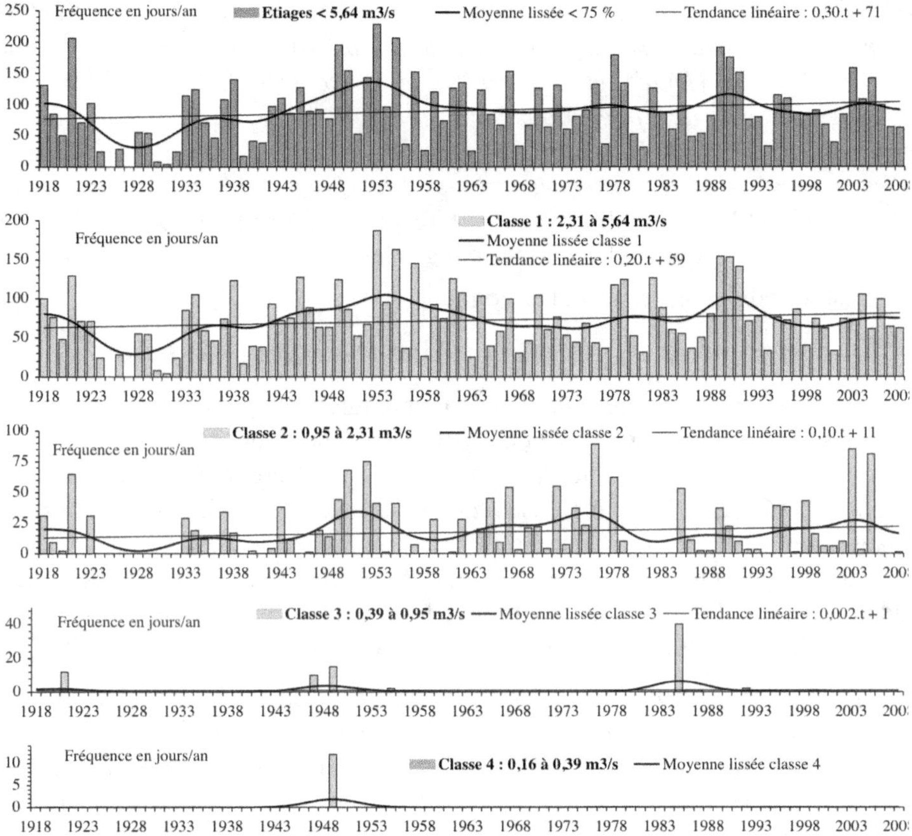

Classe 1	**2,31**	**m^3/s**	**à**	**5,64**	**m^3/s**
Classe 2	**0,95**	**m^3/s**	**à**	**2,31**	**m^3/s**
Classe 3	**0,39**	**m^3/s**	**à**	**0,95**	**m^3/s**
Classe 4	**0,16**	**m^3/s**	**à**	**0,39**	**m^3/s**

Document 4.7 - Discrétisation des étiages de la Vézère à Uzerche

➢ La fréquence des étiages de classes 1 et 2 a respectivement augmenté de 2 et 1 jrs/décennie. C'est la conséquence des aménagements.

➢ À l'inverse, les étiages de classe 3 ont été rarissimes : 1921 (l'année la plus sèche du XXe siècle), 1947 et 1949 (au creux des basses eaux généralisées dans l'Ouest européen) et en 1985 et 1993 (deux autres années particulièrement sèches). L'Isle n'a pas connu un tel recul des étiages de cette même classe.

- Enfin, la classe 4 n'a connu que 12 jours d'étiages, tous en 1949.

En compensation de l'allongement des basses eaux les moins perceptibles, on a volontairement soutenu les étiages les plus accusés, lesquels ont disparu. Nous sommes allé sur le site Internet de ***l'Établissement public territorial du bassin de la Dordogne (EPIDOR)***. On lit que « *Le SDAGE Adour-Garonne fixe sur les cours d'eau du bassin des valeurs de Débits Objectif d'Étiage (DOE) et de Débits de Crise (DCR), qui doivent être respectées … par des opérations de soutien d'étiage. Sur le bassin de la Dordogne, … Le PGE Dordogne–Vézère, où la gestion est influencée par la présence des retenues hydroélectriques du haut bassin, est en cours d'élaboration (SDAGE 2009)* » … Le DOE pourrait être fixé à 211.10^6 m^3 par an, soit 6,7 m^3/s, ce qui éliminerait les étiages les plus creux.

On est loin du compte sur la Dordogne.

C - La Dordogne à Argentat et à Cénac-et-Saint-Julien.

Ces deux stations présentent plusieurs intérêts communs. La station d'Argentat est à l'aval immédiat des barrages de la Haute Dordogne, celle de Cénac-et-Saint-Julien est située plus en aval et rend compte des écoulements potentiellement perturbés par l'ensemble des éclusées de la Dordogne. Surtout, les jaugeages y sont anciens, depuis 1899 à Argentat et depuis 1898 à Cénac-et-Saint-Julien, ce qui permet de diviser l'écoulement à parts égales, avant, pendant et après les aménagements, car le gros des travaux fut réalisé entre 1930 et 1970. Le document 4.8 illustre les variations interannuelles du débit.

1°) Chroniques hydrologiques à Argentat et Cénac-et-Saint-Julien : les données sont lacunaires à Argentat. Si l'absence de mesures en 1914 est négligeable, la fin du XXe siècle y fut marquée par deux arrêts prolongés des jaugeages : de 1979 à 1989, puis de 1997 à 2000. Toutefois, la comparaison avec Cénac-et-Saint-Julien évoque un parallélisme sans équivoque des mêmes pulsations d'origine pluviale, aux deux stations : 38 pulsations courtes d'une durée de 6 ans en moyenne et 10 pulsations longues d'une vingtaine d'années. Leurs fréquences restent dans l'ordre de grandeur des pseudo-cycles pluviaux observé jusqu'ici.

Apparemment, rien n'évoque une modification des écoulements. Mais il ne faut guère s'en étonner, car les barrages hydroélectrique n'ont pas vocation à limiter l'écoulement. Le turbinage laisse passer la quasi-totalité de l'eau chue sur l'amont du bassin. Toutefois, cette eau reste stockée, ici, dans d'immenses réservoirs, ce qui a pour effet d'aggraver les pertes par évaporation physique.

Faut-il ainsi interpréter un recul global des quantités écoulées de 2,1 m^3/s et de 1,3 m^3/s à Cénac-et-Saint-Julien, tous les 10 ans. Il faudrait posséder une aussi longue série de données pluviométriques au moins à Bordeaux. Nous n'en avons pas eu connaissance, et la station la plus proche ayant des données séculaires est celle de l'aéroport de Tours Saint-Symphorien.

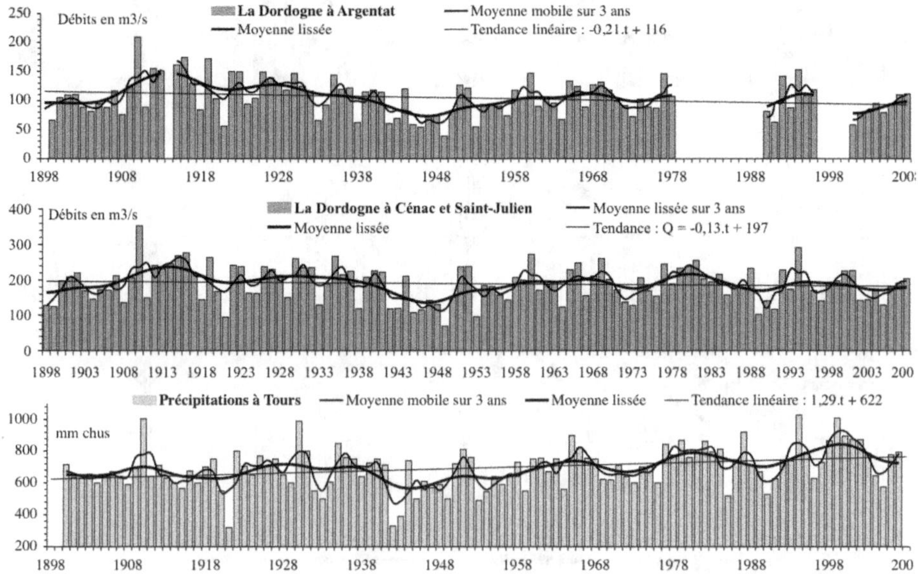

Document 4.8 - Variations interannuelles de l'écoulement de la Dordogne et des pluies à Tours

À l'évidence, il existe une relation entre les pulsations brèves et longues de l'écoulement de la Dordogne et les pseudo-cycles des précipitations tourangelles. Les deux modes de fréquences (brèves et longues) sont en phase, ce qui confirme le caractère pluvial de l'écoulement. Mais si les débits de la Dordogne ont reculé au cours du XXe siècle, les totaux pluviométriques ont connu un accroissement linéaire de 1,3 mm chaque année (130 mm sur un siècle).

Cette distorsion ne peut pas être naturelle.

2°) Les extrêmes hydrologiques de la Dordogne à Argentat : commencé en 1934, l'équipement hydro-électrique connut son optimum entre 1945 et 1958, dates où le contrôle anthropique du bassin versant passa de 74 à 99 %. Le premier ouvrage important fut élevé en 1935 à Marges, sur la Dordogne. Comme il contrôlait 3 011 km^2 ou 68 % du bassin, nous avons estimé que l'écoulement naturel avait cessé. Puis, l'anthropisation s'est poursuivie : la mise en service de l'Aigle et de Neuvic en 1945 l'a conduite au contrôle de 3 400 km^2 ou 77 % des bassins versants. On sait que cette artificialisation était achevée en 1957 avec le barrage d'Argentat.

a) La discrétisation des débits du premier quartile (document 4.9) permet d'analyser l'influence réelle des ouvrages sur les crues :

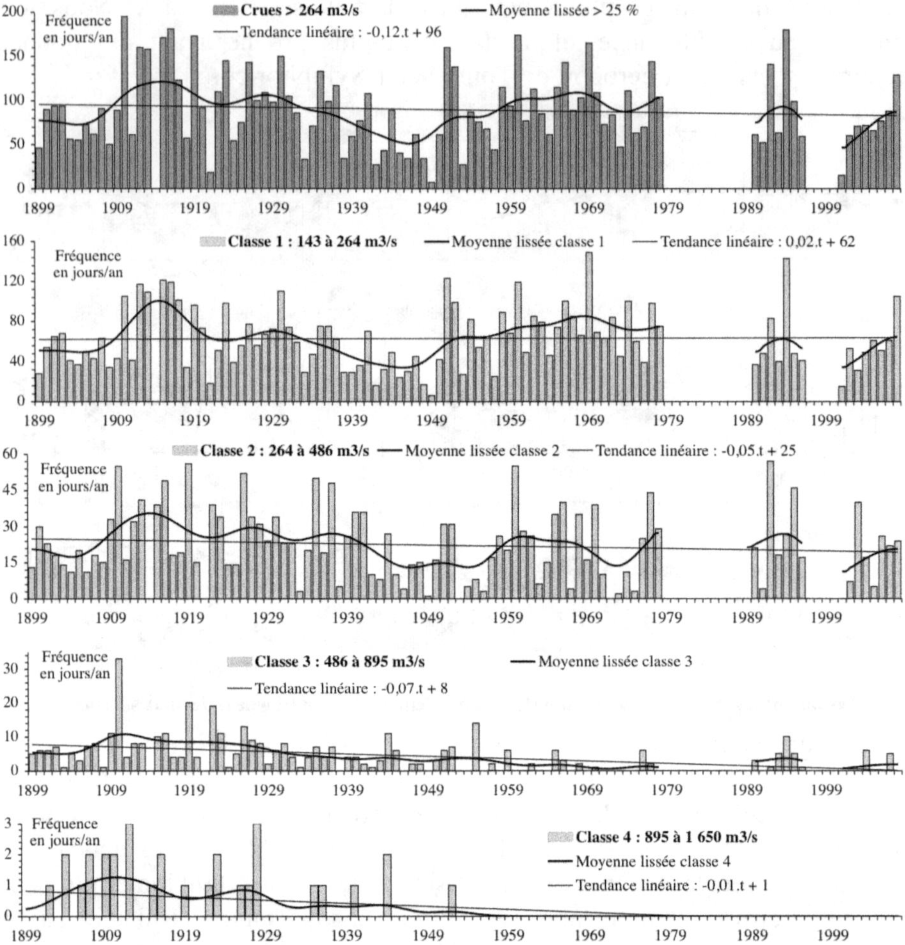

Classe 1	**143 m^3/s**	**à**	**264 m^3/s**
Classe 2	**264 m^3/s**	**à**	**486 m^3/s**
Classe 3	**486 m^3/s**	**à**	**895 m^3/s**
Classe 4	**895 m^3/s**	**à**	**1 650 m^3/s**

Document 4.9 - Discrétisation des crues de la Dordogne à Argentat

La fréquence des crues, celle des débits > 264 m^3/s, a d'abord connu une suite de variations naturelles. Très courte au début du XXe siècle, leur durée annuelle s'est accrue après 1910, jusqu'au milieu des années 1930. Le recul qui suivit est climatique : il s'agit d'une pluviométrie ayant atteint son minimum en 1949. La reprise qui suivit est également climatique. Toutefois, dans un contexte de précipitation croissante dans la seconde moitié du siècle, la tendance linéaire sur un siècle : recul de 1,2 jours par décennie, ne peut être qu'imputée aux aménagements hydrauliques. Toutefois, la discrétisation décrit bien un impact des usines hydroélectriques.

➢ Les crues de classe 1 ont non seulement respecté les pseudo-cycles pluviaux, mais leur durée a augmenté de 2 jours par siècle. Ce n'est pas négligeable quand on sait que l'écoulement a globalement reculé.

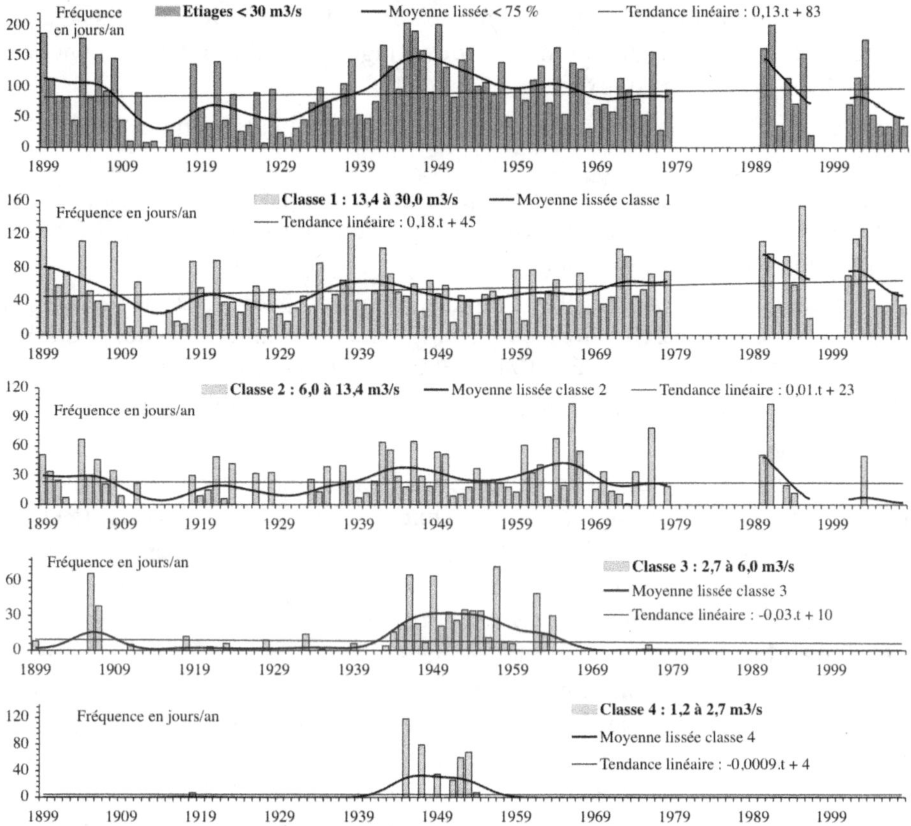

Classe 1	**13,4 m^3/s**	**à**	**30,0 m^3/s**
Classe 2	**6,0 m^3/s**	**à**	**13,4 m^3/s**
Classe 3	**2,7 m^3/s**	**à**	**6,0 m^3/s**
Classe 4	**1,2 m^3/s**	**à**	**2,7 m^3/s**

Document 4.10 - Discrétisation des étiages de la Dordogne à Argentat

➢ Les crues des classes 2 et 3 ont vu, inversement, leur durée reculer de 5 et 7 jours par siècle. Ce recul prend tout son sens s'il est comparé à la moyenne des évènements. La durée moyenne d'une crue de classe 2 est de 22 jours. Un repli de 5 jrs/100 ans divise la fréquence par 4, la durée moyenne des crues de classe 3 est de 6 jours, un recul de 7 jrs/100 ans conduira à leur disparition.

➢ C'est ce qui est arrivé aux crues de classes 4 qui ont disparu après 1952.

L'aménagement de la haute Dordogne a au moins fait office de préventions contre les inondations en aval d'Argentat. Ces forts débits ont été écrêtés au profit de la classe 1, qui ne présente aucune gravité.

b) La discrétisation des étiages révèle une autre conséquence (document 4.10). La fréquence des étiages < 30 m^3/s respecte aussi les pulsations pluviométriques, mais elle s'est accrue de 1,3 jours par décennie, ce qui est contraire à la tendance des précipitations. À l'évidence, le remplissage des barrages se fait au profit de la longueur des étiages, ce qui n'a pas été bénéfique pour les écosystèmes fluviaux.

- La durée des étiages de classe 1 s'est très fortement accrue : 2 jours par décennie,
- Celle des étiages de classe 2 a été plus modeste : 1 jour par siècle. En fait, ces étiages ont été de plus en plus fréquents jusqu'à la fin des années 1950, pour connaître une réduction par la suite.
- Ce mécanisme est encore plus flagrant quant à la fréquence des étiages de classe 2. Au début du XXe siècle, ils soulignaient les années sèches, puis leur durée fit un bond dans les années 1940-1950, pour ensuite disparaître.
- Quant aux étiages de classe 4, ils n'ont guère existé que dans les années 1940.

Les barrages ont tout de suite perturbé le régime des basses eaux. Le contexte économique de l'après-guerre demandait une énergie abondante et bon marché : *la Houille Blanche* était la bienvenue. L'écoulement estival fut considérablement réduit afin de réserver de l'énergie potentielle derrière les digues. L'absence de soutien estival porte sur trois décennies entre 1940 et 1970. Cependant, dès le début des années 1960, les usagers de la rivière réclamèrent un débit minimum pendant la période des vacances. D'après les calculs, ils obtinrent gain de cause, et au milieu des années 60 un débit supérieur à 11 m^3/s fut assuré par le barrage régulateur d'Argentat. Adopté le 24 juin 1996, le S.D.A.G.E. Adour-Garonne prévoyait un Débit d'Objectif d'Étiage de 16 m^3/s. Mais, à l'examen des données, nous avons relevé des débits bien inférieurs du 8 juillet au 7 octobre 2003[5].

3°) Les extrêmes de la Dordogne à Cénac-et-Saint-Julien : le drainage est ici de 8 705 km^2, et il recouvre tous les aménagements autres que ceux de la Vézère. Mais les eaux de la Dordogne doivent aussi satisfaire les besoins de l'horticulture, de la maïsiculture et des arbres fruitiers de la région de Bergerac.

a) La discrétisation des crues confirme l'écrêtement des évènements les plus graves (document 4.11). L'impact des grands barrages apparaît moins

---

[5] Pour plus de détails, voir : Alain GIRET - *Les débits extrêmes de la haute-Dordogne, entre nature et hydro-électricité : 1899-1996* - Sud-Ouest Européen, n°. 14 (2002), pp. 131-143.

important. Ils sont en effet assez éloignés, Argentat est à plus de 150 km de là, le bassin couvre une partie des Causses du Quercy et l'écoulement se trouve « protégé » par le karst. Les crues > 252 m^3/s rappellent, par leur fréquence, les grands épisodes pluvieux générateurs d'inondations dans le Sud-ouest dans les années 1910 (1 830 m^3/s le 25 mars 1912), les années 1920-1930 (1 600 m^3/s le 9 mars 1927), les années 1950-1960 (1 580 m^3/s le 25 février 1957). Mais le record est resté de 1 870 m^3/s le 9 décembre 1944.

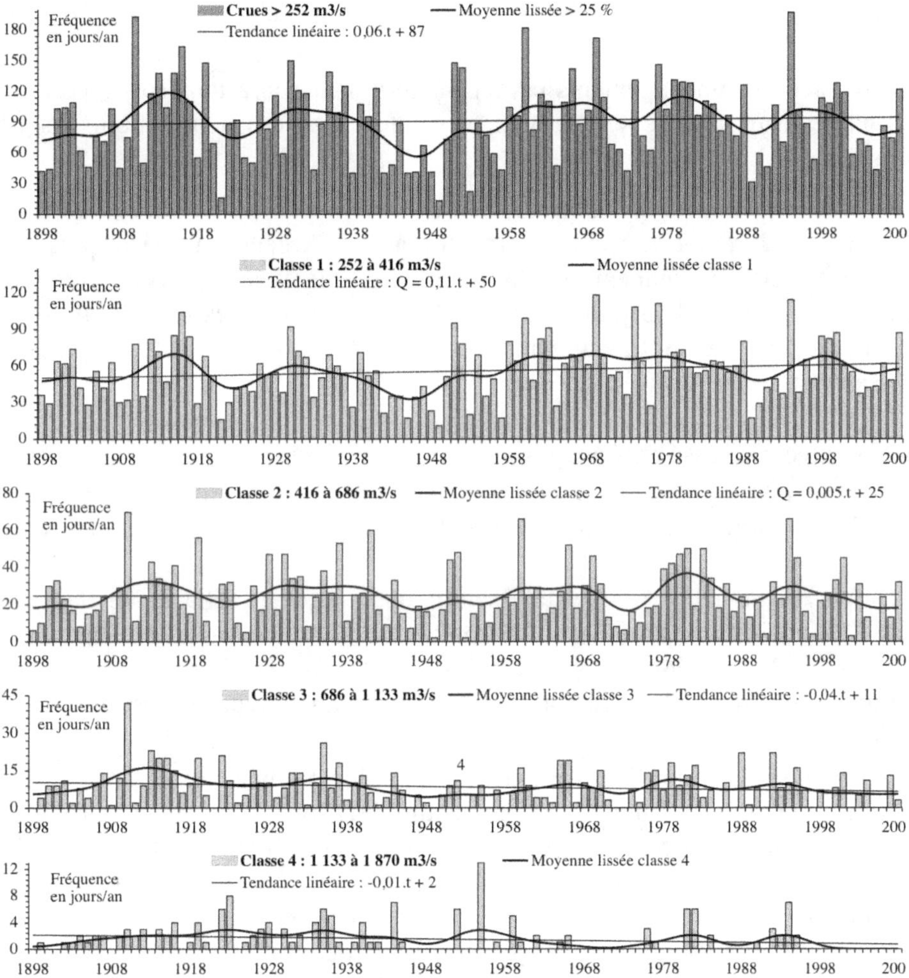

Classe 1	**252**	**m^3/s**	**à**	**416**	**m^3/s**
Classe 2	**416**	**m^3/s**	**à**	**686**	**m^3/s**
Classe 3	**686**	**m^3/s**	**à**	**1 133**	**m^3/s**
Classe 4	**1 133**	**m^3/s**	**à**	**1 870**	**m^3/s**

Document 4.11 - Discrétisation des crues de la Dordogne à Cénac-et-Saint-Julien

La tendance linéaire de leur durée suit faiblement celle des précipitations : 6 jrs/siècle. Ce serait négligeable si cette tendance n'était pas à l'inverse des écoulements moyens.

➢ À l'inverse d'Argentat, la durée des crues de classe 1 est en augmentation d'1 journée par décennie.

➢ Les crues de classe 2 sont stabilisées : une durée croissante de 5 jrs/1 000 ans n'a pas de sens.

➢ Enfin, la fréquence des crues de classes 3 et 4 est en recul respectif de 4 jrs et 1 jr/siècle.

L'impact des aménagements est ici modéré, mais on a toutefois reporté les plus hautes eaux (classe 4), maintenant écrêtées, sur des débits moins risqués (classe 1).

b) À l'inverse, la durée des étiages s'est accrue (document 4.12). La réduction volontaire de la durée des étiages, remarquable à Argentat, n'existe plus. Les débits < 64 m^3/s deviennent de plus en plus fréquents, en 1 siècle leur durée s'est accrue de plus de 3 jours tous les 20 ans. Alors que les précipitations ont connu une croissance (document 4.8), ces basses eaux ont eu une durée croissante au moins jusqu'en 1990.

➢ C'est évident pour la durée des étiages de classe 1 (peu creusés, il est vrai) dont la durée n'a cessé de s'accroître : 7 jours par siècle.

➢ La remarque serait la même pour les étiages de classe 2 qui se sont accrus de près d'une journée par décennie, mais dont le recul a été spectaculaire après 1985.

➢ On parvient à une véritable stabilisation de la durée des étiages de classe 2 à 5 jrs/1 000 ans. Comme à Argentat, ils furent plus importants dans les années 1940-1950, lors du « boom » de la production hydroélectrique.

➢ Enfin, les étiages de classe 4 ont été jugulés après leur explosion dans les années 1940.

À l'inverse de son affluent, l'Isle, où l'absence d'aménagements importants a autorisé le maintien d'une hydrologie naturelle, l'hydrologie de la Dordogne a été très fortement perturbée par les aménagements humains. La production d'hydroélectricité exige que les eaux estivales soient stockées afin de satisfaire le turbinage de l'hiver. L'impact est modeste sur les crues, qui, au mieux, sont écrêtées. Mais les étiages peuvent se retrouver démesurés si on n'y prête pas attention. On a vu que les aménagements de la guerre et de l'après-guerre ont exagéré des basses eaux affectées déjà naturellement pas une longue sécheresse. On n'atteindrait pas l'assec, mais, sans l'obligation d'un débit d'objectif d'étiage, le manque à gagner pourrait durer jusqu'à la fin de l'automne, quand artificiellement les lâchures, les éclusées provoqueraient une remontée des eaux.

Officiellement, on a résolu le problème, les étiages profonds ont été éliminés pour satisfaire les besoins de l'écosystème fluvial et des producteurs agricoles de la moyenne vallée. Mais journellement, l'hydrologie est bouleversée (document 4.13).

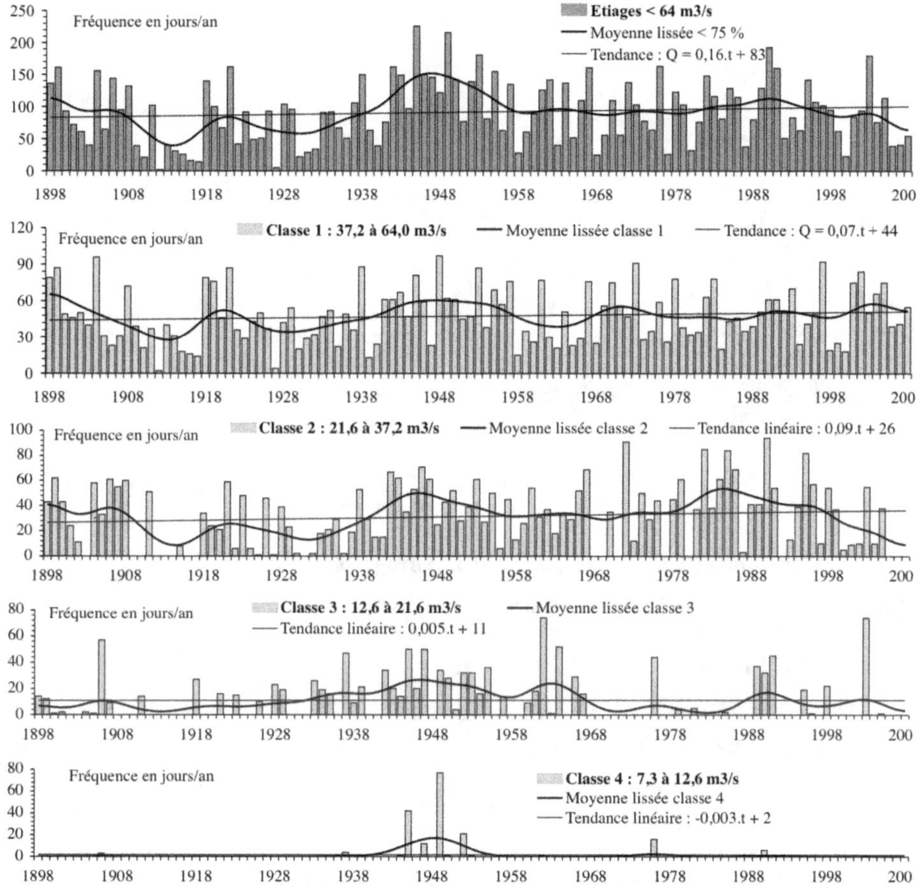

Classe 1	**32,7 m^3/s**	**à**	**64,0 m^3/s**
Classe 2	**21,6 m^3/s**	**à**	**32,7 m^3/s**
Classe 3	**12,6 m^3/s**	**à**	**21,6 m^3/s**
Classe 4	**7,3 m^3/s**	**à**	**12,6 m^3/s**

Document 4.12 - Discrétisation des étiages de la Dordogne à Cénac-et-Saint-Julien

En 1908, comme en 1957 et 2002, la Dordogne débitait 75 m^3/s à Argentat. En 1907, l'hydrologie est naturelle avec des crues d'hiver et des basses eaux en été, pouvant être ponctuées de quelques crues d'orage. En 1957, tous les barrages sont en service, l'hydrogramme naturel n'existe plus et l'hydrologie fonctionne par saccades au rythme des éclusées, alors qu'il n'y a plus d'écoulement en été. En 2002, le SDAGE est en application depuis 1996. Certes les basses eaux de l'été ont été améliorées, mais l'automne, l'hiver et une partie du printemps, ne sont qu'une suite de hautes et basses eaux provoquées par la succession de lâchures et de retenues.

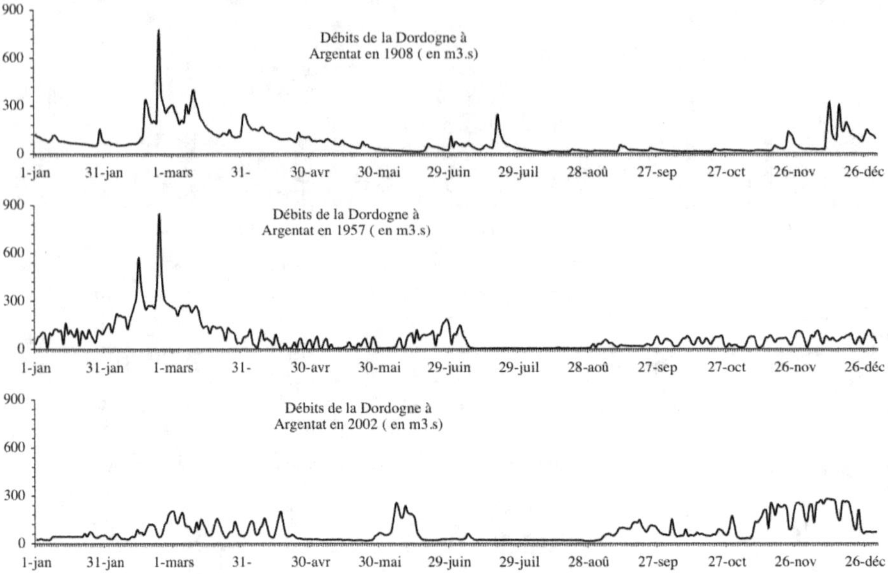

Document 4.13 - Trois étapes de l'hydrogramme de la Dordogne

On ne voit pas où est l'amélioration pour l'écosystème !

II - Les extrêmes de la Garonne

Ce fleuve est en partie alimenté par les eaux de fonte des neiges pyrénéennes apportées par sa partie amont (jaugée au Portet-sur-Garonne) et l'Ariège (jaugé à Foix). Mais une autre partie du cours d'eau est alimentée par le Massif Central, où les précipitations liquides l'emportent très largement sur le rôle de la neige. Trois cours d'eau sont alors concernés : le Tarn (jaugé à Marsal), l'Aveyron (à Piquecos dans le Tarn et Garonne) et le Lot (à Cahors).

Les excès du fleuve sont connus, notamment les crues : la Garonne elle-même écoulait 7 500 m^3/s à Mas d'Agenais en juin 1875 et mars 1930. Mais le Lot aurait écoulé 4 000 m^3/s à Cahors en mars 1783, et le Tarn écoula 8 000 m^3/s à Moissac en mars 1930. À l'inverse, les basses eaux sont aussi spectaculaires. Le nom même de Garonne viendrait de la nature de ses alluvions, car les racines « *gar* », « *kar* » ou « *car* » ont le sens de pierre, rocher, cailloux ; et Garonne peut se traduire par « *la caillouteuse* ». Ce terme traduit que ces alluvions sont bien visibles, et durablement, au cours des étiages (on retrouve la même racine avec le même sens hydrologique, dans Gard, Gardons et Gers dont les basses eaux sont également très creusées).

A - La Garonne à Mas d'Agenais et Tonneins

L'aval du cours d'eau fut d'abord jaugé à Mas d'Agenais de 1913 à 1988, à l'aval d'un bassin versant de 52 000 km^2 ; puis la station fut déplacée à Tonneins, très légèrement en amont, avec un bassin versant *réduit* à 51 500 km^2. Nous pouvons admettre que les jaugeages effectués à Tonneins sont la suite, sans solution de continuité, de ceux déjà effectués à Tonneins.

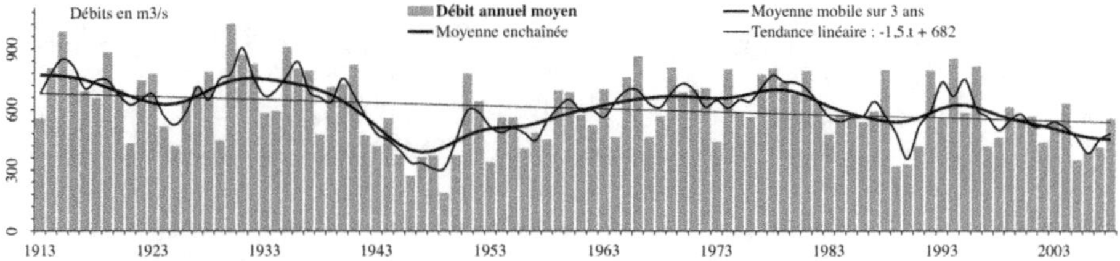

Document 4.14 - Les variations interannuelles des débits de la Garonne à Mas d'Agenais et Tonneins

1°) Les débits annuels moyens de la Garonne à Mas d'Agenais et Tonneins (1913-2008) ont fait l'objet d'un système complexe de pulsations, mais en phase avec ce que nous avons relevé sur la Loire, la Seine et leurs affluents (document 3.47). Le lissage des débits annuels moyens fait apparaître deux types de pulsations, une vingtaine de pulsations de faible longueur d'onde : de 4 à 5 ans en moyenne, et 5 pulsations de grande longueur d'onde : 20 ans en moyenne. Ce sont effectivement les grandes directions observées sur l'ensemble des cours d'eau océanisés :

➢ Des périodes d'abondance au début des années 1910 et des années 1930, une abondance généralisée depuis les années 1960 jusqu'aux années 1980, et à la fin des années 1990.

➢ Des périodes de vaches maigres dans les années 1920, à la fin des années 1940 (connues dans l'Europe entière), à la fin des années 1980 et au début des années 1990, et au cours des années 2000.

Il faut relever deux originalités par rapport à la Seine à Paris (document 3.1) et à la Loire à Montjean (document 3.18). La première concerne la période 1950-1980 : les pulsations courtes y sont très marquées, mais, par rapport à la Seine, la pulsation longue s'efface progressivement ; moins marquée sur la Loire, elle s'aplanit sur la Garonne, du fait d'une considérable réduction des basses eaux du début des années 1970. Ce pourrait être la conséquence d'un évènement naturel. La seconde concerne la tendance générale. Globalement, le coefficient directeur de la tendance linéaire traduit un recul du débit de 15 m^3/s par décennie. C'est trop élevé pour n'y reconnaître que le seul effet de la nature.

Nous avons comparé ces débits avec les précipitations à Toulouse et Bordeaux relevées depuis le début des années 1940 (document 4.14). Les pulsations courtes, ou pseudo-cycles pluviométriques, sont mieux marquées à Bordeaux dans les années 1940 à 1970, puis c'est l'inverse vers la fin du XXe siècle. Mais la simultanéité des cycles est respectée. Cependant cette légère nuance provoque une perturbation plus forte des pulsations longues.

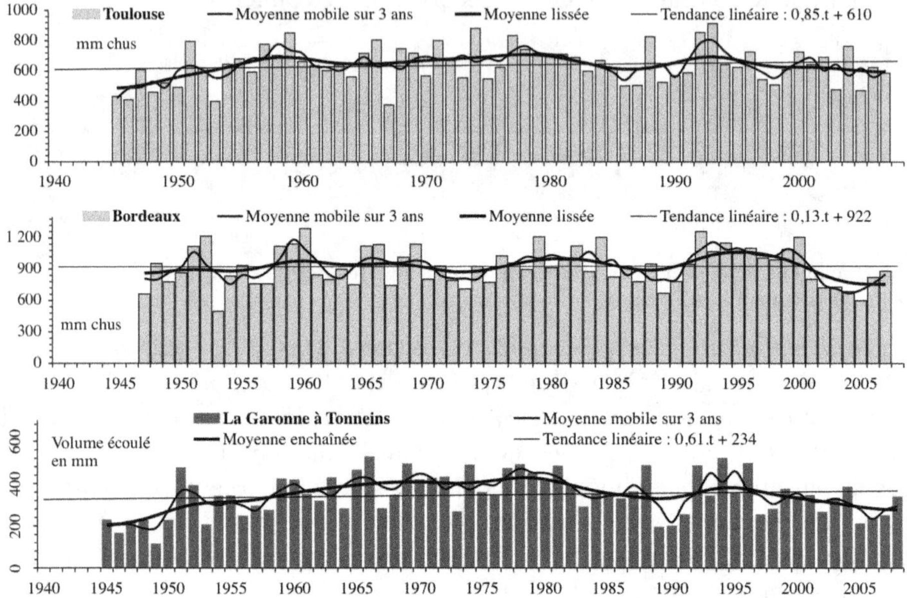

Document 4.15 - Répartition interannuelle des totaux pluviométriques en « *Aquitaine* » et de l'écoulement de la Garonne, entre 1945 et 2008.

➢ Les précipitations ont plus régulièrement crû à Toulouse jusqu'au début des années 1960.

➢ Par la suite, il est vrai, le « régime » interannuel est semblable dans les deux stations.

➢ Toutefois, le repli pluviométrique qui affecta le Bassin Parisien et le Limousin au début des années 1970 est ici moins marqué, et principalement à Toulouse. La sécheresse de 1976 fut, apparemment, moins marquée.

➢ La même remarque concerne le repli pluviométrique du début des années 1990, moins sensible à Bordeaux qu'à Toulouse et surtout au Bourget, à Angers et à Tours.

Mais, sur les deux sites, la tendance linéaire fut à la croissance de la pluviométrie interannuelle, de 8,5 mm/décennie à Toulouse et de 1,3 mm/décennie à Bordeaux. C'est une tendance qui paraît générale à la fin du XXe siècle sur le Bassin de Paris et en Limousin. Répartis sur la même période (1945-2008), les débits moyens de la Garonne paraissent plus conformes aux répartitions des pluies à Toulouse qu'à Bordeaux. Afin d'affiner la comparaison, les débits sont exprimés en hauteur d'eau écoulée à l'aval d'un bassin de 51 500 km². L'écoulement s'est accru de 6 mm/décennie, mais si la comparaison des graphiques montre une nette tendance des débits à croître comme les précipitations toulousaines, de 1945 au début des années 1980, la suite serait plutôt en faveur d'un recul de l'écoulement qui ne semble pas autant marqué chez les précipitations.

Il est toutefois possible d'estimer que l'écoulement de la Garonne à Mas d'Agenais et à Tonneins serait le reflet des fluctuations pluviométriques aquitaines entre 1913 et 2008.

2°) Les débits extrêmes à Mas d'Agenais et Tonneins : rappelons que la méthode s'appuie sur la répartition des débits journaliers classés entre 1913 et 2008 : les crues appartiennent au premier quartile et, ici concernent tous les débits ≥ 775 m³/s, tandis que les étiages sont compris dans le dernier quartile, soit des débits ≤ 141 m³/s. La variation interannuelle de la fréquence de ces extrêmes est traduite par le document 4.16.

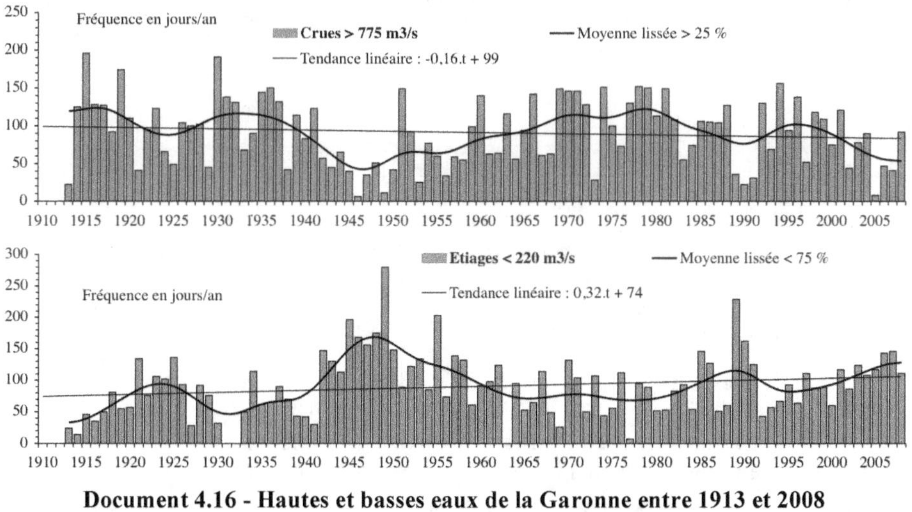

Document 4.16 - Hautes et basses eaux de la Garonne entre 1913 et 2008

Les deux graphiques sont en presque parfaite opposition de phases.

➢ On relève des crues cycliques, maximales au début des années 1910, dans les années 1930, dans les années 1980 et au milieu des années 1990. Parfaitement en accord avec la chronologie des précipitations à Toulouse, si la fréquence des crues connut des fluctuations courtes entre 1945 et 1980, celle-ci ne cessa d'augmenter au cours de cette période. À l'inverse, on relève un recul de leur occurrence après cette date.

➢ Le régime des étiages est parfaitement inversé. Les très basses eaux correspondent à des dates relevées ailleurs : début des années 1920, fin des années 1940, début des années 1990 et fin des « années 2000 » (2003 à 2008). On est surtout surpris par l'effacement des basses eaux du début de la décennie 1970 : la sécheresse des années 1970-1976 ne semble pas avoir marqué le Bassin Aquitain. Toutefois, la tendance de ces extrêmes conforte l'idée d'une réduction globale de l'écoulement depuis 1913.

➢ La durée des crues a reculé d'un peu plus d'1,5 jour/décennie, tandis que celle des étiages s'est accrue de plus de 3 jours/décennie.

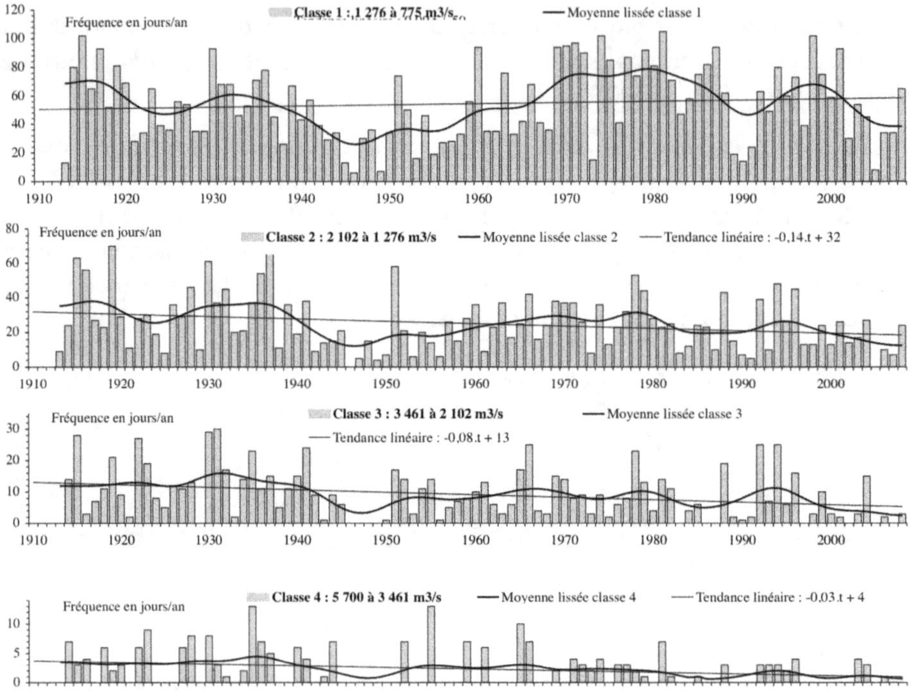

Classe 1	**775 m³/s**	**à**	**1 276 m³/s**
Classe 2	**1 276 m³/s**	**à**	**2 102 m³/s**
Classe 3	**2 102 m³/s**	**à**	**3 401 m³/s**
Classe 4	**3 461 m³/s**	**à**	**5 700 m³/s**

Document 4.17 - Discrétisation des crues de la Garonne à Mas d'Agenais et Tonneins

a) La discrétisation des crues en quatre classes est illustrée par le document 4.17 : même si l'ampleur des hautes eaux de la Garonne n'est pas une surprise, on reste étonné devant les 5 700 m³/s écoulés le 5 mars 1930, et les 5 200 m³/s du 5 février 1952, alors que le débit moyen annuel depuis 1913 n'excède guère 600 m³/s.

➢ Ces débits relèvent de la classe 4, dont la variation interannuelle des fréquences a fait preuve d'une assez grande stabilité : un recul de 3 jrs/siècle n'a pas grand sens. Toutefois, les histogrammes montrent que cette stabilité fut surtout vraie jusqu'au milieu des années 1960 : leur durée annuelle moyenne est de 6 jours, elle n'est plus que de 3 jours par la suite.

➢ Les crues de classe 3 constituent un ensemble déjà moins homogène, qui souligne les pulsations interannuelles de l'écoulement, notamment des hautes eaux des années 1930, du milieu des années 1960, des années 1980 et de la fin des années 1990. Le recul est moins équivoque et atteint 1 journée tous les 12 ans.

➢ Le parallélisme devient évident entre la fréquence des crues de classe 2 et la chronique des débits moyens (document 4.14). Les années abondantes ont connu de forte crue, mais surtout, la fréquence des crues, déjà modérées, s'accrut simultanément avec la croissance d'origine pluviale du débit, entre 1945 et 1980. Globalement, la fréquence de ces crues gagna 1,4 jrs/décennie.

➢ Cette allure est conservée en classe 1, les fortes crues sont celles des années 1910, 1930 ou 1990-2000, leur fréquence a reculé d'1 jr/décennie. Mais l'originalité réside dans une longue période de crues fréquentes et interrompues de 1970 à 1987.

➢ À l'évidence, les crues de la Garonne sont d'origine naturelle et pluviale. Toutefois, il ne faut pas négliger la rupture brutale de la fréquence des crues de classe 4 au milieu des années 1960. Elle ne peut s'expliquer par le seul recul des précipitations.

b) La discrétisation des étiages évoque un cours d'eau dont l'hydrologie est moins naturelle (document 4.18) :

➢ On sait que la Garonne connaît des basses eaux très marquées, comme la Loire, et comme la plupart des cours d'eau océanisés. Mais la surprise est peut-être la rareté de ces très basses eaux. Inconnues avant 1947 (1 journée), elles se sont brutalement multipliées : 86 jours en 1949 et 66 jours en 1950. Nous évoquerons là une cause conjoncturelle, ces sécheresses qui affectèrent l'Europe occidentale océanisée à la fin des années 1940. Par la suite, ces très basses eaux n'apparurent qu'épisodiquement sur une durée moyenne de 3 jours en 1955, 1976 et 1985. Les durées de 1949-1950 n'ont plus jamais été atteintes, mais ces crues sont revenues plus souvent à partir de 1989 (26 jours) où elles sont apparues trois années consécutives (1989 à 1991), puis 10 jours en 1999, puis encore en 2003, 2005 et 2006. Malgré le recul des précipitations, ces occurrences tardives ne semblent pas naturelles.

➢ Les étiages de classe 3 apparaissent comme une explication. Les étiages apparus à la charnière des années 1940-1950 sont conjoncturels. Mais si on s'en tient à la pluviométrie (document 4.15) le recul du début des années 1990 n'avait rien de comparable, pourtant les étiages se sont accrus pour culminer à 56 jours en 1989, et pour se produire plusieurs fois par la suite. Ces basses eaux sont certes conjoncturelles (pulsation pluviométrique négative) mais il faut y assortir une cause externe. Ces basses eaux ne sont apparues qu'en 1945 et leur fréquence s'est accrue linéairement d'1,3 jr/décennie par la suite.

➢ La fréquence des étiages de classe 2 confirme l'hypothèse d'une artificialisation. Si on fait mentalement abstraction des étiages des années 1940-1950, leur durée annuelle croît régulièrement : près de 2 jours/décennie. Surtout, leur durée s'accroît formidablement depuis 2000.

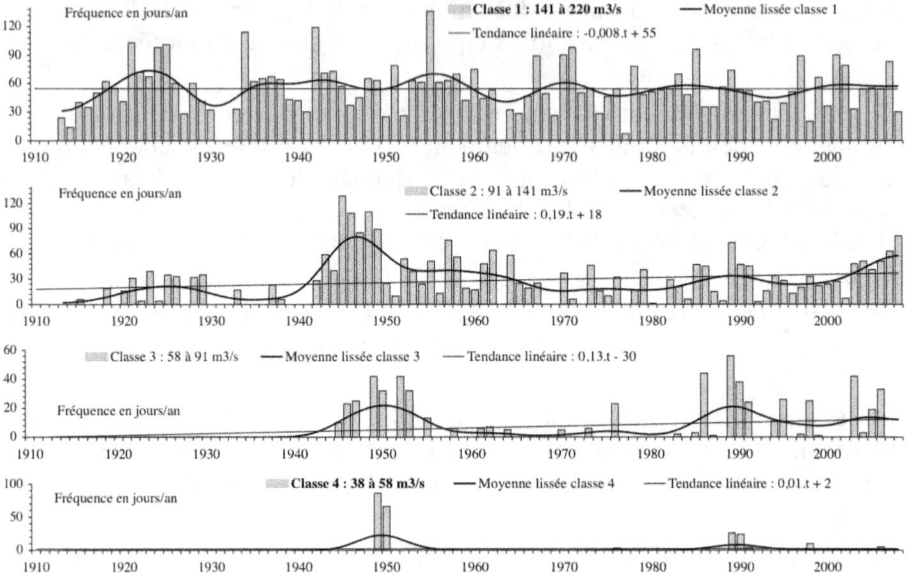

Classe 1	**141 m^3/s**	**à**	**220 m^3/s**
Classe 2	**91 m^3/s**	**à**	**141 m^3/s**
Classe 3	**58 m^3/s**	**à**	**91 m^3/s**
Classe 4	**38 m^3/s**	**à**	**58 m^3/s**

Document 4.18 - Discrétisation des étiages de la Garonne à Mas d'Agenais et Tonneins

➢ À l'inverse, les étiages de classe 1 sont parfaitement stables. Si leurs variations interannuelles soulignent la succession de pulsations pluviométriques positives et négatives, leur durée n'aurait reculé que d'1 journée par millénaire.

À l'évidence, les étiages ont subi une action extérieure au système naturel. On la connaît : l'Aquitaine a fait l'objet d'un développement « exponentiel » de l'agriculture irriguée dans sa vallée, mais aussi sur les collines de Gascogne. Nous renvoyons à la thèse d'Eloi Leymarie[6], mais tout se joue à partir du canal de la Neste, cours d'eau dont les eaux sont déviées vers la Gascogne, tandis que les eaux de la Baïse, du Gers, de la Save et de leurs affluents sont mises en réserve derrière de nombreux barrages, dont Lunax sur la Gimone, qui retient 25.10^6 m^3. La Compagnie d'Aménagement des Coteaux de Gascogne et le Syndicat Mixte pour l'Aménagement de la Garonne ont prévu

[6] Eloi Leymarie - *Gestion et cultures de l'eau dans le sud du bassin garonnais : l'aménagement hydraulique face aux aquosités* - Université de Paris X - Nanterre (2008)

la construction de celui de Charlas (115.10^6 m^3) sur la Nère, et qui, par un canal de dérivation, serait alimenté par un prélèvement d'eau d'un maximum de 330.10^6 m^3 dans la Garonne à proximité de Montréjeau. D'autre part, la Garonne est sollicitée par le canal d'irrigation de Saint-Martory, sur la rive gauche, en amont de Toulouse, tandis que le canal latéral à la Garonne, à l'origine construit pour la navigation, sert de plus en plus à l'irrigation des vallées alluviales.

Les conditions destinées à accroître les pertes par évapotranspiration sont ici réunies. Encore faudra-t-il y ajouter les perturbations nombreuse occasionnées par les aménagement hydroélectriques de l'Ariège, du Viaur, du Lot et de la Truyère.

B - La Garonne pyrénéenne

Nous nommons ainsi la partie amont du bassin, sous influence directe de la montagne et dont l'écoulement est connu par le jaugeage de la Garonne elle-même au Portet-sur-Garonne (9 980 km^2) et de l'Ariège à Foix (1 340 km^2). Nous avons retenu ces stations car les jaugeages y étant connus depuis 1910, ils commencent bien avant la réalisation des aménagements majeurs qu'il faut d'abord évoquer.

1°) Les aménagements hydrauliques : la « haute Garonne » est surtout sollicitée pour l'irrigation au travers du canal de la Neste. Il est ancien et fut mis en service en 1863 avec pour objectif le soutien artificiel des cours d'eau gascons dont le Gers, la Baïse, la Save et la Gimone. Il pouvait alors débiter 7 m^3/s, mais son débit fut porté à 14 m^3/s en 1950. En été, il collecte les eaux de fonte des neiges stockées dans les réservoirs élevés sur le bassin de la Neste d'Aure : Orédon (7.10^6 m^3), Cap de Long (63.10^6 m^3), Caillauas, d'Aubert et d'Aumar (le plus ancien est Orédon mis en eau en 1879). Mais ces barrages (sauf Orédon) sont aussi destinés à la production hydroélectrique, et ils furent rehaussés à cet effet, entre 1950 et 1969 (par exemple le vieux barrage de Cap-de-Long fut remplacé par un barrage-voûte de 100 m de haut). Mais, le gestionnaire, E.D.F. doit optimiser sa production d'énergie afin de maintenir l'alimentation régulière du canal de la Neste dont la gestion est confiée à la Compagnie d'aménagement des coteaux de Gascogne depuis 1959.

L'aménagement de l'Ariège est plus orienté vers la production hydroélectrique avec: Izourt (mis en service en 1940 : 45 000 m^3), Araing (1942 : 51 000 m^3), Goulours (1946 : 2 500 m^3), Gnioure (1950: 203 000 m^3), Riete (1956: 9 000 m^3), Naguilhes (1961 : 26 000 m^3), Lanoux (1962 : 25 000 m^3), Castillon/Lez (1971: 30 000 m^3), Garrabet (1985: 30 000 m^3) et Laparan (1985: 201 000 m^3). Il va de soi que le fonctionnement de tels aménagements perturbe le fonctionnement des deux cours d'eau.

2°) Les débits annuels moyens de la Garonne à Portet et de l'Ariège à Foix. Outre la durée des relevés, sans solution de continuité, les jaugeages de la Garonne interviennent avant sa confluence avec l'Ariège, dont les variations ne l'influencent pas (document 4.19).

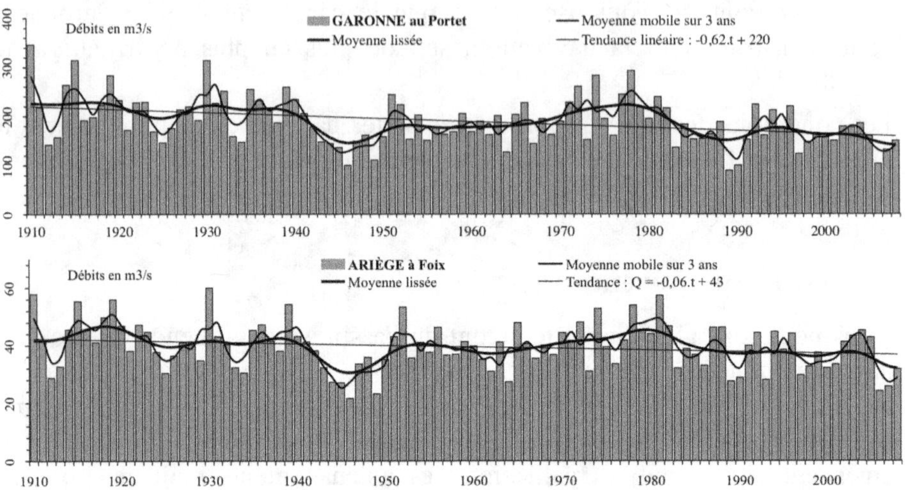

Document 4.19 - Répartition interannuelle des débits de la Garonne au Portet et de l'Ariège à Foix

Les pulsations de faibles et longues périodes observées à Mas d'Agenais et Tonneins ont aussi une origine pyrénéenne : 5 pulsations de 20 ans, elles-mêmes affectées par 22 plus courtes de 4 à 5 ans en moyenne. Si l'impact des déficits pluviométriques majeurs est parfaitement marqué à la fin des années 1940 et au début des années 1990, celui des années 1970 est à peine perceptible.

Mais il n'y a rien de nouveau et ces évènements parfaitement naturels se retrouvent en aval. La différence n'est pas là. Le débit de la Garonne a reculé de 6 m^3/s tous les 10 ans et celui de l'Ariège de 0,6 m^3/s. Ces deux valeurs n'ont de sens que rapportées à la moyenne. Or, en perdant 6 m^3/s tous les 10 ans, la Garonne : 189,4 m^3/s, a vu son débit moyen reculer de 3,2 % par décennie. Sur la même période, le débit de l'Ariège : 39,6 m^3/s, en perdant 0,6 m^3/s tous les 10 ans, ne reculait que d'1,5 % par décennie.

À priori, les aménagements de l'Ariège ont moins perturbé l'écoulement.

3°) Comparaison des crues au Portet et à Foix (document 4.20). On explique que les barrages hydroélectriques, ou voués à l'irrigation, ne sont pas faits pour écrêter les crues et prévenir les inondations, et c'est vrai. Mais il faut nuancer ; un barrage associé à une usine de moyenne chute (digue de 20 à 200 m de haut) doit être rempli au début de l'hiver, afin d'assurer la production d'électricité au cours des pointes de demande en énergie, quand les jours sont courts, quand les températures sont basses. Si un tel barrage ne peut retenir une crue d'hiver d'origine pluviale, au printemps, il s'est en partie vidangé. Mais, en haute montagne (Pyrénées centrales ici), c'est la période de fonte des neiges, et celle-ci est mise a profit pour reconstituer les réserves. Les retenues destinées à l'irrigation et/ou à l'approvisionnement urbain fonctionnent de la même manière : les crues générées par de très fortes pluies ne peuvent être écrêtées, mais les eaux de fonte des neiges sont capturées.

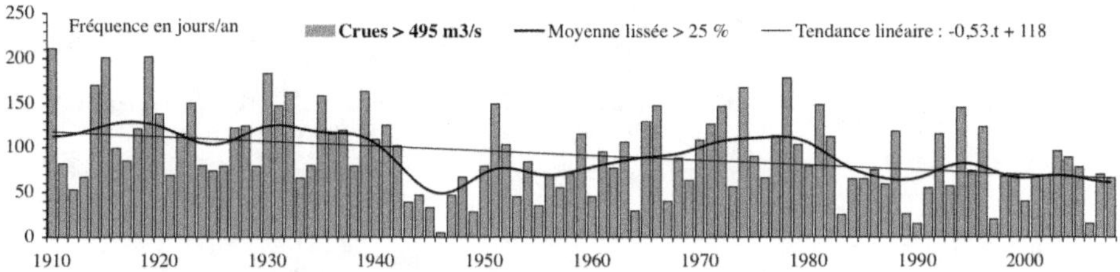

a) Fréquence des crues de la Garonne au Portet-sur-Garonne.

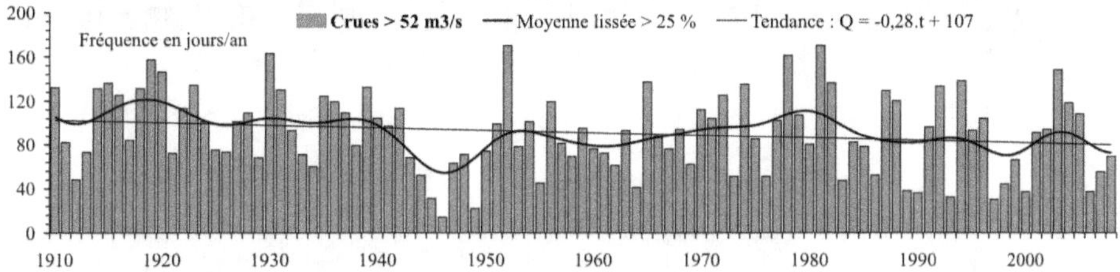

b) Fréquence des crues de l'Ariège à Foix.

Document 4.20 - Variations interannuelles de la durée des crues de la Garonne au Portet-sur-Garonne et de l'Ariège à Foix

Il est tout à fait plausible que ces aménagements aient au moins réduit l'amplitude et la durée des hautes eaux d'origine nivale.

a) La fréquence interannuelle comparée des débits appartenant au premier quartile des débits classés en est peut-être le reflet (document 4.20). La ressemblance est grande dans les processus des deux cours d'eau : hautes eaux fréquentes de la fin des années 1910, des années 1930, des années 1950, des années 1980 et de la fin des années 1990. Après les très basses eaux des années 1940, la fréquence des crues augmenta progressivement de 1945 à 1980, sans que soit perceptible la « crise » des années 1970.

C'est le reflet de la succession des pulsations pluviométriques. Mais la durée annuelle des crues a reculé sur chacun des cours d'eau : moins de 3 jrs/décennie sur l'Ariège, et plus de 5 jrs/décennie sur la Garonne. À l'évidence, les aménagements n'ont en rien modifié la répartition de détail d'origine pluviale, mais une partie des hautes eaux s'est « évaporée », avec une prédilection pour la Garonne.

b) La discrétisation des crues de la Garonne au Portet (document 4.21) : la Garonne y conserve encore son allure de torrent de montagne, avec des crues qui atteignent des débits impressionnants. En effet, son régime est nival de montagne avec des très hautes eaux en mai.

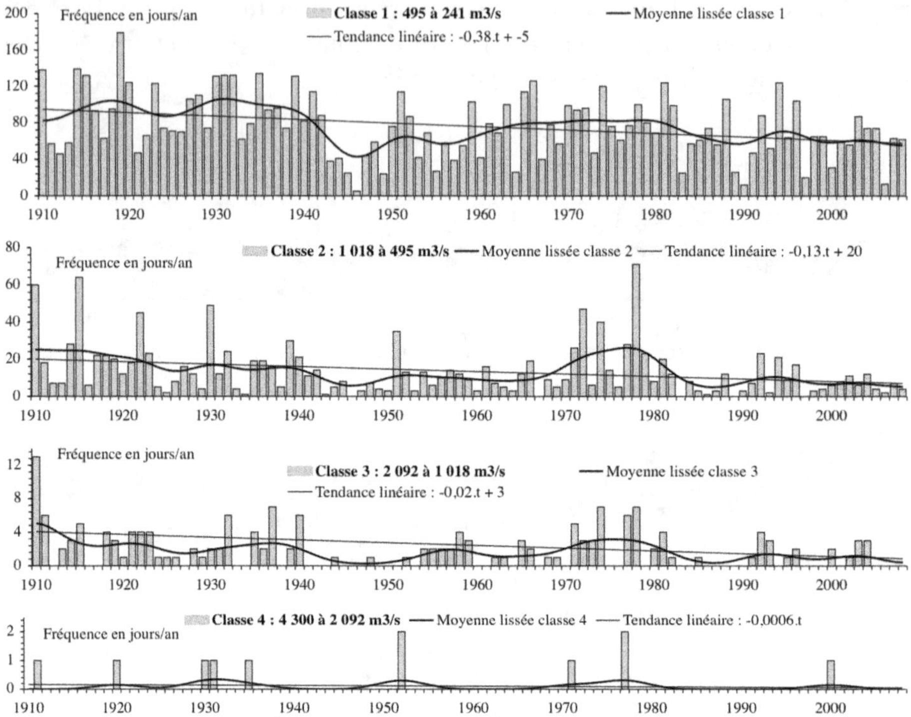

Classe 1	**241 m³/s**	**à**	**495 m³/s**
Classe 2	**495 m³/s**	**à**	**1 018 m³/s**
Classe 3	**1 018 m³/s**	**à**	**2 092 m³/s**
Classe 4	**2 092 m³/s**	**à**	**4 300 m³/s**

Document 4.21 - Discrétisation des crues de la Garonne au Portet-sur-Garonne

➢ La fréquence des crues de classe 4 n'a pas fléchi : recul de 6 jours /10 000 ans ! Ce sont des crues très rares, qui ne durent qu'un à deux jours une fois tous les huit à dix ans. Leur origine pluviale ne fait aucun doute, et les barrages les laissent passer.

➢ Les crues de classe 3 restent relativement rares : 3 jours/an en moyenne, et les 13 jours de crues de 1910 sont exceptionnels. Ces crues respectent la distribution des pseudo-cycles pluviaux, avec notamment un regain dans les années 1970-1980, et le recul de leur fréquence de 2 jrs/siècle est à négliger.

➢ Les crues de classes 3 et 4 sont des évènements très rares ; ce n'est plus le fait des crues de classe 2 dont la fréquence moyenne est de 15 jours par an. C'est aussi le fait des crues de classe 1 (75 jours par an). Or, si ces deux ensembles respectent la répartition des cycles pluviaux, leur fréquence recula de 1,3 jr/décennie en classe 2 et de 3,8 jrs/décennie en classe 1. Ce sont respectivement 9 % et 5 % de leur durée moyenne sur près d'un siècle.

Nous n'avons pu obtenir de relevés pluviométriques antérieurs à 1945, mais, après cette date, ils ont progressé, et les longues séries (1891-2008 à Tours, et 1781-2008 au Bourget) indiquent une progression irrégulière au cours du XXe siècle. Le recul de la fréquence des crues discrétisées n'est pas naturel et n'est que le reflet d'un écrêtement plus ou moins intentionnel, plutôt réservé au stockage d'excédents en vue d'une utilisation agricole (canal de la Neste) et énergétique (surtout le barrage de Cap-de-Long). Cela aurait suffi à réduire la fréquence et l'impact des crues de classes 1 et 2.

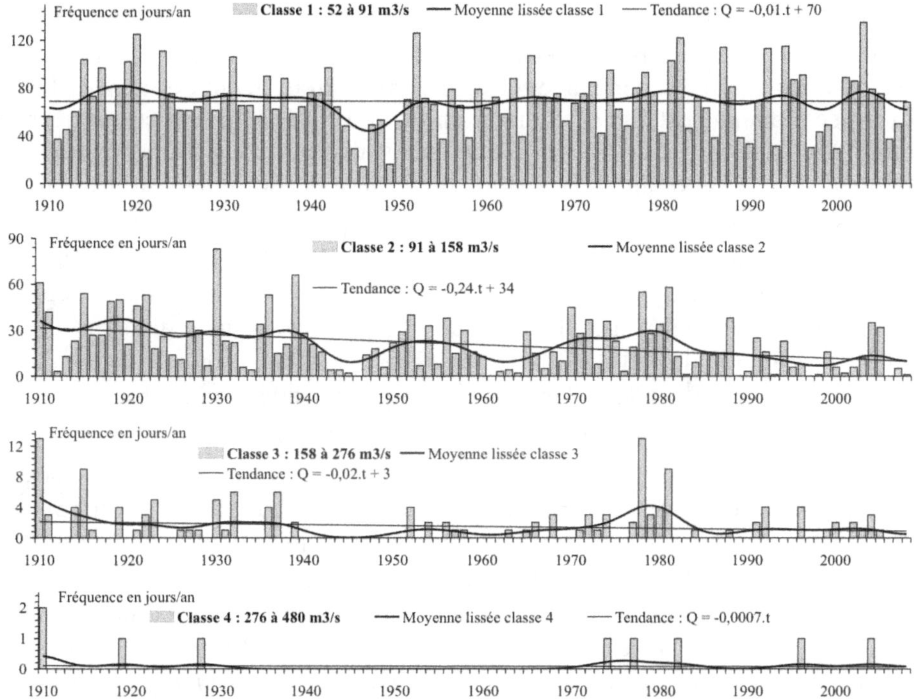

Classe 1	**52 m^3/s**	**à**	**91 m^3/s**
Classe 2	**91 m^3/s**	**à**	**158 m^3/s**
Classe 3	**158 m^3/s**	**à**	**276 m^3/s**
Classe 4	**276 m^3/s**	**à**	**480 m^3/s**

Document 4.22 - Discrétisation des crues de l'Ariège à Foix

c) La même discrétisation des crues de l'Ariège aboutit à la même interprétation (document 4.22), mais avec toutefois une nuance importante.

➢ Les rarissimes crues de la classe 4 qui ne durent qu'un à deux jours ont apparemment connu une grande stabilité (variation linéaire de 7 jours/10 000 ans). Mais elles avaient complètement disparu entre 1928 et 1974 ! Cette absence encadre le repli pluviométrique des années 1940 mais élude l'abondance des années 1930 et 1960 !

➢ La fréquence des crues de la classe 3 a conservé la même anomalie : une durée plus élevée au début du siècle (13 jrs en 1910, 9 jours en 1915) et des années 1970-1980 (13 jrs en 1978, 9 jours en 1981). Entre ces deux époques, les hautes eaux furent plus rares, et les périodes d'abondance pluviométrique des années 1930, 1950 et 1960 sont à peine dégagées. Quant à la tendance linéaire : -2 jrs/siècle, elle est négligeable.

➢ La durée interannuelle des crues de classe 2 est plus aisée à interpréter. L'impact des pseudo-cycles pluviaux est bien rendu, ces crues sont pluviales et apparemment naturelles. Cependant, leur fréquence recula anormalement de près de 2,5 jours tous les dix ans.

➢ On est enfin surpris par la répartition des crues de classe 1. La moyenne lissée correspondrait à la tendance linéaire, sans le creusement des années 1940. Leur durée moyenne est de 70 jrs/an, et un recul d'1 jr/siècle doit être interprété comme une stabilité. Or celle-ci n'est que statistique ; car l'observation du graphique montre une alternance annuelle et brutale de crues durant soit 40 jours soit 100 jours.

L'Ariège est ici très perturbé par les éclusées, les rétentions et les lâchures des barrages déjà cités et situés à l'amont d'Ax-les-Thermes. Grâce à eux le Haut Ariège livre 1 150.10^{6} KWh, surtout par les usines d'Aston et de Vicdessos, mais ici, du fait de l'exiguïté des retenues, les usines de haute chute (> 200 m) sont la règle. Cependant leur capacité de production est brève dans le temps, ce sont elles qui alimentent la consommation de pointe du Sud-ouest.

Globalement, ces usines livrent la même quantité d'électricité sur une longue période, mais dans le détail annuel, leur production peut passer du simple au double selon la demande (c'est l'objectif des usines de haute chute). Or, l'électricité, c'est de l'eau ; aussi les crues les plus fortes furent laminées avant la mise en production massive du nucléaire, des années 1930 aux années 1970 (dates de la mise en service de la plupart des retenues). À l'inverse, l'occurrence des crues modestes de classe 1 est liée à la demande : « *une année sans crue est une année de forte demande et les eaux de pluies sont réservées ; inversement une année à crues est une année où les barrages sont pleins, doivent laisser passer de l'eau* ».

Il est remarquable que cette alternance se soit aggravée surtout après 1970, après le tout nucléaire.

4°) Comparaison des étiages au Portet et à Foix **:** la courbe monotone des débits classés depuis 1910 sur la Garonne et sur l'Ariège place respectivement les débits-seuils de l'étiage à 84 et 19,2 m^{3}/s. La chronologie de leur occurrence reste conforme aux pulsations de l'écoulement et aux pseudo-cycles pluviaux (document 4.23).

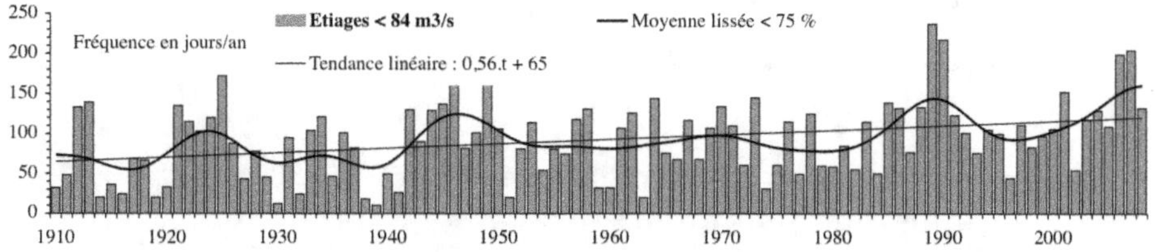

a) Chronologie des étiages de la Garonne au Portet-sur-Garonne

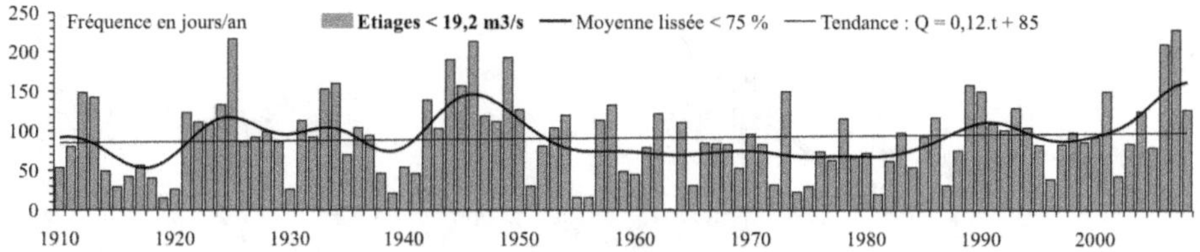

b) Chronologie des étiages de l'Ariège à Foix

Document 4.23 - Variations interannuelles de la durée des étiages de la Garonne au Portet-sur-Garonne et de l'Ariège à Foix

Les basses eaux avaient été très durables à la charnière des années 1920-1930, et à la fin des années 1940, puis à la charnière des années 1980-1990 et au début du XXIe siècle. On y retrouve les effets d'une conjoncture de sécheresse, mais il faut nuancer les deux cours d'eau.

➢ En amont du Portet, une partie des eaux de la Garonne est captée par le canal de la Neste. Aussi, la durée dés étiages, agrémentée des cycles naturels, est surtout marquée par une croissance linéaire de près de 6 jours par décennie. Or cette eau se perd dans les espaces cultivés de Gascogne et ne retournera jamais au fleuve. C'est une des causes de l'accroissement de la durée des basses eaux à Mas d'Agenais et Tonneins (document 4.16).

➢ Bien qu'il y ait un réel parallélisme des pulsations, les étiages de l'Ariège ont été différents. Leur fréquence ne se serait accrue que d'1,2 jr/décennie. Mais il faut relire le graphique. Leur durée s'accrut jusqu'au début des années 1950, comme sur la Garonne, ce qui pourrait être interprété comme « naturel ». C'est ultérieurement que s'établit une certaine stabilité des fréquences, et qui ne sera interrompue qu'après 1990.

En effet, sur les deux cours d'eau, la durée des étiages s'accrut fortement au début du XXIe siècle.

a) La discrétisation des étiages de la Garonne au Portet confirme le rôle de l'irrigation (document 4.24). Les résultats sont effectivement éloquents :

➢ Les étiages de classe 4 n'apparaissent qu'en 1948-1950 (conjoncture climatique) et s'aggravent dans les années 1980 (conjoncture climatique et prélèvements agricoles).

➢ Les étiages de classe 3 existaient avant 1940, mais ils n'ont cessé de se creuser par la suite, pour culminer au début des années 1990 et au XXIe siècle. En un siècle, leur fréquence s'est accrue de près de 2 jrs/décennie.

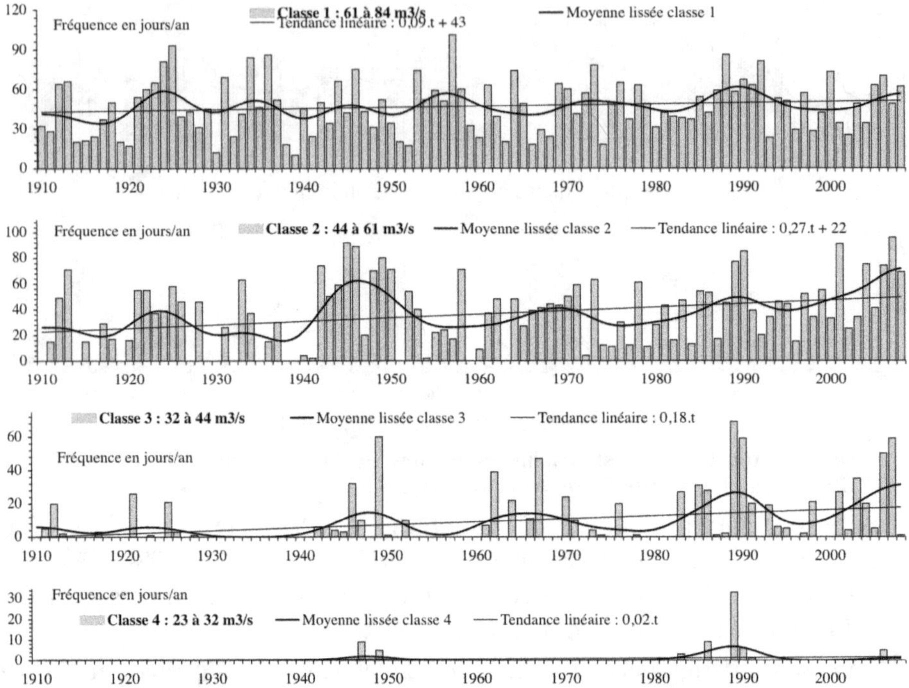

Classe 1	**61 m^3/s**	**à**	**84 m^3/s**
Classe 2	**44 m^3/s**	**à**	**61 m^3/s**
Classe 3	**32 m^3/s**	**à**	**44 m^3/s**
Classe 4	**23 m^3/s**	**à**	**32 m^3/s**

Document 4.24 - Discrétisation des étiages de la Garonne au Portet-sur-Garonne

➢ La progression est identique pour les étiages de classe 2. Certes, leur durée s'accroît au cours de chaque sécheresse, mais elle s'est aussi accrue tout au long de la seconde moitié du XXe siècle (près de 3 jrs/décennie).

➢ À l'inverse, la durée des étiages de classe 1 a été stabilisée, probablement volontairement. La partie aval de la Garonne a besoin d'eau pour Toulouse, mais aussi pour alimenter le canal de Saint-Martory, et le canal latéral à la Garonne.

Une grande partie des eaux du fleuve est néanmoins déviée ; toutefois, on leur réserve un débit minimal qui assure une relative stabilité dans la durée des étiages de classe 1 à Mas d'Agenais et Tonneins (document 4.18).

b) Les résultats de la discrétisation des étiages de l'Ariège à Foix (document 4.25) faillirent nous faire douter de notre méthode, tant les résultats statistiques paraissaient aberrants.

En effet, les valeurs des classes 3 et 4 sont celles d'une rivière méditerranéenne.

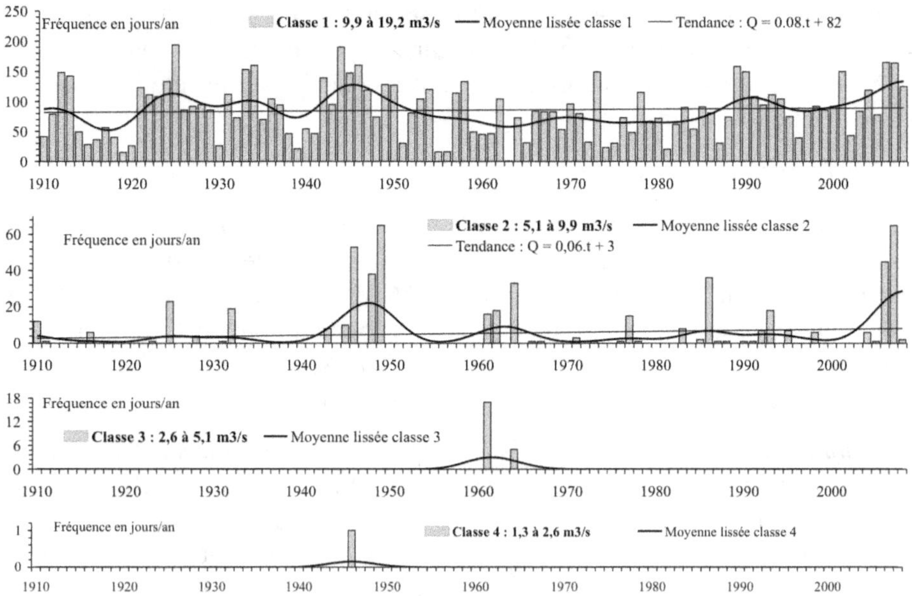

Classe 1	**19,2**	**m^3/s**	**à**	**9,9**	**m^3/s**
Classe 2	**9,9**	**m^3/s**	**à**	**5,2**	**m^3/s**
Classe 3	**5,1**	**m^3/s**	**à**	**2,6**	**m^3/s**
Classe 4	**2,6**	**m^3/s**	**à**	**1,3**	**m^3/s**

Document 4.25 - Discrétisation des étiages de l'Ariège à Foix.

➢ Le minimum des étiages de classe 4 : 1,3 m^3/s en 1946, le dernier de la courbe monotone, est inférieur à la moitié de l'avant-dernier : 3 m^3/s. Du fait de la méthode de calcul, il constitue une classe à lui seul.

➢ Les étiages de classe 3, bien que plus fréquents, n'ont été observés qu'en 1960 et 1963

➢ Enfin, les étiages de classe 2 soulignent les années de grandes sécheresses (fin des années 1940, début des années 1960, fin des années 1980) ou de forte demande en eau (2006-2007).

➢ L'Ariège n'est pas un torrent méditerranéen, mais un cours d'eau aux étiages régularisés. Les étiages de classe 1 rassemblent 98,5 % des débits du quatrième quartile. E.D.F. s'est engagée à respecter et maintenir un débit minimum.

C'est important, car après leur confluence, l'Ariège et la haute Garonne mêlent leurs eaux et leurs problèmes hydrologiques. L'Ariège apporte des hautes et des basses eaux relativement régularisées à un fleuve déjà bien « endommagé ». Si le recul de la fréquence des crues les plus fortes peut être retenu comme un effet positif des aménagements, les étiages les plus creux se sont aggravés dans la seconde moitié du XXe siècle, ce qui pourrait être dangereux pour l'écosystème.

Comme les cours d'eau gascons sont fortement sollicités, la Garonne, entre Portet et Tonneins ne peut compter que sur l'apport de ses affluents de la rive droite : Tarn, Aveyron et Lot, dont on a souligné le rôle sur les modules annuels dans le deuxième chapitre.

C - La moyenne Garonne

C'est la Garonne entre Toulouse et Tonneins alors qu'elle reçoit l'apport du Massif Central au travers des eaux du Tarn et de son affluent l'Aveyron (le Tarn est jaugé en amont de sa confluence avec l'Aveyron), et de celles du Lot. Les séries sont plus courtes, tout au plus dans la seconde moitié du XXe siècle, aussi les graphiques ont-ils été repris en ce sens à Mas d'Agenais et Tonneins (document 4.26).

1°) Comparaison des débits annuels : sur la Garonne, comme sur ses affluents, les débits ont connu les mêmes fluctuations plus ou moins cycliques d'une période de 5 ans pour les pulsations courtes et d'une vingtaine d'années pour les cycles longs. Même si leur « parallélisme » n'est pas parfait, nous retrouvons les très basses eaux de la fin des années 1940 (Aveyron et Garonne), du début des années 1960 et de la charnière des années 1980-1990, mais aussi les hautes eaux des années 1970-1980 et de la fin des années 1990. Malgré cela, il existe des lacunes. À Marsal, le Tarn (5 500 km^2) n'est jaugé que depuis 1953, mais cette lacune est compensée par une connaissance des débits de l'Aveyron à Piquecos depuis 1948. Toutefois, le Lot n'est jaugé à Cahors que depuis 1960.

Le débit de tous les affluents recule au cours de cette période, mais, du fait de moyennes interannuelles différentes, il faut se rapporter à une valeur adimensionnelle.

➢ *Le Tarn à Marsal* : le débit annuel moyen est de 84,6 m^3/s ; il a reculé de 3 m^3/s tous les 10 ans, soit 4 % par décennie.

➢ *L'Aveyron à Piquecos* : son débit moyen n'est que de 51,4 m^3/s, mais il recula de 2,9 m^3/s chaque décennie, le recul relatif est plus élevé : 6 % tous les 10 ans.

➢ *Le Lot à Cahors* est beaucoup plus abondant avec un débit de 148 m^3/s. Ce débit a reculé de 6,2 m^3/s tous les 10 ans, ou en valeurs relatives de 4 %

On s'aperçoit que le recul général des débits a suivi un rythme assez proche, d'autant plus que si le même calcul est effectué pour la Garonne, la valeur est de 15 m^3/s par décennie entre 1913 et 2008, soit 3 % par décennie pour une moyenne de 446,4 m^3/s. Mais depuis 1948, le débit moyen à Mas d'Agenais et

Tonneins est de 578 m^3/s, et il « n'a reculé que de 0,2 m^3/s tous les 10 ans », soit un repli relatif de 0,03 %, ce qui n'est autre qu'une stabilité interannuelle.

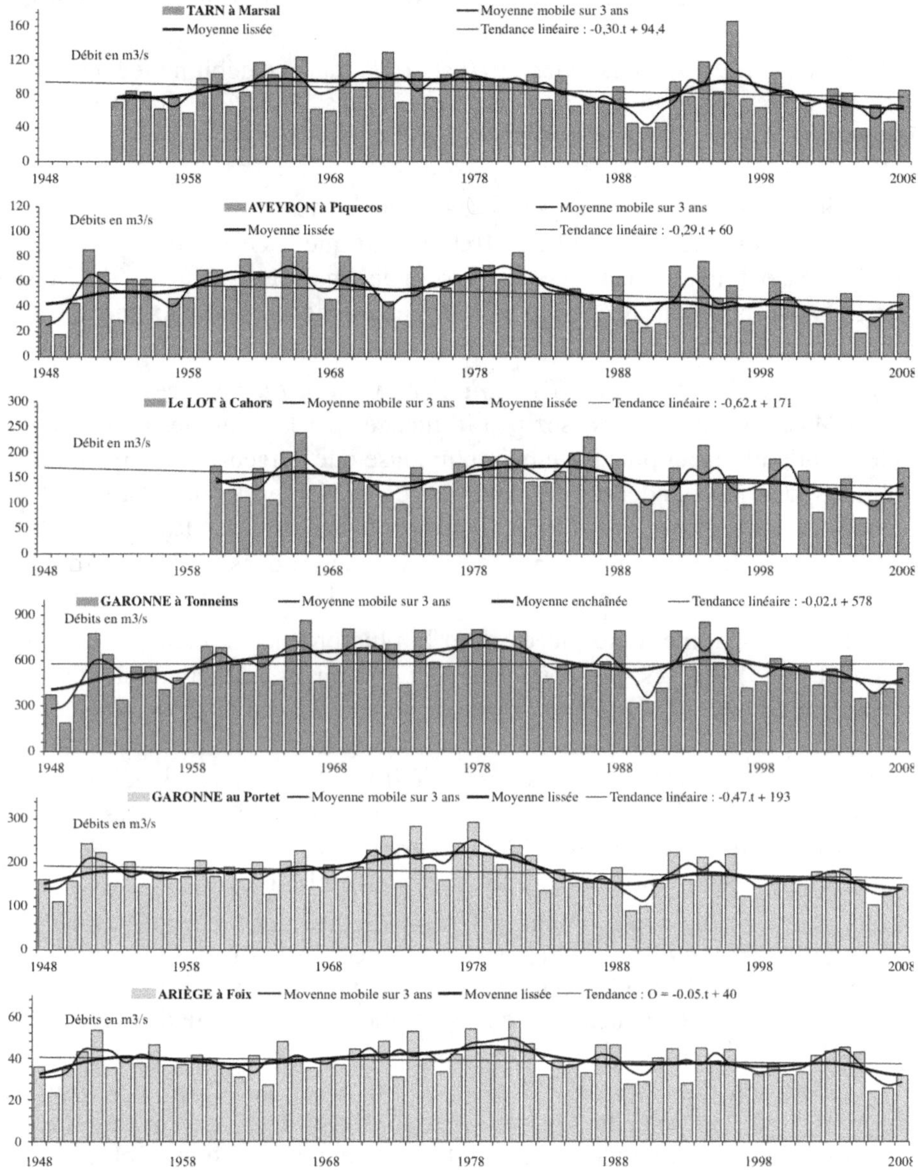

Document 4.26 - Chronologie des débits annuels moyens du bassin de la Garonne (1948-2008)

Il faut se rapporter aux valeurs de l'Amont.

➢ *Au Portet, la Garonne débita 189,4 m³/s entre 1910 et 2008*, elle perdit 6,2 m³/s tous les 10 ans ; c'est un recul relatif de 3 % par décennie, comme à Tonneins et Mas d'Agenais. Ce débit n'est plus que de 179 m³/s après 1948, et il recula de 4,7 m³/s tous les 10 ans, soit 3 %/décennie.

➢ *L'Ariège écoula 39,6 m³/s entre 1910 et 2008,* mais ce débit ne recula que de 0,6 m³/s par décennie, soit 1,5 % tous les 10 ans. Après 1948, ce débit est encore de 38,9 m³/s, pour une tendance à -0,5 m³/s par décennie, ou 1,3 % tous les 10 ans.

Mais la régularité des eaux de la Garonne à Mas d'Agenais et Tonneins dépend des apports de l'Ariège ! En effet, on sait que les eaux de la Garonne et de la Neste sont détournées vers la Gascogne, mais les affluents du Massif Central, s'ils apportent beaucoup d'eau globalement, sont eux-mêmes très sollicités en amont par les aménagements hydroélectriques.

2°) Les crues et les étiages du Tarn, de l'Aveyron et du Lot : ces cours d'eau issus du Massif Central sont assez peu influencés par la fonte des neiges, car la façade est atlantique, et plus fortement pluvieuse que neigeuse. Le tapis neigeux est plutôt sporadique en dehors des sommets de la Margeride, de l'Aubrac et des Cévennes. Inversement, si les étés restent souvent arrosés, les températures estivales augmentent au fur et à mesure que l'on entre dans le Bassin Aquitain. Les pertes par évapotranspiration peuvent être élevées, et creuser les étiages.

La station pluviométrique (accessible) la plus proche est celle de Toulouse (document 4.15) où les précipitations ont connu des fluctuations pseudo-cycliques, mais où leur volume s'est progressivement accu de 8,5 mm/décennie. La fréquence des hautes eaux (débits > 103 m³/s sur le Tarn, 60 m³/s sur l'Aveyron et 200 m³/s sur le Lot) a partout fait l'objet des mêmes pulsations, et la période retenue souligne les phases d'abondance de la fin des années 1960, de la seconde moitié des années 1990 et surtout des années 1970-1980. Ces pulsations sont une réponse aux variations des précipitations.

➢ Mais, sur les trois cours d'eau, la fréquence des crues a reculé (document 4.27) : 3,4 jrs/décennie sur le Tarn, 5,1 jrs/décennie sur l'Aveyron et 7,2 jrs/décennie sur le Lot. Ce sont là des valeurs élevées qui traduisent une artificialisation de l'écoulement, ce qui confirme la chronologie de la fréquence des basses eaux (document 4.28).

➢ La répartition des étiages (débits < 27 m³/s sur le Tarn, 8,9 m³/s sur l'Aveyron et 42,5 m³/s sur le Lot) est en opposition de phases avec celle des crues, et respecte les chronologies des pulsations pluviométriques sèches : début des années 1960, début des années 1970 sur le Lot et début des années 1990.

➢ À l'inverse des crues, la durée des étiages a trop fortement progressé pour être naturelle : 7,2 jrs/décennie sur le Tarn, 3,3 jrs/décennie sur l'Aveyron et 1,2 jrs/décennie sur le Lot (mais les relevés des étés 1985, 1986, 1987, 1999 et 2000 y font défaut).

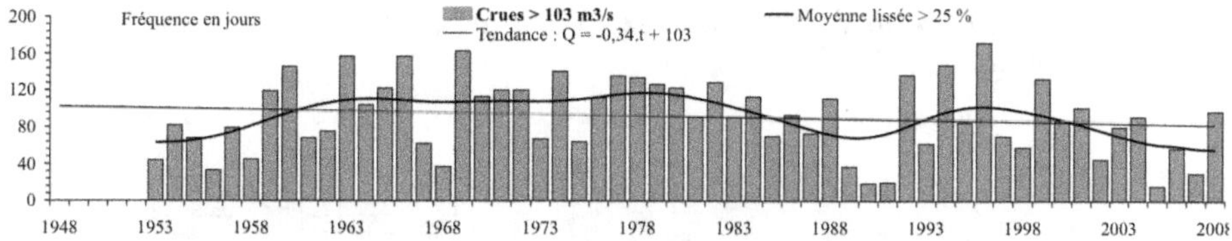

a) Répartition interannuelle de la fréquence des crues du Tarn à Marsal.

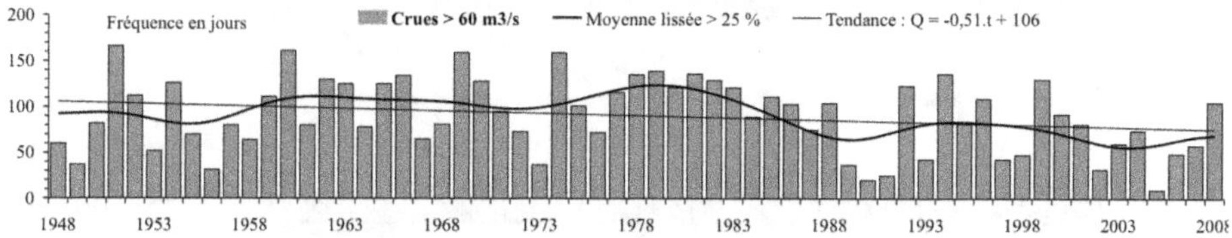

b) Répartition interannuelle de la fréquence des crues de l'Aveyron à Piquecos.

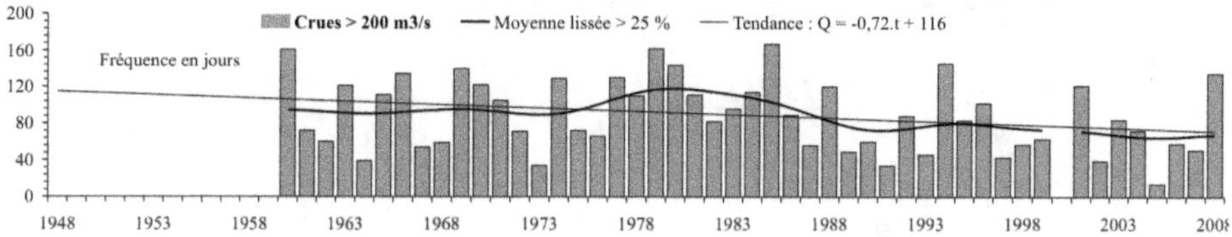

c) Répartition interannuelle de la fréquence des crues du Lot à Cahors

Document 4.27 - Chronologie des crues des affluents de la rive droite de la Garonne

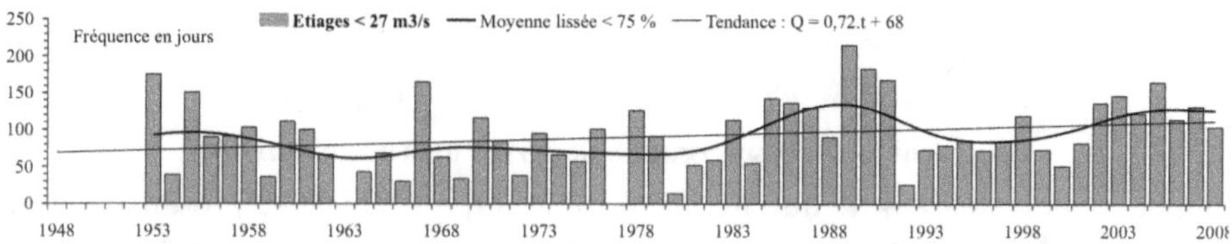

a) Répartition interannuelle de la fréquence des étiages du Tarn à Marsal.

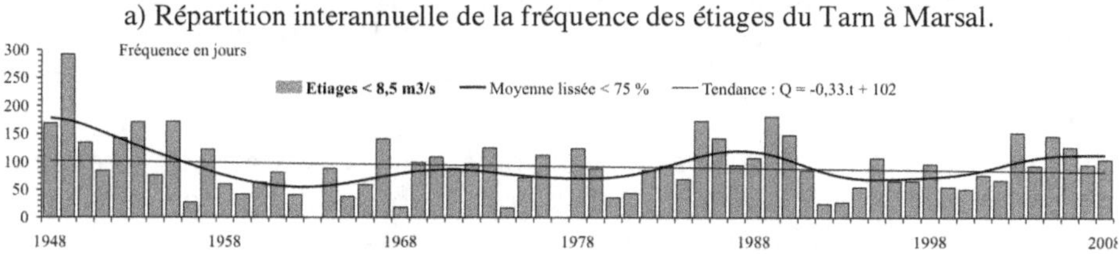

b) Répartition interannuelle de la fréquence des étiages de l'Aveyron à Piquecos.

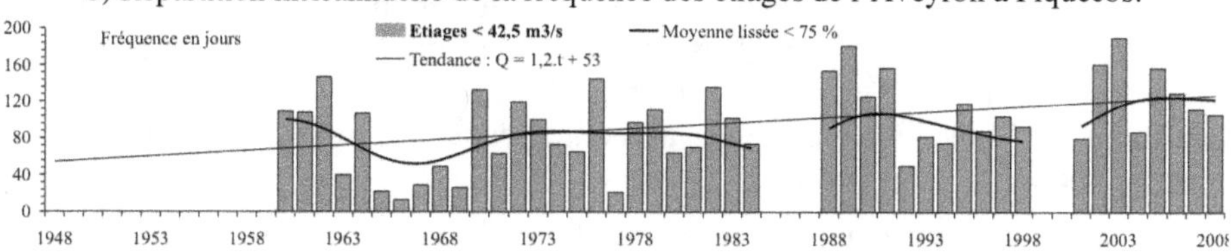

c) Répartition interannuelle de la fréquence des étiages du Lot à Cahors

Document 4.28 - Chronologie des étiages des affluents de la rive droite de la Garonne

Analysons les extrêmes hydrologiques discrétisés.

3°) La discrétisation des extrêmes du Tarn à Marsal est illustrée par les documents 4.29 et 4.30.

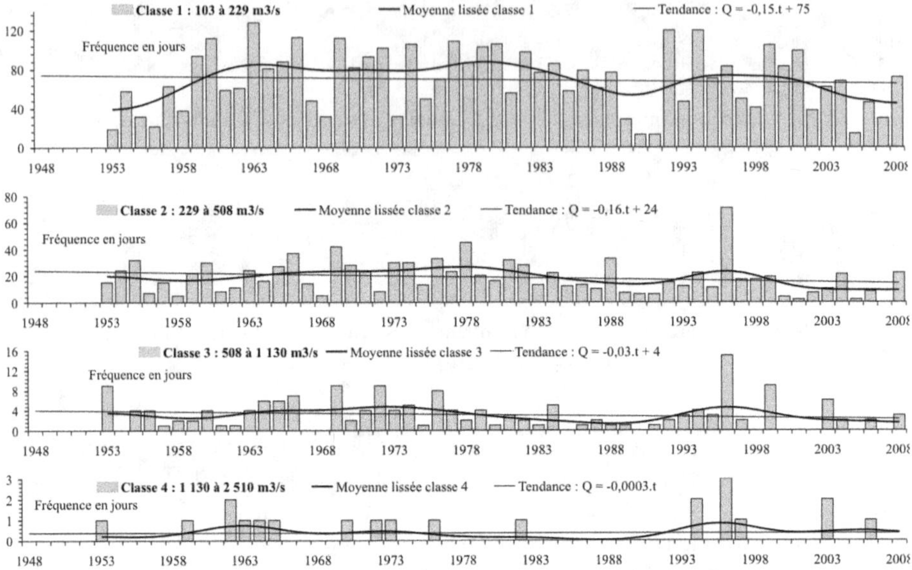

Classe 1	**103 m³/s**	**à**	**229 m³/s**
Classe 2	**229 m³/s**	**à**	**508 m³/s**
Classe 3	**508 m³/s**	**à**	**1 130 m³/s**
Classe 4	**1 130 m³/s**	**à**	**2 510 m³/s**

Document 4.29 - Discrétisation des crues du Tarn à Marsal

➢ Les crues de classe 4 ne durent que 1 à 2 jours, mais elles se produisent assez souvent, avec un maximum aux cours des pulsations positives de l'écoulement. Le Tarn a une origine cévenole, comme la Loire et l'Allier. Il fait donc l'objet de fortes crues (8 000 m³/s à Moissac en mai 1930). La tendance indique une récurrence régulière.

➢ Les crues de classe 3 sont seulement plus nombreuses et plus fréquentes, mais elles obéissent aux mêmes pulsations et sollicitations pluviales (voire nivales) avec la même régularité.

➢ Les crues de classes 2 et 1 sont indubitablement soumises aux mêmes sollicitations pluviales ; leur plus grande abondance et leur plus grande fréquence ne sont que le reflet du calcul statistique : ce sont des crues moins volumineuses. Mais leur fréquence a reculé respectivement de 1,6 et 1,5 jour tous les 10 ans.

C'est apparemment peu, mais c'est contraire à la tendance pluviométrique, et cela demande à être justifié. Le Tarn est moins aménagé que son affluent l'Aveyron, car il traverse les Causses trop aquicludes pour que les vallées puissent être barrées. Mais, dans le Lévezou, il a été possible d'y aménager quelques centrales hydroélectriques autour du Truel dans l'Aveyron (centrales du Pouget, du Pinet). Sans atteindre l'impact illustré par l'Ariège, leur fonctionnement écrête les crues les moins violentes, mais ne suffit pas à empêcher le passage des plus hautes eaux.

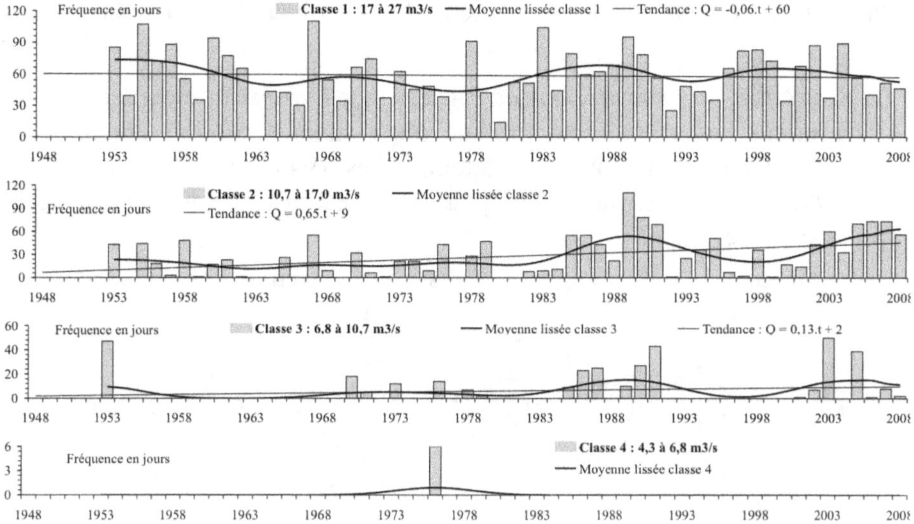

Classe 1	**17,0**	**m^3/s**	**à**	**27,0**	**m^3/s**
Classe 2	**10,7**	**m^3/s**	**à**	**17,0**	**m^3/s**
Classe 3	**6,8**	**m^3/s**	**à**	**10,7**	**m^3/s**
Classe 4	**4,3**	**m^3/s**	**à**	**6,8**	**m^3/s**

Document 4.30 - Discrétisation des étiages du Tarn à Marsal

➢ L'étiage de classe 4 est impromptu ou accidentel, mais n'est pas sans rappeler l'Ariège à Foix. La méthode utilisée favorise l'émergence statistique des faibles valeurs, et elle a permis de révéler un autre accident hydrologique, un déficit hydrologique bref mais très creusé et surtout unique en août 1976.

➢ Les étiages de classe 3 sont plus représentatifs : ils traduisent assez bien la succession des années déficitaires des années 1970 : 1980 et 2000. Surtout, leur fréquence annuelle est en croissance assez constante : 1,3 jr/décennie.

➢ Les étiages de classe 2 soulignent les mêmes pulsations, mais leur fréquence croît plus rapidement : 6,5 jrs/décennie.

➢ Enfin, les étiages de classe 1 pourraient paraître ambigus. Leurs fréquences restent associées aux pulsations pluviométriques déficitaires, mais le rythme est régulier, leur durée moyenne n'a pas connu d'augmentation.

Nous avons souvent rencontré l'inverse : la durée des étiages les plus rares était réduite aux dépens des étiages moins creusés (Seine, Marne). Dans ces cas-là, le gestionnaire du fleuve soutenait les étiages par des lâchures à partir de barrages. Ici, on assiste à une progression de prélèvements dans la nappe ou dans le fleuve, prélèvements destinés aux villes et/ou cultures intensives (on pense tout de suite aux légumes et aux arbres fruitiers abondamment cultivés dans la vallée). Cet impact avait délabré l'écoulement de la Charente, au point qu'il fallut y créer des barrages de soutien.

Quoi qu'il en soit, le Tarn ne peut guère soutenir l'écoulement de la Garonne.

4°) La discrétisation des extrêmes de l'Aveyron à Piquecos (documents 4.31 et 4.32) ne prend pas en compte la crue du 4 mars 1930 qui aurait écoulé 3 000 m^3/s. Le maximum journalier atteint après 1948 fut de 1 090 m^3/s le 5 février 1952. La discrétisation en quatre classes des premier et quatrième quartiles donne ces résultats.

Le document 4.31 rend compte de la distribution fréquentielle des crues.

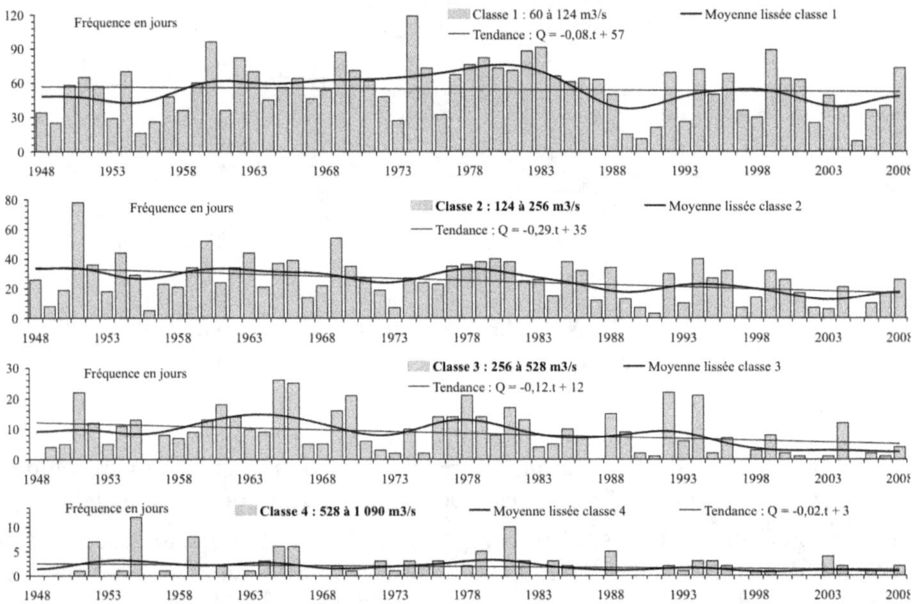

Classe 1	**60**	**m^3/s**	**à**	**124**	**m^3/s**
Classe 2	**124**	**m^3/s**	**à**	**256**	**m^3/s**
Classe 3	**256**	**m^3/s**	**à**	**528**	**m^3/s**
Classe 4	**528**	**m^3/s**	**à**	**1 090**	**m^3/s**

Document 4.31 - Discrétisation de crues de l'Aveyron à Piquecos

➢ Si les crues de classe 4 sont de courte durée, elles ne furent pas exceptionnelles, et la variation de leur fréquence n'est que le reflet des variations interannuelles de l'écoulement. Surtout, cette fréquence resta stable sur cette longue durée : recul de 2 jours/siècle.

➢ À l'inverse, les crues des classes 3 et 2, plus fréquentes en soi, sensibles aux pulsations positives (débuts des années 1950, années 1960, années 1977-1988, fins des années 1990), ont subi un recul assez généralisé de leur fréquence annuelle : 1,2 jours/décennie pour la classe 3 et 2,9 jours/ décennie pour la classe 2.

➢ Toutefois, ce repli n'a pas concerné la classe 1 (-8 jours/siècle).

L'Aveyron est plus fortement aménagé pour la production hydroélectrique : Lacs de Fontbonne et de la Rouquérié sur le Céret, lac de Thuries sur le Viaur, mais surtout les lacs de Pont-de-Salars sur le Viaur et de Pareloup sur le Vioulou (mise en eau en 1950, c'est la cinquième plus grande retenue d'eau artificielle de France et la plus grande du sud de la France), qui appartiennent à l'aménagement du Lévezou. Comme il vient d'être indiqué à propos du Tarn, ces retenues ne peuvent écrêter les plus fortes crues celles de classe 4. À l'inverse, il semble bien que les crues pluviales (voire nivales) les plus courantes soient mises en réserves dans les lacs afin de satisfaire la production d'énergie, et, de plus en plus, de maintenir en eau des lieux qui sont aussi devenus des bases de loisir. Les crues de classes 3 et 2 sont ainsi écrêtées.

Pour ce qui est des crues de classe 1, il faut effectuer une autre lecture de leur graphique : leur fréquence s'est accrue de la fin des années 1940 au début des années 1980. Par la suite, leur fréquence recula progressivement, peut-être pour la même raison qui avait provoqué une moindre fréquence des crues de classes 3 et 2.

La discrétisation des étiages confirme l'anthropisation (document 4.32).

➢ Les étiages de classe 4 sont apparemment conjoncturels, leur occurrence corrobore les « *grandes sécheresses régionales* » : charnières 1940-1950, 1980-1990 et début XXIe siècle. Mais on est droit d'évoquer un « écrêtement » car leur fréquence a reculé de 1,5 jours/décennie.

➢ Cette interprétation ne s'applique pas aux étiages de classe 3. Moins rares que les précédents, ils ont connu les mêmes phases de paroxysme, dont ceux des années 1970 portant en général peu marqué en Aquitaine. Mais la tendance reste voisine de la stabilité : recul de 3 jours/millénaire.

➢ Inversement, les étiages de la classe 2, si leur fréquence s'est accrue à chaque pulsation humide, ont vu leur durée reculer notablement : 1,3 jours/décennie.

➢ Enfin, la fréquence des étiages de classe 1 corrobore la succession des pseudo-cycles pluvieux et secs, mais présente une relative stabilité : recul de 4 jours/siècle.

Les étiages de l'Aveyron ne semblent guère avoir été relativement soutenus. La fin du XXe siècle correspond à une pluviométrie marquée de pulsations pseudo-cycliques, mais, globalement, on a observé une augmentation de près d'1 mm/an. Alors que la fréquence des hautes eaux a reculé artificiellement, celle des basses eaux a logiquement reculé. Mais ce recul concerne surtout les plus basses eaux (classe 4) ; car les retenues du Viaur et du Vioulou sont tenues de respecter un débit minimum, pour la protection des hydrosystèmes. Le débit d'objectif d'étiage est de 1,6 m^3/s à Laguépie (classe 3) et celui de crise de 0,7 m^3/s (classe 4). On sait que ces débits doivent être atteints au moins 10 jours consécutifs, et ils le sont.

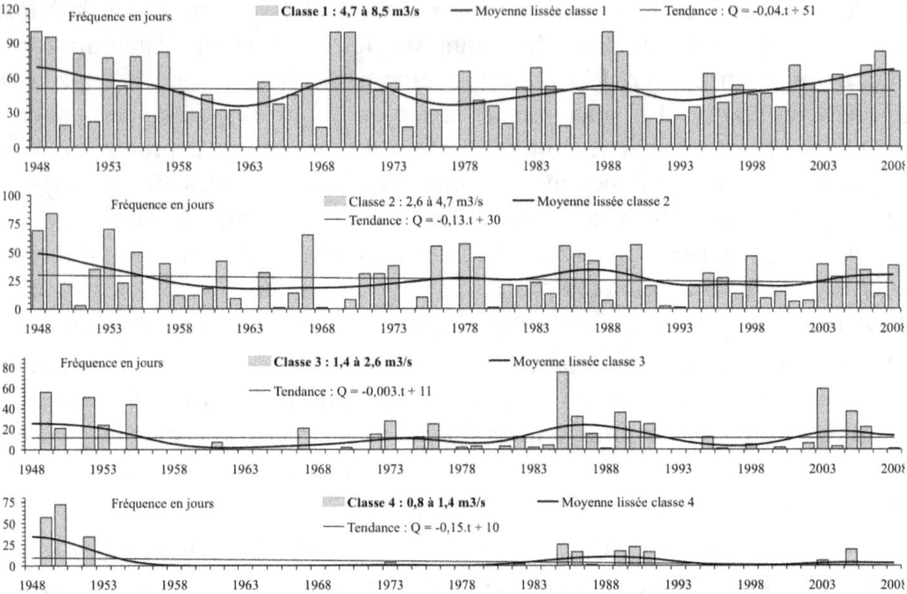

Classe 1	**4,7**	**m^3/s**	**à**	**8,5**	**m^3/s**
Classe 2	**2,6**	**m^3/s**	**à**	**4,7**	**m^3/s**
Classe 3	**1,4**	**m^3/s**	**à**	**2,6**	**m^3/s**
Classe 4	**0,8**	**m^3/s**	**à**	**1,4**	**m^3/s**

Document 4.32 - Discrétisation des étiages de l'Aveyron à Piquecos

Mais, plus que le Tarn, l'Aveyron influe sur l'écoulement de la Garonne du fait d'étiages peu perturbés et de crues en partie réduites.

5°) La discrétisation des extrêmes du Lot à Cahors **:** le bassin du Lot a été plus fortement équipé. Si le Lot lui-même, inscrit dans des terrains tendres, est peu aménagé (lacs de Castelnau-Lassouts et de Golinhac), l'aménagement a été important sur son affluent la Truyère. Les barrages y ont été construits en « cascades » avec de l'amont vers l'aval : Grandval, Sarrans, Labarthe et Couesque, auxquels il faut adjoindre les lacs de Galens et de Maury sur la Selves. Depuis 1973, des stations de transfert d'énergie par pompage fonctionnent à Montézic, Le Cheylas et La Coche, avec une puissance installée de 920 000 kW, et permettant de sérieuses économies d'eau.

Le Lot prend aussi des « *allures méditerranéennes* » avec des basses eaux de quelques m^3/s et des crues dépassant 3 000 m^3/s. Une origine cévenole y est sans doute pour quelque chose. Le document 4.33 rend compte de la distribution fréquentielle des crues.

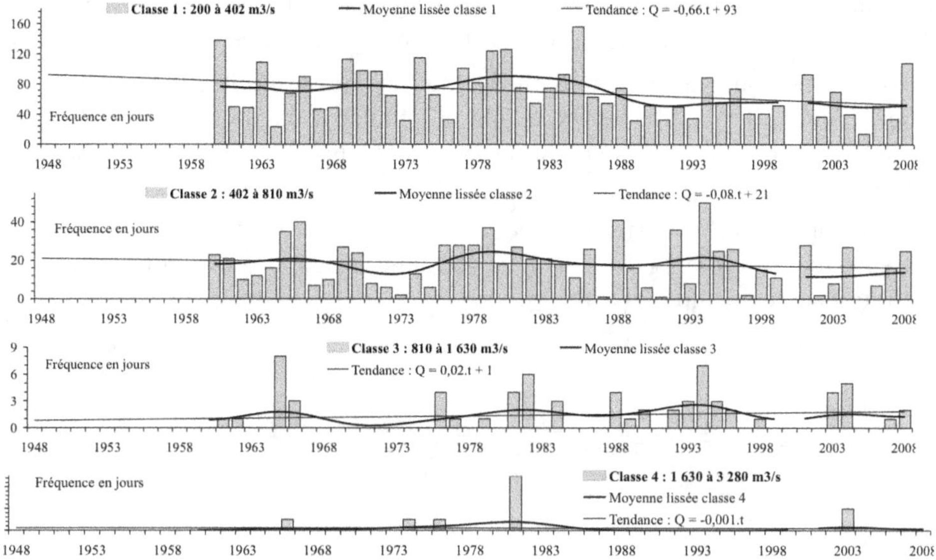

Classe 1	**200 m³/s**	**à**	**402 m³/s**
Classe 2	**402 m³/s**	**à**	**810 m³/s**
Classe 3	**810 m³/s**	**à**	**1 630 m³/s**
Classe 4	**1 630 m³/s**	**à**	**3 280 m³/s**

Document 4.33 - Discrétisation des crues du Lot à Cahors

➢ Les très rares crues de classe 4 pourraient relever de cette origine géographique associée à des pulsations pluviométriques humides. Ces rares évènements, malgré une disparition dans les années 1990, sont réapparus au début du XXIe siècle, et la tendance est à leur stabilité dans le temps (tendance au recul d'une journée par millénaire).

➢ Les crues de classe 3, moins rares, traduisent aussi une réponse hydrologique aux sollicitations pluviales naturelles : pulsations pluviométriques positives des années 1960, 1975-1985, 1990 et début des années 2000. Là aussi, la stabilité interannuelle est de rigueur sur une longue période : 2 jours/siècle.

➢ Avec la classe 2, la tendance s'inverse. Si la succession des pulsations reste bien nettement décrite, la durée des crues recula de près d'une journée par décennie. Cette même tendance s'amplifie pour les crues de la classe 1 dont la fréquence recula de près de 7 jours tous les 10 ans, si l'on fait abstraction des pulsations.

Ces observations ont quelque chose de déjà-vu sur le Tarn, voire l'Aveyron. Les barrages situés en amont n'ont pas été conçus pour réduire l'amplitude des crues les plus graves, et les crues de classes 3 et 4 ne sont que le reflet des fluctuations climatiques naturelles. Mais la nécessité de stocker de l'eau, tant pour les besoins énergétiques de l'hiver que pour les besoins touristiques de l'été, provoque un recul de la fréquence des crues moins importantes et moins rares, celles de classe 2 et surtout de classe 1. En effet, une partie de ces crues venues de l'amont est retenue prisonnière des lacs artificiels.

Sur l'Aveyron, sur le Tarn et sur le Lot, les lacs artificiels n'ont jamais été conçus pour lutter contre les excès, ils ne réduisent pas la fréquence des plus hautes eaux, pas plus qu'ils ne participent au soutien de l'étage, notamment sur le Lot.

Le document 4.34 illustre l'impact des retenues artificielles sur le régime des basses eaux. Selon le SDAGE Adour-Garonne, le débit d'objectif d'étiage est de 10 m^3/s et le débit de crise de 8 m^3/s.

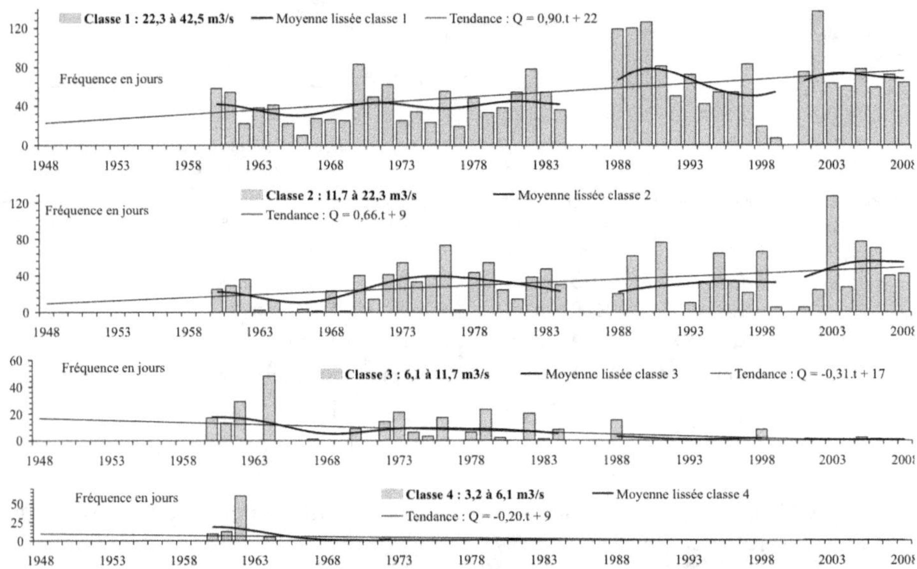

Classe 1	**22,3**	**m^3/s**	**à**	**42,5**	**m^3/s**
Classe 2	**11,7**	**m^3/s**	**à**	**22,3**	**m^3/s**
Classe 3	**6,1**	**m^3/s**	**à**	**11,7**	**m^3/s**
Classe 4	**3,2**	**m^3/s**	**à**	**6,1**	**m^3/s**

Document 4.34 - Discrétisation des étiages du Lot à Cahors

➢ Les très faibles débits de classe 4 ont pratiquement disparu après 1962, et, depuis cette date, on peut certes évoquer la réponse à une pluviométrie plus copieuse. Mais il nous semble plus judicieux de parler de soutien d'étiages de la part des gestionnaires de barrages.

➢ Le D.O.E. et le D.C.R. sont inscrits dans les étiages de classe 3. À l'évidence il y a eu volonté des réduire l'impact de ces basses eaux. Leur fréquence a continué d'être plus élevée pendant les « sécheresses » : début des années 1960 et surtout seconde moitié des années 1970, mais cette fréquence s'est réduite de 3 jours tous les 10 ans, et ce type d'étiages devint rarissime après 1988.

➢ C'est une progression inversée qui affecte la fréquence des étiages de classe 2. Non seulement les pulsations sèches sont mises en valeur par une durée plus longue des basses eaux, mais cette durée s'est accrue de près d'une semaine par décennie.

➢ Cette remarque vaut enfin pour les étiages de classe 1 dont la durée globale a augmenté de 9 jours tous les 10 ans (45 jours depuis 1958).

L'explication avancée pour le Tarn est recevable. Les barrages de l'amont du bassin ne laissent passer que le strict nécessaire imposé par la loi (le SDAGE Adour-Garonne), mais ils retiennent le maximum d'eau afin de préserver la production d'électricité en hiver et favoriser le tourisme sur les lacs. Toutefois, la vallée du Lot est bien connue pour ses productions légumières et fruitières, cultures qui demandent à être irriguées en été.

La Garonne n'a donc que peu à attendre de ses affluents de la rive droite, venus du Massif Central. Certes, le rôle de leurs abondances moyennes se ressent entre le Portet et Mas d'Agenais et Tonneins ...

Garonne au Portet-sur-Garonne (1948-2008)	**179**	**m^3/s**
Ariège à Foix (1948-2008)	**39**	**m^3/s**
Tarn à Marsal (1948-2008)	**85**	**m^3/s**
Aveyron à Piquecos (1948-2008)	**52**	**m^3/s**
Lot à Cahors (1955-2008)	**148**	**m^3/s**
Garonne à Mas d'Agenais et Tonneins (1948-2008)	**578**	**m^3/s**

... L'adition des débits n'est pas une méthode très scientifique ; toutefois, le total des débits bruts de l'Ariège, du Tarn, de l'Aveyron et du Lot est de 503 m^3/s. Les 75 m^3/s de différence sont à partager entre le Girou et la Séoune sur la rive droite et la Save, la Gimone, l'Arrats, le Gers et la Baïse sur la rive gauche (dont on sait qu'elle apporte des cours d'eau gascons très sollicités en été, et pour lesquels on a construit le canal de la Neste et envisagé le barrage de Charras).

Après leur confluence, nous avons remarqué que les extrêmes de la Garonne étaient déjà fortement perturbés, et que la « mise était sauvegardée » par l'Ariège apportant des hautes et des basses eaux relativement régularisées. Nous avions aussi souligné que si le recul de la fréquence des plus fortes crues était un effet positif des aménagements, il fallait redouter une agression des écosystèmes, issue de ces mêmes aménagements, par l'aggravation de la durée des étiages. Or, sur les deux ensembles Tarn-Aveyron et Lot, les aménagements hydroélectriques ont eu des effets aussi pervers. Ils laissent passer les crues les plus fortes et ils retiennent de l'eau pendant l'été.

Cet effet est peu perceptible sur les crues de Tonneins et Mas d'Agenais (document 4.17), dont les plus violentes ont connu un recul de leur fréquence. Inversement, les étiages se sont aggravés (document 4.18), notamment les étiages les plus creux. Plus que la Seine et même plus que la Loire, l'hydrologie de la Garonne a été très affectée par l'hydroélectricité et l'irrigation. Or, on lui demande aussi, en été, de refroidir la centrale nucléaire de Golfech en service depuis 1994 dans le Tarn-et-Garonne.

Comme cela avait été observé sur l'Adour et le Gave de Pau (Chap. 2, doc. 2.13 à 2.19), l'aménagement des barrages a très fortement perturbé le « régime » naturel des extrêmes hydrologiques. L'aménagement des grands barrages sur l'Ariège, la Haute Garonne, le Lot et ses affluents, ou la Dordogne et ses affluents, n'a guère modifié la répartition interannuelle des hautes eaux, laquelle reste en phase avec la succession des pseudo-cycles pluviométriques. À l'inverse, la nécessité de remplir les grands réservoirs au cours de la période estivale, afin de subvenir à la forte demande énergétique en hiver, a accusé l'impact des étiages, au point que l'Agence Adour-Garonne a dû imposer des débits d'objectif d'étiage, afin de soutenir l'offre nécessaire à l'irrigation des cultures délicates et gourmandes en eau, des vallées du Bassin Aquitain.

Cinquième chapitre
Les extrêmes du Rhône français

Le Rhône, principal fleuve allogène français, prend sa source au Saint-Gothard dans les Alpes suisses pour terminer son cours dans la mer Méditerranée par l'intermédiaire d'un delta : la Camargue. Pour ce qui concerne la France, le fleuve est originaire du lac Léman, peu en amont de la frontière. Le bassin versant couvre 95 500 km^2 dont 5 000 km^2 en Suisse ; dans sa partie française, le bassin du Rhône occupe 17 % du territoire national. Pour l'essentiel c'est un cours d'eau alpin, mais cette dimension ne concerne que la rive gauche ave les vastes bassins de l'Isère dans les Alpes du Nord, et de la Durance, dans les Alpes du Sud, deux bassins fortement influencés par la fonte de glaces et surtout des neiges. Toutefois, dans son parcours français, les eaux issues de la rive droite jouent aussi un rôle important, notamment celles qui sont venues du Jura (forte influence du karst), de Bourgogne et du Massif Central (forte influence des pluies hivernales). Le Rhône est d'ailleurs le type assez parfait du cours d'eau à régime complexe.

Le Rhône alpin peut être subdivisé en trois ensembles. En amont, dans son parcours suisse, le bassin versant se trouve resserré entre les Alpes Bernoises et celles du Valais et réduit à la vallée glaciaire du Valais, sur toutefois près de 300 km. Mais c'est en France que le rôle des Alpes devient majeur. En effet, dès la frontière, parviennent les eaux de l'Arve (2 060 km^2) et du Fier (1 380 km^2), issues des Alpes de Savoie, dont le Massif du Mont Blanc. Mais la principale source se trouve dans les eaux de l'Isère et de ses affluents l'Arc et la Romanche dont l'ensemble du bassin couvre 11 800 km^2. Le rôle hydrologique de cet ensemble est considérable car c'est le drain principal de la zone intra-alpine : Beaufortin, Vanoise, Pelvoux, Champsaur, mais aussi du Belledonne et des Préalpes de la Grande Chartreuse et du Vercors. Les têtes de bassins sont toujours à plus de 2 000 m d'altitude, et parfois à près de 4 000 m. Plus au sud, le relais est pris par la Durance et ses affluents (dont le Verdon) qui, avec 14 225 km^2 de bassin versant, sont les drains naturels des Alpes du Sud, certes plus méditerranéennes et moins arrosées, mais dont les fortes altitudes au sud du Champsaur, dans l'Ubaye et le Mercantour (2 à 3 000 m d'altitude) assurent un fort tapis neigeux, pourvoyeur d'eau printanière. Il ne faudrait pas non plus ignorer le rôle de la Drôme (1 640 km^2 de bassin versant), drain naturel des Préalpes du Sud. Globalement, les Alpes couvrent la moitié du bassin du Rhône.

La Franche-Comté, avec principalement la Saône (29 950 km^2), couvre le 1/3 de la surface du bassin. La Saône vient des monts Faucilles dans le département des Vosges, et elle se trouve être la plus vaste rivière de France par la taille de son bassin versant : 5,5 % du territoire métropolitain. C'est ainsi le principal affluent de la rive droite. La Saône est une rivière de plaine, drain majeur de la Bresse, des plateaux bourguignons et du pays de Gray au nord, ce qui en fait un ensemble très différent des autres affluents du Rhône : des eaux d'origine pluviale océanique, un écoulement lent, qui n'est pas sans rappeler celui de la Seine (dont elle possède le même type de crues). D'ailleurs « Seine » et « Saône » sont des mots issus chacun du préceltique Séquana. Mais une autre partie des eaux de cette rive droite vient des plateaux calcaires du Jura, principalement par l'intermédiaire du Doubs (11 500 km^2 en amont de sa confluence avec la Saône à Verdun-sur-le-Doubs). Ce curieux cours d'eau prend sa source à Mouthe (département du Doubs), et s'écoule d'abord vers le nord-est. Il traverse plusieurs lacs : Lac de Saint-Point, Lac de Chaillexon, Lac des Brenets ; il est coupé de rapides, dont le célèbre *saut du Doubs*. Il marque même la frontière entre la Suisse et la France sur quelques dizaines de kilomètres pour pénétrer en Suisse, en direction du Rhin. Puis il change brutalement de direction et s'écoule vers l'ouest. Mais à la confluence avec le Dessoubre, il reprend une *direction rhénane* jusqu'au voisinage de Montbéliard, où il prend une direction NW-SE, dans une vallée encaissée creusée dans le plateau du Jura parallèle aux chaînons. C'est à Besançon que le Doubs s'écoule dans la plaine de la Saône jusqu'à Verdun où il rejoint le fleuve. La grande originalité du Doubs et de ses affluents est l'importance de la circulation karstique dans les calcaires du Jura. Notamment, l'un de ses affluents, la Loue, qui le rejoint en aval de Dole, n'est que la résurgence d'une de ces nombreuses pertes dans sa traversée nord-sud du Jura. On sait que la Saône et son puissant affluent jouent un rôle considérable dans la régulation naturelle de l'écoulement du Rhône alpestre.

Le rôle du Massif Central se fait surtout ressentir en aval de Lyon. Du fait d'une tectonique cassante nord-sud, les eaux sont principalement attirées vers la Loire, et les affluents rive droite du Rhône sont très courts, mais ils dévalent rapidement et directement les rebords escarpés du Vivarais : le Giers, la Cance, la Doux, et des Cévennes : l'Eyrieux (865 km^2) et surtout le Gard ou Gardon (2 200 km^2). Le caractère torrentiel et méditerranéen joue (comme avec la Durance) un rôle essentiel dans la dégradation du régime à l'entrée du delta. Car l'originalité de ce grand fleuve (à l'inverse de la Loire, de la Seine et de la Garonne) est de se terminer par une plaine deltaïque.

La participation des Alpes restera tout de même essentiel dans l'hydrologie du Rhône. Mais, d'un point de vue humain, il faut aussi rappeler les retombées de l'histoire. Le Rhône *mit un certain temps à devenir français*. Au Traité de Verdun, en 843, la vallée du Rhône fut attribuée à Lothaire, le fils aîné de Louis le Pieux, dans le cadre de la Lotharingie. Ce n'est qu'aux XIVe et XVe siècles que les rois de France acquièrent le Valentinois (Valence), puis le Dauphiné, le Delta du Rhône et enfin le Duché de Bourgogne. Mais la Franche-Comté n'est acquise qu'au XVIIe siècle, Avignon à la fin du XVIIIe siècle, et la Savoie en 1861.

Le Rhône était connu pour la vitesse de ses eaux, qui fut longtemps un profond handicap pour la navigation remontant le fleuve (ici, le mistral soufflait à contresens du courant). Il fut aménagé par la Compagnie Nationale du Rhône dès les années 1920, pour en faire un cours d'eau aujourd'hui très anthropisé. Mais il reçoit aussi de nombreux affluents dans son parcours français. Si les affluents du nord (Ain et Saône) sont pondérés, les affluents alpins, dont l'Isère, la Drôme et la Durance, sont influencés à la fois par la fonte des neiges et par les aménagements hydrauliques. Quant aux affluents du Massif central, ce sont des torrents : Eyrieux, Ardèche et Gard.

Au XXe siècle, à la station de Beaucaire, le Rhône écoula en moyenne 1 710 m^3/s, mais, malgré les aménagements, son débit recula à 234 m^3/s le 13 octobre 1962, pour être de 10 900 m^3/s le 3 décembre 2003. Mais il avait écoulé 13 000 m^3/s en mai 1856.

I - Le Rhône à Beaucaire

Le fleuve y est jaugé depuis 1920, activité assurée par la Compagnie Nationale du Rhône, laquelle ferma cette station en 2005. La station de jaugeage n'est qu'à une vingtaine de kilomètres de l'entrée du delta, à une altitude de 6 m N.G.F. seulement. Ce sont les eaux drainées sur 96 500 km^2 de bassin versant qui y parviennent. En ne retenant que la partie française, le Rhône est l'exutoire du lac Léman et à Chancy, à la frontière franco-suisse, il écoule 334 m^3/s, soumis à une pondération lacustre de 2,5.

Il reçoit ensuite des cours d'eau glaciaires et nivo-glaciaires sur sa rive gauche, issus des Alpes : l'Arve, le Fier, le Guiers, et l'Isère. Sur sa rive droite, il reçoit aussi des affluents pondérés par le karst jurassien comme l'Ain et de régime pluvio-évaporal océanique : la Saône, le Giers. Vers l'aval, il est rejoint par des affluents torrentiels de régime pluvio-évaporal (ou nival) méditerranéen : l'Eyrieux, la Drôme, l'Ardèche, la Cèze, la Durance et le Gard. Son régime à Beaucaire résume toutes ses influences (document 3.69).

Mais c'est aussi l'un des fleuves européens les plus anthropisés et il faut prioritairement présenter ces aménagements qui remontent au début du XXe siècle.

A - Les aménagements du Rhône.

C'est à l'initiative de la Chambre de Commerce de Lyon que fut décidé le triptyque de l'aménagement du Rhône : navigation, irrigation et utilisation de la force motrice. C'était en 1899, mais il fallut attendre 1921 pour que soit constituée la C.N.R. (Compagnie Nationale du Rhône), laquelle reçut en 1934 la concession des travaux d'aménagement du Rhône.

1°) Les aménagements ont été achevés dans les années 1980-1990. La pièce maîtresse est le barrage de Génissiat. Débuté en 1935, il ne fut achevé qu'en 1948 avec l'adjonction de la retenue de Seyssel en 1951. 1 800.10^6 KWh sont produits, dont 90 % par Génissiat. Mais ce ne fut que 25 ans plus tard qu'on doubla la productivité en équipant les 64 m de dénivellation entre Génissiat et Lyon avec les barrages de Chautagne, Belley, Brégnier-Cordon, Sault-Brénaz et Cusset.

C'est par souci de rentabilité que fut d'abord équipé le 1/3 central du Rhône et 12 usines harnachent aussi le Rhône en aval de Lyon. Elles sont situées sur des dérivations de 1 à 32 km sur la rive gauche (sauf celle de Beaucastel), donnant une productibilité de 14 000.10^6 KWh. L'aménagement de Pierre-Bénite dura de 1962 à 1978, avec les usines de Vaugris, Pierre-Bénite, Salon et Gervans.Ici, on a aussi voulu améliorer la navigation dans une région de hauts fonds et de rapides, et la productibilité est encore modeste : 2 500.10^6 KWh. La suite est plus productive, car le Rhône reçoit le renforcement de l'Isère et écoule 1 400 m^3/s.Les cinq hydrocentrales : Bourg-lès-Valence, Beaucastel, Logis-neuf, Donzère-Mondragon, Châteauneuf-du-Rhône et Bollène donnent 7 000.10^6 KWh. Mais en aval, la productibilité est moindre ; trois hydrocentrales : Caderousse, Avignon et Vallabrègues, ne produisent que 3 000.10^6 KWh.

Ces travaux ont permis une mutation de l'agriculture et des transports. Les prises d'eau sont de plus en plus fortes vers l'aval, et en amont de Tournon, on irrigue 15 000 ha. Sur le 1/3 central, plus de 18 000 ha ont été mis à l'abri des crues, et 65 m^3/s sont destinés à l'agriculture dans la plaine de Valence, la plaine de Montélimar et le Tricastin. Puis 12 m^3/s sont prélevés en aval de Mondragon pour l'irrigation des plaines d'Orange, d'Avignon et de Tarascon. À la tête du delta, une partie des eaux est déviée vers le canal du Bas-Rhône-Languedoc qui irrigue 75 000 ha en Bas-Languedoc.

À l'inverse, les résultats pour la navigation sont plus modestes. Depuis 1978, le Rhône est au gabarit de 1 350 t et accessible aux convois poussés de 3 000 t (les écluses de 195 m/12 m en acceptent le passage) ; mais la concurrence des autres moyens de transport limite le trafic à 10^6t.

2°) Ces aménagements ont par définition une influence sur l'hydrologie du fleuve : en amont de Lyon, l'hydroélectricité est le principal souci et la production est réalisée par des usines de moyennes chutes, dont la principale est associée au barrage de Génissiat dont la digue de 104 m retient 56.10^6 m^3 d'eau, permettant au 6 turbines Francis de produire 1 700.10^6 KWh. Ces ouvrages n'écrêtent pas les crues les plus fortes, mais ils peuvent ralentir les plus faibles et, surtout, accuser les étiages pour mettre en réserve l'eau nécessaire au turbinage des heures de pointe (en hiver).

En aval de Lyon, les usines de basse chute sont installées sur un canal de dérivation parallèle au fleuve. L'eau est prise en amont par un canal d'amenée, elle est turbinée, puis restituée par un canal de fuite. Logiquement, il n'y a pas de pertes, mais le turbinage se fait toute l'année. Les trop hautes eaux sont évacuées par le lit naturel, mais en période d'étiage, on est tenté de réserver l'eau aux dérivations pour l'énergie et la navigation. On sait que l'hydrosystème a été bouleversé.

Enfin, les eaux d'irrigation sont perdues par évapotranspiration sur les plus de 100 000 ha de terres cultivées et irriguées du printemps à la fin de l'été. L'hydrologie rhodanienne mesurée à Beaucaire est non seulement compliquée par les apports de régions aux climats différents, mais les aménagements ont perturbé le flux naturel. Il faut aussi prendre en compte le fait que les affluents sont eux-mêmes aménagés, l'Isère et la Durance notamment.

B - Présentation hydrologique du Rhône à Beaucaire

À l'entrée du delta, le Rhône est un cours d'eau pondéré (coefficient de pondération de 1,9). Entre 1920 et 2005, le maximum est pluvial avec 2 051 m^3/s en février tandis que le minimum est évaporal avec 1 088 m^3/s en août. Globalement, le bassin versant du Rhône a écoulé l'équivalent de 559 mm d'eau par an, soit une moyenne de 47 mm/mois. Or, de novembre à juin, chaque mois écoule plus de 47 mm (57 mm en mars et 48 mm en juin). Cela signifie que le Rhône à Beaucaire présente un débit très homogène de novembre à juin (420 mm), correspondant aux pluies méditerranéennes d'automne (Ardèche, Gard, Durance et Drôme), aux pluies océaniques d'hiver (Saône, Ain) et à la fonte des neiges (Rhône à Pougny, Arve, Isère). Mais, en été, il écoule encore 139 mm de juillet à octobre (35 mm/mois). Certes, ce sont les basses eaux évaporales estivales, mais cela reste abondant, du fait du soutien glaciaire (Rhône à Pougny et Isère). La notion d'étiage, sur le Rhône, n'aura donc pas exactement le même sens que sur la Seine, la Loire et la Garonne.

1°) À Beaucaire, le Rhône est un fleuve puissant dont la chronique des moyennes annuelles (document 5.1.a) traduit une assez grande uniformité. En effet, le rapport de l'écart-type (350 m^3/s) à la moyenne (1 699 m^3/s) - ou coefficient de variation - est de 21 % ; sur la Seine à Paris, ce coefficient est de 36 % ; sur la Loire à Montjean, il atteint 32 % et sur la Garonne à Tonneins et Mas d'Agenais, il est de 29 %. C'est une autre illustration de la pondération du Rhône. Toutefois, l'écoulement a fait l'objet de pulsations pseudo-cycliques respectant deux type de périodes : une vingtaine de pulsations de courte période : d'une durée moyenne de 8 à 9 ans, et des pulsations de longue période: d'une durée moyenne de 40 ans. Ce ne sont plus les mêmes valeurs que celles qui sont rencontrées sur la Seine, la Loire et la Garonne (et leurs affluents).

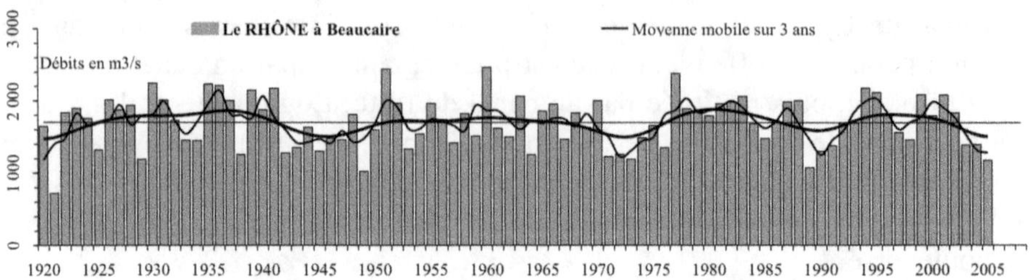

a) Variations interannuelles du débit du Rhône depuis 1920

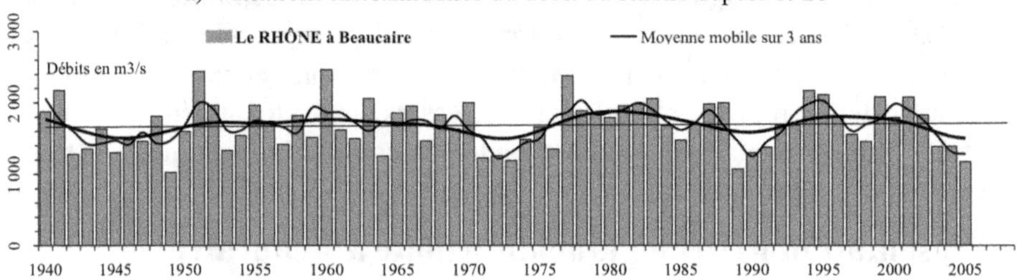

b) Variations interannuelles du débit du Rhône depuis 1940

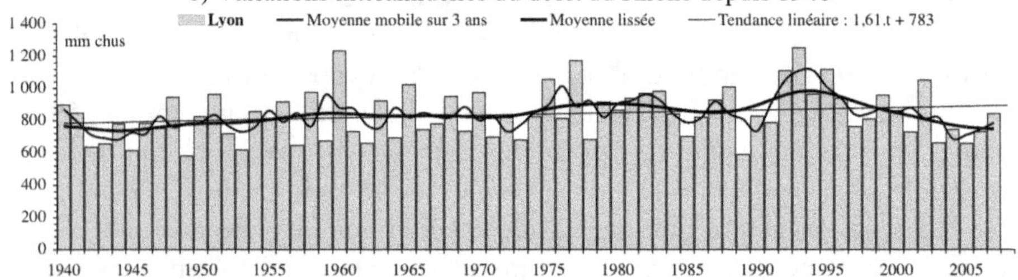

c) Variations interannuelles des précipitations à Lyon depuis 1940

Document 5.1 - Hydrologie du Rhône à Beaucaire

L'écoulement interannuel y a connu des pulsations courtes d'une durée de 5 à 6 ans, et des pulsations longues d'une quinzaine d'années. Les valeurs apparaissent beaucoup plus longues, ce qui pose un problème d'interprétation. Les pulsations pluviométriques n'y sont plus les mêmes et, surtout, ne sont plus les seules à évoquer.

2°) Lyon n'est certainement pas la station la plus représentative du bassin du Rhône, mais elle est au centre de la partie française de celui-ci, et c'est la seule pour laquelle nous avons pu trouver une longue série de données fiables. Les relevés remontent à 1940, et les documents 5.1b et c permettent de comparer la succession des pseudo-cycles pluviométriques et des pulsations de l'écoulement à Beaucaire sur la même durée.

Les indentations des deux graphiques apparaissent plutôt parallèles. Le calcul a révélé une succession de pseudo-cycles brefs de 8 ans en moyenne, et de pseudo-cycles plus longs, de 38 à 40 ans. Nous ne prétendons pas faire de bilan hydrologique, mais, au moins, les fluctuations naturelles interannuelles sont en phases, ce qui est suffisant pour notre démonstration.

À l'inverse, les tendances générales diffèrent. Les précipitations lyonnaises, comme leurs homologues angevines, bordelaises, limousines, parisiennes, toulousaines et tourangelles, ont connu une progression générale dans la seconde moitié du XXe siècle. Selon la tendance linéaire, elle serait de 16 mm/décennie. Pendant le même temps, le Rhône a « *perdu de l'eau* », et son débit brut a reculé de 1,1 m^3/s tous les 10 ans, conséquence plus que probable des aménagements qui y furent réalisés : évaporation sur les lacs, évapotranspiration par irrigation.

C - Les débits extrêmes du Rhône à Beaucaire.

Ces débits appartenant au premier et au quatrième quartiles des débits classés sont **> 2 110 m^3/s** pour les crues, et **< 1 000 m^3/s** pour les étiages (document 5.2). Les deux graphiques sont en presque parfaite opposition de phases, opposant les pulsations humides synonymes de crues et les pulsations sèches correspondant à des étiages mieux marqués. On relève des crues cycliques plus marquées, comme celles des années 1930, du début des années 1940 et des années 1950, celles des années 1960, et, on serait tenté de dire surtout, celles des années 1977-1998 et 1995-2003.

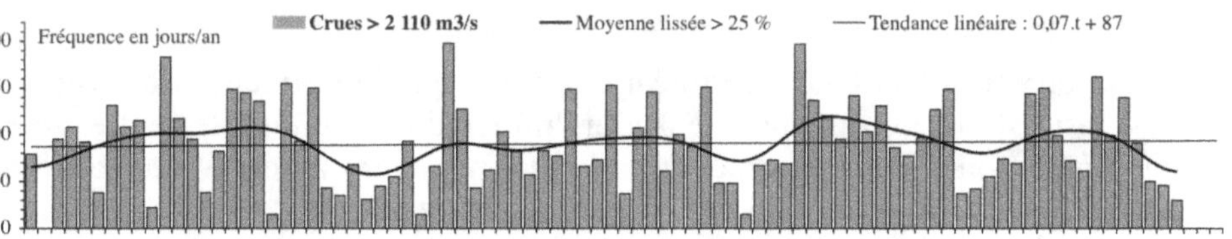

a) Fréquence des crues du Rhône à Beaucaire

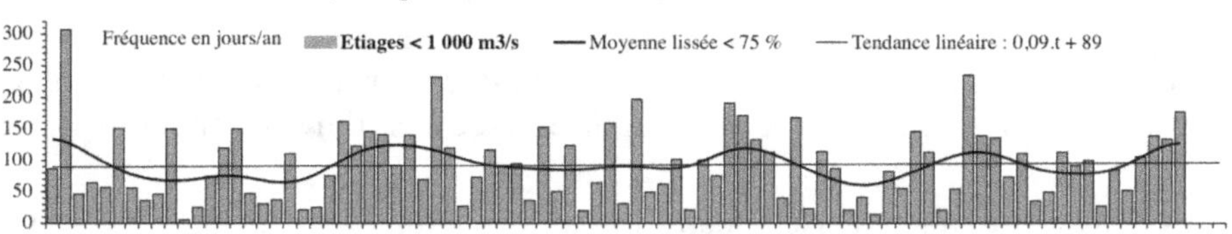

b) Fréquence des étiages du Rhône à Beaucaire

Document 5.2 - Hautes et basses eaux du Rhône entre 1920 et 2005

➢ Le Rhône écoula en effet 9 090 m^3/s le 13 novembre 1935, 9 180 m^3/s le 22 novembre 1951, 10 500 m^3/s le 8 janvier 1993 et 10 900 m^3/s le 3 décembre 2003.

➢ La situation de crue avait duré 183 jours en 1930, 198 jours en 1951 et 197 jours en 1977.

Le fleuve aurait ainsi connu de très fortes crues jusqu'au début du XXIe siècle sur des périodes qui, exceptionnellement, auraient pu durer plus de la moitié de l'année, et nous avons calculé que 26 % des crues occupèrent plus de la moitié de l'année. Toutefois, leur fréquence moyenne, si elle fit l'objet de pulsations, ne présente pas de forte tendance à la croissance au cours de ces 86 ans de mesures : 7 jours/siècle ne font que correspondre à la tendance pluviométrique générale.

Le Rhône a connu des étiages dans le sens statistique que nous leur donnons. Ils furent particulièrement fréquents au début des années 1920, à la fin des années 1940, dans les années 1970 ; au début des années 1990 et au début des années 2000.

➢ Mais le débit minimal : 234 m^3/s, a eu lieu le 13 octobre 1962, si on évoque encore 323 m^3/s le 24 octobre 1989, 355 m^3/s le 9 août 1976 et 293 m^3/s le 3 août 2003, 45 % des débits les plus faibles se sont produits dans la période 1920-1949, avant que les premiers aménagements ne soient mis en service.

➢ Donc, la croissance générale de la durée des étiages : 9 jours/siècle (valeur très faible comparée à d'autres cours d'eau) pourrait s'expliquer par l'impact des aménagements car elle est en contradiction avec une pluviométrie en augmentation.

1°) La discrétisation des crues se traduit par un recul régulier des fréquences selon l'aggravation du degré de rareté (document 5.3), mais le résultat des calculs montre les limites des méthodes statistiques

➢ Preuve en est que la tendance linéaire indique que la fréquence des crues de classe 4 reste stable : croissance de 3 jours/millénaire. Pourtant, le seul examen du graphique montre que ces crues furent plus fréquentes au début et à la fin de la période de mesures, pour presque disparaître entre temps.

➢ À l'inverse, la tendance linéaire de la fréquence des crues de classe 3 aurait reculé de 2 jours/siècle, ce qui est par ailleurs très modéré. Mais le détail du graphique incite à la méfiance. Il est indubitable que leur fréquence augmenta par saccades jusqu'à la fin des années 1950. Puis ces crues disparurent dans les années 1960-1970 pour ensuite réapparaître, avec des durées annuelles moins élevées.

➢ Ces remarques disparaissent dans le cas des crues de classes 2 et 1. Les phases de paroxysme correspondent à celles de l'écoulement et aux maxima pluviométriques. Elles sont en phase avec la fréquence des basses eaux du document 5.2. Leur durée annuelle tend ainsi à augmenter de 4 à 5 jours par siècle.

Comparées à d'autres cours d'eau, les crues du Rhône ne connaissent pas un accroissement de leur volume ni de leur durée dans l'année. Reste toutefois la disparition relative des crues de classes 3 et surtout 4 dans les années 1960-1970. On peut déjà évoquer le rôle des aménagements dans leur disparition, que ce recul soit fortuit (impact involontaire des barrages) ou voulu (recherche de l'écrêtement des plus hautes eaux).

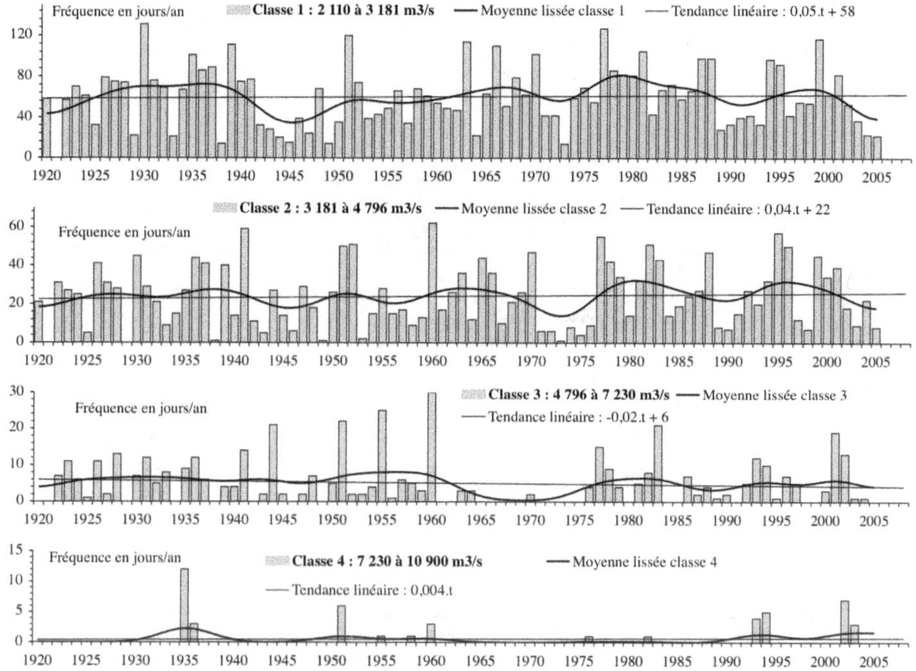

Classe 1	**2 110 m^3/s**	**à**	**3 181 m^3/s**
Classe 2	**3 181 m^3/s**	**à**	**4 796 m^3/s**
Classe 3	**4 796 m^3/s**	**à**	**7 230 m^3/s**
Classe 4	**7 230 m^3/s**	**à**	**10 900 m^3/s**

Document 5.3 - Discrétisation des crues du Rhône à Beaucaire

Mais leur retour (avec une fréquence réduite), à la fin du XXe siècle pourrait être le reflet d'une pluviométrie plus marquée. On pourrait évoquer un ruissellement plus élevé dans les Alpes du Sud (Durance) et les Cévennes Ardèche et Gard) ; mais depuis près de deux siècles, on a fait le maximum pour réduire la torrentialité. «

2°) La discrétisation des étiages (document 5.4) se traduit, comme celle des crues, par un recul régulier des fréquences en fonction du degré de rareté. Surtout, les graphiques montre une remarquable opposition de phase avec les fréquences des crues, ce qui irait dans le sens d'un « fonctionnement hydrologique naturel ».

➢ Les étiages de classe 4 ont été plutôt très rares (1 à 2 jours par an), ce qui s'explique par des écoulements qui, de juillet à septembre, sont soutenus par la fonte estivale des glaciers alpins. Mais leur originalité relève de leur occurrence : 1921 (une année très sèche), puis, sporadiquement de 1962 à 1990. C'est l'inverse de la fréquence des crues de classe 4. Cette répartition se retrouve en classe 3, avec comme différence une fréquence plus élevée. Mais, pour les deux classes d'étiages, les tendances n'ont pas de sens : les étiages de classe 3 auraient reculé de 3 jours/millénaire, et ceux de classe 4 d'une journée tous les 100 000 ans !

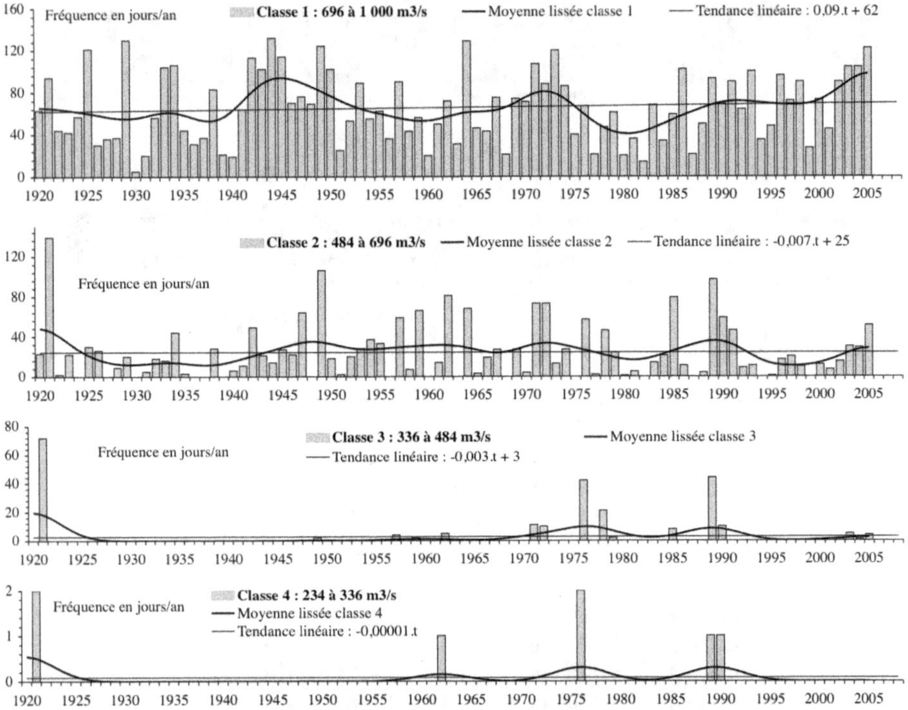

Classe 1	**696 m^3/s**	**à**	**1 000 m^3/s**
Classe 2	**484 m^3/s**	**à**	**696 m^3/s**
Classe 3	**336 m^3/s**	**à**	**484 m^3/s**
Classe 4	**234 m^3/s**	**à**	**336 m^3/s**

Document 5.4 - Discrétisation des étiages du Rhône à Beaucaire

➢ Inversement, la fréquence des étiages de classes 1 et 2 à fait preuve d'une *« régularité d'horloge »* par leur respect des pulsations pluviométriques négatives. La tendance de la durée des étiages de la classe 2 n'a pas de sens : recul de 7 jours/millénaire, et celle des étiages de classe 1 conforte la remarque générale (document 5.2) : les étiages se creusent légèrement.

À l'évidence, les débits extrêmes du Rhône ont subi l'impact des aménagements hydrauliques. Mais cet impact est apparemment modéré : les étiages, qui, en général, se creusent du fait d'une consommation urbaine, industrielle et surtout agricole, n'ont pas subi les modifications observées sur la Garonne, ses affluents de la rive droite et les affluents de la Loire aval. Leur progrès apparaît très limité. Il est vrai que les usines au fil de l'eau n'ont pas l'impact des grands barrages de moyenne chute, et qu'il faut aussi refroidir ici des centrales nucléaires. Les crues sont apparemment naturelles et respectent la répartition des pluies. Aucune modification des conditions d'écoulement sur le bassin n'est perceptible à Beaucaire.

Nous avons insisté sur cet aspect, car le Rhône est très fortement anthropisé, il est doublé de canaux de dérivation hydroélectrique et de canaux d'irrigation. Ses affluents alpins sont très sollicités. C'est aussi l'un des fleuves les plus pollués de France. Sommes-nous en face d'un artéfact de calcul ? Quel est le rôle réel des affluents ?

II - Le Rhône en amont de Lyon

Jusqu'à Lyon, l'écoulement naturel du Rhône reste sous influence montagnarde. Celle-ci est glacio-nivale avec les affluents de la rive gauche issus des Alpes et des Préalpes : le Guiers, le Fier et surtout l'Arve. Elle est nivale et pluviale chez les affluents jurassiens de la rive droite : la Valserine, le Séran et surtout l'Ain. Le fleuve est déjà potentiellement artificialisé. Les cours d'eau alpins ont été utilisés pour la production hydroélectrique dès la fin du XIXe siècle. Des digues ont été construites sur le Rhône lui-même à Verbois, Chancy et Pougny, en Suisse et à proximité, et surtout à Génissiat, Seyssel et Chantagne. Un dernier édifice protège Lyon contre les crues avant la confluence avec la Saône. Mais le régime reste influencé par la fonte des neiges et des glaces (document 5.5 ci-dessus).

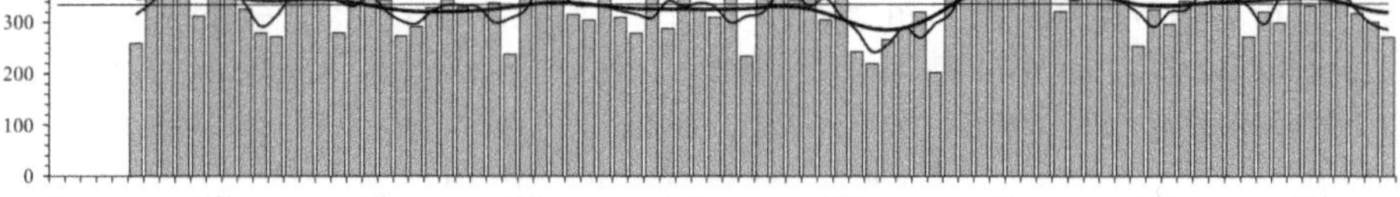

Document 5.5 - Variations interannuelles des débits du Rhône à Pougny

A - Le Rhône à Pougny

L'écoulement y été jaugé de 1925 à 2005, et le document 5.5 rend compte d'une variabilité relativement faible : le coefficient de variation de l'écart-type (34 m³/s) par rapport à la moyenne (336 m³/s) n'est que de 10 %, ce qui rappelle que la pondération acquise dans la traversée du Lac Léman est longue à s'effacer. Le profil de la moyenne mobile sur 3 ans et de la moyenne lissée reste tendu.

La tendance linéaire traduit une certaine stabilité, le débit aurait même crû de 0,3 m^3/s par décennie. On reconnaît néanmoins, des variations pseudo-cycliques selon une double période : 17 « pulsations courtes », d'une longueur d'onde de 5 à 6 ans, et 6 « pulsations longues », de 12 à 13 ans de longueur d'onde. Si la périodicité courte est proche de celle que nous observons à Beaucaire (document 5.1), les pulsations longues sont de plus courte fréquence.

1°) La pondération masque la réalité de la fréquence des extrêmes. La courbe monotone des débits classés, divisée en quartiles, donne 439 m^3/s comme seuil des crues et 202 m^3/s comme seuil des étiages, et c'est un ordre de grandeur voisin de celui de Beaucaire (document 5.6).

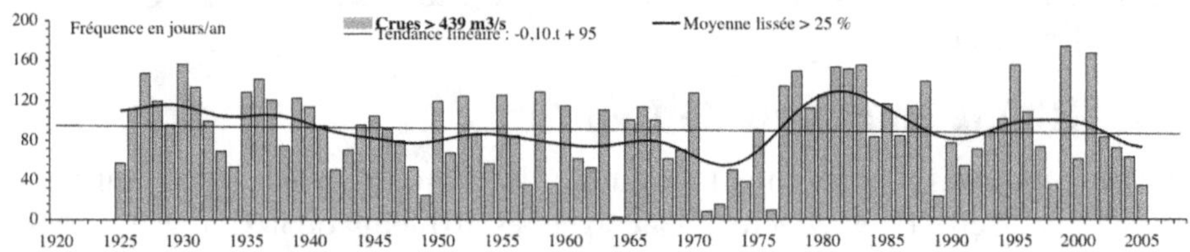

a) Fréquence des crues du Rhône à Pougny

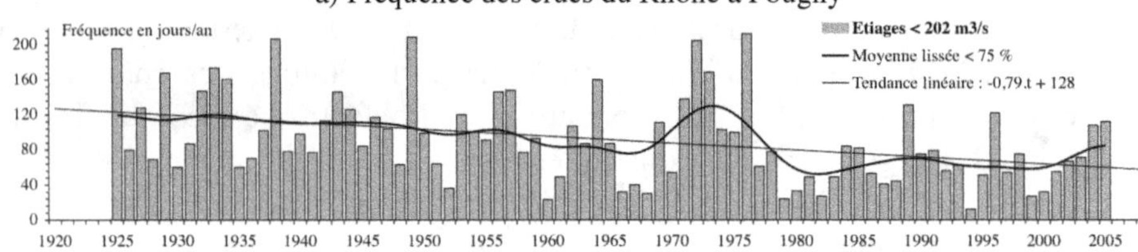

b) Fréquence des étiages du Rhône à Pougny

Document 5.6 - Hautes et basses eaux du Rhône à Pougny (1925-2005)

Mais ce ne sont pas là les faits les plus marquants. La fréquence des débits de crue a connu un léger recul d'une journée par décennie (ou 10 jours par siècle pour comparer avec Beaucaire) en moyenne. C'est relativement peu élevé et cela reste conforme à la tendance pluviométrique générale (et ici à l'importance du tapis neigeux). Inversement, la fréquence des étiages a connu un repli bien plus marqué : 8 jours par décennie (80 jours par siècle). On ne peut pas l'expliquer par les seules causes naturelles.

Crues et étiages ont fait l'objet de variations pseudo-cycliques en opposition de phase.

➢ Fréquentes à la fin des années 1920 et 1930 et au milieu des années 1940, les crues connurent une période indécise dans les années 1950-1960. Elles ont connu le recul général de la fin des années 1970, suivi de la progression pluviale des années 1980 et de la fin du XXe siècle.

La fréquence cyclique des étiages est moins nette. Mais ils se sont accrus au début des années 1930, à la fin des années 1940, au milieu des années 1950 et surtout, au cours de la « sécheresse » du début des année 1970, de celle de 1989-1990 et du début des année 2000.

2°) La discrétisation des crues à Pougny (document 5.7) révèle un mécanisme des hautes eaux moins naturel qu'il n'y paraît. Certes, les pulsations décrites ci-dessus sont respectées, mais les tendances linéaires sont tout autres.

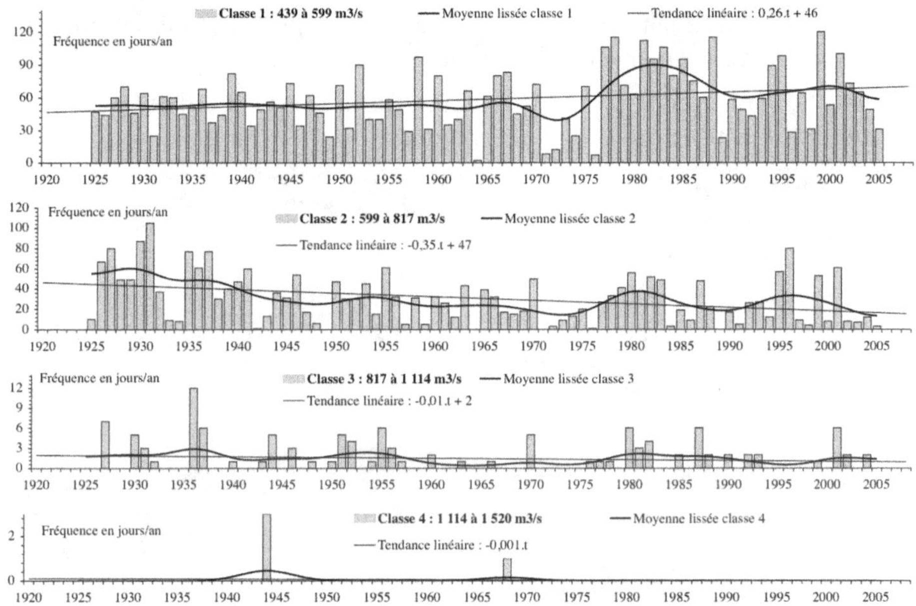

Classe 1	**439**	**m^3/s**	**à**	**599**	**m^3/s**
Classe 2	**599**	**m^3/s**	**à**	**817**	**m^3/s**
Classe 3	**817**	**m^3/s**	**à**	**1 114**	**m^3/s**
Classe 4	**1 114**	**m^3/s**	**à**	**1 520**	**m^3/s**

Document 5.7 - Discrétisation des crues du Rhône à Pougny

➢ Les très rares crues de la classe 4 n'ont peut-être pas de sens, on ne les a observées que deux années : 3 jours en 1944 et 1 journée en 1968. Toutefois, elles ne sont jamais réapparues par la suite.

➢ Les crues de classe 3 sont plus représentatives. Leur répartition souligne bien les pulsations positives et négatives de l'écoulement, mais leur fréquence a connu un léger recul : 1 journée par siècle, ce qui est en opposition avec la répartition régionale des pluies.

➢ Ce recul est beaucoup plus accentué par les crues de classe 2 : 7 jours tous les 20 ans (35 jours par siècle). Même si les pulsations pseudo-cycliques restent bien rendues, ce ne peut être naturel.

➢ D'autant plus qu'on assiste une croissance de la fréquence des crues de classe 1 : 2,6 jours par décennie (26 jours par siècle).

Si, globalement, la fréquence des débits de crue a connu un recul (document 5.6.a), ce repli masque une réduction de la fréquence des crues les plus dangereuses (classes 2, 3 et 4) au bénéfice des crues les plus sûres : classe 1. Nous avons fréquemment observé ces manipulations, qui consistent à réduire la fréquence et les débits des hautes eaux, dans le dessein de lutter contre les inondations. Ce fut le but des Grands Lacs de Seine, qui ont réduit les crues des classes 3 et 4 à Paris, au profit des crues de classes 1 et 2.

Nous observons ici le même processus. Reste à savoir s'il fut volontaire, avec comme objectif la protection des riverains.

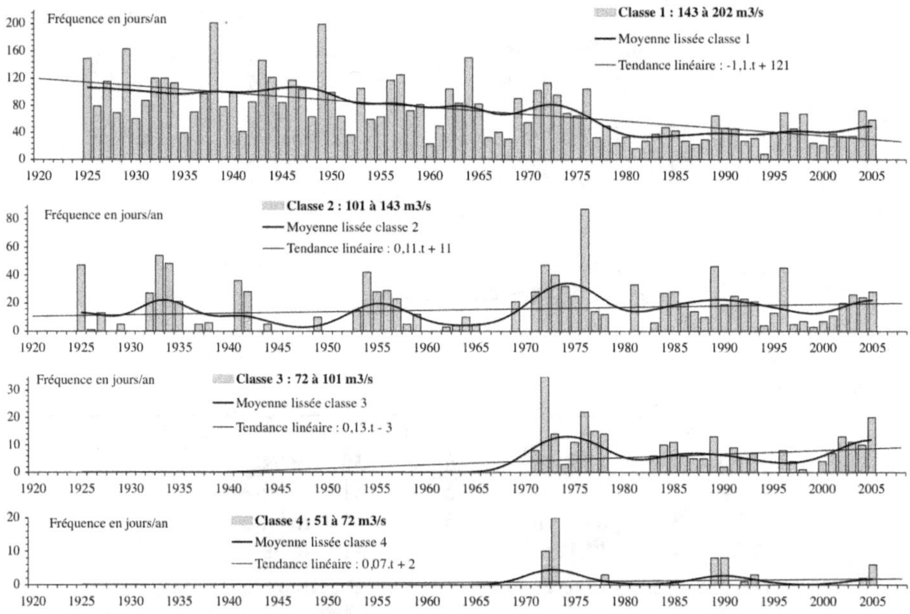

Classe 1	**143**	**m^3/s**	**à**	**202 m^3/s**
Classe 2	**101**	**m^3/s**	**à**	**143 m^3/s**
Classe 3	**72**	**m^3/s**	**à**	**101 m^3/s**
Classe 4	**51**	**m^3/s**	**à**	**72 m^3/s**

Document 5.8 - Discrétisation des étiages du Rhône à Pougny

3°) La discrétisation des étiages à Pougny (document 5.8) : non seulement les résultats n'apparaissent pas naturels, mais il ne semble pas y avoir eu de volonté des protections des hydrosystèmes contre les basses eaux.

➢ La répartition des fréquences des étiages de classe 1 et de classe 2 souligne la succession de pseudo-cycles, dont les basses eaux des années 1940, 1950 et surtout du début des années 1970.

➢ Mais leurs tendances sont en opposition. La durée des étiages de la classe 1 a reculé de 11 jours par décennie, alors que celle des étiages de la classe 2 augmentait d'une journée sur la même périodicité.

➢ C'est presque l'inverse des crues de même classe. La durée des étiages les plus creusés a tendance à s'accroître, ce qui ne peut être naturel, quand on sait que la fin du XXe siècle fut plus humide.

➢ Cette artificialisation de l'écoulement est confirmée par l'occurrence des basses eaux des classes 3 et 4 inconnues avant 1970. La durée des étiages de la classe 3 s'accroît d'une journée et demie tous les 10 ans et celle des étiages de classe 4 de plus d'une journée et demie tous les 20 ans.

Ces tendances n'ont que valeur d'illustration d'un phénomène anthropique, mais celui-ci est bien réel. La station est frontalière, et elle enregistre une hydrologie pondérée par le lac Léman, mais surtout modifiée par le fonctionnement des usines hydroélectriques de Verbois et de Pougny, et particulièrement par l'Arve, cours d'eau de régime glaciaire, et qui devrait apporter beaucoup d'eau au cours de l'été.

Tout semble, en effet, concorder avec une manipulation intempestive de l'écoulement. Depuis Genève, le trajet est trop court pour qu'on puisse l'imputer au Rhône à lui seul ; le fleuve est pondéré par le lac, mais il reçoit l'apport de l'Arve peu avant Pougny.

B - L'Arve à Chamonix

L'Arve est jaugée depuis le début du XXe siècle, mais les débits n'ont une valeur reconnue que depuis 1938, et avec de nombreuses des lacunes (document 5.9). En effet, l'Arve, dans son ensemble, a subi bien des vicissitudes. Tout au long du XXe siècle, on a exploité les alluvions graveleuses du lit pour la réalisation des remblais de la voie ferrée et de l'autoroute, et pour d'autres travaux publics comme, simplement, la construction de levées contre l'inondation d'une vallée très urbanisée. Le résultat fut une incision anthropique de plusieurs mètres parfois, avec une accélération dans les années 1970-1980.

À partir de 1995, le ***Syndicat d'Aménagement de l'Arve et de ses Abords*** a entrepris la réalisation « *d'ouvrages ou aménagements hydrauliques* » destinés à réduire la force des écoulements et à préserver des « *espaces de divagation de la rivière* » là où c'était possible. L'objectif était de juguler l'incision en favorisant l'alluvionnement naturel et de réduire la violence des crues. C'est ainsi qu'ont été construits des seuils de relèvement (pour piéger les alluvions et réduire la vitesse), des terrasses submersibles (expansion des crues), des digues en enrochements et/ou végétalisées, pour protéger les riverains, des épis qui ramènent le courant au centre du lit mineur. Des actions ont aussi été effectuées pour la protection des berges par la restauration des boisements.

➢ Cependant, l'Arve à Chamonix est avant tout un cours d'eau de régime glaciaire (document 5.9.b) dont les débits culminent entre le 14 juillet et le 1er septembre. Les variations interannuelles de l'écoulement moyen dépendent plus des variations des températures que de celles des précipitations.

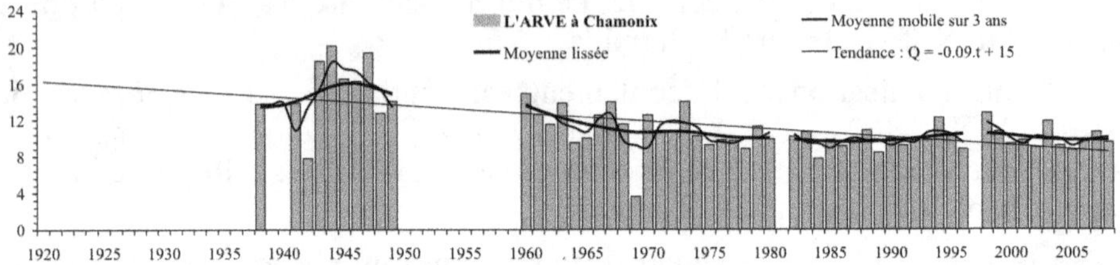

a) Chronologie des débits annuels moyens

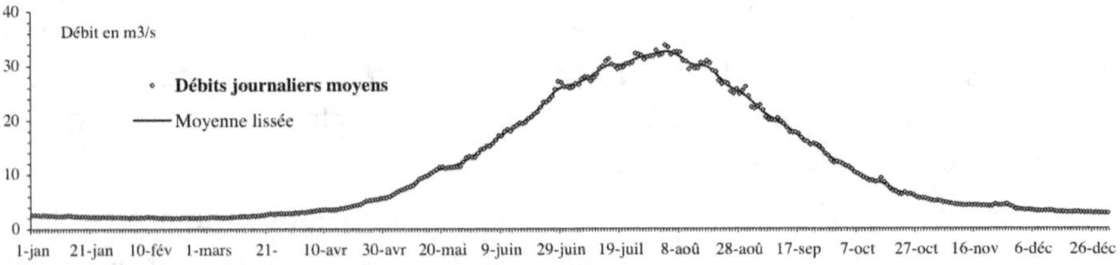

b) Régime moyen journalier

Document 5.9 - Variations interannuelles et saisonnières des débits de l'Arve à Chamonix

➢ En effet, les précipitations d'hiver sont stockées sous forme de neige, puis de glace dans les glaciers du Massif du Mont-Blanc : glacier du Tour (8 km^2, 650.10^6 m^3), glacier de l'Argentière (14 km^2, 1 500.10^6 m^3), Mer de Glace (40 km^2, 4 000.10^6 m^3). À Chamonix, l'Arve draine 205 km^2, les glaciers ne couvrent que 62 km^2 ou 30 % du bassin versant. Mais ce sont aussi 6 150.10^6 m^3 de glace, dont la fonte ne répercute l'écoulement que des décennies après les chutes de neige. Les hautes eaux estivales sont sous la dépendance des variations interannuelles des températures. Or cette variabilité est bien plus faible que celle des précipitations, et les cours d'eau au régime glaciaire, immodéré, sont aussi très réguliers.

➢ Ce n'est apparemment pas le cas de l'Arve (document 5.9.a) qui connaît des pulsations pseudo-cycliques : 16 pulsations de 6 à 7 ans de longueur d'onde, et 9 pulsations de 9 à 10 ans de longueur d'onde. Ce n'est pas sans rappeler le Rhône à Pougny. Mais il faut diviser la série en deux époques : avant les années 1980, les pulsations ont une amplituede assez élevée. Celle-ci se réduit par la suite. En effet, l'écoulement glaciaire pur n'existe qu'à la sortie du torrent sous-glaciaire. 60 % du bassin de l'Arve sont libres de glace, mais enneigés en hiver et arrosés de pluies toute l'année. On sait aussi qu'en été, les orages ruissellent sur les glaciers, ce qui génère des crues. Les pulsations de l'Arve sont pluviales, et c'est contre les crues que les travaux d'aménagement ont été effectués.

Avant les années 1980, avant la réalisation des aménagements, l'impact des fluctuations pluviales interannuelles était accentué par la dégradation du bassin. Son réaménagement aurait rendu aux glaces leur rôle principal après cette époque, ce que confirme l'interprétation des extrêmes.Les débits extrêmes sont les limites des premier et quatrième quartiles de la courbe monotone des débits classés, soit 16,70 m^3/s (crues) et 2,58 m^3/s (étiages). La plus grande partie des débits dits de crue correspond à la fonte estivale des glaces, en été, mais aussi aux averses orageuses, fréquentes en cette saison. À l'inverse, les étiages ne concernent que l'écoulement sous-glaciaire de l'hiver, car en haute montagne, l'étiage correspond au gel.

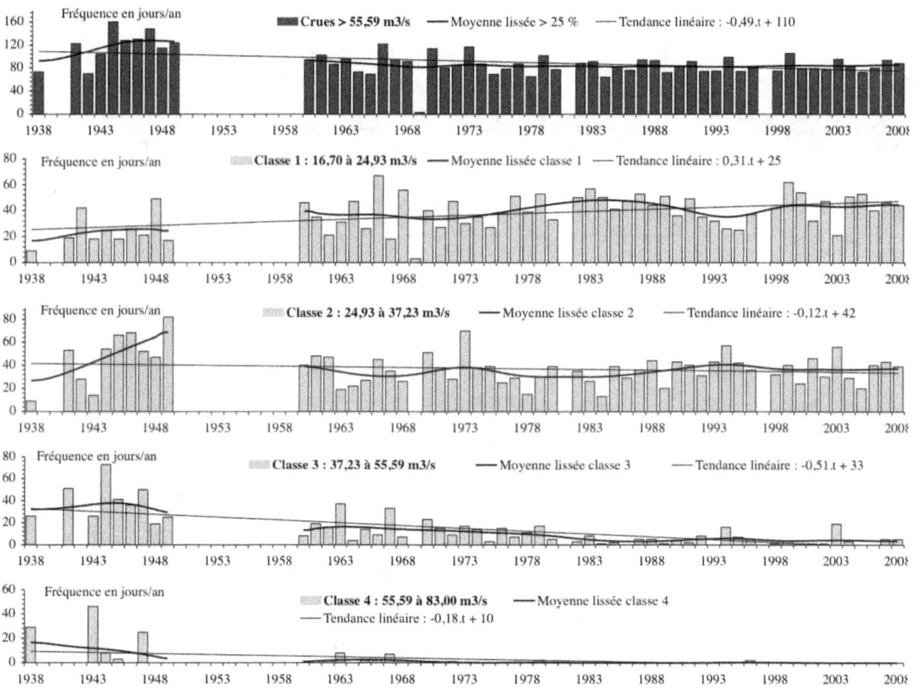

Classe 1	**16,70 m^3/s**	**à**	**24,93 m^3/s**
Classe 2	**24,93 m^3/s**	**à**	**37,23 m^3/s**
Classe 3	**37,23 m^3/s**	**à**	**55,59 m^3/s**
Classe 4	**55,59 m^3/s**	**à**	**83,00 m^3/s**

Document 5.10 - Discrétisation des crues de l'Arve à Chamonix

Comment interpréter cette croissance ? Un réchauffement du climat qui favorise la décrue glaciaire ! Ce n'est pas aussi simple, la chronologie est accidentée de pulsations, or le principal maximum (milieu des années 1980), et le principal minimum (milieu des années 1990) ne sont pas des années plus chaudes, mais plus arrosées, donc plus neigeuses, ce qui accroît le rôle des débâcles nivales.

2°) La discrétisation des étiages de l'Arve confirme les hypothèses (document 5.11).

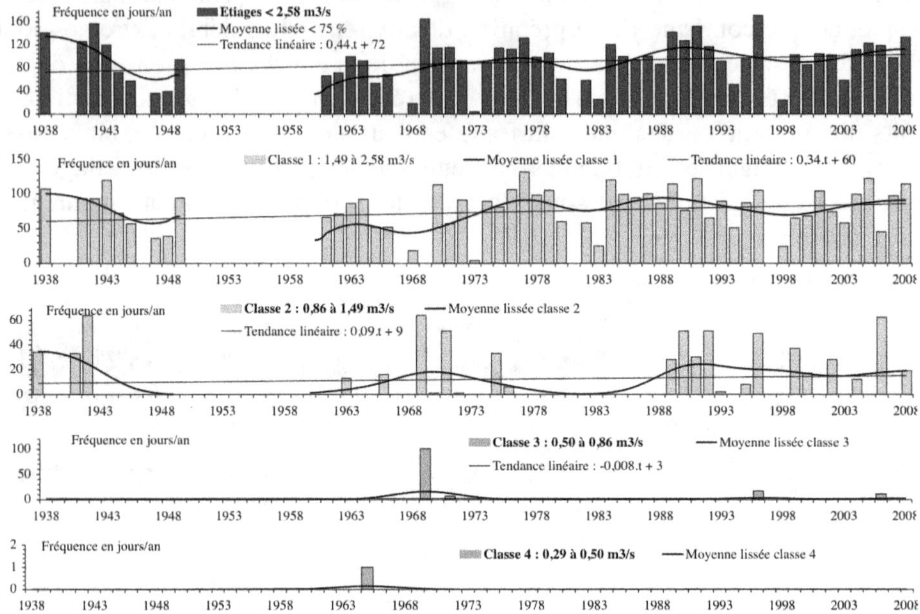

Classe 1	**1,49**	**m^3/s**	**à**	**2,58**	**m^3/s**
Classe 2	**0,86**	**m^3/s**	**à**	**1,49**	**m^3/s**
Classe 3	**0,50**	**m^3/s**	**à**	**0,86**	**m^3/s**
Classe 4	**0,29**	**m^3/s**	**à**	**0,50**	**m^3/s**

Document 5.11 - Discrétisation des étiages de l'Arve à Chamonix

La fréquence interannuelle des débits < 2,58 m^3/s s'est accrue de près de 5 jours tous les 10 ans. Mais, avant de donner une interprétation, il faut rappeler que l'étiage est ici le fruit d'hivers particulièrement rudes et longs au cours desquels les glaces ne peuvent fondre qu'à proximité du torrent sous-glaciaire, dont le débit recule. On relève des coïncidences avec les températures de janvier à Lyon sur la même période (document 5.12). Les histogrammes et les courbes des moyennes lissées, les uns des fréquences des débits < 2,58 m^3/s, et les autres des températures de janvier, sont quasiment en opposition de phase. Les hivers froids : débuts des années 1940, débuts des années 1960, début des années 1980, début des années 2000 ont correspondu à des étiages plus longs sur l'Arve. Surtout, la durée des périodes d'étiages tend à s'allonger, comme s'accroissent les températures de janvier à Lyon (0,2° C/décennie).

➢ Cette remarque concerne aussi les étiages de classe 1 dont les cycles sont en opposition de phase avec les températures et dont la durée s'allonge de 3,4 jours tous les dix ans.

➢ C'est moins vrai pour les étiages de classe 2 (1 jour par décennie) dont les pulsations sont décalées par rapport aux pulsations thermiques avec un retard de 2 à 4 années : les froids de janvier 1963-1964 semblent ainsi allonger l'étiage dès 1968-1970. Une hypothèse pourrait être la lenteur de la pénétration du froid dans la glace dont la durée du gel à sa base ne serait réelle qu'avec un décalage de quelques années. Il en fut de même entre les hivers rigoureux de 1985-1987 et les étiages de 1989-1993.

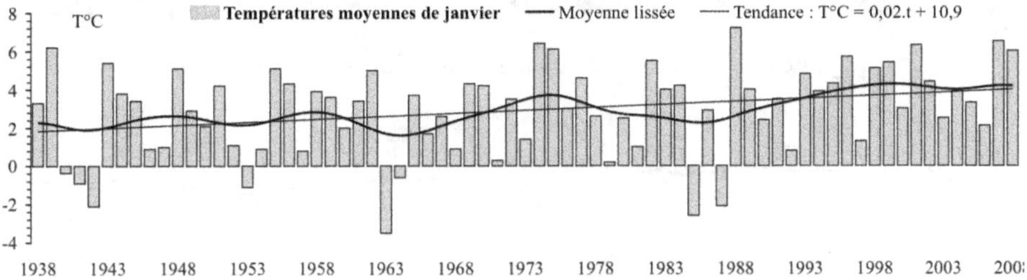

Document 5.12 - Les températures du mois de janvier à Lyon

➢ Quant aux étiages des classes 3 et 4, ils sont rarissimes, mais on relève le même « effet-retard » par rapport aux températures de janvier.

L'Arve reste donc foncièrement un cours d'eau glaciaire et dont l'hydrologie, délabrée par des décennies de surexploitation, a été restaurée. Mais on retiendra surtout un accroissement peut-être conjoncturel de la durée des étiages et des « moyennes eaux ». De même, le recul de la fréquence des crues de classes 2 à 4, sur le Rhône à Pougny, serait lui aussi conjoncturel, comme l'augmentation de la durée des crues de classe 1 (documents 5.6 et 5.7). On pourrait penser que l'augmentation de la durée des étiages des classes 2 à 4 serait également liée à une conjoncture climatique (documents 5.6 et 5.8). Mais cette augmentation ne concerne pas les débits de classe 1, dont la fréquence recule. Pour la satisfaction des besoins d'une activité industrielle (probablement l'hydroélectricité), une forte part des eaux du Rhône et de l'Arve est retenue dans des réservoirs pour le turbinage hivernal. On ne laisse passer qu'un débit réservé minimum, inclus dans la classe 1.

C - Le Rhône à Lyon

Le Rhône a été jaugé près de Calluire, sans solution de continuité, entre 1920 et 2005 (document 5.13). À l'évidence, le parallélisme entre la succession des débits annuels moyen, une pulsation courte (moyenne mobile sur 3 ans) et des pulsations longues (moyenne lissée), est presque parfait (document 5.5). La tendance linéaire est également assez proche : recul de 3 m^3/s par siècle à

Pougny et progrès de 5 m^3/s par siècle à Lyon (la très faible différence proviendra d'un jaugeage mesuré depuis 1920 à Lyon et 1925 à Pougny). Mais le coefficient de variation de l'écart-type (118 m^3/s) par rapport à la moyenne (598 m^3/s) est de 20 %, soit deux fois plus qu'à Pougny. Le Rhône a perdu de sa pondération interannuelle entre Pougny et Lyon.

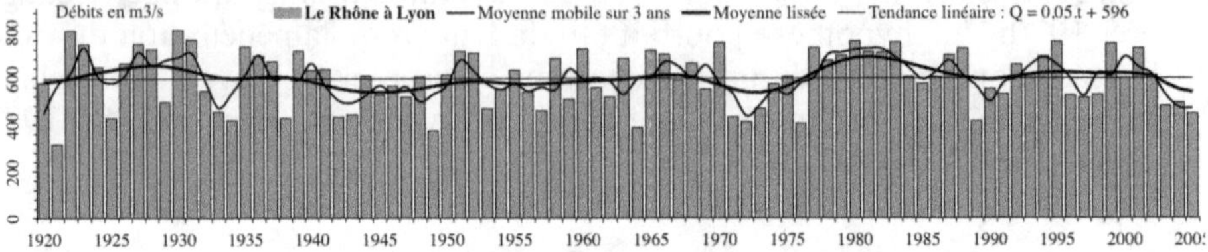

a) Les variations interannuelles du débit du Rhône à Lyon

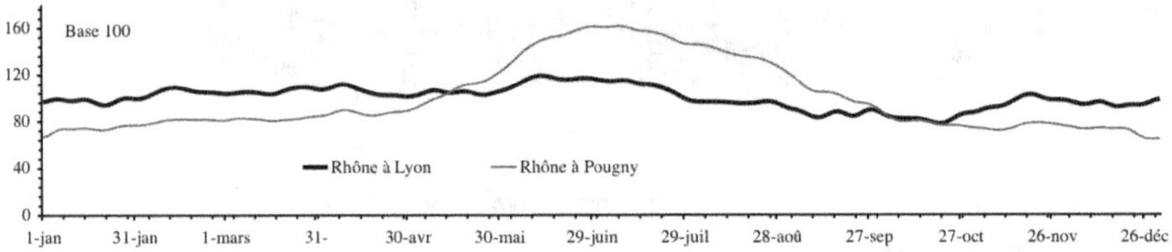

b) Le régime journalier du Rhône à Lyon et à Pougny

Document 5.13 - Hydrologie du Rhône à Lyon

Cependant, les pulsations pseudo-cycliques restent les mêmes : 28 pulsations de 6 ans et 13 pulsations de 9 à 10 ans de longueurs d'ondes. L'écoulement répond aux mêmes sollicitations extérieures, et probablement plutôt à celles de précipitations du fait d'un bassin versant globalement très peu affecté par les glaciers. Effectivement, le régime du Rhône s'est fortement modifié entre Pougny et Lyon (document 5.13.b) : de plutôt glaciaire à Pougny, le Rhône affiche un régime complexe à Lyon. La pondération saisonnière remplace la pondération interannuelle.

Le Rhône reçoit, en effet, de nombreux affluents aux influences d'abord plutôt nivales et ensuite surtout pluviales : Guiers, Bourbre, Ain, pour ne citer que les plus importants. Mais le Rhône est aussi influencé par les aménagements hydroélectriques du système de Génissiat. On doit s'interroger sur leurs conséquences sur les extrêmes hydrologiques : débits > 736 m^3/s pour les crues et < 358 m^3/s pour les étiages.

1°) La discrétisation des crues du Rhône à Lyon (document 5.14) : la fréquence des crues > 736 m^3/s (limite 1er et 2e quartiles de la courbe des débits classés) obéit aux pulsations pluviométriques naturelles qui se traduisent par une fréquence accrue au cours des séries d'années humides : fin des années 1920, début des années 1940, début des années 1950, années 1960, années 1980, milieu des années 1990, début des années 2000. Ces phases sont interrompues par les périodes plus sèches, notamment la fin des années 1940 et le début des années 1970. Globalement, la fréquence des crues n'a que très faiblement reculé : 3 jours tous les 20 ans en moyenne.

➢ La cyclicité de la fréquence des crues les plus communes, celles des classes 1 et 2, reste assez proche de celle de l'ensemble (crues > 736 m^3/s) et répond aux mêmes sollicitations climatiques. On y retrouve la même tendance à un léger recul : environ une journée tous les 20 ans ?

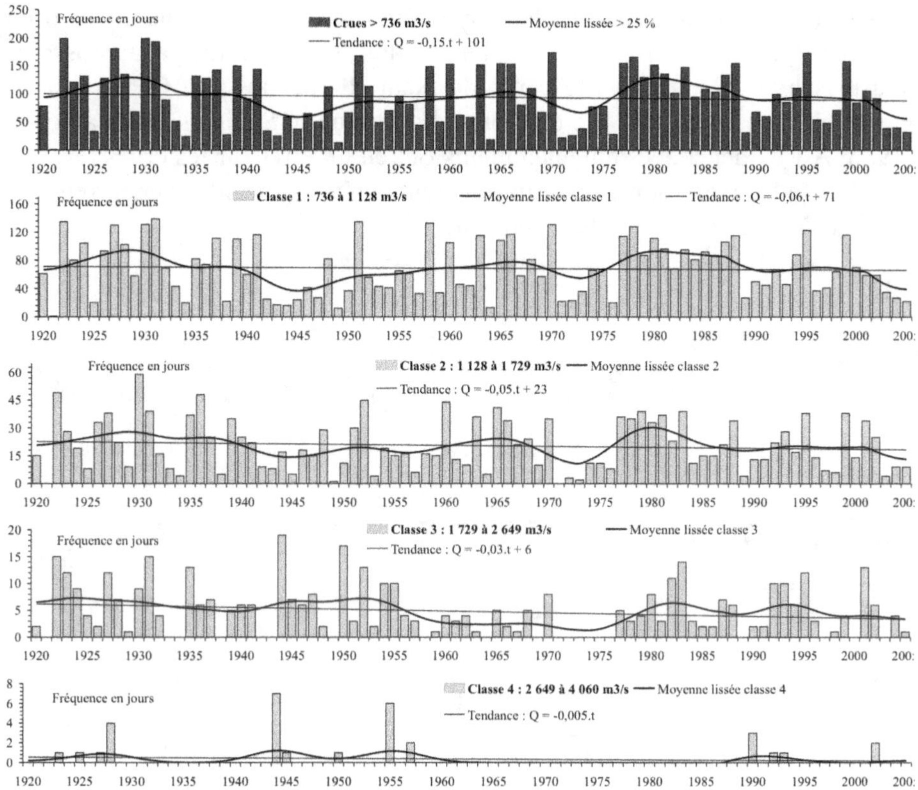

Classe 1	**736**	**m^3/s**	**à 1 128**	**m^3/s**
Classe 2	**1 128**	**m^3/s**	**à 1 729**	**m^3/s**
Classe 3	**1 729**	**m^3/s**	**à 2 469**	**m^3/s**
Classe 4	**2 649**	**m^3/s**	**à 4 060**	**m^3/s**

Document 5.14 - Discrétisation des crues du Rhône à Lyon.

➢ Cette cyclicité est moins marquée pour la fréquence des crues de classe 3 ; dont la raréfaction fut très nette dans les années 1960-1970. Mais la tendance linéaire au repli est très faible : 3 jrs/100 ans.

➢ Enfin, si les crues de classe 4 furent très rares, pour disparaître entre 1955 et 1990, la tendance traduit un recul négligeable : 5 jrs/1 000 ans.

Les crues sont principalement pluviales du fait d'une correspondance avec les pulsations pluviométriques. Il reste néanmoins à prendre en considération le repli général du nombre de crues de chaque classe, voire la disparition des crues les plus rares dans les années 1960-1980. En effet, c'est contraire à la tendance générale de la pluviométrie (document 5.1).

Le système du barrage de Génissiat ne fut réellement actif qu'en 1951. Mais le Rhône a été aménagé à la navigation en amont de Lyon, jusqu'au lac du Bourget. Il s'agit d'un aménagement sommaire jusqu'à Saul-Brenaz, puis d'une canalisation jusqu'au barrage de Brévier-Gordon, et ensuite de canaux associés aux usines hydroélectriques, le canal du Haut Rhône, jusqu'à Chanaz, où un ancien émissaire naturel du lac du Bourget, le canal de Savières, a été aménagé en 1985. À l'évidence, ces aménagements ont eu un effet sur les crues : les plus élevées ne se trouvant non pas définitivement écrêtées, mais leur occurrence fut anéantie au cours des années les moins arrosées.

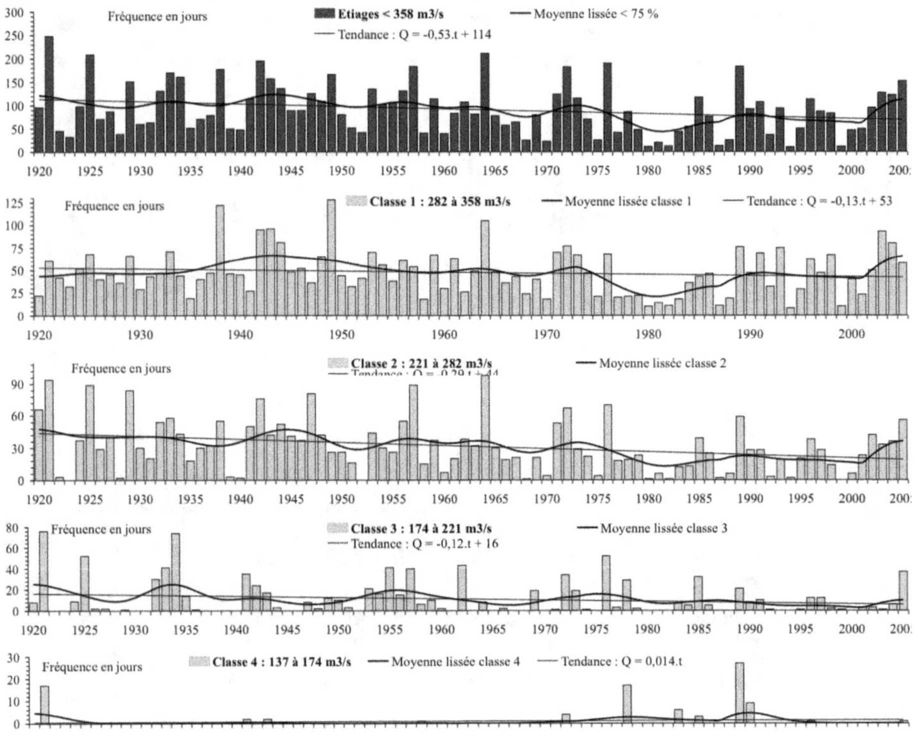

Classe 1	**282 m³/s**	**à**	**358 m³/s**
Classe 2	**221 m³/s**	**à**	**282 m³/s**
Classe 3	**174 m³/s**	**à**	**221 m³/s**
Classe 4	**137 m³/s**	**à**	**174 m³/s**

Document 5.15 - Discrétisation des étiages du Rhône à Lyon

2°) La discrétisation des étiages du Rhône à Lyon (document 5.15) conduit à une analyse semblable. De la répartition de la fréquence des étiages < 358 m^3/s, se dégagent des pseudo-cycles logiquement en opposition de phase avec les crues : on y reconnaît nettement les « années sèches » de la fin des années 1940, du début des années 2000 à Lyon (document 5.1). À l'inverse des crues, le recul général de la durée de l'étiage pourrait être conjoncturel (une pluviométrie en progrès). Mais le recul est assez marqué : 1 journée tous les 20 jours (50 jours par siècle). Mais une fois n'est pas coutume, ce n'est pas aussi simple.

➢ Les étiages de classes 1 à 3 ont une fréquence qui reste en phase avec les pulsations pluviométriques, et leur durée recula : une journée à une journée et demie par décennie pour les classes 1 et 3, et 3 jours par décennie pour la classe 2.C'est un comportement hydrologique normal face à l'augmentation « conjoncturelle » des précipitations annuelles.

➢ À l'inverse, les étiages de classe 4 sont réapparus. En effet, malgré l'ampleur de la réduction des précipitations, ils n'avaient guère marqué les années 1940. Une durée de 17 jours en 1921 ne doit pas surprendre, cette année fut partout la plus sèche du XXe siècle. Mais leur réapparition à la fin du siècle est surprenante, car les sécheresses de 1976, 1978, 1989, 1990 n'ont rien eu de comparable avec 1921 : 321 mm à Tours et 278 mm au Bourget en 1921, 590 mm à Tours et 593 mm au Bourget en 1989.

Les aménagements hydrauliques ont donc eu un impact. Mais celui-ci n'a rien de commun avec les dégradations observées sur certains affluents de la Loire et de la Garonne et sur la Garonne elle-même. Le fleuve est très abondant, ce qui réduit l'impact des aménagements. Surtout, au niveau des étiages, le rôle de la neige et de la glace assure une abondance estivale alors que les étiages sont plutôt centrés à l'amont sur l'hiver, période de turbinage. L'un équilibre l'autre

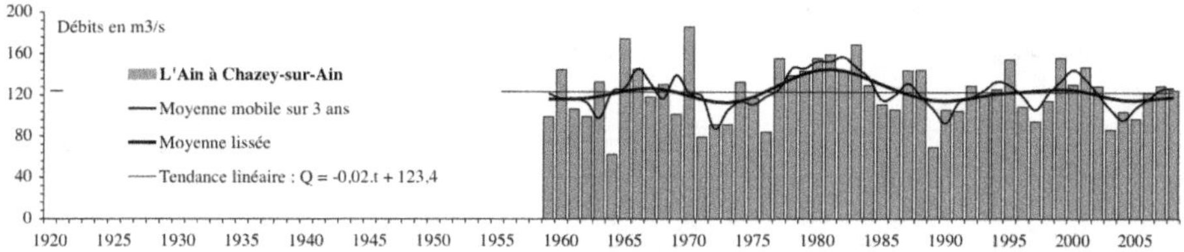

Document 5.16 - Les variations interannuelles du débit de l'Ain à Chazey-sur-Ain.

D - L'Ain à Chazey-sur-Ain

L'Ain est jaugé à Chazey, commune de l'Ain, à l'aval d'un bassin versant de 3 690 km^2, depuis 1959. Cette rivière qui naît d'une exsurgence karstique en Franche-Comté reste fortement marquée par la traversée des chaînons calcaires du Jura méridional et de ses assises calcaires. Le cours d'eau peut paraître pondéré, avec un coefficient de 3.5. Mais la perméabilité des calcaires et leur karstification, génératrice de pertes, de circulation souterraine et de résurgences, confèrent au régime une irrégularité ou une variabilité marquées. Le Jura méridional est aussi le plus arrosé du fait d'effet d'obstacle des crêtes et les pluies provoquent des réactions soudaines, et l'Ain peut connaître des crues violentes. La plus forte du XXe siècle fut enregistrée à Chazey-sur-Ain en 1926, avec un débit de 2 600 m^3/s, soit plus de 20 fois le débit annuel (122,7 m^3/s). Plus récemment, il écoulait 1 770 m^3/s le 15 février 1990.

L'hydrologie interannuelle n'a rien d'original (document 5.16). Depuis 1959, il a subi l'influence des mêmes pulsations pluviales que le Rhône et ses pseudo-cycles courts (6 à 7 ans) et longs (15 ans) sont parfaitement les mêmes qu'à Lyon (document 5.13). Enfin, en dehors de cette périodicité, la tendance linéaire présente une grande stabilité : recul négligeable de 2 jours par siècle.

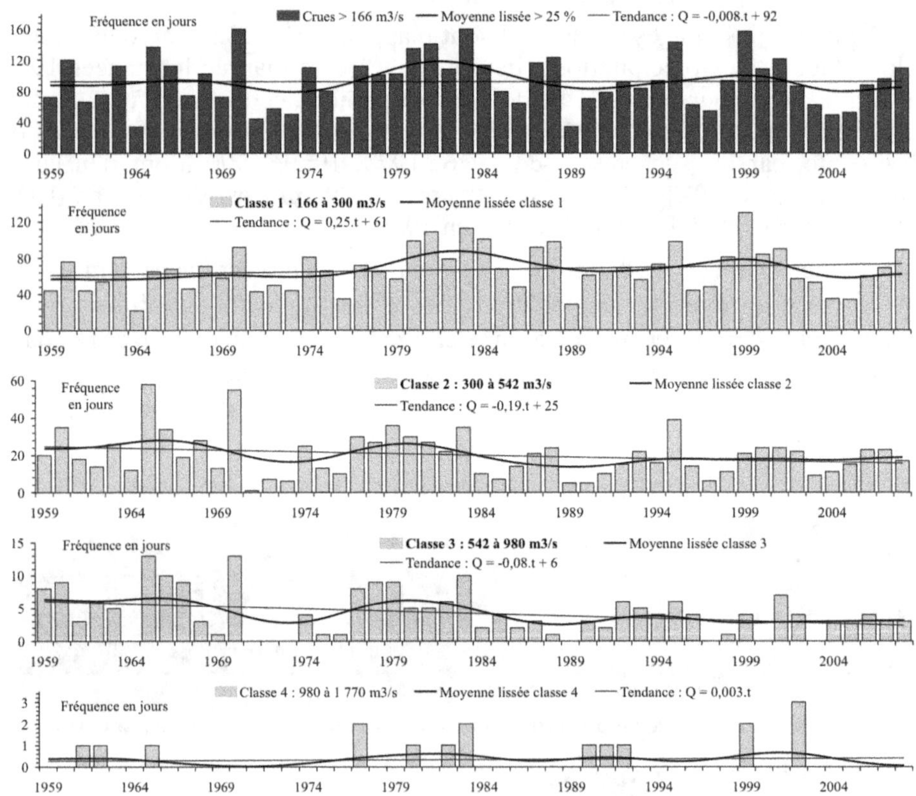

Classe 1	**166 m^3/s**	**à**	**300 m^3/s**
Classe 2	**300 m^3/s**	**à**	**542 m^3/s**
Classe 3	**542 m^3/s**	**à**	**980 m^3/s**
Classe 4	**980 m^3/s**	**à**	**1 770 m^3/s**

Document 5.17 - Discrétisation des crues de l'Ain à Chazey-sur-Ain

1°) La discrétisation de la fréquence des crues de l'Ain (document 5.17) : la fréquence annuelle des débits > 166 m³/s souligne parfaitement les pulsations pluviométriques. Les crues sont indubitablement pluviales, et dans cette partie du Jura le rôle de la neige est négligeable, peut-être du fait d'un nivellement karstique des débâcles. Cette hypothèse serait confirmée par la régularité du processus et sa stabilité interannuelle : la tendance linéaire peut être considérée comme stable : recul de 8 jours par millénaire.

Pourtant, la discrétisation des débits extrêmes donne une autre image :

➢ Les crues de classe 1 ont duré plus longtemps à la fin des années 1970 et au début des années 1980, et à la charnière XXe-XXIe siècle. Surtout, leur fréquence s'est accrue en phase avec les précipitations : deux jours et demi par décennie.

➢ À l'inverse, les fréquences des crues de classes 2 et 3 ont reculé : 2 jrs/10 ans en classe 2 et 1,5 jrs/20 ans en classe 3. Ce repli ne peut être conjoncturel ; tout semble être le fruit d'une procédure visant à écrêter les plus fortes crues aux dépens des crues de classe 1, moins dangereuses.

➢ Le système aurait ses limites, car la durée des crues de classe 4 resta stable : + 3 jours/1 000 ans.

Entre 1960 et 1970, on a édifié de nombreux ouvrages hydroélectriques sur l'Ain (et ses affluents). Le principe de production est la moyenne chute que favorisent les lacs de retenue : Allement (3.10^6 m³), Cize-Bolozon ($4{,}8.10^6$ m³), Coiselet ($3{,}7.10^6$ m³), Saut Mortier ($1{,}1.10^6$ m³) et surtout Vouglans (600.10^6 m³) avec une digue de 110 m de hauteur. Ces retenues ne sont pas conçues pour écrêter les crues, ni pour irriguer (comme dans le Sud-ouest), mais elles doivent turbiner en hiver : les eaux normales « passent », les crues un peu plus fortes (classes 2 et 3) sont laminées et les fortes crues (de classe 4) sont immédiatement renvoyées et « glissent sur le barrage ».

2°) La discrétisation de la fréquence des étiages de l'Ain confirme ce rôle des barrages (document 5.18) : la fréquence annuelle des étiages < 41,7 m³/s est conforme à la succession des « sécheresses » (dont l'année 1989) et apparemment en accord avec la croissance progressive des précipitations provoquant une réduction de leur durée de 6 jours tous les 10 ans. Mais les aménagements humains ont apporté des nuances :

➢ La durée des étiages de la classe 1 suit les variations de la pluviométrie, mais sa tendance interannuelle est stable : un recul de 7 jrs/1 000 ans est négligeable.

➢ La durée des étiages de la classe 2 respecte aussi la succession des pulsations sèches et humides, mais elle a assez fortement crû depuis 1959 : 1,1 jours/décennie.

➢ À l'inverse, la durée des étiages de la classe 3 a très fortement reculé : 5 jrs/décennie, surtout après les années 1970, où les longs étiages ne sont plus qu'anecdotiques.

➢ Enfin, les étiages de classe 4 ont quasiment disparu après 1976, le recul est de 2 jours tous les 10 ans.

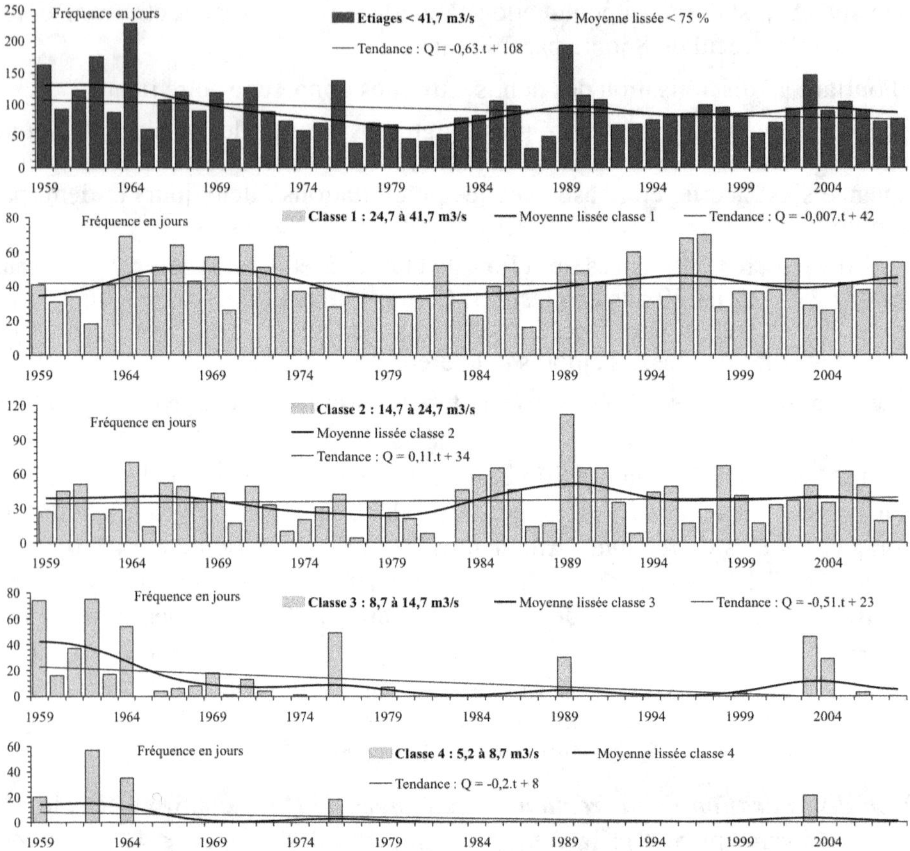

Classe 1	**24,7 m^3/s**	**à**	**41,7 m^3/s**
Classe 2	**14,7 m^3/s**	**à**	**24,7 m^3/s**
Classe 3	**8,7 m^3/s**	**à**	**14,7 m^3/s**
Classe 4	**5,2 m^3/s**	**à**	**8,7 m^3/s**

Document 5.18 - Discrétisation des étiages de l'Ain à Chazey-sur-Ain

L'explication tombe sous le sens. La logique productiviste voudrait qu'on retienne les eaux de l'été pour les turbiner en hiver. Mais le Jura est une montagne touristique, et l'Ain est classé rivière de première catégorie, à salmonidés dominants, sur la plus grande partie de son cours. Cela exige que les débits estivaux soient soutenus artificiellement.Les étiages les plus creux : < 14,7 m^3/s ont été soutenus aux dépens des étiages moins marqués de classe 3 et surtout de classe 2. Écrêtement partiel des crues et soutiens des étiages sont ici une conséquence originale de l'aménagement hydroélectrique.

L'Ain est le principal affluent de régime pluvio-évaporal océanique du Rhône entre la Suisse et Lyon. C'est son apport hivernal, ce sont ses crues de saison froide, qui sont responsables de la disparition des étiages d'hiver et de la pondération du fleuve à Lyon (document 5.13). Quant à son impact sur les extrêmes lyonnais, la réponse est moins tangible.

- Il est probable que le recul de la durée des crues de l'Ain participe à celles du Rhône à Lyon, conjointement avec les aménagements de l'amont, notamment Génissiat.
- Mais ce n'est pas vrai pour les étiages : le minimum enregistré à Lyon, sur le Rhône, est un débit de 137 m^3/s le 3 décembre 1978 (un étiage glaciaire ou nival), ce débit est plus que 3 fois supérieur à l'étiage minimum de l'Ain.

De toute façon, à Lyon, le Rhône est rejoint par la Saône.

III - Le Rhône en aval de Lyon

Du point de vue de son hydrologie générale, le Rhône n'est guère modifié entre Lyon et Beaucaire, le régime reste complexe avec l'association d'eaux pluviales en hiver, de fonte des neiges au printemps et des glaces en été, ce qui lui assure une grande abondance et une bonne pondération. Mais le cours d'eau a été fortement aménagé au XXe siècle, tandis qu'il reçoit des affluents abondants et d'origines climatiques différentes : la Saône pluvio-évaporal océanique d'abord, l'Isère nivo-glaciaire ensuite, la Drôme nivo-pluviale océanique, l'Ardèche pluvio-évaporale méditerranéenne et enfin la Durance, nivo-pluviale méditerranéenne. Enfin, la plupart de ces cours d'eau furent très tôt aménagés pour la production hydroélectrique et l'irrigation, d'une vallée qui devient de plus en plus méditerranéenne vers l'aval.

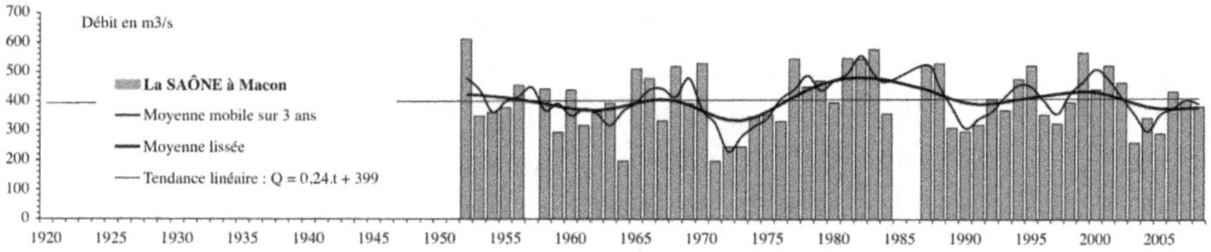

Document 5.19 - Variations interannuelles du débit de la Saône à Macon

A - La Saône à Macon

La Saône est plutôt étrangère au système montagnard, même si ses affluents rive gauche proviennent du Massif Central, et ceux de la rive droite du Jura. Elle prend sa source à Vioménil près des monts Faucilles dans les Vosges, à seulement 392 m d'altitude, mais, avec un bassin versant de 30 000 km^2 à Lyon, c'est la « première rivière » de France.Son régime est parfaitement pluvio-évaporal océanique, et, plus que l'Ain, elle assure l'abondance hydrologique hivernale du Rhône en aval de Lyon. En effet, à Lyon, le Rhône apporte 598,5 m^3/s à l'aval de 20 300 km^2, mais à Macon, la Saône écoule 404,5 m^3/s en aval de 25 690 km^2 de bassin versant. Ce sont les 2/3 du débit du Rhône.

Les écoulements mesurés depuis 1952 font l'objet des mêmes pulsations courtes (6 jours de longueur d'onde) et longues (15 jours) que le Rhône à Lyon sur la même période, confirmant le rôle majeur des précipitations liquides sur les variations à long terme. Ces pseudo-cycles sont d'ailleurs assez parfaitement parallèles. Mais, sur la Saône, les crues sont en hiver et les étiages en été. Les premières débutent au seuil de 525 m^3/s (mais la Saône écoulait 4 000 m^3/s à Macon en 1840) et les secondes concernent tous les débits < 37 m^3/s.

1°) La discrétisation des crues de la Saône (document 5.20) permet de constater une modeste implication des aménagements humains. Pendant le laps de temps pour lequel nous avons eu des données, la Saône a connu des inondations importantes : 2 450 m^3/s le 20 janvier 1955, 2 800 m^3/s le 24 décembre 1982, 2 500 m^3/s le 12 janvier 1994 et 2 510 m^3/s le 20 mars 2001. Si la fréquence des débits > 525 m^3/s varia dans le même sens que les pulsations pluviométriques, l'originalité est sa régularité (la moyenne lissée dessine une quasi-sinusoïde) à laquelle on associera une lente progression de 3 jours tous les 20 ans. Nous sommes en accord avec la tendance des précipitations locales de cette même période.

Mais cette cohérence s'arrête là, et en appliquant une méthode naturaliste descriptive, voilà ce qu'on observe :

➢ La fréquence des crues de classe 1 a connu une évolution différente. La tendance linéaire fut au recul de la durée de ce type de crues de près de 3 jours tous les 20 ans. C'est exactement à l'inverse de la tendance générale. Une autre originalité apparaît dans la modification des pseudo-cycles : jusqu'à la fin des années 1970, la durée des débits > 525 m^3/s est en phase avec la durée des crues de classe 1, mais ensuite, une opposition de phase se fait jour.

➢ Assez curieusement, les durées des crues de classe 2 sont en phase avec celle des débits > 525 m^3/s, avec une tendance linéaire négligeable de 7 jours/1 000 ans.

➢ La fréquence des crues de classe 2 reste également en phase avec la durée des débits > 525 m^3/s, mais leur fréquence a fortement augmenté : près de 2 jrs/décennie. Or ce sont déjà des débits dépassant 1 000 m^3/s.

➢ Enfin, la stabilité des très fortes crues de classe 1 : 1 jr/siècle, cache une autre réalité, ce sont des crues récurrentes, qui se sont particulièrement manifestées dans les années 1970-1980.

Quels sont les aménagements humains sur la Saône ? La rivière sert de solution de continuité entre le Rhône d'une part, la Seine, la Meuse, la Moselle et le Rhin d'autre part. La rivière a été canalisée au gabarit Freycinet jusqu'à Ormoy, terminal méridional du canal des Vosges, vers la Moselle. À Chalon-en-Champagne, à Saint-Jean-de-Losne et à Heuilley-sur-Saône, elle permet la liaison avec la Seine via le canal du centre (vers Nevers), le canal de Bourgogne (vers l'Yonne) et le canal de la Marne à la Saône vers Vitry-le-François. Le canal du Rhône au Rhin permet la liaison avec le Rhin.

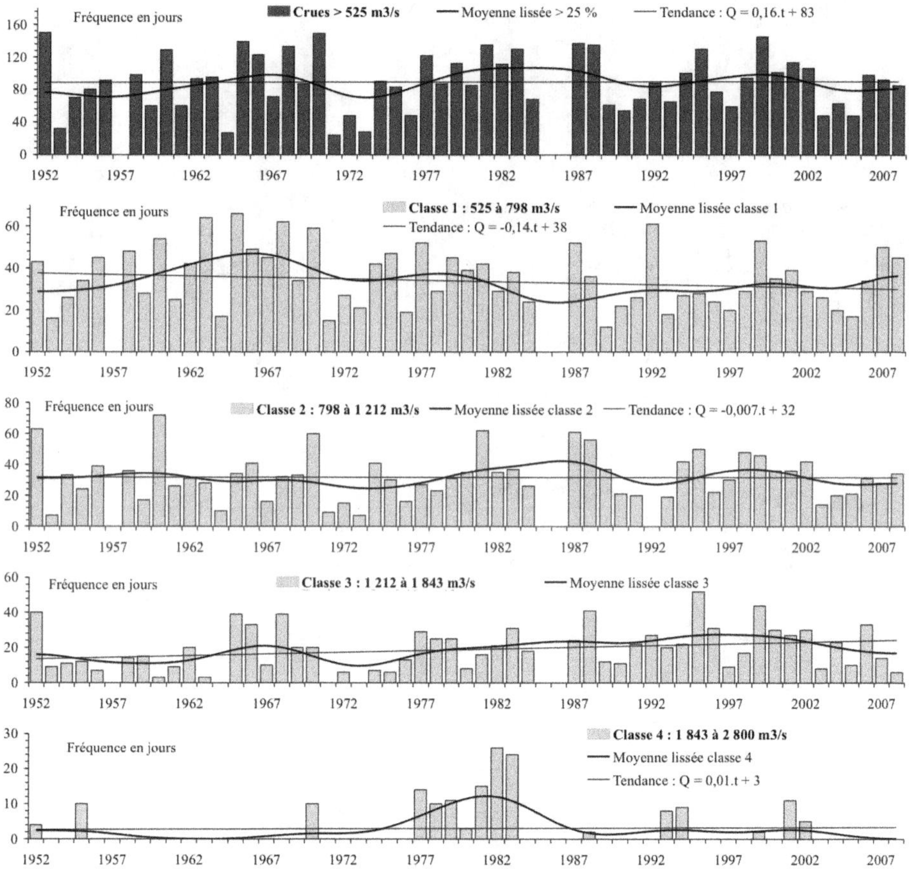

Classe 1	**525**	**m^3/s**	**à**	**798**	**m^3/s**
Classe 2	**798**	**m^3/s**	**à**	**1 212**	**m^3/s**
Classe 3	**1 212**	**m^3/s**	**à**	**1 843**	**m^3/s**
Classe 4	**1 843**	**m^3/s**	**à**	**2 800**	**m^3/s**

Document 5.20 - Discrétisation des crues de la Saône

Dans l'hypothèse d'une ouverture européenne, au grand gabarit avec la branche sud du canal de l'est (Neuves-Maisons à Saint-Jean-de-Losne) et d'une mise au gabarit du canal du Rhône au Rhin (abandonnée en 1997), la Saône fut aménagée en ce sens entre Lyon et Saint-Jean-de-Losne. Mais ces usages ont-ils un impact sur les crues ? Nous avons principalement décrit un accroissement des crues les plus importantes aux dépens des plus faibles. Par analogie avec ce qui a été aménagé sur le bassin de la Maine (par exemple), nous serions plus enclin à y reconnaître le résultat d'une modification du paysage agraire trop favorable au ruissellement.

Mais le Rhône à Lyon y gagna par une réduction drastique de ses étiages.

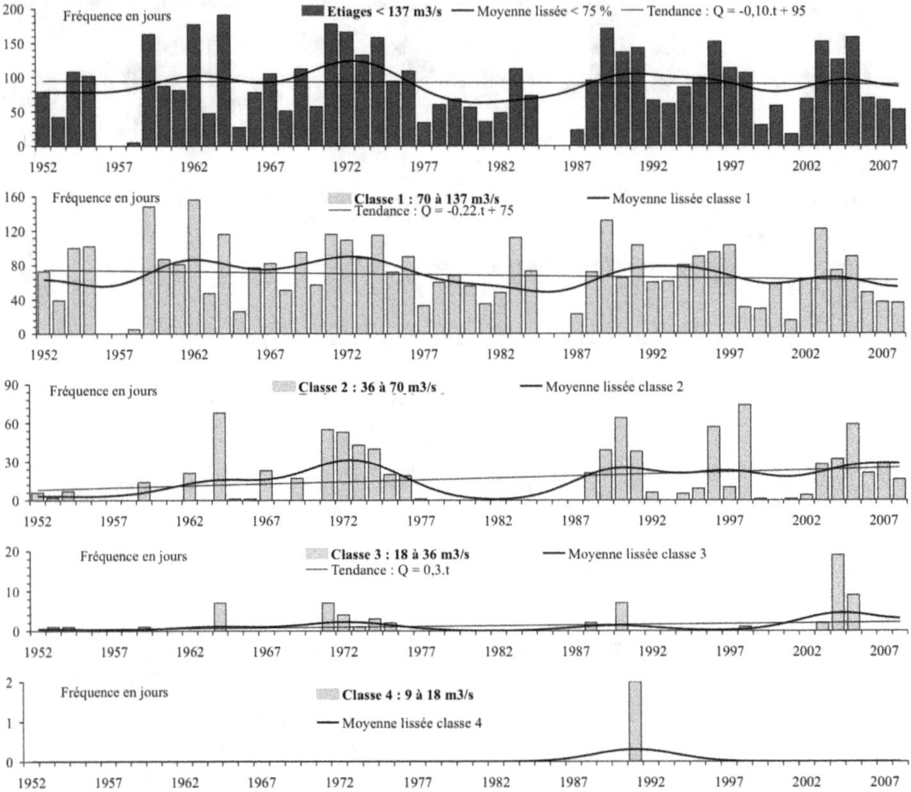

Classe 1	**70 m^3/s**	**à**	**137 m^3/s**
Classe 2	**36 m^3/s**	**à**	**70 m^3/s**
Classe 3	**18 m^3/s**	**à**	**36 m^3/s**
Classe 4	**9 m^3/s**	**à**	**18 m^3/s**

Document 5.21 - Discrétisation des étiages de la Saône

2°) La discrétisation des étiages de la Saône (document 5.21) confirmerait plutôt cette hypothèse. La chronologie de la fréquence des débits < 37 m^3/s est en opposition de phase avec celle des crues, mais elle connut un léger recul d'1 journée par décennie. Toutefois, nous sommes en accord avec la conjoncture pluviométrique. Mais reprenons la même méthode descriptive :

➢ La durée des étiages de la classe 1 respecta les mêmes pulsations, mais son recul a été plus marqué : plus de 2 jrs/décennie.

➢ À l'inverse, si la fréquence des étiages des classes 2 et 3 respecte les mêmes pseudo-cycles, elle s'est fortement accrue depuis 1959 : 3 jrs/décennie.

➢ La classe 4 pourrait être un artéfact de calcul. Elle correspond à des étiages très creusés des 20 et 22 juillet 1991. Ils peuvent aussi révéler une baisse anormale du débit en cette période estivale.

Notre interprétation reste toutefois agraire, car dans la Bresse, que la Saône traverse, la production avicole haut de gamme exige la production de maïs grain, une plante depuis longtemps cultivée localement, mais dont on a accru les rendements par une irrigation exagérée (comme ailleurs) depuis le début des années 1970. On sait que ce fut catastrophique pour d'autres cours d'eau du Sud-ouest et du Poitou-Charentes.

Mais, la répercussion des étiages de la Saône sur le débit du Rhône est compensée par les apports nivo-glaciaires, notamment ceux de l'Isère.

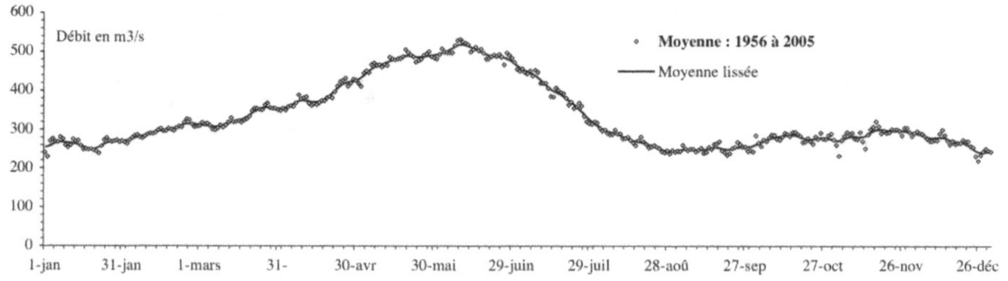

a) Le régime journalier de l'Isère

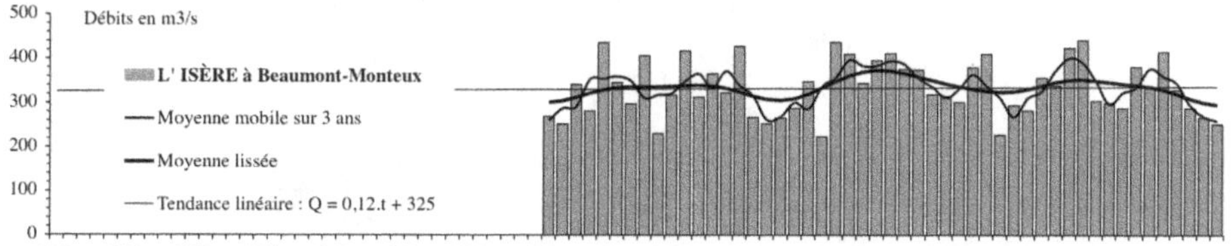

b) Les variations interannuelles du débit

Document 5.22 - Hydrologie de l'Isère à Beaumont-Monteux

B - L'Isère à Beaumont-Monteux

L'Isère rejoint le Rhône un peu en amont de Valence. Elle est le drain principal des Alpes du Nord : l'Arly apporte une partie des eaux du Massif du Mont Blanc, l'Isère elle-même et l'Arc captent les eaux de la Vanoise, le Drac est le drain naturel du Pelvoux. On rencontre là la plus grande partie des glaciers français, dans une région dont les altitudes dépassent souvent

2 000 m. Le rôle des précipitations solides est fondamental, et le régime de l'Isère est encore fortement nival à Beaumont-Monteux (document 5.22.a) et il conserve un régime encore proche de celui de Val d'Isère. Comparée à la Saône, jaugée sur une durée semblable (1956-2005), l'Isère reste dominée par l'écho des pulsations pluviales : des pseudo-cycles courts de 5 à 6 ans de longueur d'onde et des pseudo-cycles longs de 15 à 17 ans. Aussi, est-ce logiquement que les débits se soient accrus d'1,2 m^3/s depuis 1956. Les crues et les étiages ont été définis comme les débits > 408 m^3/s et < 220 m^3/s. La taille du bassin versant - 11 856 km^2 - mais aussi les importants aménagements établis sur le fleuve, expliquent à la fois une pondération réduite à 2 et un seuil de crue inférieur à deux fois le seuil des étiages.

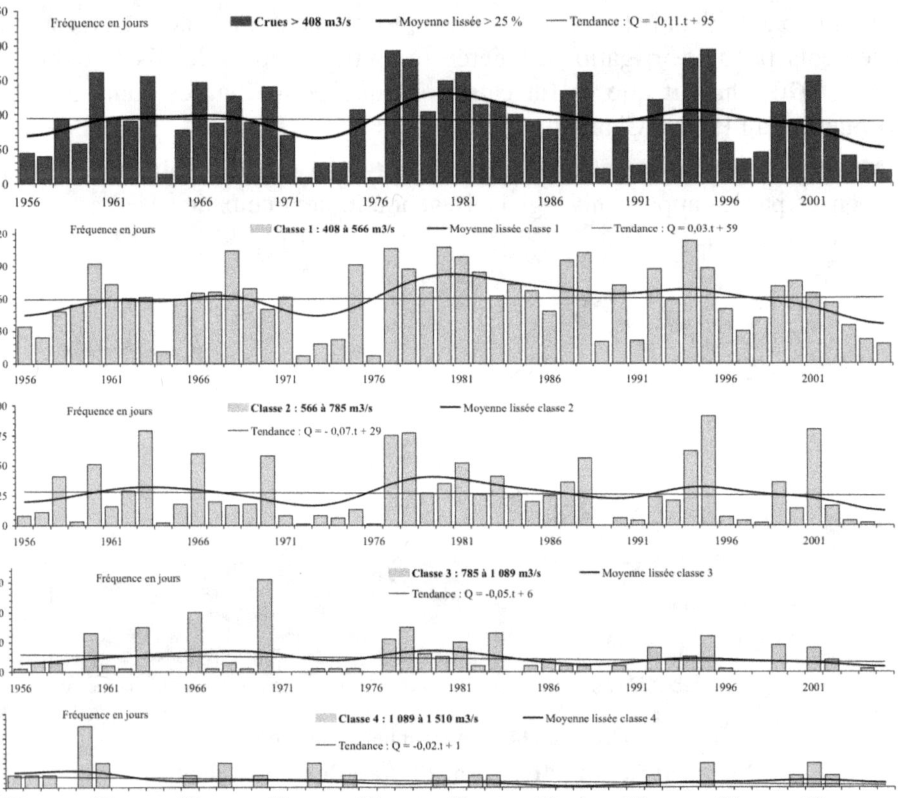

Classe 1	**408 m^3/s**	**à**	**566 m^3/s**
Classe 2	**566 m^3/s**	**à**	**785 m^3/s**
Classe 3	**785 m^3/s**	**à**	**1 089 m^3/s**
Classe 4	**1 089 m^3/s**	**à**	**1 510 m^3/s**

Document 5.23 - Discrétisation des crues de l'Isère à Beaumont-Monteux

1°) La discrétisation des crues de l'Isère (document 5.23) : les fluctuations interannuelles naturelles des précipitations sont répercutées par la durée de hautes eaux > 408 m^3/s, notamment de la fin des années 1970 au début des années 1980. Mais, à l'inverse de l'écoulement général (document 5.22), leur durée tend à reculer de près de 6 jrs/décennie. C'est en contradiction avec la progression pluviale.

Les crues discrétisées restent en phase avec les pulsations tant hydrologiques que pluviales, et leur tendance linéaire n'a rien de convaincant.

- La tendance linéaire de la fréquence de crues modérées de classe 1 traduit une très légère augmentation sur une longue période : + 3 jrs/siècle.
- Celle de la fréquence des crues des classes 2 à 4 évoque un très léger recul compris entre 7 et 2 jours par siècle.

Ce sont là des valeurs négligeables. Sur un cours d'eau purement glaciaire, on l'explique par une faible variation interannuelle de la fonte et par une résistance énorme de la masse de la glace du fait de sa forte chaleur spécifique. Cela ne peut pas être l'explication, nous sommes trop loin des Alpes. Par contre, le cours d'eau et ses affluents sont très fortement harnachés pour la production hydroélectrique.

- Barrages du Sautet, de Saint-Pierre-Cognet, de Monteynard et de N.D. de Commier sur le Drac.
- Barrages du Chambon, de Grand'Maison et du Verney sur la Romanche.
- Barrages de Villarodin, d'Avrieux, d'Aussis, du Plan d'Amont, d'Orelle, de Bissorte, du Chatelard, de Calypso, d'Arvan et d'Hermillon sur l'Arc en Maurienne.
- Barrages de Sassière, de Chevil, de Vauclair, de Malgovert, de Pomblière, de Vignotan, de la Coche sur l'Isère en Tarentaise.

Ces aménagements ne servent pas à réguler l'écoulement, ils le perturbent même à court terme. Mais sur une longue période, ils jouent le même rôle que des lacs naturels, leur nombre et leur surface cumulée finissent par pondérer les régimes et réguler les débits de toutes sortes. Cela n'empêche pas que l'Isère soit perturbée, les endiguements du XIXe siècle et les prélèvements de granulat du XXe ont favorisé l'incision, comme sur l'Arve.

2°) La discrétisation des étiages de l'Isère nuance les conclusions de cette hypothèse. Le document 5.24 rappelle certes que les fluctuations interannuelles naturelles des sécheresses pluviales sont répercutées par la durée de l'étiage. C'est bien rendu par la chronologie de la fréquence des débits < 220 m^3/s. Mais, à l'inverse de crues plutôt stables, la durée des étiages a connu un recul de près de 6 jours tous les 10 ans, recul que la discrétisation confirme en partie :

➢ La durée des étiages de classes 1 et 2 recula respectivement de 4 et 7 jours tous les 20 ans.

➢ Les étiages de classe 3 ont une durée stable sur une longue période : -8 jrs/1 000 ans, et, surtout, ils ont disparu après 1996.

➢ Quant aux étiages de la classe 4, ils n'ont existé qu'en 1976 et 1978, c'est-à-dire au cœur d'une période de grande sécheresse (peut-être aussi l'effet d'une rétention massive derrière les barrages, mais c'est indémontrable).

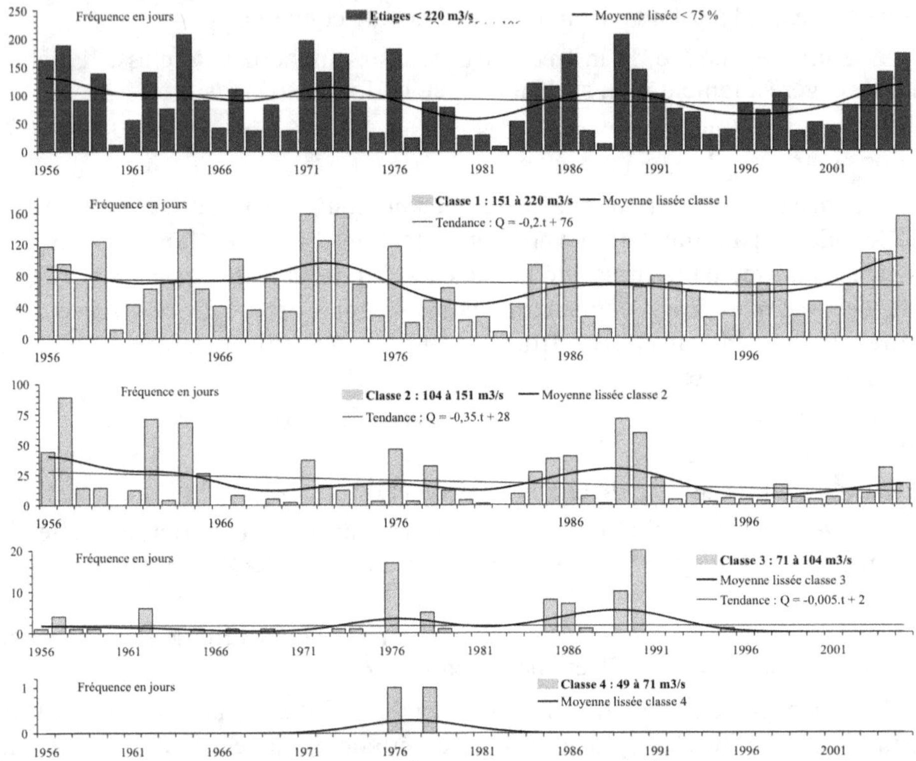

Classe 1	**151 m³/s**	**à**	**220 m³/s**
Classe 2	**104 m³/s**	**à**	**151 m³/s**
Classe 3	**71 m³/s**	**à**	**104 m³/s**
Classe 4	**49 m³/s**	**à**	**71 m³/s**

Document 5.24 - Discrétisation des étiages de l'Isère à Beaumont-Monteux

Le recul de la durée des étiages peut être conjoncturel, et climatique, mais il peut aussi être le fruit d'une politique raisonnée, le S.D.A.G.E. intimant aux gestionnaires de lacs artificiels l'ordre de maintenir un débit minimum afin de protéger les hydrosystèmes. On attribue souvent à l'Isère, la responsabilité de rendre au Rhône son régime nival et glaciaire. Apparemment, on est loin du compte : la pondération de l'Isère et sa régularité sont le fait de la gestion des aménagements humains réalisés à l'amont.

La relative pondération de l'Isère est néanmoins transmise à un fleuve qui pénètre alors dans un espace méditerranéen.

C - La Drôme à Saillans

La Drôme rejoint le Rhône au sud de La Voulte. Née dans le Diois, elle acquiert à la fois une influence nivale du fait de l'enneigement hivernal, mais aussi un caractère méditerranéen qui se traduit par des écoulements très faibles en été et une pointe de hautes eaux cévenoles en automne. Son régime est assez typiquement nivo-pluvial méditerranéen. L'arrivée dans le sillon rhodanien se traduit par une importante rupture de pente qui favorisait les risques d'inondations : aussi fut-elle endiguée dès la fin du XVIIIe siècle jusqu'en 1960. Depuis la ville de Crest jusqu'à la confluence avec le Rhône, 35 km de berges ont été aménagés. Enfin, la Drôme est l'une des dernières rivières alpines sans barrage.

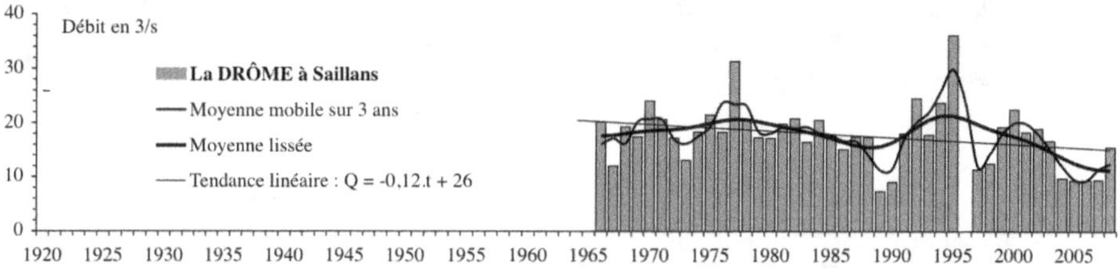

Document 5.25 - Variations interannuelles du débit de la Drôme à Saillans.

Les débits sont relevés à Saillans depuis 1966 (document 5.25). Sur cette courte période, nous retrouvons toutefois les pulsations pluviales courtes (7 ans) et des pulsations plus longues que sur les autres affluents du Rhône (20 ans). Mais surtout, la tendance linéaire indiquerait un recul d'1,2 jours par décennie. Sur les mêmes laps de temps, les précipitations les plus proches, celles de Lyon, ont crû d'environ 1 journée tous les 20 ans. Le recul n'est donc pas conjoncturel mais structurel.

Mais, du fait du cumul des influences nivales et pluviales, la différence est très grande entre le seuil inférieur des hautes eaux : 21,9 m^3/s, et le maximum des basses eaux : 4,64 m^3/s. Le premier est près de 5 fois plus élevé que le second.

1°) Les crues confirment un recul assez général des débits, même les plus extrêmes, dans ce dernier 1/3 du XXe siècle (document 5.26). Malgré la présence de pseudo-cycles pluviaux, la durée des crues >21,9 m^3/s a eu tendance à reculer linéairement d'une journée chaque année. Or cette périodicité et le recul des fréquences concernent presque toutes les classes de hautes eaux.

➢ On relève un recul assez élevé pour les deux premières classes : 3,5 jrs/décennie pour les crues de classe 1 et 4 jrs/décennie pour les crues de classe 2.

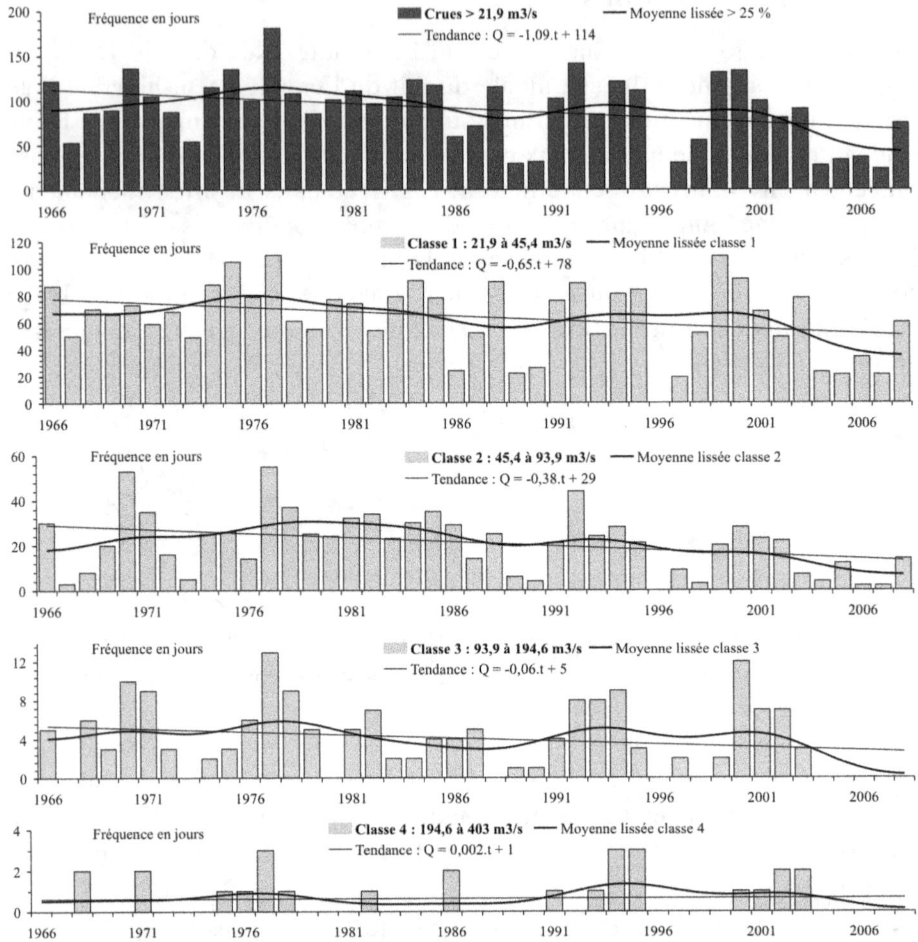

Classe 1	**21,9**	**m^3/s**	**à**	**45,4**	**m^3/s**
Classe 2	**45,4**	**m^3/s**	**à**	**93,9**	**m^3/s**
Classe 3	**93,9**	**m^3/s**	**à**	**194,6**	**m^3/s**
Classe 4	**194,6**	**m^3/s**	**à**	**403,0**	**m^3/s**

Document 5.26 - Discrétisation des crues de la Drôme à Saillans

➢ À l'inverse, la durée des crues de classes 3 et 4 évoque une tendance plus stable : recul de 6 jrs/siècle pour les crues de classe 3, mais croissance de 2 jrs/millénaire pour les crues de classe 4.

Une lutte programmée contre l'occurrence des crues aurait inversé les résultats, les plus forts débits se trouvant écrêtés aux dépens des plus faibles. Ici, on a endigué et rectifié le lit afin de favoriser l'évacuation de l'eau. On connaît le résultat : une incision du lit par des crues évacuées en un temps plus court. Le recul est lié à l'effet secondaire d'une autre action.

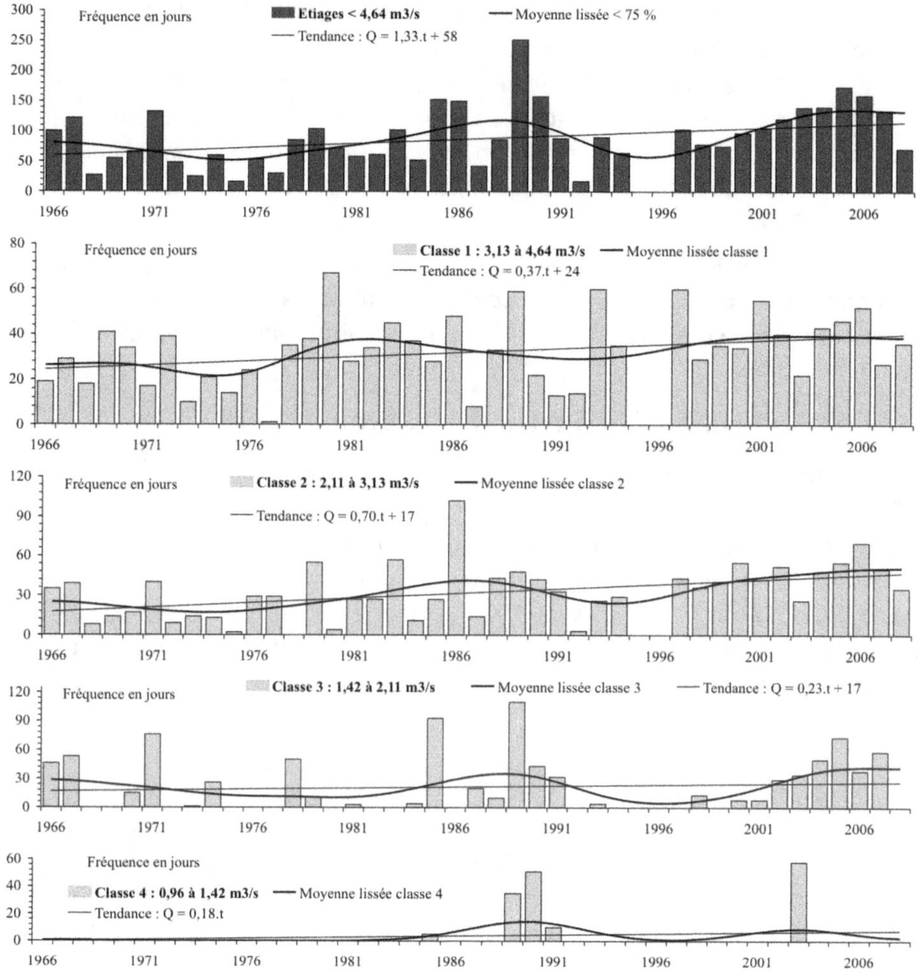

Classe 1	**3,13 m^3/s**	**à**	**4,64 m^3/s**
Classe 2	**2,11 m^3/s**	**à**	**3,13 m^3/s**
Classe 3	**1,42 m^3/s**	**à**	**2,11 m^3/s**
Classe 4	**0,96 m^3/s**	**à**	**1,42 m^3/s**

Document 5.27 - Discrétisation des étiages de la Drôme à Saillans

2°) C'est ce qu'évoque l'analyse de la discrétion des étiages (document 5.27) : la durée des étiages < 4,64 m^3/s a augmenté de façon assez spectaculaire : 13 jours par décennie. Et c'est une croissance qui affecte la durée des étiages de chacune des classes concernées : près de 4 jrs/décennie pour les étiages de classe 1, 7 jrs/décennie pour ceux de classe 2 et 2,5 jrs/décennie en classe 3. Quant aux étiages de classe 4, ils étaient inconnus avant 1984.

D'après le S.A.G.E. 2008, l'irrigation représente 96% de l'utilisation des eaux de surface et 38% des eaux souterraines de la Drôme, et le S.A.G.E. se promet *« ... de réfléchir à des pratiques utilisant l'eau différemment et qui intègrent les évolutions de la PAC et du commerce actuel. »*. La Drôme est trop sollicitée par les besoins de l'irrigation, ce qui a détérioré l'écoulement estival avec creusement des étiages (et apparemment une atteinte globale à la quantité d'eau écoulée, même en crue).

Par rapport au Rhône, la Drôme ne représente qu'un faible apport. Mais le creusement de ses étiages a pu contribuer à la faible dégradation de la pondération du Rhône entre Valence et Beaucaire. Mais sa contribution est inférieure à celles de l'Ardèche.

D - L'Ardèche à Saint-Martin d'Ardèche

Les débits quotidiens de l'Ardèche ne nous sont connus que depuis 1955. L'Ardèche et ses affluents, la Cèze et le Chassezac, sont des cours d'eau typiquement cévenols. À Saint-Martin, le cours d'eau ne débite que 64,7 m^3/s, en période de très basses eaux, *« on cherche l'eau parmi les galets »*, mais, en crue, il avait atteint 7 800 m^3/s en 1924 et peut-être plus en 1890 et 1827 où il monta à 21,4 m au-dessus d'étiage. C'est, avec le Gard et l'Eyrieux, l'affluent typiquement méditerranéen avec un maximum de novembre et une immodération de 9.

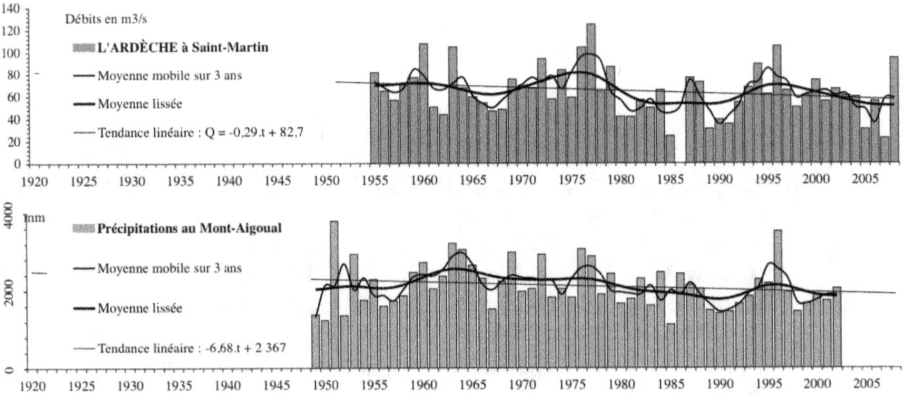

Document 5.28 - Variations interannuelles des débits de l'Ardèche à Saint-Martin d'Ardèche et des précipitations au Mont Aigoual

Le parallélisme entre les pulsations hydrologiques et les pseudo-cycles pluviométriques est plutôt bien réalisé. De plus, les débits annuels conservent les mêmes pulsations courtes (5 à 6 ans) et longues (15 à 18 ans) que la Saône, l'Isère et la Drôme. Si le débit a reculé de 0,3 m³/s chaque année, c'est conforme aux données de la station du Mont Aigoual, station la plus proche, où, sur une durée comparable les apports ont été réduits de 6,7 mm/an.

Les débits-seuils de crues et d'étiages sont très différents : le seuil des crues est de 66 m³/s et celui des étiages n'est que de 12,5 m³/s.

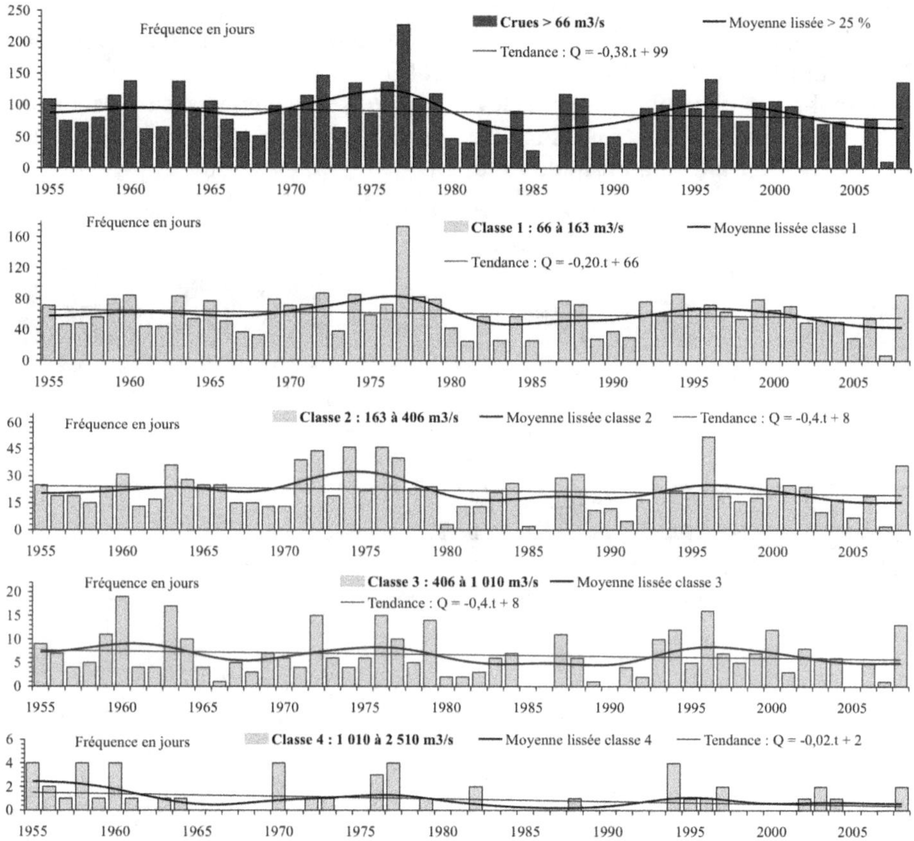

Classe 1	**66**	**m³/s**	**à**	**163**	**m³/s**
Classe 2	**163**	**m³/s**	**à**	**406**	**m³/s**
Classe 3	**406**	**m³/s**	**à**	**1 009**	**m³/s**
Classe 4	**1 009**	**m³/s**	**à**	**2 210**	**m³/s**

Document 5.29 - Discrétisation des crues de l'Ardèche

1°) La discrétisation des crues de l'Ardèche donne des valeurs comprises entre 65,7 et 2 510 m³/s. Le seuil de la classe 1 n'écoule qu'1,3 m³/s de plus que la moyenne interannuelle, ce qui évoque des crues très abondantes capables d'influencer le Rhône (document 5.29). En effet, l'Ardèche dépassa 2 000 m³/s le 20 décembre 1958 (2 500 m³/s), le 6 novembre 1963 (2 220 m³/s) et le 2 décembre 2003 (2 510 m³/s).

Il existe, comme il se doit, une corrélation entre les plus hautes eaux de l'Ardèche (Q > 66 m^3/s) et les plus fortes pluies sur le Mont Aigoual. Et cette corrélation reste vraie pour les classes 1 à 4. Aussi observe-t-on logiquement un léger recul de la durée de ces crues avec le temps : 4 jours par décennie.

➢ Cela reste vrai pour les crues des classes 1 à 3 dont la fréquence recula respectivement de 2 et 4 jours tous les 10 ans.

➢ À l'inverse, les crues de classe 4, qui dépassent 1 000 m^3/s, n'ont connu qu'un recul négligeable : 2 jours par siècle. 90 % d'entre elles se sont produites entre octobre et décembre, elles relèvent d'averses cévenoles sur les massifs montagneux, quand l'air froid canalisé par la vallée du Rhône rencontre l'air maritime méditerranéen à la fin de l'été.

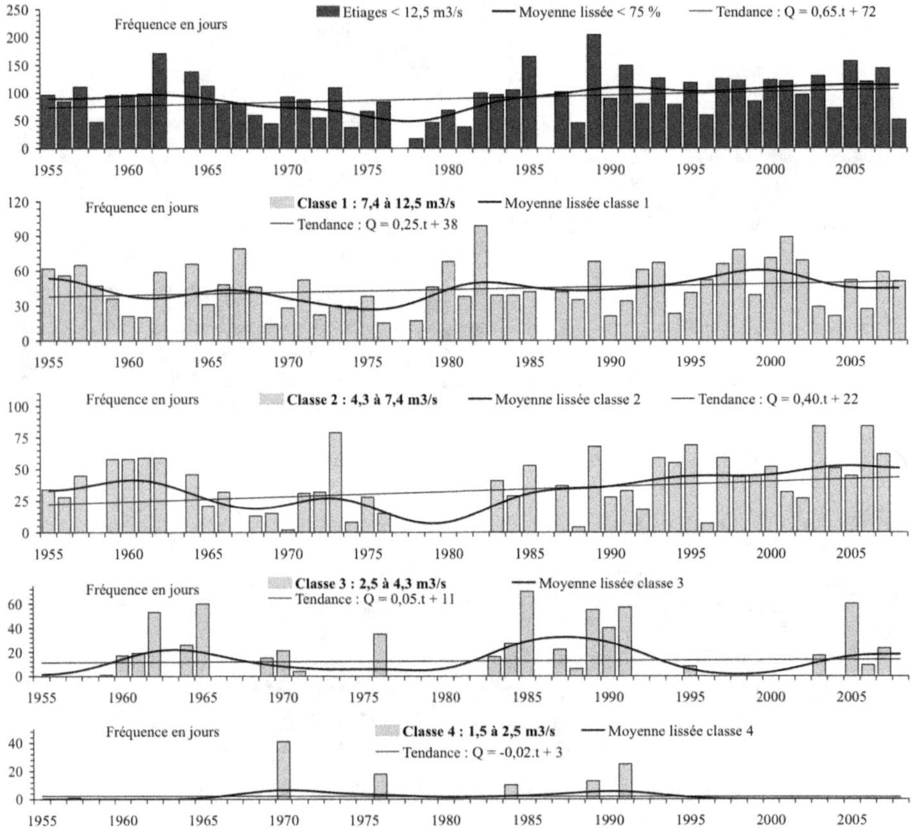

Classe 1	**7,4 m^3/s**	**à**	**12,5 m^3/s**
Classe 2	**4,3 m^3/s**	**à**	**7,4 m^3/s**
Classe 3	**2,5 m^3/s**	**à**	**4,3 m^3/s**
Classe 4	**1,5 m^3/s**	**à**	**2,5 m^3/s**

Document 5.30 - Discrétisation des étiages de l'Ardèche

Ces crues peuvent-elles influencer le Rhône ? Celui-ci écoule entre 1 438 et 1 891 m^3/s entre octobre et décembre à Beaucaire. Un apport brutal de 1 000 à 2 500 m^3/s aura un impact évident sur l'écoulement du Rhône et explique sans doute une remontée assez élevée des débits dès le mois d'octobre, confirmée en novembre.Cet apport n'affecte pas le Rhône, mais contribue plutôt à sa pondération en comblant les basses eaux d'origine océanique et nivale.

2°) Les étiages de l'Ardèche sont inversement très creusés (document 5.30). Il est bien connu que l'Ardèche n'écoule qu'un filet d'eau en période d'étiage, de juin à septembre. Ces débits d'étiage < 12,5 m^3/s ont certes été très affectés par les pulsations sèches, mais depuis le début des années 1980 leur durée apparaît fortement à la hausse, soit une croissance linéaire de 6,5 jrs/décennie depuis 1955.

➢ C'est une tendance qui affecte aussi les classes 1 et 3 ; après la pulsation pluviométrique positive du début des années 1980 qui réduisit la durée des étiages, leur durée présente une nette croissance : 5 jours tous les 20 ans en classe 1 et 8 jours en classe 2.

➢ La classe 3 est différente. Les durées sont plus tranchées, et globalement il n'y a pas de croissance linéaire tangible : 5 jrs/siècle.

➢ Quant aux étiages de classe 4, « *quelques gouttes d'eau* », ils disparaissent au début des années 1990.

L'influence anthropique est évidente, et sans doute volontaire. Pour maintenir un écoulement acceptable en été, les étiages sont soutenus aux dépens des étiages moins creusés. C'est un des objectif du ***SAGE Ardèche*** qui doit assurer un écoulement suffisant dans les gorges fortement sollicitées par les sports nautiques en été.

E - La Durance à Saint-Paul-lés-Durance

La Durance a été aussi fortement aménagée que le Rhône. Autrefois, des travaux avaient été réalisés localement, mais tous avaient en commun de puiser l'eau de la Durance : travaux d'Adam de Craponne au XVe siècle, canal de Craponne qui irrigue l'est de la Crau depuis la fin du XVIIIe siècle, canal des Alpilles achevé au début du XIXe siècle et qui court d'Orgon sur la Durance jusqu'à St-Rémy de Provence puis Châteaurenard, enfin, canal de Carpentras (vers 1850) qui arrose le Haut Comtat. Ces travaux connurent par la suite le développement de l'hydro-électricité, sur le cours supérieur de la rivière : barrage de l'Argentière et, sur le cours moyen : barrages de Manosque, Sainte-Tulle, la Brillanne, Ventavon et le Largue.

La valorisation de tout ce potentiel est maintenant achevée. La Durance est intéressante à aménager car elle est à forte pente, son module est de 85 m^3/s dès la confluence de l'Ubaye, et, si on utilise son tracé quaternaire vers la Crau par le Pertuis de Lamanon, on obtient 130 m de dénivellation au-dessus de l'étang de Berre. L'obstacle était celui d'un régime nivo-glaciaire en amont, mais il fut franchi en 1960 avec l'ouverture du barrage de la Serre-Ponçon à la confluence de l'Ubaye. Ce réservoir permet aussi de régulariser des usines au fil de l'eau en aval et surtout d'irriguer et d'alimenter les villes.

Des équipements hydro-électriques harnachent la Durance. La moyenne Durance est aménagée entre la Serre-Ponçon et la confluence avec le Verdon. Un canal de fuite alimente directement sept hydrocentrales récentes et les cinq usines anciennes par de courtes dérivations. La basse Durance, en aval du défilé de Mirabeau, supporte des usines de moyenne chute, à Jouques, Saint-Estève-Janson, Mallemort, Salon-de-Provence et Miramas. Surtout, 15 canaux d'irrigation prélèvent 1/3 du débit en aval de Mirabeau.

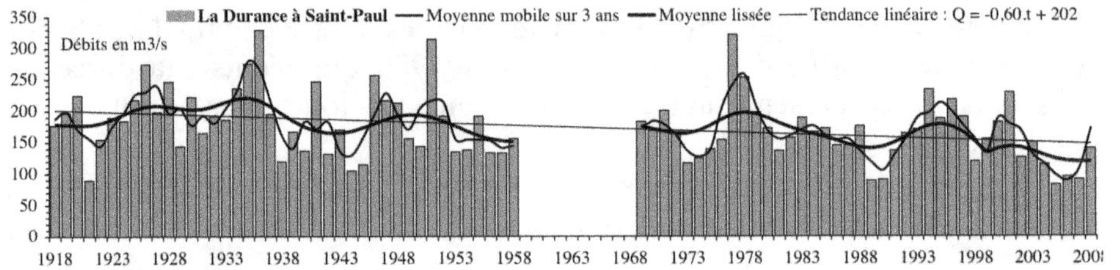

Document 5.31 - Variations interannuelles du débit de la Durance à Saint-Paul-lés-Durance

Les débits à Saint-Paul-lés-Durance nous sont connus depuis 1918, avec une lacune importante entre 1958 et 1968 (document 5.31). Pour l'ensemble, les pulsations courtes sont de 6 ans et les pulsations longues de 15 ans de longueur d'onde. Mais, du fait des aménagements hydrauliques, les débits ont reculé de 6 m^3/s par décennie (60 m^3/s par siècle).

Or, la Durance est le plus vaste affluent depuis l'Isère, car elle draine la quasi-totalité des Alpes du Sud avec un régime nivo-pluvial méditerranéen. Mais son apport n'est que de 174,5 m^3/s. Néanmoins, les crues de la Durance sont spectaculaires et furent longtemps jugées imprévisibles et très dangereuses, et l'on aurait atteint 6 000 m^3/s en 1843, 1882 et 1886.

1°) La discrétisation des crues de la Durance ne traduit pas un recul spectaculaire des fréquences selon l'aggravation du degré de rareté (document 5.32). Mais, comme l'impose un régime méditerranéen, les valeurs occupent un large espace et le seuil inférieur des débits de crue n'est que de 45 m^3/s supérieurs à la moyenne interannuelle. Les débits > 220 m^3/s n'ont reculé que de 4 jours par décennie, et l'interruption de 1958 à 1968 qui correspond, en partie, à la mise en service de la Serre-Ponçon, ne semble pas avoir eu d'effet. Il faut encore nuancer :

➢ Les crues de classe 1 qui répondent aux variations pseudo-cycliques des précipitations ont vu leur durée rester stable : -6 jrs /siècle.

➢ C'est aussi le fait des crues rares : 2 jrs /siècle pour les crues de classe 3 et 6 jrs /millénaire pour celles de classe 4 (des crues > 1 000 m³/s).

➢ À l'inverse, la fréquence des crues de classe 2 a reculé de 2,5 jrs /décennies.

➢ Les crues de classe 1 qui répondent aux variations pseudo-cycliques des précipitations ont vu leur durée rester stable : -6 jrs /siècle.

➢ C'est aussi le fait des crues rares : 2 jrs /siècle pour les crues de classe 3 et 6 jrs /millénaire pour celles de classe 4 (des crues > 1 000 m³/s).

➢ À l'inverse, la fréquence des crues de classe 2 a reculé de 2,5 jrs /décennies.

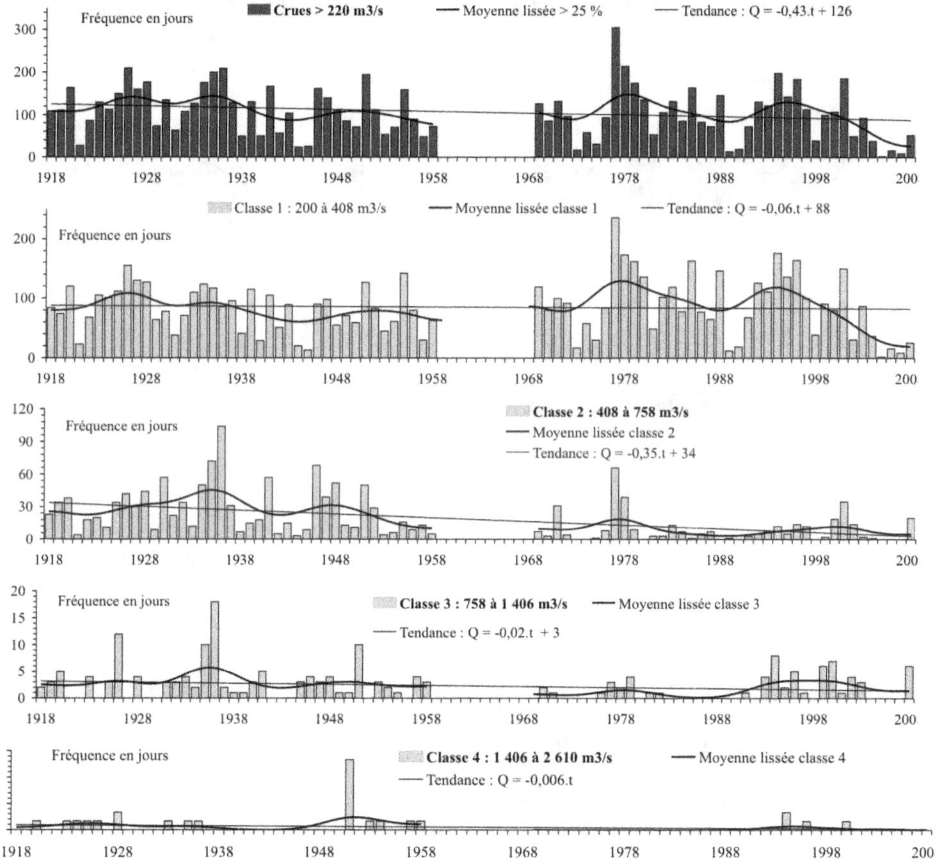

Classe 1	**220**	**m³/s**	**à**	**408**	**m³/s**
Classe 2	**408**	**m³/s**	**à**	**458**	**m³/s**
Classe 3	**758**	**m³/s**	**à**	**1 406**	**m³/s**
Classe 4	**1 406**	**m³/s**	**à**	**2 610**	**m³/s**

Document 5.32 - Discrétisation des crues de la Durance à Saint-Paul

Sur la Durance, on luttait dès le XIXe siècle contre les crues et la torrentialité en reboisant les versants. On reconnaît une certaine efficacité sur les crues moyennes. Quant aux crues les plus rares, leur durée n'excède plus que quelques jours de temps en temps. Pour une meilleure compréhension, il faudrait connaître les débits depuis le milieu du XIXe siècle.

La lutte contre les inondations semble appartenir au passé.

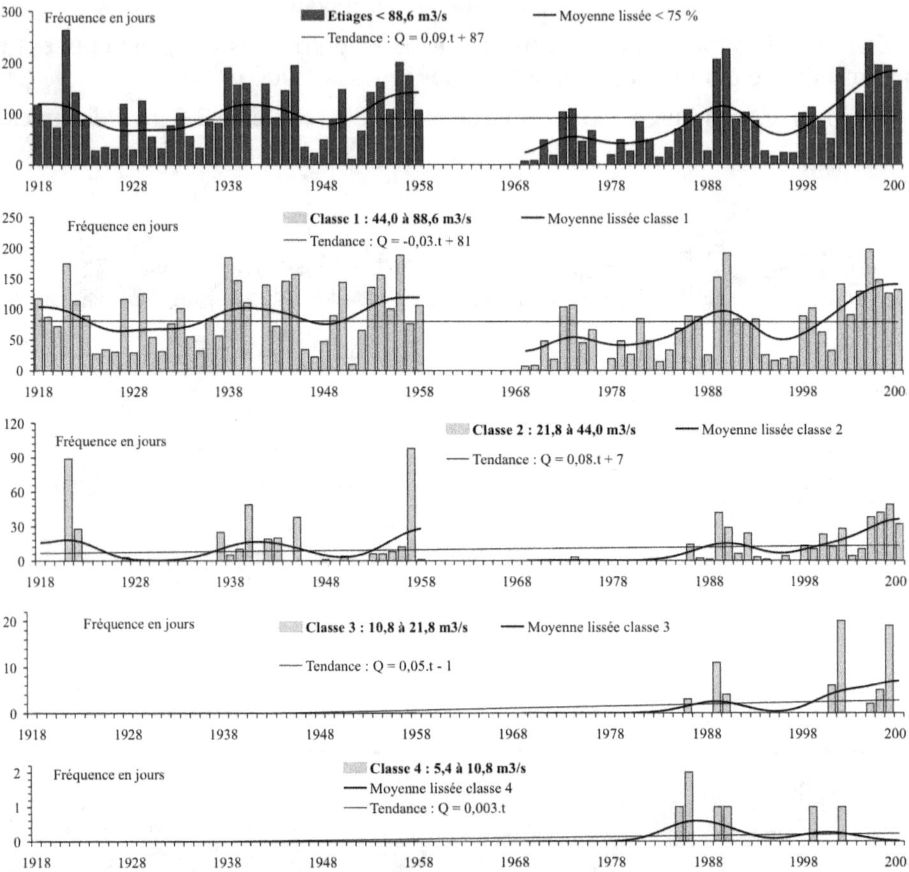

Classe 1	**44,0**	**m^3/s**	**à**	**88,6**	**m^3/s**
Classe 2	**21,8**	**m^3/s**	**à**	**44,0**	**m^3/s**
Classe 3	**10,8**	**m^3/s**	**à**	**21,8**	**m^3/s**
Classe 4	**5,4**	**m^3/s**	**à**	**10,8**	**m^3/s**

Document 5.33 - Discrétisation des étiages de la Durance à Saint-Paul

2°) Nous avons souvent parcouru les bords de la Durance en été, et, comme sur l'Ardèche, « on cherche l'eau parmi les cailloux », mais ici on la voit passer par les canaux d'irrigation. À l'indigence pluviométrique du climat méditerranéen en été, s'additionnent les prélèvements agricoles et urbains (document 5.33). La fréquence des étiages < 88,6 m^3/s respecte les années sèches et humides, mais du fait des aménagements, on est surpris de sa stabilité : elle a même crû d'une 1 journée par siècle. Dans le détail, c'est différent. En effet :

➢ Les étiages de classe 3 et 4, inconnus avant 1985, sont apparus brutalement, et à plusieurs reprises le débit passa en dessous de 10,8 m^3/s.

➢ À l'inverse, les étiages des classes 1 et 2 n'ont que très peu progressé : 8 jours par siècle en classe 2, ou ils ont reculé : 3 jours par siècle en classe 1.

Nous connaissons ce genre de manipulation, laquelle n'est pas limitée au milieu méditerranéen. Une grande partie des eaux qui sont retenues par le barrage de la Serre-Ponçon est redistribuée en été, ce qui assure une certaine stabilité interannuelle des étiages, seulement liée aux cycles climatiques. Mais il faut aussi alimenter les canaux, et, en période de grande sécheresse, et de forte demande : fin des années 1980, fin des années 1990, l'alimentation des canaux d'irrigation l'emporta sur le soutien de l'étiage. C'est un évènement apparemment récent, qui contribue au délabrement de la Durance.

Résoudre le problème sera un des objectifs du ***contrat de rivière de la moyenne et basse Durance*** qui « *conduit depuis plusieurs années une démarche de gestion globale de la Durance, associant les acteurs de la Basse et de la Moyenne Durance. Après une Étude Globale conduite sur trois ans, le S.M.A.V.D. et le Syndicat Mixte de la Moyenne Durance ont décidé de lancer un Contrat de Rivière commun à leurs deux territoires, pour la mise en oeuvre d'un Schéma de Gestion Globale* ».

Entre Lyon et Beaucaire, malgré l'apport de ses divers affluents, le Rhône n'a subi que peu de modifications de leur seul fait. Le régime reste très pondéré, son débit est passé de 600 à 1 700 m^3/s, la discrétisation de ses crues traduit une grande stabilité, et même ses étiages dont la durée reculait à Lyon sont stabilisés à Beaucaire. Il est probable que nous soyons en face d'un équilibre artificiel généré par une bonne gestion de la part de la C.N.R. Mais le fleuve n'est pas à l'abri de fortes crues, comme celles qui dévastèrent le delta à la fin du XXe siècle (où il faut aussi incriminer la gestion des digues).

Le rôle des aménagements hydroélectriques montagnards apparaît fondamental dans les avatars de l'écoulement des grands affluents alpins : l'Arve, l'Isère et ses affluents, la Durance et ses affluents, et le Rhône lui-même entre le lac Léman et Lyon. La nécessité d'assurer la satisfaction des besoins en électricité en hiver oblige les gestionnaires des barrages à réserver une grande part des eaux de fonte des neiges et des glaces. Si le régime des crues est assez peu perturbé (les barrages sont calculés pour « laisser passer les plus hautes eaux »), celui des étiages l'a été fortement. Partout, nous avons assisté à un accroissement de la fréquence des plus basses eaux. Si, en aval de Lyon, les extrêmes rhodaniens semblent préservés, cela tient à l'apport des cours d'eau de régimes océaniques, comme la Saône, et surtout à une bonne gestion des barrages au fil de l'eau. Apparemment, le principal problème du fleuve relève surtout de la qualité de ses eaux, mais c'est une autre histoire.

Cependant, une grande partie des eaux est détournée vers le canal du Bas-Rhône-Languedoc, destiné à l'irrigation du Languedoc. La prise d'eau est effectuée sur la rive gauche en amont d'Arles, entre Beaucaire et Fourques. Aussi, cette ponction n'apparaît-elle pas sur les débits enregistrés à Beaucaire. Cependant, ce sont 75 m^3/s qui sont prélevés à Bellegarde, destinés aux 14 000 ha de vergers du département du Gard ; puis, à Pichegru, la station de pompage Aristide-Dumont expédie 63 m^3/s dans le canal Philippe-Lamour, jusqu'à Mauguio, et 12 m^3/s dans le canal des Costières et jusqu'à Nîmes. Ce sont 150 m^3/s qui sont prélevés dans le fleuve en amont du delta. Si l'on ajoute les ponctions réalisées pour l'agriculture camarguaise, le grand Rhône et le petit Rhône ont connu une réduction de leur débit, ce qui favorise la remontée des eaux salées dans cette région qui est une des plus sèches de l'Hexagone. La Camargue n'est une zone humide que par l'apport du fleuve et l'absence de pente. Si on ajoutait que les barrages ont rompu l'apport alluvial, on comprend que le delta est également menacé par l'érosion de la Méditerranée. Les aménagements anthropiques menacent fortement l'écosystème de la Camargue.

Quel bilan pour les extrêmes ?

L'origine pluviale concerne neuf cours d'eau français sur dix (régimes pluvio-évaporaux, pluvio-nivaux et nivo-pluviaux) et les seuls régimes pluvio-évaporaux en rassemblent 70 %. Aussi, les extrêmes hydrologiques restent-ils naturellement dominés par les variations pseudo-cycliques des précipitations océaniques et méditerranéennes.

Les cours d'eau français connurent des vagues de hautes eaux au cours des années, et plus précisément des saisons froides, abondantes : années 1880, années 1910, années 1930, années 1960, années 1980, fin des années 1990 et début des années 2000. À l'inverse, des décennies entières connurent de basses eaux : années 1890-1900, années 1920, années 1940 (surtout), années 1970, années 1990.

Mais, au cours du temps, l'impact de ces fluctuations naturelles fut très fortement affecté par les aménagements de l'homme. Certains allaient dans le sens d'une amélioration, par écrêtement des plus fortes crues et par le soutien des étiages les plus creusés. On peut citer la lutte contre les inondations et la torrentialité, le soutien des basses eaux pour faciliter la navigation, ou assurer une ressource pour l'irrigation. D'autres avaient un objectif industriel : production d'hydro-électricité, refroidissement de centrales thermiques. Ces usages ont eu des effets pervers qu'il a fallu combattre. Notamment, la construction de barrages accusait l'irrégularité par des séries de rétention et de lâchures sans lien avec le cycle naturel. Surtout, la consommation énergétique hivernale réclame la mise en réserve d'une grande quantité d'eau aux dépens des étiages.

Enfin, certains effets pervers ont été induits par des aménagements n'impliquant plus l'hydrologie des fleuves. On peut citer, entre autres, la modification des paysages agraires, l'utilisation anarchique des ressources des petits affluents, le pompage direct dans les nappes phréatiques. Les extrêmes en ont été exagérés. Le bétonnage périurbain, la destruction du bocage, favorisent l'écoulement rapide des pluies sur le sol. Un grand nombre de crues de l'Ouest (Vilaine, Mayenne, Sarthe) ont été provoquées par le ruissellement d'averses. Ces averses, certes plus abondantes, étaient restées dans la norme saisonnière, mais la surface du sol favorisait le ruissellement aux dépens de l'infiltration. Aussi, à des crues anormalement fortes se sont trouvé associés des étiages particulièrement creusés. Qu'on y ajoute l'urbanisation inconsciente des plaines d'inondations, et l'on comprend l'ampleur des crues sur la Vilaine, sur la Somme, sur la Meuse, sur les cours d'eau méditerranéens, mais aussi sur de petits bassins « sans histoire » de la banlieue parisienne. Ailleurs, le rabattement des nappes phréatiques fait que les cours d'eau des régions calcaires se sont retrouvés sans écoulement estival à la fin du XXe siècle : la Charente en fut un bon exemple.

La discrétisation des premiers et derniers quartiles des débits classés permet une approche comparative des extrêmes des cours d'eau métropolitains. Dans les analyses détaillées qui ont précédé, nous avions utilisé les valeurs absolues, en m^3/s, ce qui rend difficile la comparaison de bassins de tailles très différentes. Aussi, avons-nous décidé que les seuils des crues et des étiages, appelés « classes 1 » seraient tous ramenés à la valeur 100, les seuils des trois autres classes étant calculés en fonction de cette valeur. Ainsi, plus la classe 4 s'éloigne de 100, plus les étiages sont creusés et plus les crues sont violentes.

Afin de mieux saisir les différences, et l'impact du milieu et des hommes, les bassins ont été classés selon leur régime et selon le sous-sol.

I - Les cours d'eau océanisés

Nous nommerons ainsi les cours d'eau pluvio-évaporaux de la façade occidentale du pays, tributaires de la Mer du Nord, de la Manche et de l'Atlantique. Ils sont exclusivement soumis à l'évaporation estivale et à l'apport pluviométrique hivernal. Mais selon la nature du sous-sol, l'eau ruisselle et s'infiltre plus ou moins aisément. Les bassins ont dont été répartis en deux ensembles : les bassins inscrits dans du massif ancien et les bassins inscrits dans des roches sédimentaires.

1°) Les extrêmes dans le cas des roches aquicludes des massifs anciens : six bassins versants se trouvent concernés, issus du Massif Central, du Massif Armoricain et de leurs annexes. Leurs crues de classe 4 peuvent dépasser 10 fois la valeur de la classe 1, tout comme leurs étiages de classe 4 n'atteignent que quelques % de la classe 1.

La Vilaine à Rieux et le Thouet à Chacé constituent des exemples assez parfaits de bassins versants au régime pluvio-évaporal océanique affecté par un sous-sol aquiclude. La crue peut y dépasser 8 fois le débit-seuil de classe 1 sur la Vilaine et 13 fois sur le Thouet. Ce sont des cours d'eau où le risque d'inondation n'est pas à négliger, et le XXe siècle finissant y a connu des inondations catastrophiques dont celles de janvier 1995 à Redon. À l'inverse, les étiages y sont très creusés entre 0,5 et 1,5 % du seuil d'étiage. La pénurie est l'autre grand souci des gestionnaires de ces bassins, qu'il a fallu harnacher de barrages destinés à l'alimentation des villes, des industries et des champs. Au travers de ces deux exemples, se retrouvent concernés la plupart des cours d'eau bretons, normands, vendéens et limousin.

La Dordogne à Argentat, et son affluent la Vézère à Uzerche, devraient appartenir à cette catégorie, mais les crues de classe 4 ne sont que 6 à 6,5 fois plus élevées que le débit seuil, et les étiages de classe 4 approchent de 10 % du seuil des basses eaux. Le SDAGE Adour-Garonne a imposé un débit d'objectif d'étiages aux gestionnaires des barrages, alors que leur présence a quelque peu atténué la violence des crues. À l'inverse de la Vilaine et du Thouet, on a pu donner un impact bénéfique aux aménagements. Une grande partie des cours d'eau issus de l'ouest du Massif Central est ainsi concernée, notamment le Viaur, la Truyère, et les parcours limousins de la Creuse et de la Vienne.

		Crues				Étiages			
		Cl. 1	Cl. 2	Cl. 3	Cl. 4	Cl. 4	Cl. 3	Cl. 2	Cl. 1
Massif ancien	Vilaine à Rieux	100	200	401	**802**	**1,3**	6	24	100
	Thouet à Chacé	100	236	557	**1 314**	**0,4**	3	16	100
	Dordogne à Argentat	100	184	340	**626**	**9**	20	45	100
	Vézère à Uzerche	100	186	347	**646**	**7**	17	41	100
	Loire à Bas-en-Basset	100	236	555	**1 308**	**20**	34	59	100
	Allier à Vieille-Brioude	100	216	468	**1 012**	**12**	24	49	100
Bassin sédimentaires	Meuse à Chooz	100	170	290	**495**	**3**	9	31	100
	Moselle à Toul	100	193	373	**721**	**13**	25	50	100
	Charente à Cognac	100	190	360	**683**	**5**	13	36	100
	Dordogne à Cénac	100	165	272	**450**	**20**	34	58	100
	Somme à Abbeville	100	126	158	**199**	**52**	65	81	100
	Ain à Chazey	100	180	326	**589**	**21**	57	57	100
Bassin de la Seine	Seine à Bar/Seine	100	197	389	**768**	**7**	17	41	100
	Aube à Arcy	100	164	270	**443**	**26**	40	64	100
	Yonne	100	159	252	**400**	**19**	33	58	100
	Loing à Épisy	100	194	375	**726**	**33**	47	69	100
	Marne à St Dizier	100	199	396	**789**	**14**	25	50	100
	Seine à Paris	100	156	242	**377**	**22**	37	61	100
	Oise à Pont Ste Maxence	100	147	216	**317**	**29**	44	66	100
Bassin de la Loire	Loire à Giens	100	163	267	**436**	**18**	32	57	100
	Loire à Blois	100	187	351	**659**	**24**	39	62	100
	Cher à Selles	100	170	290	**495**	**25**	40	63	100
	Creuse à Leugny	100	186	344	**639**	**21**	35	59	100
	Vienne à Chatellerault	100	172	295	**459**	**25**	40	64	100
	Maine à Angers	100	189	357	**675**	**27**	41	65	100
	Loire à Montjean	100	153	235	**360**	**26**	41	64	100

Document 6.1 - Extrêmes des cours d'eau océaniques

On a essayé de dompter la Loire à Bas-en-Basset et l'Allier à Vieille-Brioude, mais les crues, ici d'origine cévenole, restent importantes (10 à 15 fois le seuil de crue) mais on est parvenu à soutenir les étiages. Le « Dernier Fleuve Sauvage » n'est plus aussi sauvage que cela.

2°) Les extrêmes dans les bassins inscrits dans des roches sédimentaires : les roches carbonatées (calcaires, craies, marnes) dominent souvent dans les sédiments aquitains, parisiens, jurassiens et lorrains ; c'est ce qu'illustrent les extrêmes de la Somme à Abbeville et de l'Ain à Chazey. Leur perméabilité et l'importance du karst y réduisent l'importance des débits extrêmes. Mais l'homme est souvent intervenu :

Sur la Meuse à Chooz et la Moselle à Toul, les crues restent modérées (5 à 7 fois le débit seuil) malgré quelques inondations comme celles de la Meuse à Charleville-Mézières en 1991, 1993 et 1995. À l'inverse, les étiages pouvaient se creuser : 3 % du seuil d'étiage à Chooz. Mais ici, ce sont les besoins de la navigation qui importent, aussi est-il pédagogique de constater que l'étiage de classe 4 a été ramené à 13 % du seuil sur la Moselle.

La Charente à Cognac et la Dordogne à Cénac illustrent les contradictions que peuvent provoquer les aménagements humains. Les crues de classe 4 n'y dépassent pas 5 à 7 fois le seuil, mais les étiages de classe 4 y sont différents. Ces deux cours d'eau traversent des massifs calcaires, aux effets théoriquement régulateurs. C'est sans compter avec les hommes. Sur la Dordogne, l'étiage est soutenu : 20 % du débit-seuil ; sur la Charente, il est dégradé : 5 % de celui-ci. Sur la Charente, l'irrigation du maïs a accentué les étiages, et il a fallu construire les ouvrages de Mas Chaban et de Lavaud, pour soutenir ces basses eaux avec beaucoup de difficultés.

Les aménagements ont fréquemment été réalisés pour réduire ces extrêmes. On sait ainsi que l'écoulement venu de l'amont sur la Seine et ses affluents, souvent naturellement pondérés par les calcaires, a été totalement anthropisé par les Grands Barrages de Seine construits entre 1949 et 1991. Paris semble moins sous la menace des crues, et surtout les étiages de classe 4 restent autour de 20 % du seuil statistique. Les extrêmes de la Loire ont également été modifiés. Nous estimons personnellement que le risque de crue a été réduit par le reboisement du bassin versant. Quant aux étiages, que ce soit sur le fleuve lui-même ou sur ses affluents, les basses eaux sont soutenues à partir d'un harnachement hydroélectrique puissant en Limousin et en Auvergne, afin d'assurer le refroidissement des centrales nucléaires.

II - Les cours d'eau méditerranéens

Nous avons souligné la rareté du régime pluvio-évaporal méditerranéen pur : du fait d'un encadrement montagnard, la neige joue un rôle non négligeable (document 6.2).

Dans les Pyrénées orientales, la Canterrane à Terrats et le Verdouble à Tautavel sont typiquement méditerranéens et marqués par une nuance torrentielle. La Canterrane est un « oued » dont les crues de classe 4 peuvent dépasser plus de 130 fois le débit-seuil de crue, alors qu'à l'inverse l'étiage peut se réduire à un assec de plusieurs mois. Ces cours d'eau abondent, ce sont les Caderaux de Nîmes, torrents des Corbières, des Cévennes, des Alpilles, des Maures, dont les inondations peuvent devenir des cataclysmes : le Nartuby dévasta Draguignan en 2010. À l'inverse, le Verdouble illustre l'exemple d'une pondération karstique : le seuil de la classe 4 vaut 16 % du débit-seuil d'étiage. Mais le karst a ses limites et n'absorbe pas le ruissellement des trop fortes averses comme en 1999. C'est ce qui se passe sur le Gard, les Gardons, l'Ouvèze.

	Crues				**Étiages**			
	Cl. 1	**Cl. 2**	**Cl. 3**	**Cl. 4**	**Cl. 4**	**Cl. 3**	**Cl. 2**	**Cl. 1**
Canterrane à Terrat	100	512	2 622	**13 423**	**0**	16	54	100
Verdouble à Tautavel	100	377	1 424	**5 375**	**16**	30	54	100
Aude à Belviane	100	191	364	**695**	**29**	45	69	100
Var à Malaussène	100	234	546	**1 276**	**18**	33	56	100
Ardèche à St. Martin	100	249	619	**1 538**	**20**	36	60	100
Durance à Saint-Paul	100	185	344	**638**	**12**	24	52	100
Drôme à Saillans	100	207	429	**888**	**31**	45	66	100

Document 6.2 - Extrêmes des cours d'eau méditerranéens

Le rôle de la fonte des neiges pourrait accentuer le processus de ruissellement, malgré des étiages très creux. Le Var à Malaussène et l'Ardèche à Saint-Martin sont sujets à de très fortes crues : le seuil de la classe 4 est de 12 à 15 fois supérieur au débit-seuil. On a lutté contre ces risques par l'édification de retenues de protection, censées écrêter les crues les plus fortes. Nous avons vu que le risque recule sur le Var. Ces aménagements eurent aussi un autre objectif : faire des réserves d'eau pour satisfaire les besoins estivaux, et les débits d'étiages ont été soutenus : le seuil de classe 4 est de 20 % du débit-seuil d'étiage. C'est un effort qui a été réalisé sur la Durance à Saint-Paul et sur la Drôme à Saillans où les crues ont été laminées. Mais les étiages y restent assez creux: ici, il faut de l'eau pour les cultures délicates de la plaine en saison sèche. L'Aude semble à part. En réalité, comme elle est très aménagée en amont, son écoulement a été fortement modifié.

III - Les cours d'eau à rétention solide

Plusieurs cours d'eau pyrénéens et alpins sont plutôt dominés par la fonte des glaces et des neiges (document 6.3).

Le bassin de l'Adour est un bon exemple d'alimentation nivale, car cette partie des Pyrénées est très enneigée. L'originalité du régime nival serait l'occurrence de fortes crues de printemps suivies d'un étiage estival très creusé. On reste sur sa faim. Le seuil des crues de classe 4 de l'Adour à Asté et du Gave de Pau n'est que 7 à 8 fois supérieur au débit-seuil de crue. À l'inverse, le seuil de l'étiage de classe 4 atteint 30 à 40 % du débit-seuil d'étiage. Certes, les pluies sont abondantes en été, et les étiages peuvent être soutenus, le tapis neigeux se réduit dramatiquement et les débâcles de printemps ont perdu leur vigueur. Mais la montagne est harnachée pour la production d'électricité et l'on retient les eaux de fonte derrière les barrages. Il faut aussi protéger Dax contre les crues et les frayères à saumons contre les étiages.

	Crues				Étiages			
	Cl. 1	Cl. 2	Cl. 3	Cl. 4	Cl. 4	Cl. 3	Cl. 2	Cl. 1
Adour à Asté	100	198	393	**779**	**38**	53	73	100
Gave de Pau	100	193	371	**714**	**26**	38	62	100
Adour à St Vincent	100	185	344	**638**	**22**	36	60	100
Arve à Chamonix	100	149	223	**333**	**19**	34	58	100
Isère à Val d'Isère	100	193	374	**724**	**50**	63	80	100
Isère à Beaumont	100	139	193	**268**	**31**	47	69	100
Durance à Briançon	100	172	297	**512**	**35**	50	71	100

Document 6.3 - Extrêmes des cours d'eau à rétention glaciaire et nivale

Les cours d'eau alpins : Arve, Isère et haute Durance, connaissent aussi la fonte des glaciers (dont le recul n'est plus à démontrer). On opposerait des hautes eaux printanières, voire estivales, à des basses eaux hivernales. Les crues sont modestes : le seuil de classe 4 n'est que de 5 fois le débit-seuil sur la Durance et 7 fois sur l'Isère à Val-d'Isère. Mais il se réduit à 3 fois sur l'Isère à Beaumont et sur l'Arve à Chamonix. Quant aux étiages, ils sont plutôt soutenus. La réduction est une conséquence de l'aménagement hydroélectrique : il fallait aussi protéger des fonds de vallées urbanisées. Quant au soutien des étiages, nous avons évoqué le paramètre climatique : des hivers pluvieux dans ces montagnes, mais aussi plus doux avec une fonte des neiges plus fréquente en hiver. Beaucoup de cours d'eau nivaux et glaciaires pyrénéens et alpins se rejoignent dans la Garonne et le Rhône, et l'on doit s'interroger sur leur rôle dans les régimes plus complexes.

IV - Quelques régimes complexes

La Garonne est alimentée par les Pyrénées et le Massif Central, le Rhône par les Alpes et le Massif Central (document 6.4).

À Tonneins, la Garonne conserve un régime pluvial et nival, mais les extrêmes ont été pondérés : le seuil des crues de classe 4 n'est que 4,5 fois supérieur au débit-seuil de crue, et les seuils des étiages de classe 4 approchent les 30 % du débit-seuil d'étiage. Nous avons analysé les mécanismes et nous avons signalé que la Garonne perdait beaucoup d'eau. En fait, la modification débute dès la haute montagne : les crues de l'Ariège à Foix et de la Garonne au Portet ne sont que faiblement écrêtées. Les seuils des classes 4 y sont encore 5 à 9 fois supérieurs aux débits-seuils de crue, plus que dans les Alpes, et comme sur l'Adour. Mais les étiages y sont soutenus, et principalement sur la Garonne au Portet. Nous ne reviendrons pas sur le rôle d'aménagements réalisés à cet effet. Au travers de l'Aveyron à Montauban et du Tarn à Marsal, le Massif Central apporterait des crues : à Montauban, le seuil de la classe 4 est 17 fois plus élevé que le débit-seuil de crue. À l'inverse, le Tarn soutient les étiages : le seuil de classe 4 constitue le ¼ du débit-seuil d'étiage. À Tonneins, la Garonne, jugée très immodérée, se retrouve avec des extrêmes voisins de ceux de la Loire à Montjean.

	Crues				Étiages			
	Cl. 1	Cl. 2	Cl. 3	Cl. 4	Cl. 4	Cl. 3	Cl. 2	Cl. 1
Ariège à Foix	100	116	303	**528**	**12**	27	52	100
Garonne au Portet	100	206	422	**868**	**38**	52	72	100
Tarn à Marsal	100	222	494	**1 098**	**25**	38	63	100
Aveyron à Montauban	100	258	666	**1 721**	**16**	32	58	100
Lot à Cahors	100	202	405	**815**	**14**	27	50	100
Garonne à Tonneins	100	165	271	**447**	**27**	41	64	100
Rhône à Pougny	100	136	186	**254**	**36**	50	71	100
Rhône à Lyon	100	153	235	**359**	**48**	63	80	100
Rhône à Beaucaire	100	151	227	**343**	**34**	48	70	100

Document 6.4 - Extrêmes sur quelques régimes complexes

Quant au Rhône, que ce soit à Pougny, à la frontière suisse, à Lyon ou à Beaucaire, à l'entrée de son delta, les extrêmes restent très modérés : des seuils de crues de classes 4 seulement 2,5 à 3,5 fois supérieurs aux débits-seuils de crue, et des seuils d'étiage de classe 4 compris entre 30 et 50 % des débits-seuils d'étiage. Ces valeurs s'expliquent par une artificialisation quasi générale du fleuve, mais il faut aussi reconnaître que la succession dans l'année d'apports glaciaires, nivaux et pluviaux, fait que le cours d'eau est toujours bien alimenté. Rappelons que le problème du Rhône relevait plus de la forte pente de son profil longitudinal que des apports hydriques.

Les grands cours d'eau français sont donc très fortement anthropisés, que ce soit pour leur bien : soutien des étiages, écrêtement des crues, ou contre eux : aggravation du ruissellement, réduction de l'apport des sources. Toutefois, ces extrêmes existent aussi sur les bassins modestes, de moins de 500 km^2 et sur lesquels il devient possible de distinguer la part du ruissellement direct de l'écoulement souterrain.

Cartes hors textes

Stations de jaugeage du bassin de la Seine

Stations de jaugeage du bassin de la Dordogne

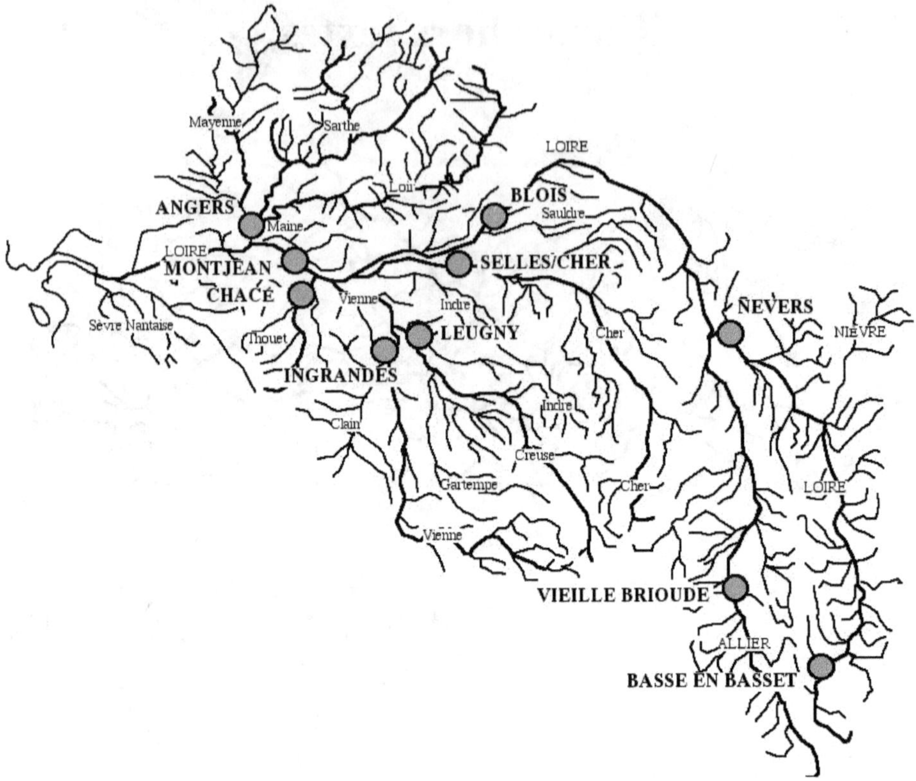

Stations de jaugeage du bassin de la Loire

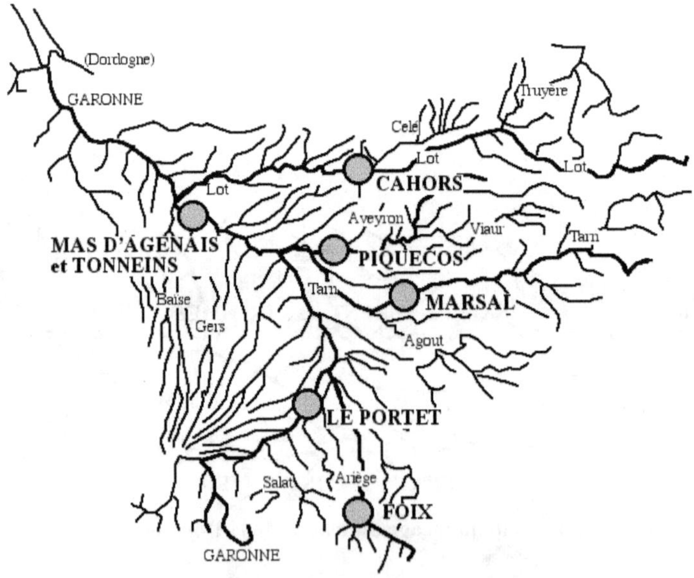

Stations de jaugeage du bassin de Garonne

Stations de jaugeage du bassin du Rhône

Orientation bibliographique

C. Amoros et G.E. Petts (sous la direction de), *Hydrosystèmes fluviaux*, Masson, 1993, 300 p.

V. Adressian, *Impact de l'évolution du couvert forestier sur le comportement hydrologique des bassins versants*, Thèse Paris VI, , 2002, 276 p.

F. Anctil, J. Rousselle et N. Lauzon - *Hydrologie : cheminements de l'eau* - Presses Internationales POLYTECHNIQUE - Montréal 2005.

J.P. Bravard et F. Petit, *Les cours d'eau : dynamique du système fluvial*, A. Colin, 1997, 220 p.

J.P. Bravard (sous la direction de), *Les régions françaises face aux extrêmes hydrologiques. Gestion des excès et de la pénurie*, SEDES, Paris, 2000, 287 p.

M. Champion, *Les inondations en France depuis le VIe siècle jusqu'à nos jours*, Dunaud, 1858-1864, 6 Vol.

K.J. Beven, *Rainfall-Runoff Modelling : The primer*, Wiley, New York, 2001, 360 p.

Cl. Cosandey (sous la direction de), *Les eaux courantes*, "BELIN". 2003, 240 p.

Cl. Cosandey et M. Robinson, *Hydrologie continentale*, "A. Colin", 2000, 360 p.

M. Dacharry, *Hydrologie de la Loire en amont de Gien,* Thèse d'État, Brest, 1973, 640 p.

R. Dessemon, *Le Rhône, un fleuve des hommes*, Blanchard frères, Vienne 1983,

S.L. Dingman, *Physical hydrology*, "Macmillan P.C.New-York", 1993, 575 p.

R. Frécaut, *Eléments d'hydrologie continentale*, "CDU", 1964, 147 p.

R. Frécaut et P. Pagne, *Dynamique des climats et de l'écoulement fluvial*, "Masson, 1983, 240 p.

A. Giret - *Géographie de l'écoulement fluvial* - L'Harmattan, 2007, 354 p.

A. Giret - *Hydrologie fluvial* - Ellipses, 2007, 260 p.

A. Giret - *Les cours d'eau français : approche quatittative* - L'Harmattan, 2012, 297 p.

R. Guilcher, Précis d' Hydrologie marine et continentale, "Masson", 1965, 390 p.

M. Guiton, *Ruissellement et risque majeur. Phénomène, exemples et gestion spatiale des crues*, Laboratoire Central des Ponts et Chaussées, 1998, 313 p.

R. Lambert, *Géographie du cycle de l'eau*, "PUM", 1996, 439 p.

J. Llamas, Hydrologie générale : principes et applications , "Gaëtan Morin éditeur, Québec", 1993, 527 p.

J. Loup, *Les eaux terrestres*, “Masson”, 1974, 174 p.
M. Pardé, *Fleuves et rivières*, “Armand Colin”, 1971, 220 p.
C. Péguy, *Précis de climatologie,* Masson, 1970, 468 p.
G. Réménièras, *Eléments d' Hydrologie appliquée*, “A. Colin” 1959, 208 p.
G. Réménièras, *L'hydrologie de l'ingénieur*, 2e Ed., “Eyrolles” 1980, 455 p.
M. Roche, Hydrologie de surface, “ORSTOM et Gauthier-Villars, 1963, 430 p.
L. Touchart, *Hydrologie : mers, fleuves, lacs*, “A. Colin”, 2003, 240 p.
J.P. Vigneau, , *Géoclimatologie*, “Ellipses”, 2001, 334 p.
J.P. Vigneau, , *Géoclimatologie*, Armand Colin, 2005, 200 p.

SANDRE, *Fiche cours d'eau l'Adour* - http://sandre.eaufrance.fr/
SANDRE, *Fiche canal de l'est* - http://sandre.eaufrance.fr/
SANDRE, *Fiche rivière Escaut* - http://sandre.eaufrance.fr/
SANDRE, *Fiche l'Escaut canalisée* - http://sandre.eaufrance.fr/
SANDRE, *Fiche fleuve la Garonne* - http://sandre.eaufrance.fr/
SANDRE, *Fiche fleuve la Dordogne* - http://sandre.eaufrance.fr/
SANDRE, *Fiche fleuve la Loire* - http://sandre.eaufrance.fr/
SANDRE, *Fiche rivière la Moselle* - http://sandre.eaufrance.fr/
SANDRE, *Fiche fleuve le Rhin* - http://sandre.eaufrance.fr/
SANDRE, *Fiche fleuve le Rhône* - http://sandre.eaufrance.fr/
SANDRE, *Fiche cours d'eau - La Somme Canalisée* - http://sandre.eaufrance.fr/

Table des illustrations

Troisième chapitre - Les grands fleuves du Bassin de Paris .... p. 93

Quatrième chapitre - Les grands fleuves du Bassin aquitain .... p. 165

Cinqième chapitre - Les extrêmes du Rhône français .... p. 213

Table des matières

La géographie aux éditions L'Harmattan

Dernières parutions

MOTS (LES) DE L'EAU – Dictionnaire des eaux douces
De la métrique à la symbolique
Bethemont Jacques
Ce siècle sera celui de l'eau rare, précieuse, convoitée et difficile à partager. Mais de quoi est-il question ? Il y a l'eau des ingénieurs et celle des poètes, l'eau des agriculteurs et celle des urbanistes, l'eau des stratèges et celle des pèlerins. Il y a le miracle de l'eau qui vivifie les déserts et la malédiction de la grêle ou de la crue. Ce dictionnaire présente diverses formes, usages et symboles de l'eau en assumant les approches du scientifique, de l'ingénieur et du poète.
(34.50 euros, 334 p.) *ISBN : 978-2-336-00562-1, ISBN EBOOK : 978-2-296-50868-2*

COURS (LES) D'EAU FRANÇAIS
Approche quantitative
Giret Alain
Il existe peu d'ouvrages synthétiques consacrés à l'hydrologie des fleuves métropolitains dans leur ensemble. Les cours d'eau français font l'objet de mesures hydrométriques depuis le milieu du XIXe siècle et surtout au XXe siècle. Sont ici analysés plus de 2900 jaugeages depuis 1863.
(31.00 euros, 300 p.) *ISBN : 978-2-296-96556-0*

IMAGINAIRE (L') DES CARTES
Castoldi Alberto
Dès l'Antiquité jusqu'à nos jours, «l'oeil-monde» s'est attaché à donner forme au monde que nous habitons par le truchement et l'imaginaire des cartes. À côté des cartes scientifiques, on découvre, dans un séduisant voyage, les cartes imaginaires, allégoriques, utopiques, littéraires, virtuelles. (Cartes et illustrations en couleur.)
(Coédition Bergamo University Press Edizioni Sestante, 15.00 euros, 100 p.)
ISBN : 978-2-296-55754-3

L'HARMATTAN, ITALIA
Via Degli Artisti 15; 10124 Torino

L'HARMATTAN HONGRIE
Könyvesbolt ; Kossuth L. u. 14-16
1053 Budapest

ESPACE L'HARMATTAN KINSHASA
Faculté des Sciences sociales,
politiques et administratives
BP243, KIN XI
Université de Kinshasa

L'HARMATTAN CONGO
67, av. E. P. Lumumba
Bât. – Congo Pharmacie (Bib. Nat.)
BP2874 Brazzaville
harmattan.congo@yahoo.fr

L'HARMATTAN GUINÉE
Almamya Rue KA 028, en face du restaurant Le Cèdre
OKB agency BP 3470 Conakry
(00224) 60 20 85 08
harmattanguinee@yahoo.fr

L'HARMATTAN CAMEROUN
BP 11486
Face à la SNI, immeuble Don Bosco
Yaoundé
(00237) 99 76 61 66
harmattancam@yahoo.fr

L'HARMATTAN CÔTE D'IVOIRE
Résidence Karl / cité des arts
Abidjan-Cocody 03 BP 1588 Abidjan 03
(00225) 05 77 87 31
etien_nda@yahoo.fr

L'HARMATTAN MAURITANIE
Espace El Kettab du livre francophone
N° 472 avenue du Palais des Congrès
BP 316 Nouakchott
(00222) 63 25 980

L'HARMATTAN SÉNÉGAL
« Villa Rose », rue de Diourbel X G, Point E
BP 45034 Dakar FANN
(00221) 33 825 98 58 / 77 242 25 08
senharmattan@gmail.com

L'HARMATTAN TOGO
1771, Bd du 13 janvier
BP 414 Lomé
Tél : 00 228 2201792
gerry@taama.net

589241 - Décembre 2014
Achevé d'imprimer par

1livre.com
du rêve à la réalité !

www.ingramcontent.com/pod-product-compliance
Lightning Source LLC
LaVergne TN
LVHW011302061026
849535LV00005B/1360